2024 -2025 年版

三好康彦 著
YASUHIKO MIYOSHI

公害防止管理者試験
水質関係
攻略問題集

Ohmsha

■ はしがき

　本書は，2018（平成30）年から2023（令和5）年までの6年間の公害防止管理者試験水質関係全問題を，出題内容別に分類，整理し，編集し直して解説を行ったものです．公害防止管理者試験を解説した書籍は数多く出版されていますが，本書のようにまとめたものは見当たらないようです．このようなまとめ方には，次のような特徴があります．

① これまでの出題傾向が一目でわかり，今後の出題の予想が立てやすいこと．
② 重要なところは，繰り返し出題されているので，学習のポイントがわかること．
③ 似たような過去問題を繰り返し学習することによって，自然に重要事項が覚えられること．

　なお，各問題の解説に，あえて問題の選択肢をそのまま記載していることが多くあります．その理由は，問題の選択肢自体が解説になっているためです．問題の選択肢を二度読むことで，確実な理解と記憶を狙ったものです．

　さて，本書の使用方法は次のとおりです．

① 出題問題それ自体が「公害防止管理者等資格認定講習会用テキスト」をコンパクトにまとめたものであり，一種の解説としてみること．
② まったくの初心者がいきなり本書の問題を解こうと挑戦して，難しいと感じた場合は，問題をよく読み，解説を次に読み，問題と解説の内容を理解することから始めること（すなわち，無理に問題を解き，学習意欲をなくさないこと）．
③ 何度も繰り返して勉強をすること，1日に30分程度でよいから，毎日，問題と解説に目を通すこと．

　なお，本書の巻末に索引を掲載してあり，試験によく出てくる用語やその定義などの検索ができるので，活用してほしいと思います．

　また，各種法律の学習においては，解説に条文を明記しているので，その条文を少なくとも一度は読むことをお勧めします．各種法律の条文や環境白書の内容などはインターネットによって自由に閲覧できるので，それらが容易に閲覧できる学習環境をつくることが望まれます．法律になじみのない読者にとっては，最初戸惑うことがあるかもしれませんが，何度も眺めているうちになじみが出てきて，どの法律も同じような形式になっていることに気づき，親しみがわいてくるようになります．

　ところで，公害防止管理者試験　水質関係の内容は，水質に関する知識や技術だけでなく，大気，騒音・振動，悪臭，廃棄物およびその他の分野の環境問題に対する知識も求めています．これは単に水質に関する環境問題だけでなく，環境問題全般について幅広い環境汚染防止技術や環境保全の知識を求めていることを示しています．読者の皆様が，この国家試験を勉強することによって，環境分野により広い視野が得られ，日常の仕事にそれ

らが広く活用されることを願ってやみません.

　最後に，本書の読者から多くの合格者が誕生すれば，これに勝る喜びはありません.

2023年11月

著者しるす

主な法律名の略語一覧

環基法 …… 環境基本法

水防法 …… 水質汚濁防止法

水防令 …… 水質汚濁防止法施行令

水防則 …… 水質汚濁防止法施行規則

大防法 …… 大気汚染防止法

大防令 …… 大気汚染防止法施行令

大防則 …… 大気汚染防止法施行規則

特公法 …… 特定工場における
　　　　　　公害防止組織の整備に関する法律

特公令 …… 特定工場における
　　　　　　公害防止組織の整備に関する法律施行令

特公則 …… 特定工場における
　　　　　　公害防止組織の整備に関する法律施行規則

■ 目　次

■ 第3章　汚水処理特論

■ 第5章 大規模水質特論

第1章

公害総論

1.1 環境基本法

問題1

環境基本法第2条の定義に関する記述中，下線を付した箇所のうち，誤っているものはどれか．

この法律において (1)「地球環境保全」とは，人の活動による地球全体の (2)気候変動又はオゾン層の破壊の進行，(3)海洋の汚染，(4)野生生物の種の減少その他の地球の全体又はその広範な部分の環境に影響を及ぼす (5)事態に係る環境の保全であって，人類の福祉に貢献するとともに国民の健康で文化的な生活の確保に寄与するものをいう．

解説 (1) 正しい．
(2) 誤り．正しくは「温暖化」である．環基法第2条（定義）第2項参照．
(3)～(5) 正しい． ▶答 (2)

問題2

環境基本法第3条の環境の恵沢の享受と継承等に関する記述中，下線部分（a～j）の用語の組合せのうち，誤っているものはどれか．

(a)環境の保全は，環境を健全で恵み豊かなものとして (b)確保することが人間の (c)健康で文化的な (d)生活に欠くことのできないものであること及び (e)生態系が (f)微妙な均衡を保つことによって成り立っており人類の存続の (g)基盤である (h)限りある環境が，人間の活動による (i)公害によって損なわれるおそれが生じてきていることにかんがみ，現在及び将来の (j)世代の人間が健全で恵み豊かな環境の恵沢を享受するとともに人類の存続の (g)基盤である環境が将来にわたって (b)確保されるように適切に行われなければならない．

(1) a, c
(2) b, i
(3) d, g
(4) e, h
(5) f, j

解説 (a) 正しい．
(b) 誤り．「維持」が正しい．
(c)～(h) 正しい．

(i) 誤り．「環境への負荷」が正しい．

(j) 正しい．

環基法第3条（環境の恵沢の享受と継承等）参照．

以上から（2）が正解． ▶答（2）

 題3 【令和5年 問4】

環境基本法第16条に規定する環境基準に関する記述中，下線部分（a～j）の用語の組合せのうち，誤っているものはどれか．

1 政府は， (a)大気の汚染，水質の汚濁，土壌の汚染，騒音及び悪臭に係る (b)環境上の条件について， (c)それぞれ，人の健康を (d)保護し，及び生活環境を (e)保全する上で (f)維持されることが望ましい (g)基準を定めるものとする．

2 前項の (g)基準が，二以上の類型を設け，かつ， (c)それぞれの類型を当てはめる地域又は水域を (h)指定すべきものとして定められる場合には，その地域又は水域の (h)指定に関する (i)指示は，次の各号に掲げる地域又は水域の (j)区分に応じ，当該各号に定める者が行うものとする．（以下，略）

(1) a, i

(2) b, j

(3) c, h

(4) d, g

(5) e, f

解説 (a) 誤り．「悪臭」が誤りで，悪臭の環境基準は定められていない．

(b)～(h) 正しい．

(i) 誤り．「事務」が正しい．

(j) 正しい．

環基法第16条（環境基準）第1項および第2項参照．

以上から（1）が正解． ▶答（1）

 題4 【令和4年 問1】

環境基本法の基本理念に関する記述中，下線を付した箇所のうち，誤っているものはどれか．

環境の保全は， (1)社会経済活動その他の活動による環境への負荷をできる限り低減することその他の環境の保全に関する行動が (2)すべての者の公平な役割分担の下に (3)有機的かつ総合的に行われるようになることによって，健全で恵み豊かな環境を維持しつつ，環境への負荷の少ない (4)健全な経済の発展を図りながら持続的に発展す

ることができる社会が構築されることを旨とし，及び科学的知見の充実の下に環境の保全上の支障が(5)未然に防がれることを旨として，行われなければならない．

解説 (1)，(2) 正しい．環基法第4条（環境への負荷の少ない持続的発展が可能な社会の構築等）参照．

(3) 誤り．正しくは「自主的かつ積極的」である．環基法第4条（環境への負荷の少ない持続的発展が可能な社会の構築等）参照．

(4)，(5) 正しい．環基法第4条（環境への負荷の少ない持続的発展が可能な社会の構築等）参照．　　　　　　　　　　　　　　　　　　　　　　　　　　　▶答（3）

問題5　　　　　　　　　　　　　　　　　　　　　　　【令和4年 問2】☑☑☑

　環境基本法に規定する環境基準に関する記述中，下線を付した箇所のうち，正しいものはどれか．

　(1)国は，大気の汚染，水質の汚濁，土壌の汚染及び騒音に係る環境上の条件について，それぞれ，人の健康を保護し，及び生活環境を保全する上で(2)確保されることが望ましい基準を定めるものとする．

2　前項の基準が，二以上の類型を設け，かつ，それぞれの類型を当てはめる地域又は水域を指定すべきものとして定められる場合には，その地域又は水域の指定に関する事務は，次の各号に掲げる地域又は水域の区分に応じ，当該各号に定める者が行うものとする．

　一　二以上の都道府県の区域にわたる地域又は水域であって政令で定めるもの(1)国

　二　前号に掲げる地域又は水域以外の地域又は水域　次のイ又はロに掲げる地域又は水域の区分に応じ，当該イ又はロに定める者

　　イ　騒音に係る基準（航空機の騒音に係る基準及び新幹線鉄道の列車の騒音に係る基準を除く．）の類型を当てはめる地域であって市に属するもの(3)その地域が属する都道府県の知事

　　ロ　イに掲げる地域以外の地域又は水域(4)その地域又は水域が属する市の長

3　第一項の基準については，(5)常に適切な科学的判断が加えられ，必要な改定がなされなければならない．

4　（略）

解説 (1) 誤り．正しくは「政府」である．環基法第16条（環境基準）第1項参照．

(2) 誤り．正しくは「維持されることが望ましい基準」である．環基法第16条（環境基準）第1項参照．

(3) 誤り．正しくは「その地域が属する市の長」である．環基法第16条（環境基準）第

4

2項第二号イ参照.

(4) 誤り. 正しくは「その地域又は水域が属する都道府県の知事」である. 環基法第16条（環境基準）第2項第二号ロ参照.

(5) 正しい. 環基法第16条（環境基準）第3項参照.　　　　　　　　▶ 答（5）

問題6　【令和4年 問3】

環境基本法の基本理念に関する記述中，（ア）～（エ）の □□□ の中に挿入すべき語句の組合せとして，正しいものはどれか.

環境の保全は，環境を健全で恵み豊かなものとして維持することが人間の健康で文化的な生活に欠くことのできないものであること及び □(ア)□ が微妙な均衡を保つことによって成り立っており人類の存続の □(イ)□ である限りある環境が，人間の活動による環境への □(ウ)□ によって損なわれるおそれが生じてきていることにかんがみ，現在及び将来の世代の人間が健全で恵み豊かな環境の □(エ)□ を享受するとともに人類の存続の □(イ)□ である環境が将来にわたって維持されるように適切に行われなければならない.

	（ア）	（イ）	（ウ）	（エ）
(1)	自然環境	基本	負荷	恩恵
(2)	生態系	基盤	負荷	恵沢
(3)	自然環境	基盤	影響	恩恵
(4)	生態系	基本	負荷	恩恵
(5)	自然環境	基本	影響	恵沢

解説 （ア）「生態系」である. 環基法第3条（環境の恵沢の享受と継承等）参照.

（イ）「基盤」である. 環基法第3条（環境の恵沢の享受と継承等）参照.

（ロ）「負荷」である. 環基法第3条（環境の恵沢の享受と継承等）参照.

（ハ）「恵沢」である. 環基法第3条（環境の恵沢の享受と継承等）参照.

以上から（2）が正解.　　　　　　　　▶ 答（2）

問題7　【令和3年 問1】

環境基本法第二章に定める環境の保全に関する基本的施策に関する記述中，（ア）～（エ）の □□□ の中に挿入すべき語句（a～f）の組合せとして，正しいものはどれか.

この章に定める環境の保全に関する □(ア)□ 及び実施は，基本理念にのっとり，次に掲げる事項の確保を旨として，各種の施策相互の有機的な連携を図りつつ総合的かつ計画的に行わなければならない.

一　人の健康が保護され，及び生活環境が保全され，並びに自然環境が適正に保全されるよう，大気，水，土壌その他の環境の　(イ)　が良好な状態に保持されること．

二　生態系の　(ウ)　，野生生物の種の保存その他の生物の　(ウ)　が図られるとともに，森林，農地，水辺地等における多様な自然環境が地域の自然的社会的条件に応じて体系的に保全されること．

三　人と自然との　(エ)　が保たれること．

a：施策の策定　　　b：措置　　c：自然的構成要素
d：多様性の確保　　e：調和　　f：豊かな触れ合い

	（ア）	（イ）	（ウ）	（エ）
(1)	a	d	f	e
(2)	d	c	e	f
(3)	a	b	d	e
(4)	b	c	f	d
(5)	a	c	d	f

解説　（ア）a：施策の策定である．環基法第14条参照．
（イ）c：自然的構成要素である．
（ウ）d：多様性の確保である．
（エ）f：豊かな触れ合いである．
　以上から（5）が正解．　　　　　　　　　　　　　　　　▶答（5）

問題8　　　　　　　　　　　　　　　　　【令和3年 問2】☑☑☑

　環境基本法に規定する事業者の責務に関する記述中，（ア）〜（オ）の□□□の中に挿入すべき語句（a〜h）の組合せとして，正しいものはどれか．

1　事業者は，基本理念にのっとり，その　(ア)　を行うに当たっては，これに伴って生ずる　(イ)　の処理その他の公害を防止し，又は　(ウ)　するために必要な措置を講ずる責務を有する．

2　事業者は，基本理念にのっとり，　(エ)　するため，物の製造，加工又は販売その他の　(ア)　を行うに当たって，その　(ア)　に係る製品その他の物が　(オ)　となった場合にその適正な処理が図られることとなるように必要な措置を講ずる責務を有する．

a：事業活動　　　　　　　e：環境の保全上の支障を防止
b：ばい煙，汚水，廃棄物等　f：環境の保全上の負荷の低減
c：廃棄物　　　　　　　　g：原材料

	（ア）	（イ）	（ウ）	（エ）	（オ）
d：事業活動製品			h：自然環境を適正に保全		
（1）	a	c	h	f	g
（2）	f	c	e	h	g
（3）	a	b	h	e	c
（4）	f	b	e	h	c
（5）	a	d	f	e	b

解説 （ア）a：事業活動である．環基法第8条（事業者の責務）第1項参照．

（イ）b：ばい煙，汚水，廃棄物等である．環基法第8条（事業者の責務）第1項参照．

（ウ）h：自然環境を適正に保全である．環基法第8条（事業者の責務）第1項参照．

（エ）e：環境の保全上の支障を防止である．環基法第8条（事業者の責務）第2項参照．

（オ）c：廃棄物である．環基法第8条（事業者の責務）第2項参照．

以上から（3）が正解． ▶答（3）

問題9 【令和3年 問3】

環境基本法に規定する環境基準に関する記述中，下線部分（a～j）の用語の組合せとして，誤りを含むものはどれか．

1 (a)政府は，大気の汚染，水質の汚濁，土壌の汚染及び騒音に係る(b)環境上の条件について，それぞれ，人の健康を保護し，及び生活環境を保全する上で(c)維持されることが(d)望ましい基準を定めるものとする．

2 前項の基準が，二以上の類型を設け，かつ，それぞれの類型を当てはめる地域又は水域を指定すべきものとして定められる場合には，その地域又は水域の指定に関する事務は，次の各号に掲げる地域又は水域の区分に応じ，当該各号に定める者が行うものとする．

一 二以上の都道府県の区域にわたる地域又は水域であって(e)政令で定めるもの (f)当該地域又は水域が属する都道府県の知事

二 前号に掲げる地域又は水域以外の地域又は水域 次のイ又はロに掲げる地域又は水域の区分に応じ，当該イ又はロに定める者

イ (g)騒音に係る基準（航空機の騒音に係る基準及び新幹線鉄道の列車の騒音に係る基準を除く．）の類型を当てはめる地域であって市に属するもの (h)その地域が属する市の長

ロ イに掲げる地域以外の地域又は水域 (i)その地域又は水域が属する都道府県の知事

3 第1項の基準については，(j)常に適切な科学的判断が加えられ，必要な改定がな

されなければならない.
- (1) a, c
- (2) b, d
- (3) e, f
- (4) g, i
- (5) h, j

解説 (a) ～ (e) 正しい.
(f) 誤り. 正しくは「政府」である. 環基法第16条（環境基準）参照.
(g) ～ (j) 正しい.
以上から (3) が正解.　　　　　　　　　　　　　　　　　　　　　▶答 (3)

問題10　【令和2年 問1】

環境基本法に規定する定義に関する記述中, 下線を付した箇所のうち, 誤っているものはどれか.

この法律において (1)「環境への負荷」とは, (2)環境の保全上の支障のうち, 事業活動 (3)その他の人の活動に伴って生ずる相当範囲にわたる大気の汚染, (4)水質の汚濁（水質以外の水の状態又は水底の底質が悪化することを含む. 第二十一条第一項第一号において同じ.）, 土壌の汚染, 騒音, 振動, (5)地盤の沈下（鉱物の掘採のための土地の掘削によるものを除く. 以下同じ.）及び悪臭によって, 人の健康又は生活環境（人の生活に密接な関係のある財産並びに人の生活に密接な関係のある動植物及びその生育環境を含む. 以下同じ.）に係る被害が生ずることをいう.

解説 (1) 誤り.「環境への負荷」が誤りで, 正しくは「公害」である. 環基法第2条（定義）第3項参照.
(2) ～ (5) 正しい.　　　　　　　　　　　　　　　　　　　　　　▶答 (1)

問題11　【令和2年 問2】

環境基本法に規定する環境の保全に関する記述中, 下線を付した箇所のうち, 誤っているものはどれか.

環境の保全は, (1)社会経済活動その他の活動による環境への負荷をできる限り低減することその他の環境の保全に関する行動が (2)官民の公平な役割分担の下に (3)自主的かつ積極的に行われるようになることによって, 健全で恵み豊かな環境を維持しつつ, 環境への負荷の少ない健全な経済の発展を図りながら (4)持続的に発展することができる社会が構築されることを旨とし, 及び科学的知見の充実の下に環境の保全上

8

の支障が$_{(5)}$未然に防がれることを旨として，行われなければならない．

解説 (1) 正しい．
(2) 誤り．「官民」が誤りで，正しくは「すべての者」である．環基法第4条（環境への負荷の少ない持続的発展が可能な社会の構築等）参照．
(3) ～ (5) 正しい． ▶答（2）

問題12 【令和2年 問4】

環境基準に関する記述中，（ア）～（オ）の □□□ の中に挿入すべき語句（a～e）の組合せとして，正しいものはどれか．

環境基準には □(ア)□ に係る基準と □(イ)□ に係る基準とがある．両基準が設定されているのは □(ウ)□ に係る基準のみである．その □(ア)□ に関する環境基準は，□(エ)□ をもって定められている．一方，□(イ)□ に係る環境基準は，□(オ)□ 等に応じて設定される構造になっている．

a 水質汚濁 　　　d 地域の状況，水域の利用目的
b 全国一律の数値 　　e 生活環境の保全
c 人の健康の保護

	（ア）	（イ）	（ウ）	（エ）	（オ）
(1)	a	e	c	d	b
(2)	a	c	e	b	d
(3)	c	e	a	b	d
(4)	c	e	b	d	a
(5)	e	c	a	d	b

解説 （ア）c：人の健康の保護
（イ）e：生活環境の保全
（ウ）a：水質汚濁
（エ）b：全国一律の数値
（オ）d：地域の状況，水域の利用目的
以上から（3）が正解． ▶答（3）

問題13 【令和元年 問1】

環境基本法に規定する目的に関する記述中，（ア）～（カ）の □□□ の中に挿入すべき語句（a～f）の組合せとして，正しいものはどれか．

この法律は，環境の保全について，□(ア)□ を定め，並びに国，地方公共団体，事

業者及び国民の責務を明らかにするとともに，環境の保全に関する施策の 　(イ)　 を定めることにより，環境の保全に関する施策を 　(ウ)　 に推進し，もって現在及び将来の国民の 　(エ)　 な 　(オ)　 に寄与するとともに 　(カ)　 に貢献することを目的とする．

  a：総合的かつ計画的　　d：生活の確保

  b：人類の福祉　　　　　e：健康で文化的

  c：基本理念　　　　　　f：基本となる事項

	(ア)	(イ)	(ウ)	(エ)	(オ)	(カ)
(1)	c	f	e	a	d	b
(2)	f	c	a	e	b	d
(3)	c	f	a	e	d	b
(4)	f	c	e	a	d	b
(5)	c	f	a	e	b	d

解説　(ア) c：基本理念

(イ) f：基本となる事項

(ウ) a：総合的かつ計画的

(エ) e：健康で文化的

(オ) d：生活の確保

(カ) b：人類の福祉

　環基法第1条（目的）参照．

　以上から (3) が正解．　　　　　　　　　　　　　　　　　　　▶ 答（3）

問題 14　　　　　　　　　　　　　　　　　　　　　　【令和元年 問2】

　環境基本法に規定する事業者の責務に関する記述中，(ア) ～ (オ) の 　　　 の中に挿入すべき語句（a～g）の組合せとして，正しいものはどれか．

1　事業者は，基本理念にのっとり，その事業活動を行うに当たっては，これに伴って生ずる 　(ア)　 の処理その他の公害を防止し，又は 　(イ)　 するために必要な措置を講ずる責務を有する．

2　事業者は，基本理念にのっとり，　(ウ)　 するため，物の製造，加工又は販売その他の事業活動を行うに当たって，その 　(エ)　 その他の物が 　(オ)　 となった場合にその適正な処理が図られることとなるように必要な措置を講ずる責務を有する．

  a：自然環境を適正に保全　　　　e：環境の保全上の支障を防止

  b：ばい煙，汚水，廃棄物等　　　f：環境の保全上の負荷を低減

  c：廃棄物　　　　　　　　　　　g：原材料

  d：事業活動に係る製品

	（ア）	（イ）	（ウ）	（エ）	（オ）
(1)	b	e	f	g	d
(2)	b	a	e	d	c
(3)	c	e	f	g	b
(4)	c	a	e	d	b
(5)	b	a	f	g	c

解説　（ア）b：ばい煙，汚水，廃棄物等
（イ）a：自然環境を適正に保全
（ウ）e：環境の保全上の支障を防止
（エ）d：事業活動に係る製品
（オ）c：廃棄物
　環基法第8条（事業者の責務）第1項および第2項参照．
　以上から（2）が正解．　　　　　　　　　　　　　▶答（2）

問題15　　　　　　　　　　　　　【令和元年 問3】

　環境基本法に規定する環境影響評価に関する記述中，（ア）及び（イ）の□□□の中に挿入すべき語句の組合せとして，正しいものはどれか．

　国は，土地の形状の変更，　（ア）　その他これらに類する事業を行う事業者が，その事業の実施に当たりあらかじめその事業に係る環境への影響について　（イ）　調査，予測又は評価を行い，その結果に基づき，その事業に係る環境の保全について適正に配慮することを推進するため，必要な措置を講ずるものとする．

	（ア）	（イ）
(1)	形質の変更	自ら適正に
(2)	工作物の新設	適正な配慮に基づく
(3)	形質の変更	事前配慮に基づく
(4)	工作物の新設	自ら適正に
(5)	工作物の増改築	法の手続きに基づく

解説　（ア）「工作物の新設」である．
（イ）「自ら適正に」である．
　環基法第20条（環境影響評価の推進）参照．
　以上から（4）が正解．　　　　　　　　　　　　　▶答（4）

問 題16　【令和元年 問4】

環境基本法に規定する環境基準に関する記述中，下線部分（a〜e）の用語のうち，正しいものの組合せはどれか.

1　政府は，大気の汚染，水質の汚濁，土壌の汚染及び騒音に係る環境上の条件について，それぞれ，人の健康を保護し，及び生活環境を保全する上で維持されることが (a)望ましい基準を定めるものとする.

2　前項の基準が，二以上の類型を設け，かつ，それぞれの類型を当てはめる地域又は水域を指定すべきものとして定められる場合には，その地域又は水域の指定に関する事務は，次の各号に掲げる (b)地域又は水域の区分に応じ，当該各号に定める者が行うものとする.

　一　二以上の都道府県の区域にわたる地域又は水域であって政令で定めるもの (c)都道府県の知事

　二　前号に掲げる地域又は水域以外の地域又は水域　次のイ又はロに掲げる地域又は水域の区分に応じ，当該イ又はロに定める者

　　イ　騒音に係る基準（航空機の騒音に係る基準及び新幹線鉄道の列車の騒音に係る基準を除く.）の類型を当てはめる地域であって市に属するもの　その地域が属する市の長

　　ロ　イに掲げる地域以外の地域又は水域　その地域又は水域が属する (d)政令市の長

3　第一項の基準については，常に適切な科学的判断が加えられ，必要な改定がなされなければならない.

4　政府は，この章に定める施策であって公害の防止に関係するもの（以下「公害の防止に関する施策」という.）を (e)総合的かつ有効適切に講ずることにより，第一項の基準が確保されるように努めなければならない.

(1) a, c, e

(2) a, b, e

(3) b, c, d

(4) b, d, e

(5) c, d, e

解 説　(a) 正しい.

(b) 正しい.

(c) 誤り. 正しくは「政府」である.

(d) 誤り. 正しくは「都道府県の知事」である.

(e) 正しい.

環基法第16条（環境基準）第1項〜第4項参照.

以上から（2）が正解. ▶答（2）

問題17 【平成30年 問1】 ✓ ✓ ✓

　環境基本法に関する記述中，（ア）〜（オ）の □□□ の中に挿入すべき語句（a〜i）の組合せとして，正しいものはどれか.

1　政府は，□（ア）□に関する施策の総合的かつ計画的な推進を図るため，□（ア）□に関する基本的な計画（以下「□（イ）□」という.）を定めなければならない.

2　□（イ）□は，次に掲げる事項について定めるものとする.

　一　□（ア）□に関する総合的かつ長期的な施策の大綱

　二　前号に掲げるもののほか，□（ア）□に関する施策を総合的かつ計画的に推進するために必要な事項

3　□（ウ）□は，□（エ）□の意見を聴いて，□（イ）□の案を作成し，□（オ）□を求めなければならない.

4　□（ウ）□は，前項の規定による□（オ）□があったときは，遅滞なく，□（イ）□を公表しなければならない.

5　前二項の規定は，□（イ）□の変更について準用する.

　a：公害の防止　　　b：公害防止計画　　　c：環境の保全
　d：都道府県知事　　e：中央環境審議会　　f：閣議の決定
　g：環境基本計画　　h：環境大臣　　　　　i：内閣の同意

	（ア）	（イ）	（ウ）	（エ）	（オ）
(1)	a	b	h	d	i
(2)	a	b	d	h	i
(3)	c	g	d	h	f
(4)	c	g	h	e	f
(5)	c	d	h	e	i

解説（ア）c：環境の保全である.

（イ）g：環境基本計画である.

（ウ）h：環境大臣である.

（エ）e：中央環境審議会である.

（オ）f：閣議の決定である.

　環基法第15条参照.

　以上から（4）が正解. ▶答（4）

環境基本法に規定する環境基準に関する記述中，下線部分（a～j）の用語の組合せのうち，誤りを含むものはどれか．

1　(a)政府は，大気の汚染，水質の汚濁，(b)土壌の汚染及び騒音に係る環境上の条件について，それぞれ，人の健康を保護し，及び生活環境を保全する上で(c)維持されることが望ましい基準を定めるものとする．

2　前項の基準が，二以上の類型を設け，かつ，それぞれの類型を当てはめる地域又は水域を指定すべきものとして定められる場合には，その地域又は水域の指定に関する事務は，次の各号に掲げる地域又は水域の区分に応じ，当該各号に定める者が行うものとする．

　一　二以上の都道府県の区域にわたる地域又は水域であって(d)政令で定めるもの　(a)政府

　二　前号に掲げる地域又は水域以外の地域又は水域　次のイ又はロに掲げる地域又は水域の区分に応じ，当該イ又はロに定める者

　　イ　騒音に係る基準（航空機の騒音に係る基準及び新幹線鉄道の列車の騒音に係る基準を除く．）の類型を当てはめる地域であって(e)市に属するもの　その地域が属する(f)都道府県の知事

　　ロ　イに掲げる地域以外の地域又は水域　その地域又は水域が属する(g)市の長

3　第1項の基準については，(h)常に適切な科学的判断が加えられ，必要な改定がなされなければならない．

4　(a)政府は，この章に定める施策であって(i)公害の防止に関係するものを(j)総合的かつ有効適切に講ずることにより，第1項の基準が確保されるように努めなければならない．

(1) a, e

(2) b, j

(3) c, h

(4) d, i

(5) f, g

解説　(a)～(e) 正しい．

(f) 誤り．正しくは「市の長」である．

(g) 誤り．正しくは「都道府県の知事」である．

環基法第16条（環境基準）参照．

以上から（5）が正解．　　　　　　　　　　　　　　　　　　▶答（5）

1.1

環境基本法

1.2 特定工場における公害防止組織の整備に関する法律の概要

問題1　【令和5年 問5】

特定工場における公害防止組織の整備に関する法律に関する記述として，誤っているものはどれか．

(1) 特定事業者は，公害防止統括者を選任したときは，その日から30日以内に，その旨を当該特定工場の所在地を管轄する都道府県知事に届け出なければならない．

(2) 都道府県知事の特定事業者に対する解任命令により解任された公害防止統括者はその解任の日から3年を経過しないと公害防止統括者になることができない．

(3) 特定事業者は，公害防止主任管理者を選任したときは，その日から30日以内に，その旨を当該特定工場の所在地を管轄する都道府県知事に届け出なければならない．

(4) 常時使用する従業員の数が20人以下の特定事業者は，公害防止統括者を選任する必要がない．

(5) 特定事業者は，公害防止管理者を選任したときは，その日から30日以内に，その旨を当該特定工場の所在地を管轄する都道府県知事に届け出なければならない．

解説　(1) 正しい．特公法第3条（公害防止統括者の選任）第3項参照．

(2) 誤り．誤りは「3年」で，正しくは「2年」である．特公法第7条（公害防止管理者等の資格）第2項参照．

(3) 正しい．特公法第5条（公害防止主任管理者の選任）第3項参照．

(4) 正しい．特公法第3条（公害防止統括者の選任）第1項ただし書および特公令第6条（小規模事業者）参照．

(5) 正しい．特公法第4条（公害防止管理者の選任）第3項参照．　　▶答（2）

問題2　【令和4年 問5】

特定工場における公害防止組織の整備に関する法律に関する記述として，誤っているものはどれか．

(1) 特定事業者が都道府県知事から命じられた公害防止統括者の解任命令に違反したときは20万円以下の罰金に処せられる．

(2) 特定工場を設置している特定事業者は，当該特定工場に係る公害防止業務につき公害防止統括者を選任しなければならないが，常時使用する従業員の数が20人以下の小規模事業者はこの限りではない．

(3) 都道府県知事から特定事業者に対する解任命令により解任された公害防止管理

第1章　公害総論

15

者は解任の日から2年を経過しない間は公害防止管理者になることができない.

(4) 特定事業者は公害防止統括者を選任したときは，その日から30日以内にその旨を届け出なければならない.

(5) 特定事業者は公害防止主任管理者を解任したときは，その日から30日以内にその旨を届け出なければならない.

解説 (1) 誤り.「20万円以下」が誤りで，正しくは「50万円以下」である.特公法第16条（罰則）第二号参照.

(2) 正しい.特公法第3条（公害防止統括者の選任）本文ただし書および特公令第6条（小規模事業者）参照.

(3) 正しい.特公法第7条（公害防止管理者等の資格）第2項参照.

(4) 正しい.特公法第3条（公害防止統括者の選任）第3項参照.

(5) 正しい.特公法第3条（公害防止統括者の選任）第3項参照.　　　　▶答（1）

問題3　　　　　　　　　　　　　　　　　　　　　　　【令和3年 問5】

特定工場における公害防止組織の整備に関する法律に関する記述として，誤っているものはどれか.

(1) 特定事業者は，公害防止統括者を選任した日から30日以内に，その旨を当該特定工場の所在地を管轄する都道府県知事（又は政令で定める市の長）に届け出なければならない.

(2) 特定事業者は，公害防止管理者を選任した日から30日以内に，その旨を当該特定工場の所在地を管轄する都道府県知事（又は政令で定める市の長）に届け出なければならない.

(3) 特定事業者が公害防止統括者を選任しなかったときは，50万円以下の罰金に処せられる.

(4) 特定事業者が公害防止管理者を選任しなかったときは，30万円以下の罰金に処せられる.

(5) 特定事業者は，公害防止主任管理者を選任した日から30日以内に，その旨を当該特定工場の所在地を管轄する都道府県知事（又は政令で定める市の長）に届け出なければならない.

解説 (1) 正しい.特公法第3条（公害防止統括者の選任）第3項参照.

(2) 正しい.特公法第4条（公害防止管理者を選任）第3項で準用する同法第3条（公害防止統括者の選任）第3項参照.

(3) 正しい.特公法第16条（罰則）第一号参照.

(4) 誤り．特定事業者が公害防止管理者を選任しなかったときは，50万円以下の罰金に処せられる．特公法第16条（罰則）第一号参照．

(5) 正しい．特公法第5条（公害防止主任管理者の選任）第3項で準用する同法第3条（公害防止統括者の選任）第3項参照．　　　　　　　　　　　　　　▶答（4）

問題4　　　　　　　　　　　　　　　　　　　　　【令和2年 問5】

　特定工場における公害防止組織の整備に関する法律の目的に関する記述中，（ア），（イ）の　　　　の中に挿入すべき語句の組合せとして，正しいものはどれか．

　この法律は，　（ア）　の制度を設けることにより，特定工場における公害防止組織の整備を図り，もって　（イ）　に資することを目的とする．

	（ア）	（イ）
(1)	公害防止管理者等	公害の防止
(2)	公害防止主任管理者等	環境の保全
(3)	公害防止統括者等	公害の防止
(4)	公害防止管理者等	環境の保全
(5)	公害防止主任管理者等	公害の防止

解説　（ア）「公害防止統括者等」である．

（イ）「公害の防止」である．

　特公法第1条（目的）参照．

　以上から（3）が正しい．　　　　　　　　　　　　　　　　　　　　▶答（3）

問題5　　　　　　　　　　　　　　　　　　　　　【令和元年 問5】

　特定工場における公害防止組織の整備に関する法律に規定する記述として，誤っているものはどれか．

(1) 特定事業者が，公害防止統括者を選任したときは，その日から30日以内に，その旨を当該特定工場の所在地を管轄する都道府県知事に届け出なければならない．

(2) 特定事業者は，公害防止主任管理者を選任したときは，その日から30日以内に，その旨を当該特定工場の所在地を管轄する都道府県知事に届け出なければならない．

(3) 特定事業者は，公害防止主任管理者を選任すべき事由が発生した日から30日以内に，公害防止主任管理者を選任しなければならない．

(4) 常時使用する従業員の数が20人以下の特定事業者は，公害防止統括者を選任する必要がない．

(5) 特定事業者は，公害防止管理者を選任したときは，その日から30日以内に，そ

の旨を当該特定工場の所在地を管轄する都道府県知事に届け出なければならない.

解説 (1) 正しい. 特公法第3条（公害防止統括者の選任）第3項参照.

(2) 正しい. 特公法第5条（公害防止主任管理者の選任）第3項で準用する特公法第3条（公害防止統括者の選任）第3項参照.

(3) 誤り. 公害防止主任管理者を選任すべき事由が発生した日から60日以内に，公害防止主任管理者を選任しなければならない. 特公則第8条（公害防止管理者の選任）第一号参照.

(4) 正しい. 特公令第6条（小規模事業者）参照.

(5) 正しい. 特公法第4条（公害防止管理者の資格）第3項で準用する特公法第3条（公害防止統括者の選任）第3項参照.　　　　　　　　　　　　　▶答（3）

問題6　　　　　　　　　　　　　　　　　　　　【平成30年 問4】

特定工場における公害防止組織の整備に関する法律に関する記述として，誤っているものはどれか.

(1) 特定工場を設置している特定事業者は，当該特定工場に係る公害防止に関する業務を統括管理する公害防止統括者を選任しなければならない. ただし，常時使用する従業員の数が20人以下である特定事業者は，公害防止統括者を選任する必要はない.

(2) 特定工場の従業員は，公害防止統括者，公害防止管理者及び公害防止主任管理者並びにこれらの代理者がその職務を行なううえで必要であると認めてする指示に従わなければならない.

(3) 特定事業者は，公害防止統括者，公害防止管理者又は公害防止主任管理者が旅行，疾病その他の事故によってその職務を行なうことができない場合にその職務を行なう代理者を選任しなければならない.

(4) 届出をした特定事業者について相続又は合併があったときは，相続人（相続人が2人以上ある場合において，その全員の同意により事業を承継すべき相続人を選定したときは，その者）又は合併後存続する法人若しくは合併により設立した法人が，届出をした特定事業者の地位を承継する.

(5) 特定事業者は，公害防止統括者を選任すべき事由が発生した日から60日以内に公害防止統括者を選任しなければならない.

解説 (1) 正しい. 特公法第3条（公害防止統括者の選任）第1項本文および特公令第6条（小規模事業者）参照.

(2) 正しい. 特公法第9条（公害防止統括者の義務等）第2項参照.

18

(3) 正しい．特公法第6条（代理者の選任）第1項参照．

(4) 正しい．特公法第6条の2（承継）第1項参照．

(5) 誤り．誤りは「60日」で，正しくは「30日」である．特公則第2条（公害防止統括者の選任）参照． ▶答（5）

問題7 【平成30年 問5】

特定工場における公害防止組織の整備に関する法律に規定する特定工場の対象業種でないものはどれか．

(1) 鉱業

(2) 製造業（物品の加工業を含む．）

(3) 電気供給業

(4) ガス供給業

(5) 熱供給業

解説 (1) 誤り．鉱業は特公法の対象業種ではない．鉱業に関する法令で同様な制度がすでに行われているからである．特公令第1条（対象業種）参照．

(2)〜(5) 正しい．特公令第1条（対象業種）参照． ▶答（1）

1.3 環境関連法令

問題1 【令和5年 問3】

次の法律とその法律に規定されている用語の組合せとして，誤っているものはどれか．

(1) 環境基本法 ………………………………………… 環境の日

(2) 土壌汚染対策法 ………………………………… 形質変更時要措置区域

(3) 悪臭防止法 ……………………………………… 臭気指数

(4) 地球温暖化対策の推進に関する法律 ………… 温室効果ガス算定排出量

(5) 気候変動適応法 ………………………………… 地域気候変動適応計画

解説 (1) 正しい．環基法では，環境の日（6月5日）を定めている．同法第10条（環境の日）参照．

(2) 誤り．土壌汚染対策法では，形質変更時要届出区域を定めている．「形質変更時要措置区域」は誤り．同法第11条（形質変更時要届出区域の指定等）第2項参照．

(3) 正しい．悪臭防止法では，臭気指数を定めている．同法第4条（規制基準）第2項第

一号参照.

(4) 正しい. 地球温暖化対策の推進に関する法律では，温室効果ガス算定排出量を定めている. 同法第26条（温室効果ガス算定排出量の報告）第3項参照.

(5) 正しい. 気候変動適応法では，地域気候変動適応計画を定めている. 同法第12条（地域気候変動適応計画）参照.　　　　　　　　　　　　　　　　　▶答（2）

問題2　　　　　　　　　　　　　　　　　　　　　　【令和3年 問4】☑☑☑

次の法律とその法律の定義に規定されている用語の組合せとして，誤っているものはどれか.

（法　律）	（用　語）
(1) 大気汚染防止法	揮発性有機化合物排出施設
(2) 悪臭防止法	臭気指数
(3) 騒音規制法	特定建設作業
(4) 水質汚濁防止法	指定地域特定施設
(5) ダイオキシン類対策特別措置法	耐容一日摂取量適用事業場

解説（1）正しい. 大防法第2条（定義）第5項に揮発性有機化合物排出施設が定義されている.

(2) 正しい. 悪臭防止法第2条（定義）第2項に臭気指数が定義されている.

(3) 正しい. 騒音規制法第2条（定義）第3項に特定建設作業が定義されている.

(4) 正しい. 水防法第2条（定義）第3項に指定地域特定施設が定義されている.

(5) 誤り. ダイオキシン類対策特別措置法に耐容一日摂取量適用事業場は定義されていない. なお，耐容一日摂取量は同法第6条（耐容一日摂取量）第1項に定義されている.

　　　　　　　　　　　　　　　　　　　　　　　　　　　　　　　　▶答（5）

問題3　　　　　　　　　　　　　　　　　　　　　　【令和2年 問3】☑☑☑

次の法律とその法律に規定されている用語の組合せとして，誤っているものはどれか.

(1) 環境基本法 ………………………………………… 公害防止計画
(2) 水質汚濁防止法 …………………………………… 総量削減計画
(3) 循環型社会形成推進基本法 ………………………… 地域循環共生圏推進計画
(4) 気候変動適応法 …………………………………… 気候変動適応計画
(5) 地球温暖化対策の推進に関する法律 ……………… 地球温暖化対策計画

解説（1）正しい. 環基法第4節「特定地域における公害の防止」（第17条および第18

条）参照．

(2) 正しい．水防法第4条の3（総量削減計画）参照．

(3) 誤り．「地域循環共生圏」は，環基法に基づいて定められた第5次「環境基本計画」
第4部第1章3 (2) に規定されている．循環型社会形成推進基本法には規定されてい
ない．

(4) 正しい．気候変動適応法第2章気候変動適応計画（第7条（気候変動適応計画の策
定）第1項）参照．

(5) 正しい．地球温暖化対策の推進に関する法律第2章地球温暖化対策計画（第8条（地
球温暖化対策計画）第1項）参照．　　　　　　　　　　　　　　　　▶ 答（3）

問 題 4　　　　　　　　　　　　　　　　　　　　　【平成30年 問2】

次の法律とその法律に用いられている用語の組合せとして，誤っているものはど
れか．

（法律）	（用語）
(1) 大気汚染防止法	特定粉じん排出等作業
(2) 水質汚濁防止法	水質臭気指数
(3) 土壌汚染対策法	形質変更時要届出区域
(4) 工業用水法	揚水機の吐出口の断面積
(5) 地球温暖化対策の推進に関する法律	温室効果ガス算定排出量

解説　(1) 正しい．「特定粉じん排出等作業」については，大防法第18条の15（特定粉
じん排出等作業の実施の届出）参照．

(2) 誤り．水の臭気は，水防法では規制しておらず，悪臭防止法で規制している．
悪臭防止法では，水質臭気指数という用語ではなく，「排出水の臭気指数」の用語が
用いられている．悪臭防止法第4条（規制基準）第2項第三号参照．

(3) 正しい．「形質変更時要届出区域」については，土壌汚染対策法第9条（土地の形質
の変更の届出及び計画変更命令）参照．

(4) 正しい．「揚水機の吐出口の断面積」については，工業用水法第3条（許可）第1項
参照．

(5) 正しい．「温室効果ガス算定排出量」については，地球温暖化対策の推進に関する法
律第26条（温室効果ガス算定排出量の報告）参照．　　　　　　　　▶ 答（2）

1.4 環境影響評価法

 問題1 【令和4年 問4】

環境影響評価法に規定する目的に関する記述中，下線を付した箇所のうち，誤っているものはどれか.

この法律は，(1)土地の形状の変更，工作物の新設等の事業を行う事業者がその事業の実施に当たりあらかじめ環境影響評価を行うことが環境の保全上極めて重要であることにかんがみ，環境影響評価について(2)事業者等の責務を明らかにするとともに，(3)規模が大きく環境影響の程度が著しいものとなるおそれがある事業について環境影響評価が適切かつ円滑に行われるための手続その他所要の事項を定め，その手続等によって行われた(4)環境影響評価の結果をその事業に係る環境の保全のための措置その他のその事業の内容に関する決定に反映させるための措置をとること等により，その事業に係る環境の保全について適正な配慮がなされることを確保し，もって(5)現在及び将来の国民の健康で文化的な生活の確保に資することを目的とする.

解説 (1) 正しい．環境影響評価法第1条（目的）参照.

(2) 誤り．正しくは「国等の責務」である．環境影響評価法第1条（目的）参照.

(3)～(5) 正しい．環境影響評価法第1条（目的）参照. ▶答 (2)

問題2 【令和4年 問15】

環境影響評価法に基づく環境アセスメントを必ず実施する事業（第1種事業）として，誤っているものはどれか.

(1) 太陽電池発電所　　　出力2万kW以上

(2) 地熱発電所　　　　　出力1万kW以上

(3) 水力発電所　　　　　出力3万kW以上

(4) 火力発電所　　　　　出力15万kW以上

(5) 原子力発電所　　　　すべて

解説 環境影響評価法に基づく環境アセスメントを必ず実施する事業の規模は，次のとおりである.

(1) 誤り．第1種事業の太陽電池発電所の規模は，出力4万kW以上である．環境影響評価法施行令別表第1第五号ル，および**表1.1**参照.

(2) 正しい．第1種事業の地熱発電所の規模は，出力1万kW以上である．環境影響評価法施行令別表第1第五号チ，および表1.1参照.

表 1.1　環境影響評価の対象事業

対象事業	第1種事業 (必ず環境アセスメントを行う事業)	第2種事業 (環境アセスメントが必要かどうかを個別に判断する事業)
1　道路		
高速自動車国道	すべて	―
首都高速道路など	4車線以上のもの	―
一般国道	4車線以上・長さ10km以上	4車線以上・長さ7.5km～10km
林道	幅員6.5m以上・長さ20km以上	幅員6.5m以上・長さ15km～20km
2　河川		
ダム，堰	湛水面積100ha以上	湛水面積75ha～100ha
放水路，湖沼開発	土地改変面積100ha以上	土地改変面積75ha～100ha
3　鉄道		
新幹線鉄道	すべて	―
鉄道，軌道	長さ10km以上	長さ7.5km～10km
4　飛行場	滑走路長2,500m以上	滑走路長1,875m～2,500m
5　発電所		
水力発電所	出力3万kW以上	出力2.25万kW～3万kW
火力発電所	出力15万kW以上	出力11.25万kW～15万kW
地熱発電所	出力1万kW以上	出力7,500kW～1万kW
原子力発電所	すべて	―
太陽電池発電	出力4万kW以上	出力3万kW～4万kW
風力発電所	出力5万kW以上	出力3.75万kW～5万kW
6　廃棄物最終処分場	面積30ha以上	面積25ha～30ha
7　埋立て，干拓	面積50ha超	面積40ha～50ha
8　土地区間整理事業	面積100ha以上	面積75ha～100ha
9　新住宅市街地開発事業	面積100ha以上	面積75ha～100ha
10　工業団地造成事業	面積100ha以上	面積75ha～100ha
11　新都市基盤整備事業	面積100ha以上	面積75ha～100ha
12　流通業務団地造成事業	面積100ha以上	面積75ha～100ha
13　宅地の造成の事業（「宅地」には，住宅地，工場用地も含まれる）		
住宅・都市基盤整備機構	面積100ha以上	面積75ha～100ha
地域振興整備公団	面積100ha以上	面積75ha～100ha

(3) 正しい．第1種事業の水力発電所の規模は，出力3万kW以上である．環境影響評価法施行令別表第1第五号イ，および表1.1参照．

(4) 正しい．第1種事業の火力発電所の規模は，出力15万kW以上である．環境影響評価法施行令別表第1第五号ホ，および表1.1参照．

(5) 正しい．第1種事業の原子力発電所の場合は，すべての規模である．環境影響評価法施行令別表第1第五号リ，および表1.1参照．　　　　　　　　　　　▶答（1）

問題3　　　　　　　　　　　　　　　　　　　　　　　【平成30年 問15】

　環境影響評価法に基づく環境アセスメントの手続を必ず実施する事業（第1種事業）として，誤っているものはどれか．

(1) 一般国道（4車線以上）

(2) ダム，堰（湛水面積100 ha以上）

(3) 飛行場（滑走路長2,500 m以上）

(4) 新幹線鉄道（すべて）

(5) 火力発電所（出力15万kW以上）

解説　(1) 誤り．一般国道（4車線以上）については，10 km以上では，必ず環境アセスメントを行う第1種事業であるが，7.5 km以上10 km未満では，環境アセスメントが必要かどうかを個別に検討する事業である第2種事業である（表1.1参照）．

(2)〜(5) 正しい（表1.1参照）．　　　　　　　　　　　　　　　　　　　▶答（1）

1.5　最近の環境の現状

■ 1.5.1　地球環境問題

● 1　地球温暖化・その他

問題1　　　　　　　　　　　　　　　　　　　　　　　【令和5年 問6】

　2020（令和2）年度の我が国における，CO_2以外の温室効果ガスをそのCO_2換算排出量（$t\text{-}CO_2$）の多い順に並べたとき，正しいものはどれか（環境省：令和4年版環境白書・循環型社会白書・生物多様性白書による）．

(1) CH_4 ＞ N_2O ＞ HFCs

(2) CH_4 ＞ HFCs ＞ N_2O

(3) N_2O ＞ CH_4 ＞ HFCs

(4) HFCs ＞ CH_4 ＞ N_2O

(5) N_2O ＞ HFCs ＞ CH_4

解説 2022（令和4）年版環境白書・循環型社会白書・生物多様性白書では，各物質の CO_2 換算排出量を次のように記載している．

ハイドロフルオロカーボン（HFCs）	5,170万トン
メタン（CH_4）	2,840万トン
一酸化二窒素（N_2O）	2,000万トン

以上から（4）が正解．　　　　　　　　　　　　　　　　　　　　　　　　　▶答（4）

問題2　　　　　　　　　　　　　　　　　　　　　　　　　　【令和4年 問7】

　我が国の2019（令和元）年度における環境への排出量が，2013（平成25）年度の排出量よりも減少した温室効果ガスとして，誤っているものはどれか（環境省：令和3年版環境白書・循環型社会白書・生物多様性白書による）．
(1) 二酸化炭素
(2) メタン
(3) 一酸化二窒素
(4) 六ふっ化硫黄
(5) ハイドロフルオロカーボン類

解説 (1) 正しい．二酸化炭素（CO_2）について，2019（令和元）年度は2013（平成25）年度に対して15.9%減少した．
(2) 正しい．メタン（CH_4）は，5.4%の減少である．
(3) 正しい．一酸化二窒素（N_2O）は，7.5%の減少である．
(4) 正しい．六ふっ化硫黄（SF_6）は，3.6%の減少である．
(5) 誤り．ハイドロフルオロカーボン類（HFCs）は，54.8%の増加である．　　▶答（5）

問題3　　　　　　　　　　　　　　　　　　　　　　　　　　【令和3年 問6】

　次に示す国際会議・議定書を，開催又は採択の古い順に左側から並べたとき，正しいものはどれか．
　（ア）環境と開発に関する国際連合会議（UNCED）の開催
　（イ）オゾン層保護に関するモントリオール議定書の採択
　（ウ）気候変動に関する京都議定書の採択
(1)（ア）　　　　（イ）　　　　（ウ）
(2)（イ）　　　　（ア）　　　　（ウ）
(3)（イ）　　　　（ウ）　　　　（ア）

(4) (ウ)   (ア)   (イ)

(5) (ウ)   (イ)   (ア)

解説　(ア) 環境と開発に関する国際連合会議 (UNCED) の開催は，1992 年，ブラジルのリオデジャネイロである．

(イ) オゾン層保護に関するモントリオール議定書は，1987 年に採択され，1989 年に発効された．

(ウ) 気候変動に関する京都議定書の採択は，1997 年である．

以上から (2) が正解．　　　　　　　　　　　　　　　　　　　　　　　　▶答 (2)

問題4　　　　　　　　　　　　　　　　　　　　　　　　【令和2年 問7】

　気候変動に関する政府間パネル (IPCC) の第 5 次評価報告書の内容に関する記述として，誤っているものはどれか．

(1) 陸域と海上を合わせた世界の平均地上気温は，1880 年から 2012 年の期間に 0.85℃上昇した．

(2) 世界の平均海面水位は，1901 年から 2010 年の期間に 0.53 m 上昇した．

(3) 1971 年から 2010 年の期間に，海洋表層 (0 〜 700 m) で水温が上昇していることは，ほぼ確実である．

(4) 過去 20 年にわたり，グリーンランド及び南極の氷床の質量は減少しており，氷河はほぼ世界中で縮小し続けている．

(5) 北極域の海氷面積及び北半球の春季の積雪面積は減少し続けている．

解説　(1) 正しい．陸域と海上を合わせた世界の平均地上気温は，1880 年から 2012 年の期間に 0.85℃ (0.65 〜 1.06℃) 上昇した．

(2) 誤り．世界の平均海面水位は，1901 年から 2010 年の期間に 0.19 m (0.17 〜 0.21 m) 上昇した．

(3) 正しい．1971 年から 2010 年の期間に，海洋表層 (0 〜 700 m) で水温が上昇していることは，ほぼ確実である．

(4) 正しい．過去 20 年にわたり，グリーンランドおよび南極の氷床の質量は減少しており，氷河はほぼ世界中で縮小し続けている．

(5) 正しい．北極域の海氷面積および北半球の春季の積雪面積は減少し続けている．

▶答 (2)

問題5　　　　　　　　　　　　　　　　　　　　　　　　【令和元年 問7】

　1997 (平成 9) 年の気候変動枠組条約第 3 回締約国会議 (COP3) で合意された京都議定書において，排出削減の対象となった温室効果ガスとして，誤っているものは

どれか.

(1) パーフルオロカーボン
(2) ハイドロフルオロカーボン
(3) ハイドロクロロフルオロカーボン
(4) 一酸化二窒素
(5) 六ふっ化硫黄

解説 1997（平成9）年の気候変動枠組条約第3回締約国会議（COP3）で合意された京都議定書において，排出削減の対象となった温室効果ガスは，次の6つの化学物質である．パーフルオロカーボン，ハイドロフルオロカーボン，一酸化二窒素，六ふっ化硫黄，CO_2，メタン．

「ハイドロクロロフルオロカーボン」は排出削減の対象となっていない． ▶答（3）

問 題6 【令和元年 問8】

IPCC第4次評価報告書において，地球温暖化に伴い起こると予測されている様々な影響に関する記述として，誤っているものはどれか.

(1) サンゴの白化の増加
(2) 熱波，洪水，干ばつによる罹病率と死亡率の増加
(3) 数億人が水不足の深刻化に直面
(4) 湿潤熱帯地域と高緯度地域での水利用可能性の増加
(5) 低緯度地域における穀物生産性の向上

解説 (1)～(4) 正しい.

(5) 誤り．正しくは「低緯度地域における穀物生産性の低下」である．その他については，**表1.2**参照.

表1.2 地球温暖化に伴う様々な影響の予測

平均気温	21世紀末（2090～2099年）に20世紀末（1980～1999年）より1.1～6.4℃上昇
平均海面水位	21世紀末（2090～2099年）に20世紀末（1980～1999年）より0.18～0.59m上昇
水	数億人が水不足の深刻化に直面 湿潤熱帯地域と高緯度地域での水利用可能性の増加 中緯度地域と半乾燥低緯度地域での水利用可能性の減少および干ばつの増加
生態系	最大30%の種で絶滅リスクの増加→地球規模での重大な絶滅 サンゴの白化の増加→広範囲に及ぶサンゴの死滅 種の分布範囲の変化と森林火災リスクの増加 海洋の深層循環が弱まることによる生態系変化

表 1.2　地球温暖化に伴う様々な影響の予測（つづき）

食糧	低緯度地域における穀物生産性の低下 中高緯度地域におけるいくつかの穀物生産性の向上 小規模農家，自給的農業者・漁業者への複合的で局所的なマイナス影響
沿岸域	洪水と暴風雨による損害の増加 世界の沿岸湿地の約30％消失，毎年の洪水被害人口が追加的に数百万人増加
健康	いくつかの感染症媒介生物の分布変化 熱波，洪水，干ばつによる罹病率と死亡率の増加 栄養失調，下痢，呼吸器疾患，感染症による社会的負荷の増加

［IPCC 第四次評価報告書（2007）から環境省作成］

▶ 答（5）

 題7　　　　　　　　　　　　　　　　　　　　【平成30年 問7】

地球温暖化対策の新たな国際枠組みに関する記述として，誤っているものはどれか.

(1) 2015年に開催された国連気候変動枠組条約第21回締約国会議（COP21）で，パリ協定が採択された.

(2) 産業革命前からの世界の平均気温上昇を2.5℃より低く保つことが，世界共通の長期目標として設定された.

(3) すべての締約国は，温室効果ガス削減目標・行動を5年ごとに提出・更新する.

(4) 世界全体の実施状況を5年ごとに締約国会議で確認する（グローバル・ストックテイク）.

(5) COP21に先立って我が国が提出した2020年以降の貢献案は，「2030年度までに2013年度比で−26.0％とする」であった.

解説　(1) 正しい.

(2) 誤り.「世界共通の長期目標として平均気温上昇を産業革命前と比較して2℃より十分低く保つこと（1.5℃以内に抑える努力を追求）が設定された.」が正しい.

(3) 〜 (5) 正しい.　　　　　　　　　　　　　　　　　　　　　　　　▶ 答（2）

● 2　オゾン層破壊

 題1　　　　　　　　　　　　　　　　　　　　【令和4年 問8】

成層圏オゾン層破壊の原因となる化合物（ハロカーボン類）のうち，大気中の濃度が最近まで増え続けてきたものはどれか.

CFC：クロロフルオロカーボン

Halon：ハロン

HCFC：ハイドロクロロフルオロカーボン

(1) CFC-12

(2) Halon-1211

(3) HCFC-22

(4) 1,1,1-トリクロロエタン

(5) 四塩化炭素

解説 (1) 減少．CFC-12 は，CFC-11 と同様に 1996（平成 8）年から消費と生産が先進国で全廃されたので，最近は減少している（**図1.1**参照）．

(2) 減少．Halon-1211 は，分子式が $CBrClF_2$ で分子の中に Br が結合したものである．消火剤に使用されていたが，1994 年から生産が全廃された．

(3) 増加．HCFC-22 は，分子中に水素原子が含まれ，地上の紫外線で比較的容易に分解す

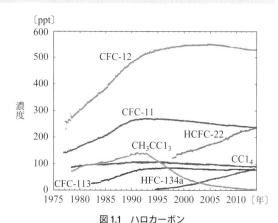

図1.1 ハロカーボン
（出典：気象庁「WMO 温室効果ガス年報第 12 号（気象庁訳）」）

るため，オゾン層の破壊は少ないとされて使用が増加した．現在では地球温暖化物質のため，削減が求められている（図1.1 参照）．

(4) 減少．1,1,1-トリクロロエタン（CH_3CCl_3）は，生産・消費が原則として全廃されているので，1993 年頃から急激に減少している（図1.1 参照）．

(5) 減少．四塩化炭素（CCl_4）は，生産・消費が原則として全廃されているので次第に減少している（図1.1 参照）．　　　　　　　　　　　　　　　　　　　▶答（3）

問題2　　　　　　　　　　　　　　　　　　　　　　　【令和3年 問7】

成層圏オゾン層を破壊する原因となる物質として，誤っているものはどれか．

(1) 六ふっ化硫黄

(2) 四塩化炭素

(3) 臭化メチル

(4) 1,1,1-トリクロロエタン

(5) クロロフルオロカーボン

解説 成層圏オゾンを破壊する物質は塩素，臭素であるからこれらを含まないものが正

解となる．六ふっ化硫黄（SF_6）はこれらを含んでいない．なお，六ふっ化硫黄は地球温暖化物質であり，温暖化係数は 22,800 で極めて大きい． ▶答（1）

 題3 　　　　　　　　　　　　　　　　　　　　　【令和2年 問6】

成層圏オゾン層破壊問題に関する記述として，誤っているものはどれか．
(1) 成層圏では強い紫外線によって酸素分子から生成する酸素原子と酸素分子とが反応して，オゾンが生成する．
(2) クロロフルオロカーボン，ハロンなどが成層圏で分解して生成する塩素原子，臭素原子によって，オゾンが連鎖的に分解される．
(3) クロロフルオロカーボンの大気中濃度は，減少する傾向にある．
(4) 南極上空で発生するオゾンホールの最大面積は，2000年以降も統計的に有意な増加傾向を示している．
(5) 冷凍・冷蔵庫，カーエアコン等に使用されているクロロフルオロカーボンなどのフロン類の回収と破壊が進められている．

解説 (1) 正しい．成層圏では強い紫外線によって酸素分子（O_2）から生成する酸素原子（O）と酸素分子とが反応して，オゾン（O_3）が生成する．

$$O_2 + 紫外線 \rightarrow O + O$$
$$O_2 + O \rightarrow O_3$$

(2) 正しい．クロロフルオロカーボン，ハロンなどが成層圏で分解して生成する塩素原子，臭素原子によって，オゾンが連鎖的に分解される．

$$CFCl_3(CFC\text{-}11) + 紫外線 \rightarrow Cl + CFCl_2$$
$$Cl + O_3 \rightarrow ClO + O_2$$
$$ClO + O \rightarrow Cl + O_2$$

(3) 正しい．クロロフルオロカーボン（図中では CFC-12，CFC-11）の大気中濃度は，減少する傾向にある（図1.1参照）．

(4) 誤り．南極上空で発生するオゾンホールの最大面積は，2000年以降も統計的に有意な減少傾向を示している．なお，図中の -78℃以下の領域面積は，オゾン層破壊を促進する極域成層圏雲の発達しやすいことを示す（**図1.2**参照）．

(5) 正しい．冷凍・冷蔵庫，カーエアコン等に使用されているクロロフルオロカーボンなどのフロン類の回収と破壊が進められている．

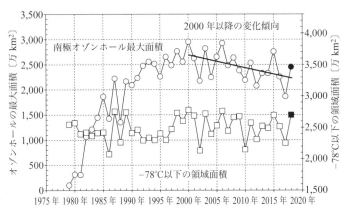

─○─：オゾンホールの最大面積（左軸）
─□─：南半球成層圏（50 hPa）における−78℃以下の領域面積の 8 月平均（右軸）
──── ：2000〜2018 年の変化傾向
南極オゾンホールの最大面積は，米国航空宇宙局（NASA）提供の衛星観測データ
を基に気象庁で作成．
−78℃以下の領域面積は，気象庁 55 年長期再解析（JRA-55）を基に作成．

**図 1.2　南極オゾンホールの年最大面積と南半球成層圏（50 hPa）の−78℃
以下の領域面積（8 月平均）の経年変化**
（出典：気象庁「気候変動監視レポート 2018」）

▶答（4）

問題4　　　　　　　　　　　　　　　　　　　　　【平成 30 年 問 6】

　成層圏オゾン層の破壊の原因となる化学物質として，誤っているものはどれか．
(1) クロロフルオロカーボン
(2) ハイドロクロロフルオロカーボン
(3) 臭化メチル
(4) ホルムアルデヒド
(5) 四塩化炭素

解説　(1) 〜 (3) 正しい．
(4) 誤り．ホルムアルデヒドは，対流圏で分解し成層圏まで行かない．またオゾン層を
　破壊するハロゲン物質も含んでいない．
(5) 正しい．　　　　　　　　　　　　　　　　　　　　　　　　　　▶答（4）

31

■ 1.5.2　我が国の環境問題

● 1　環境問題と原因物質

問題1　　　　　　　　　　　　　　　　【令和4年 問6】

公害・環境問題とその原因物質との組合せとして，誤っているものはどれか.

（公害・環境問題）　　　　　　（原因物質）

(1)　酸性雨　　　　　　　　　窒素酸化物

(2)　地下水汚染　　　　　　　トリクロロエチレン

(3)　四日市ぜん息　　　　　　硫黄酸化物

(4)　イタイイタイ病　　　　　ひ素化合物

(5)　海洋汚染　　　　　　　　マイクロプラスチック

解説　(1) 正しい. 酸性雨には，窒素酸化物（NO_2，NO）が大きく関係している.

(2) 正しい. 地下水汚染に，洗浄剤のトリクロロエチレンが関係していることがある
（**表1.3** 参照）.

表1.3　2017〜2019年度の概況調査において地下水環境基準を超過した項目とその超過率

［環境省「平成29年度〜令和元年度公共用水域水質測定結果」より抜粋］

	2019（令和元）年度				2018（平成30）年度				2017（平成29）年度			
	項目	調査井戸数	超過井戸数	超過率〔%〕	項目	調査井戸数	超過井戸数	超過率〔%〕	項目	調査井戸数	超過井戸数	超過率〔%〕
1	硝酸性窒素・亜硝酸性窒素	2,957	88	3.0	硝酸性窒素・亜硝酸性窒素	2,954	85	2.9	硝酸性窒素・亜硝酸性窒素	2,925	81	2.8
2	砒素	2,822	58	2.1	砒素	2,757	54	2.0	砒素	2,725	60	2.2
3	ふっ素	2,733	26	1.0	ふっ素	2,725	22	0.8	ふっ素	2,751	17	0.6
4	鉛	2,786	12	0.4	鉛	2,726	10	0.4	ほう素	2,603	7	0.3
5	テトラクロロエチレン	2,727	6	0.2	ほう素	2,570	9	0.4	トリクロロエチレン	2,816	5	0.2
6	ほう素	2,590	5	0.2	テトラクロロエチレン	2,762	6	0.2	クロロエチレン	2,433	4	0.2
7	トリクロロエチレン	2,734	4	0.1	トリクロロエチレン	2,767	3	0.1	鉛	2,689	4	0.1
8	四塩化炭素	2,567	3	0.1	クロロエチレン	2,390	1	0.0	テトラクロロエチレン	2,812	4	0.1

表1.3　2017〜2019年度の概況調査において地下水環境基準を超過した項目とその超過率（つづき）

	2019（令和元）年度			2018（平成30）年度				2017（平成29）年度			
	項目	調査井戸数	超過井戸数	超過率〔%〕	項目	調査井戸数	超過井戸数	超過率〔%〕	項目	調査井戸数	超過井戸数	超過率〔%〕
9	クロロエチレン	2,379	1	0.0	—	—	—	—	カドミウム	2,727	2	0.1
10	1,4-ジオキサン	2,400	1	0.0	—	—	—	—	総水銀	2,619	1	0.0
11	1,2-ジクロロエチレン	2,662	1	0.0	—	—	—	—	1,2-ジクロロエチレン	2,734	1	0.0
	全体	3,191	191	6.0	全体	3,206	181	5.6	全体	3,196	177	5.5

（3）正しい．四日市ぜん息は，四大公害（水俣病，イタイイタイ病，新潟水俣病，四日市ぜん息）の1つであり，硫黄酸化物（SO_x）が主な原因であった．

（4）誤り．イタイイタイ病は，富山県神通川流域で発生したカドミウム中毒事件である．更年期を過ぎた女性に発生する重金属中毒で，骨が折れイタイイタイと言って死亡する，悲惨な事件であった．ひ素化合物については，宮崎県土呂久地区における亜ひ酸製造工程が発生源となり，健康被害や環境問題が発生した．

（5）正しい．海洋に放出されたプラスチックが，紫外線等により細かく分解され微小（5mm以下）となったものをマイクロプラスチックといい，地球レベルでその汚染がみられている． ▶答（4）

問題2　【令和元年 問6】

過去に起きた大きな環境問題に関する記述として，誤っているものはどれか．

（1）1968（昭和43）年にイタイイタイ病の主原因は，鉱山排水に含まれていた鉛であると認められた．

（2）1950年代に熊本県水俣湾を中心に発生した水俣病は，工場排水に含まれていた有機水銀化合物によるものと認められた．

（3）1980年代に起きたトリクロロエチレンなど有機塩素化合物による地下水汚染を契機として，化学物質の審査及び製造等の規制に関する法律（化審法）が改正された．

（4）1960年代に問題になった四日市ぜん息は，大規模な石油化学コンビナートから排出された硫黄酸化物などによるものと認められた．

（5）1968（昭和43）年に起きたカネミ油症事件を契機として，ポリ塩化ビフェニル化合物の有毒性が問題となった．

解説　（1）誤り．1968（昭和43）年にイタイイタイ病の主原因は，亜鉛鉱山排水に含

まれていたカドミウムであると認められた.

(2) 正しい. 1950 年代に熊本県水俣湾を中心に発生した水俣病は，工場排水に含まれていた有機水銀化合物（メチル水銀）によるものと認められた. また，自然界に排出された無機水銀が有機水銀になることも原因であった.

(3) 正しい. 1980 年代に起きたトリクロロエチレンなど有機塩素化合物による地下水汚染を契機として，化学物質の審査及び製造等の規制に関する法律（化審法）が改正された.

(4) 正しい. 1960 年代に問題になった四日市ぜん息は，大規模な石油化学コンビナートから排出された硫黄酸化物などによるものと認められた.

(5) 正しい. 1968（昭和 43）年に起きたカネミ油症事件を契機として，ポリ塩化ビフェニル化合物（PCB）の有毒性が問題となった. ▶ 答（1）

● 2 大気汚染の現状および施策

問題1 【令和5年 問7】

粒子状物質（PM）の種類に関する記述として，誤っているものはどれか.
(1) ばいじんとは，燃料などの燃焼に伴って発生するものである.
(2) 粉じんとは，物の破砕や選別等に伴い発生，飛散するものである.
(3) 浮遊粒子状物質とは，大気中に浮遊している PM で，粒径 2.5 μm 以下のものである.
(4) 一次粒子とは，工場やディーゼル自動車などの発生源から排出されるものである.
(5) 二次生成粒子とは，SO_2，NO_x や VOC などから大気中で生成するものである.

解説 (1) 正しい. ばいじんとは，燃料などの燃焼に伴って発生するものである. 大防法第 2 条（定義）第 1 項第二号参照.

(2) 正しい. 粉じんとは，物の破砕や選別等に伴い発生，飛散するものである. 大防法第 2 条（定義）第 7 項参照.

(3) 誤り. 浮遊粒子状物質とは，大気中に浮遊している PM（Particulate Matter）で，粒径 10 μm 以下のものである. なお，粒径 2.5 μm 以下のものは，微小粒子状物質である.「大気の汚染に係る環境基準について」別表の備考 1 および「微小粒子状物質による大気の汚染に係る環境基準について」第 1（環境基準）第 4 項参照.

(4) 正しい. 一次粒子とは，工場やディーゼル自動車などの発生源から排出されるものである.

(5) 正しい. 二次生成粒子とは，SO_x，NO_x や VOC（Volatile Organic Compounds：揮発性有機化合物）などから大気中で生成するものである. 例：硫酸アンモニア，塩化ア

ンモニア，硝酸アンモニアなど．　　　　　　　　　　　　　　　　▶答（3）

問題2 【令和5年 問8】

揮発性有機化合物（VOC）に関する記述中，下線を付した箇所のうち，誤っているものはどれか．

VOCについては，(1)2000（平成12）年度の推定排出量を，2010（平成22）年度に(2)5割程度削減することを目標として，大気汚染防止法の改正が行われた．塗装，印刷，(3)接着などの大規模排出源への(4)排出濃度による規制に加えて，その他の事業所における(5)自主的取り組みの推進が主な改正点であった．

解説　(1) 正しい．

(2) 誤り．正しくは「3割」である．なお，2010（平成2）年には，2000（平成12）年に対して約44％が削減された．また，2019（令和元）年には2000（平成12）年に対して59％の削減となっている．

(3)～(5) 正しい．　　　　　　　　　　　　　　　　　　　　　　▶答（2）

問題3 【令和4年 問9】

光化学オキシダントに関する記述として，誤っているものはどれか（環境省：令和3年版環境白書・循環型社会白書・生物多様性白書による）．

(1) 環境基準は，1時間値の1日平均値として0.06 ppm以下である．

(2) 環境基準を達成した測定局の数は非常に少ない状況が続いている．

(3) 200局以上の一般環境大気測定局において，昼間の1時間値の年間最高値が0.12 ppmを超えている．

(4) 長期的な環境改善傾向は，8時間値の日最高値の年間99パーセンタイル値の3年平均値で評価されている．

(5) 2020（令和2）年の光化学オキシダント注意報の発令延日数を月別にみると，8月が最も多かった．

解説　(1) 誤り．光化学オキシダントの環境基準は，1時間値が0.06 ppm以下である．

(2) 正しい．環境基準を達成した測定局の数は，非常に少ない状況が続いている．2019（令和3）年度では，わずか2測定局数だけである（**図1.3**参照）．

(3) 正しい．200局以上（2019（令和3）年度は528局）の一般環境大気測定局（ビルの屋上など自動車排ガスの影響を受けない測定局）において，昼間の1時間値の年間最高値が0.12 ppmを超えている（図1.3参照）．

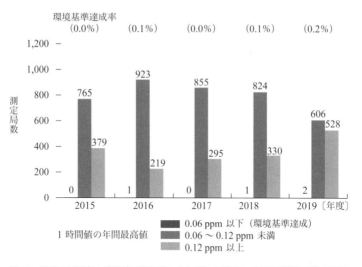

図 1.3 昼間の日最高 1 時間値の光化学オキシダント濃度レベル別の測定局数の推移
（一般環境大気測定局）（2015 年度〜 2019 年度）
（出典：環境省「令和 3 年版環境白書・循環型社会白書・生物多様性白書」）

(4) 正しい．長期的な環境改善傾向は，8 時間値の日最高値の年間 99 パーセンタイル値
（高い側の値の 1% を除いた残りの値）の 3 年平均値で評価されている．

(5) 正しい．2020（令和 2）年の光化学オキシダント注意報の発令延日数を月別にみる
と，紫外線の強い 8 月が最も多く 35 日（都道府県別に積算），次いで 6 月が 7 日で
あった． ▶ 答（1）

問題 4　　　　　　　　　　　　　　　　　　　　　　　　【令和 3 年 問 8】

　　有害大気汚染物質に関する記述中，下線を付した箇所のうち，誤っているものはど
れか．

　　(1)23 の優先取組物質が指定されており，このうちの (2)ベンゼン，(3)トリクロロエ
チレン，(4)テトラクロロエチレン，及び，(5)水銀及びその化合物の 4 物質には，大気
濃度について環境基準が定められている．

解説　23 の優先取組物質が指定されており，このうちのベンゼン，トリクロロエチレ
ン，テトラクロロエチレン，および，ジクロロメタンの 4 物質には，大気濃度について環
境基準が定められている．ベンゼン等による大気の汚染に係る環境基準について（平成 9
年 2 月 4 日環境庁告示第 4 号）参照．

　　以上から（5）が正解． ▶ 答（5）

問題5 【令和2年 問8】

光化学オキシダントに関する記述として，誤っているものはどれか．

(1) 光化学オキシダントとは，オゾン，パーオキシアセチルナイトレートなどの酸化性物質をいう．

(2) 光化学オキシダントは，窒素酸化物と非メタン炭化水素を含む揮発性有機化合物などがかかわる大気中の光化学反応で生成する．

(3) 光化学オキシダントの生成は，日射量のほか，風向・風速や大気安定度などの気象条件に依存している．

(4) 環境基準は，1時間値の1日平均値が 0.06 ppm 以下である．

(5) 環境基準が定められている大気汚染物質の中で，達成率が最も低い状態が続いている．

解説 (1) 正しい．光化学オキシダントとは，オゾン（O_3），パーオキシアセチルナイトレート（$CH_3COO_2NO_2$：PAN）などの酸化性物質をいう．濃度としては大部分をオゾンが占める．オゾンの生成反応は次のとおりである．

$$NO_2 + 紫外線 \rightarrow NO + O$$
$$O + O_2 \rightarrow O_3$$
$$NO + O_3 \rightarrow NO_2 + O_2$$

PAN の生成メカニズムについては，**図1.4** 参照．

(2) 正しい．光化学オキシダントは，窒素酸化物と非メタン炭化水素を含む揮発性有機化合物などがかかわる大気中の光化学反応で生成する．

(3) 正しい．光化学オキシダントの生成は，日射量のほか，風向・風速や大気安定度などの気象条件に依存している．

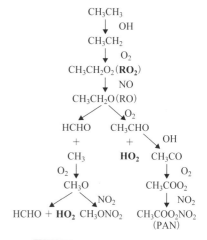

図1.4 OH，HO_2 を連鎖種とする炭化水素の大気中分解反応（光化学オキシダント生成のメカニズム）[13]

(4) 誤り．環境基準は，1時間値が 0.06 ppm 以下である．1日平均値ではない．

(5) 正しい．環境基準が定められている大気汚染物質の中で，達成率が最も低い状態が続いている．2017（平成29）年度の環境基準達成状況は，一般局0%，自排局0%であった．

なお，一般局とは自動車排ガスの影響を直接に受けない場所，自排局は自動車が多い道路の近傍の測定場所をいう． ▶答（4）

問題6 【令和2年 問9】

揮発性有機化合物（VOC）の排出規制対象となっている施設を，規模要件である排・送風能力の大きさの順に並べたとき，正しいものはどれか．
(1) 塗装施設（吹付塗装）＞グラビア印刷・乾燥施設＞化学製品製造・乾燥施設
(2) 塗装施設（吹付塗装）＞化学製品製造・乾燥施設＞グラビア印刷・乾燥施設
(3) 化学製品製造・乾燥施設＞グラビア印刷・乾燥施設＞塗装施設（吹付塗装）
(4) 化学製品製造・乾燥施設＞塗装施設（吹付塗装）＞グラビア印刷・乾燥施設
(5) グラビア印刷・乾燥施設＞塗装施設（吹付塗装）＞化学製品製造・乾燥施設

解説 各規制対象施設の1時間の排ガス量の基準は次のとおりである．

塗装施設（吹付塗装）　　　$100{,}000\,\mathrm{m^3/h}$
グラビア印刷・乾燥施設　　$27{,}000\,\mathrm{m^3/h}$
化学製品製造・乾燥施設　　$3{,}000\,\mathrm{m^3/h}$

以上から（1）が正解． ▶答（1）

問題7 【令和元年 問9】

揮発性有機化合物に関する記述として，誤っているものはどれか．
(1) 光化学オキシダントの原因物質の一つである．
(2) 大気中の非メタン炭化水素濃度について，環境基準が定められている．
(3) 排出規制と事業者の自主的取組を適切に組み合わせて排出抑制が行われている．
(4) 排出規制の対象施設では，排出口からの排出濃度による規制が行われている．
(5) 2010（平成22）年度の排出量の合計は，2000（平成12）年度に比べて約44%が削減されたと推定されている．

解説 （1）正しい．揮発性有機化合物（VOC：Volatile Organic Compound）は，光化学オキシダントの原因物質の一つである．光化学オキシダントは，NO_x と非メタン炭化水素を含む VOC などがかかわる大気中の光化学反応で生成するもので，オゾンが90% 以上を占める．
(2) 誤り．大気中の非メタン炭化水素濃度については，極めて低濃度であり直接健康には影響を与えないので，環境基準が定められていない．
(3) 正しい．排出規制と事業者の自主的取組を適切に組み合わせて排出抑制が行われている．大防法第17条の3（施策等の実施の指針）参照．

(4) 正しい．排出規制の対象施設では，排出口からの排出濃度による規制が行われている．大防法第17条の4（排出基準）参照．

(5) 正しい．2010（平成22）年度の排出量の合計は，2000（平成12）年度に比べて約44％が削減されたと推定されている．　　　　　　　　　　　　　　▶答（2）

問題8　　　　　　　　　　　　　　　　　　　　　【令和元年 問10】

　2016（平成28）年度において，一般環境大気測定局で測定された大気汚染物質濃度の年平均値を高い順に並べたとき，正しいものはどれか．

(1) $CO > NO_2 > SO_2$

(2) $CO > SO_2 > NO_2$

(3) $NO_2 > CO > SO_2$

(4) $NO_2 > SO_2 > CO$

(5) $SO_2 > NO_2 > CO$

解説　2016（平成28）年度において，一般環境大気測定局で測定された大気汚染物質濃度の年平均値は次のとおりである．

CO　　　0.3 ppm

NO_2　　0.009 ppm

SO_2　　0.002 ppm

以上から（1）が正解．　　　　　　　　　　　　　　　　　　　　▶答（1）

問題9　　　　　　　　　　　　　　　　　　　　　【平成30年 問8】

　排出基準が定められていない大気汚染物質はどれか．

(1) ばいじん

(2) ふっ化水素

(3) ニッケル

(4) 揮発性有機化合物

(5) 水銀

解説　(1) 正しい．ばいじんは，ばい煙であるから大防法第3条（排出基準）第1項参照．

(2) 正しい．ふっ化水素は，ばい煙であるから大防法第3条（排出基準）第1項参照．

(3) 誤り．ニッケルの排出基準は定められていない．

(4) 正しい．揮発性有機化合物は，大防法第2章の2（第17条の4，大防則第15条の2別表第5の2）参照．

(5) 正しい．水銀は，大防法第2章の4（第18条の22，大防令第3条の5，大防則第5条の

問題 10　　　　　　　　　　　　　　　　　　　　　　　　【平成 30 年 問 9】

　　浮遊粒子状物質（SPM）に関する記述中，下線を付した箇所のうち，誤っているものはどれか.

　　大気中に浮遊している粒子状物質のうち，粒径 (1) 2.5 μm 以下のものを SPM と定義し，健康への影響があることから (2) 環境基準が設定されている．SPM の大気中濃度は近年 (3) ほぼ横ばい傾向を示している．SPM には工場，ディーゼル自動車などの発生源から排出されるものに加えて，(4) VOC などから大気中で生成する (5) 二次生成粒子もある.

解説　(1) 誤り．「10 μm」が正しい．なお，2.5 μm 以下は微小粒子状物質という．10 μm 以下の浮遊粒子状物質と混同しないように注意すること.

(2) ～ (5) 正しい．なお，VOC とは，Volatile Organic Compound の略で揮発性有機化合物をいい，これと反応する二次粒子物質としては，硝酸アンモニウムや硝酸ナトリウムなどがある.　　　　　　　　　　　　　　　　　　　　　　　▶ 答（1）

● 3　水環境の現状

問題 1　　　　　　　　　　　　　　　　　　　　　　　　【令和 5 年 問 9】

　　水質汚濁の現状に関する記述として，誤っているものはどれか（環境省：令和 2 年度公共用水域水質測定結果及び令和 2 年度地下水質測定結果（概況調査）による）.

(1) 公共用水域において，健康項目であるカドミウムなどの環境基準達成率は，生活環境項目である BOD 又は COD の環境基準達成率よりも高い.

(2) 河川，湖沼，海域のうち，健康項目の環境基準達成率が最も高いのは，河川である.

(3) ひ素の環境基準達成率は，地下水よりも公共用水域のほうが高い.

(4) 河川の BOD 環境基準達成率は，湖沼の COD 環境基準達成率よりも高い.

(5) 1974（昭和 49）年度 ～ 2020（令和 2）年度までの間に，湖沼の COD 環境基準達成率が海域の COD 環境基準達成率より高くなったことは，一度もなかった.

解説　(1) 正しい．2020（令和 2）年度の公共用水域において，健康項目であるカドミウムなどの環境基準達成率 99.93 %（＝ 100 % － 非達成率＝ 100 % － 0.07 %）は，BOD または COD の環境基準達成率 88.8 % より高い（**表 1.4** および**図 1.5** 参照）.

表 1.4　健康項目の環境基準達成状況（非達成率）（令和 2 年度）

(出典：環境省「令和 2 年度 公共用水質測定結果」)

| | 令和 2 年度 | | | | | | | | | | 令和元年度 | | |
| | 河川 | | 湖沼 | | 海域 | | 全体 | | | 全体 | | |
	a：超過地点数	b：調査地点数	a：超過地点数	b：調査地点数	a：超過地点数	b：調査地点数	a：超過地点数	b：調査地点数	a/b [％]	a：超過地点数	b：調査地点数	a/b [％]
カドミウム	3	3,027	0	265	0	781	3	4,073	0.07	4	4,053	0.10
全シアン	0	2,745	0	227	0	682	0	3,654	0	0	3,569	0
鉛	4	3,139	0	265	0	801	4	4,205	0.10	3	4,177	0.07
六価クロム	0	2,813	0	240	0	748	0	3,801	0	0	3,754	0
砒素	19	3,129	2	267	0	797	21	4,193	0.50	23	4,161	0.55
総水銀	0	2,896	0	249	0	791	0	3,936	0	0	3,885	0
アルキル水銀	0	509	0	59	0	162	0	730	0	0	684	0
PCB	0	1,727	0	129	0	414	0	2,270	0	0	2,172	0
ジクロロメタン	0	2,626	0	206	0	542	0	3,374	0	0	3,346	0
四塩化炭素	0	2,603	0	204	0	518	0	3,325	0	0	3,296	0
1,2-ジクロロエタン	1	2,635	0	206	0	541	1	3,382	0.03	1	3,326	0.03
1,1-ジクロロエチレン	0	2,624	0	205	0	540	0	3,369	0	0	3,335	0
シス-1,2-ジクロロエチレン	0	2,609	0	205	0	540	0	3,354	0	0	3,336	0
1,1,1-トリクロロエタン	0	2,625	0	211	0	548	0	3,384	0	0	3,377	0
1,1,2-トリクロロエタン	0	2,609	0	205	0	540	0	3,354	0	0	3,335	0
トリクロロエチレン	0	2,656	0	217	0	554	0	3,427	0	0	3,402	0
テトラクロロエチレン	0	2,659	0	217	0	554	0	3,430	0	0	3,405	0
1,3-ジクロロプロペン	0	2,610	0	212	0	509	0	3,331	0	0	3,326	0
チウラム	0	2,555	0	217	0	503	0	3,275	0	0	3,263	0

表1.4 健康項目の環境基準達成状況（非達成率）（令和2年度）（つづき）

	河川 a：超過地点数	河川 b：調査地点数	湖沼 a：超過地点数	湖沼 b：調査地点数	海域 a：超過地点数	海域 b：調査地点数	令和2年度 全体 a：超過地点数	全体 b：調査地点数	a/b [％]	令和元年度 全体 a：超過地点数	全体 b：調査地点数	a/b [％]
シマジン	0	2,555	0	216	0	490	0	3,261	0	0	3,259	0
チオベンカルブ	0	2,531	0	216	0	489	0	3,236	0	0	3,250	0
ベンゼン	0	2,592	0	207	0	548	0	3,347	0	0	3,314	0
セレン	0	2,610	0	209	0	549	0	3,368	0	0	3,351	0
硝酸性窒素および亜硝酸性窒素	2	3,093	0	380	0	773	2	4,246	0.05	2	4,205	0.05
ふっ素	16 (25)	2,612 2,621	1 (1)	228 228	0 (0)	0 (22)	17 (26)	2,840 2,871	0.60	15 (30)	2,725 (2,887)	0.55
ほう素	0 (71)	2,504 2,575	0 (4)	218 222	0 (0)	0 (17)	0 (75)	2,722 2,814	0	0 (94)	2,591 (2,828)	0
1,4-ジオキサン	0	2,525	0	214	0	587	0	3,326	0	0	3,288	0
合計	42 <45>	3,822	3 <3>	404	0 <0>	1,050	45 <48>	5,276	0.85	45 <48>	5,318	0.85

注：1）硝酸性窒素および亜硝酸性窒素、ふっ素、ほう素は、平成11年度から全国的に水質測定を開始している。
2）ふっ素およびほう素の環境基準は、海域には適用されない。これら2項目に係る海域の測定地点数は、（ ）内に参考までに記載したが、環境基準の評価からは除外し、合計欄にも含まれない。また、河川および湖沼においても、海水の影響により環境基準を超過した地点を除いた地点数を記載しているが、（ ）内には、これらを含めた地点数を参考までに記載した。
3）合計欄の上段には重複のない地点数を記載しているが、下段＜ ＞内には、同一地点において複数の項目が環境基準を超える場合でも、それぞれの項目で超過地点数を1として集計した。なお、非達成率の計算には、複数の項目で超過した地点の重複分を差し引いた超過地点数45により算出した。

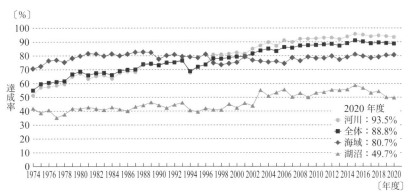

資料：環境省「令和2年度公共用水域水質測定結果」

図1.5 公共用水域の環境基準（BOD又はCOD）達成率の推移
（出典：環境省「令和4年版環境白書・循環型社会白書・生物多様性白書」）

(2) 誤り．河川，湖沼，海域のうち，健康項目の環境基準達成率が最も高いのは海域で，100％である（表1.4参照）．

(3) 正しい．ひ素の環境基準達成率は，地下水（**図1.6**参照）では超過率が2.1％であるから達成率は100％－2.1％＝97.9％，公共用水域では99.5％（＝100％－0.50％：表1.4参照）であるから，公共用水域の方が高い．

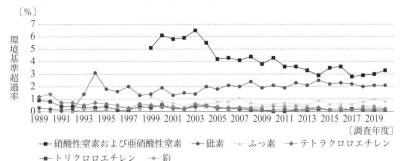

注1：超過数とは，測定当時の基準を超過した井戸の数であり，超過率とは，調査数に対する超過数の割合である．
 2：硝酸性窒素および亜硝酸性窒素，ふっ素は，1999年に環境基準に追加された．
 3：このグラフは環境基準超過本数が比較的多かった項目のみ対象としている．
資料：環境省「令和2年度地下水質測定結果」

図1.6 地下水の水質汚濁に係る環境基準の超過率（概況調査）の推移
（出典：環境省「令和4年版環境白書・循環型社会白書・生物多様性白書」）

(4) 誤り．河川のBOD環境基準達成率は，湖沼のCOD環境基準達成率より高い（図1.5参照）．なお，河川は植物プランクトンが少ないためBOD測定が可能であるが，湖沼や海域では閉鎖性水域であるため植物プランクトンが多く生息しているので原理的に

BOD 測定はできない.

(5) 正しい. 1974（昭和49）年度 ～ 2020（令和2）年度までの間に，湖沼の COD 環境基準達成率が海域の COD 環境基準達成率より高くなったことは，一度もなかった（図1.5 参照）. ▶ 答（2）

問 題2　　　　　　　　　　　　　　　　　　　　【令和5年 問10】✓✓✓

　地下水汚染の現状に関する記述として，誤っているものはどれか（環境省：令和2年度地下水質測定結果（概況調査）による）.

(1) 環境基準の超過率が最も高いのは，硝酸性窒素及び亜硝酸性窒素である.

(2) 最近（2017（平成29）年度 ～ 2020（令和2）年度）の硝酸性窒素及び亜硝酸性窒素の環境基準の超過率は，最も高かった時期（2000（平成12）年度 ～ 2003（平成15）年度）に比べておおよそ半分に低下している.

(3) 硝酸性窒素及び亜硝酸性窒素の汚染原因として，農用地への施肥，家畜排泄物，一般家庭からの生活排水などが挙げられる.

(4) トリクロロエチレン等の揮発性有機化合物（VOC）の主な汚染源は事業場である.

(5) トリクロロエチレン等の揮発性有機化合物（VOC）は，対策の強化により，最近では新たな汚染は見つかっていない.

解説　(1) 正しい. 環境基準の超過率が最も高いのは，図1.6 から硝酸性窒素および亜硝酸性窒素である.

(2) 正しい. 最近（2017（平成29）年度 ～ 2020（令和2）年度）の硝酸性窒素および亜硝酸性窒素の環境基準の超過率は，最も高かった時期（2000（平成12）年度 ～ 2003（平成15）年度）に比べておおよそ半分に低下している（図1.6 参照）.

(3) 正しい. 硝酸性窒素および亜硝酸性窒素の汚染原因として，農用地への施肥，家畜排泄物，一般家庭からの生活排水などが挙げられる.

(4) 正しい. トリクロロエチレン等の揮発性有機化合物（VOC）の主な汚染源は事業場である.

(5) 誤り. トリクロロエチレン等の揮発性有機化合物（VOC）は，依然として新たな汚染が発見されている. ▶ 答（5）

問 題3　　　　　　　　　　　　　　　　　　　　【令和4年 問10】✓✓✓

　水質汚濁の現状に関する記述として，誤っているものはどれか（環境省：令和元年度公共用水域水質測定結果及び地下水質測定結果（概況調査）による）.

(1) 人の健康の保護に関する環境基準（27項目）の達成率が最も低いのは，河川，湖沼，海域のうち，河川であった.

(2) BOD又はCODの環境基準の達成率が最も低いのは，河川，湖沼，海域のうち，湖沼であった．

(3) 公共用水域において，人の健康の保護に関する環境基準の超過率が高い項目は，ひ素，ふっ素であった．

(4) 地下水の調査実施井戸約3,200本のうち環境基準を超過する項目がみられた井戸は，2%以下であった．

(5) 地下水の環境基準の超過率が高い項目は，硝酸性窒素及び亜硝酸性窒素，ひ素であった．

解説　(1) 正しい．人の健康の保護に関する環境基準（27項目）の達成率が最も低いのは，河川（$(3,876 - 42)/3,876 \times 100 \fallingdotseq 98.9$〔%〕），湖沼（$(405 - 3)/405 \times 100 \fallingdotseq 99.3$〔%〕），海域（$(1,037 - 0)/1,037 \times 100 = 100$〔%〕）のうち，河川である．数値については**表1.5**参照．

(2) 正しい．BODまたはCODの環境基準の達成率が最も低いのは，河川（94.1%），湖沼（50.0%），海域（80.5%）のうち，湖沼である（**図1.7**参照）．

(3) 正しい．公共用水域において，人の健康の保護に関する環境基準の超過率が高い項目は，ひ素，ふっ素である（表1.5参照）．

(4) 誤り．地下水の調査実施井戸3,191本のうち環境基準を超過する項目がみられた井戸は，6.0%（191本）である（表1.3参照）．

(5) 正しい．地下水の環境基準の超過率が高い項目は，硝酸性窒素および亜硝酸性窒素，ひ素である（図1.6および表1.3参照）．

表1.5　健康項目の環境基準達成状況（非達成率）（令和元年度）
(出典：環境省「令和元年度 公共用水域水質測定結果」)

| | 令和元年度 | | | | | | | | | 平成30年度 | | |
| | 河川 | | 湖沼 | | 海域 | | 全体 | | | 全体 | | |
	a：超過地点数	b：調査地点数	a：超過地点数	b：調査地点数	a：超過地点数	b：調査地点数	a：超過地点数	b：調査地点数	a/b[%]	a：超過地点数	b：調査地点数	a/b[%]
カドミウム	4	3,046	0	262	0	745	4	4,053	0.10	6	4,114	0.15
全シアン	0	2,700	0	213	0	656	0	3,569	0	0	3,611	0
鉛	3	3,137	0	266	0	774	3	4,177	0.07	5	4,243	0.12
六価クロム	0	2,805	0	235	0	714	0	3,754	0	0	3,820	0
砒素	21	3,130	2	268	0	763	23	4,161	0.55	21	4,217	0.50
総水銀	0	2,899	0	247	0	739	0	3,885	0	0	3,967	0
アルキル水銀	0	507	0	49	0	128	0	684	0	0	734	0
PCB	0	1,675	0	119	0	378	0	2,172	0	0	2,281	0
ジクロロメタン	0	2,579	0	202	0	565	0	3,346	0	0	3,375	0
四塩化炭素	0	2,568	0	198	0	530	0	3,296	0	0	3,300	0
1,2-ジクロロエタン	1	2,567	0	202	0	557	1	3,326	0.03	1	3,350	0.03
1,1-ジクロロエチレン	0	2,577	0	202	0	556	0	3,335	0	0	3,339	0
シス-1,2-ジクロロエチレン	0	2,578	0	202	0	556	0	3,336	0	0	3,341	0
1,1,1-トリクロロエタン	0	2,609	0	206	0	562	0	3,377	0	0	3,365	0
1,1,2-トリクロロエタン	0	2,576	0	202	0	557	0	3,335	0	0	3,341	0
トリクロロエチレン	0	2,607	0	211	0	584	0	3,402	0	0	3,435	0
テトラクロロエチレン	0	2,610	0	211	0	584	0	3,405	0	0	3,439	0
1,3-ジクロロプロペン	0	2,591	0	200	0	535	0	3,326	0	0	3,361	0

表 1.5　健康項目の環境基準達成状況（非達成率）（令和元年度）（つづき）

| | 令和元年度 | | | | | | | | | | | | 平成30年度 | | |
| | 河川 | | 湖沼 | | 海域 | | 全体 | | | | | | 全体 | | |
	a：超過地点数	b：調査地点数	a：超過地点数	b：調査地点数	a：超過地点数	b：調査地点数	a：超過地点数	b：調査地点数	a/b[%]				a：超過地点数	b：調査地点数	a/b[%]
ナトリウム	0	2,555	0	193	0	515	0	3,263	0				0	3,290	0
シマジン	0	2,563	0	188	0	508	0	3,259	0				0	3,262	0
チオベンカルブ	0	2,555	0	188	0	507	0	3,250	0				0	3,253	0
ベンゼン	0	2,548	0	205	0	561	0	3,314	0				0	3,322	0
セレン	0	2,599	0	195	0	557	0	3,351	0				1	3,370	0.03
硝酸性窒素および亜硝酸性窒素	2	3,060	0	360	0	785	2	4,205	0.05				2	4,285	0.05
ふっ素	14 (28)	2,540 (2,553)	1 (2)	185 186	0 (0)	0 (148)	15 (30)	2,725 (2,887)	0.55				15 (27)	2,859 (2,896)	0.52
ほう素	0 (90)	2,418 (2,521)	0 (4)	173 (180)	0 (0)	0 (147)	0 (94)	2,591 (2,828)	0				1 (81)	2,739 (2,838)	0.04
1,4-ジオキサン	0	2,521	0	194	0	573	0	3,288	0				0	3,349	0
合計	42 <45>	3,876	3 <3>	405	0 <0>	1,037	45 <48>	5,318	0.85				46 <52>	5,347	0.86

注：1) 硝酸性窒素および亜硝酸性窒素、ふっ素、ほう素は、平成11年度から全国的に水質測定を開始している。
　　2) ふっ素およびほう素の環境基準は、海域には適用されない。これら2項目に係る海域の測定地点数は、（　）内に参考までに記載した。環境基準の評価からは除外し、合計欄にも含まれない。
　　　　また、河川および湖沼においても、海水の影響により環境基準を超過した地点を除いた地点数を記載しているが、下段（　）内には、これらを含めた地点数を参考までに記載した。
　　3) 合計欄の上段には重複のない地点数を記載しているが、下段＜　＞内には、同一地点において複数の項目が環境基準を超えた場合でも、それぞれの項目において超過地点数を1として集計した、延べ地点数を記載した。なお、非達成率の計算は、複数の項目で超過した地点の重複分を差し引いた超過地点数45により算出した。

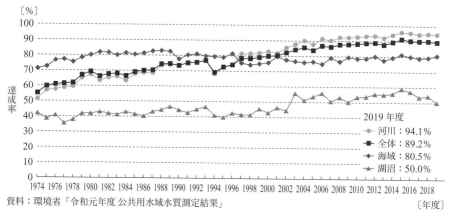

〔％〕

資料：環境省「令和元年度 公共用水域水質測定結果」　　　　　　　　　　　〔年度〕

図 1.7　公共用水域の環境基準（BOD 又は COD）達成率の推移
（出典：環境省「令和 3 年度版環境白書・循環型社会白書・生物多様性白書」）

▶ 答（4）

 題4　　　　　　　　　　　　　　　　　　　　　【令和3年 問10】

　公共用水域の水質汚濁の現状に関する記述として，誤っているものはどれか（環境省平成 30 年度公共用水域水質測定結果による）．

(1) 海域では，健康項目の環境基準を超過した地点はなかった．

(2) 河川，湖沼，海域のうち，健康項目の環境基準達成率が最も低いのは河川であった．

(3) 環境基準を超過した地点数が最も多かった健康項目は，硝酸性窒素及び亜硝酸性窒素であった．

(4) PCB に関しては，平成 29 年度及び平成 30 年度ともに，環境基準を超過した地点はなかった．

(5) カドミウム，鉛，六価クロム，ひ素，総水銀のうち，環境基準を超過した地点数が最も多かった健康項目は，ひ素であった．

解 説　(1) 正しい．海域では，健康項目の環境基準を超過した地点はなかった．

(2) 正しい．河川，湖沼，海域のうち，健康項目の環境基準達成率が最も低いのは河川で 98.9 ％あった．湖沼では 99.2 ％，海域 100 ％であった．

(3) 誤り．環境基準を超過した地点数が最も多かった健康項目は，ひ素であった．次はふっ素であった．

(4) 正しい．PCB に関しては，平成 29 年度および平成 30 年度ともに，環境基準を超過した地点はなかった．

48

(5) 正しい．カドミウム，鉛，六価クロム，ひ素，総水銀のうち，環境基準を超過した地点数が最も多かった健康項目は，ひ素であった． ▶答（3）

問題5 【令和3年 問11】☑☑☑

海洋環境の現状に関する記述として，誤っているものはどれか．
(1) 海上保安庁の「平成31年／令和元年の海洋汚染の現状について」によると，汚染原因件数の割合が最も高かったのは，油であった．
(2) 環境省の「平成30年度海洋環境モニタリング調査結果」によると，底質，生体濃度及び生物群集の調査において一部で高い値が検出されたが，全体としては海洋環境が悪化している状況は認められなかった．
(3) 近年，マイクロプラスチックによる海洋生態系への影響が懸念されている．
(4) マイクロプラスチックとは，5 μm以下の微細なプラスチックごみのことである．
(5) マイクロプラスチックに吸着しているポリ塩化ビフェニル（PCB）等の有害化学物質の量等を定量的に把握するための調査が実施されている．

解説 (1) 正しい．海上保安庁の「平成31年／令和元年の海洋汚染の現状について」によると，汚染原因件数の割合が最も高かったのは油（64%）であり，以下，廃棄物（33%），有害液体物質（1%），その他（工場排水等）（2%）であった（**図1.8**参照）．

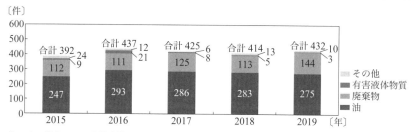

〔件〕

注：その他とは，工場排水等である．
資料：海上保安庁

図1.8 海洋汚染の発生確認件数の推移
(出典：環境省「令和元年版環境白書・循環型社会白書・生物多様性白書」)

(2) 正しい．環境省の「平成30年度海洋環境モニタリング調査結果」によると，底質，生体濃度および生物群集の調査において一部で高い値が検出されたが，全体としては海洋環境が悪化している状況は認められなかった．

(3) 正しい．近年，マイクロプラスチックによる海洋生態系への影響が懸念されている．

(4) 誤り．マイクロプラスチックとは，5 mm以下の微細なプラスチックごみのことである．

(5) 正しい．マイクロプラスチックに吸着しているポリ塩化ビフェニル（PCB）等の有

害化学物質の量等を定量的に把握するための調査が実施されている.　　　　▶答（4）

問題6　【令和2年　問10】

水質汚濁の現状に関する記述として，誤っているものはどれか.

(1) 公共用水域では，人の健康の保護に関する環境基準は，ほとんどの地点で達成されている.

(2) 公共用水域におけるBOD又はCODの環境基準達成率は，湖沼の達成率が最も低い.

(3) 硝酸性窒素及び亜硝酸性窒素による地下水汚染の原因としては，農用地への施肥，家畜排泄物，一般家庭からの生活排水などが挙げられる.

(4) 海上保安庁の「平成30年度の海洋汚染の現状について」によると，汚染原因件数の割合は有害液体物質が最も多い.

(5) マイクロプラスチックによる海洋生態系への影響が懸念されており，世界的な課題となっている.

解説　(1) 正しい．公共用水域では，人の健康の保護に関する環境基準は，2017（平成29）年度において基準超過地点数の割合が0.82%であるから，ほとんどの地点で達成されている．なお，2018（平成30）年と2019（令和元）年については表1.5参照.

(2) 正しい．2017（平成29）年度における公共用水域におけるBODまたはCODの環境基準達成率は全体89.0%でその内訳は，河川94.0%，海域78.6%，湖沼53.2%で湖沼の達成率が最も低い．なお，BOD（Biochemical Oxygen Demand）は，生物化学的酸素要求量〔mg/L〕で，微生物が有機物を餌として増殖するときに消費する酸素の量をいい，植物プランクトンがほとんどいない河川に適用される．COD（Chemical Oxygen Demand）は，化学的酸素要求量〔mg/L〕で，水中の有機物を酸化剤の化学薬品（過マンガン酸カリウムやクロム酸カリウムなど）で酸化したときに消費した酸素の量で表したもので，植物プランクトンが生息する海域や湖沼に適用される（図1.9参照）.

(3) 正しい．硝酸性窒素および亜硝酸性窒素による地下水汚染の原因としては，農用地への施肥，家畜排泄物，一般家庭からの生活排水などが挙げられる.

(4) 誤り．海上保安庁の「平成30年度の海洋汚染の現状について」によると，汚染原因件数（全体で414件）で，油68%，廃棄物27%，有害液体物質1%，その他の（工場排水等）3%で，油が最も多い．なお，前年度に比べて汚染原因件数は11件減少している（図1.8参照）.

(5) 正しい．マイクロプラスチック（5mm以下の微細なプラスチックごみ）による海洋生態系への影響が懸念されており，世界的な課題となっている.

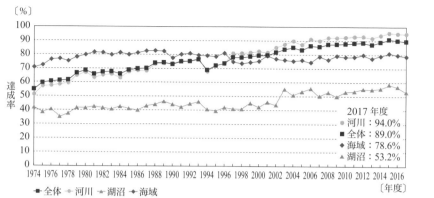

〔%〕

資料：環境省「平成 29 年度公共用水域水質測定結果」

図 1.9　公共用水域の環境基準（BOD 又は COD）達成率の推移
（出典：環境省「令和元年版環境白書・循環型社会白書・生物多様性白書」）

▶ 答（4）

題7　　　　　　　　　　　　　　　　　　　　　【令和 2 年 問 11】

水利用における汚濁負荷に関する記述として，誤っているものはどれか．

(1) 人の生活に由来する排水（生活排水）の発生源には，し尿と生活系雑排水がある．

(2) 生活排水中の BOD，COD，全窒素，全りんのうち，1 人 1 日当たり排出される汚濁物質の原単位が最も大きいものは BOD である．

(3) 下水道のうち，雨水と生活排水などを併せて下水処理場で処理する方式は，合流式下水道と呼ばれる．

(4) 工場からの排水基準が定められていない汚濁物質の中にも，生体影響などのおそれがあるものがある．

(5) 製造工程で利用される工業用水の回収利用率は，2015 年時点で 95 ％ に達している．

解説　(1) 正しい．人の生活に由来する排水（生活排水）の発生源には，し尿と生活系雑排水がある．

(2) 正しい．生活排水中の BOD，COD，全窒素，全りんのうち，1 人 1 日当たり排出される汚濁物質の原単位は，BOD 45 g/(人・日)，COD 23 g/(人・日)，全窒素 9.0 g/(人・日)，全りん 1.0 g/(人・日) であるから，最も大きいものは BOD である．

(3) 正しい．下水道のうち，雨水と生活排水などを併せて下水処理場で処理する方式は，合流式下水道と呼ばれる．なお，雨水と生活排水を別々に処理する方式は分流式下水道という．

(4) 正しい．工場からの排水基準が定められていない汚濁物質の中にも，生体影響など

のおそれがあるものがある．クロロホルムなど多くの物質が要監視項目として，毎年環境中の濃度が調査されている．

(5) 誤り．製造工程で利用される工業用水の回収利用率は，2015年時点で79%である．「95%」が誤り． ▶答（5）

問題8 　　　　　　　　　　　　　　　　　　　　【令和元年 問11】

水質環境保全に関する記述として，誤っているものはどれか．

(1) 水生生物の保全を目的に，全亜鉛，ノニルフェノール，直鎖アルキルベンゼンスルホン酸及びその塩，底層溶存酸素量について環境基準が定められている．

(2) ノニルフェノールについては，国により排水基準が定められている．

(3) 1,4-ジオキサンについては，国により公共用水域と地下水の環境基準が定められている．

(4) 1,4-ジオキサンについては，国により排水基準が定められている．

(5) 亜鉛の国による排水基準は，対応することが著しく困難な特定事業場を除き，5 mg/L から 2 mg/L に強化されている．

解説 (1) 正しい．水生生物の保全を目的に，全亜鉛，ノニルフェノール，直鎖アルキルベンゼンスルホン酸およびその塩，底層溶存酸素量について環境基準が定められている．

(2) 誤り．ノニルフェノールについては，国により排水基準が定められていない．

(3) 正しい．1,4-ジオキサンについては，国により公共用水域と地下水の環境基準が定められている．

(4) 正しい．1,4-ジオキサンについては，国により排水基準が定められている．

(5) 正しい．亜鉛の国による排水基準は，対応することが著しく困難な特定事業場を除き，5 mg/L から 2 mg/L に強化されている．排水基準を定める省令参照． ▶答（2）

問題9 　　　　　　　　　　　　　　　　　　　　【平成30年 問10】

水質汚濁の現状に関する記述として，誤っているものはどれか（環境省平成27年度公共用水域水質測定結果及び地下水質測定結果（概況調査）による）．

(1) 人の健康の保護に関する環境基準（27項目）の達成率は，河川より海域のほうが高い．

(2) COD に関する環境基準の達成率は，海域より湖沼のほうが高い．

(3) ひ素の環境基準超過率は，公共用水域より地下水のほうが高い．

(4) 地下水の調査対象井戸のうち，約6%において環境基準を超過する項目がみられた．

(5) 地下水の環境基準超過率が最も高い項目は，硝酸性窒素及び亜硝酸性窒素である．

(1) 正しい.

(2) 誤り. 2015（平成27）年のCODに関する環境基準の達成率は，海域81.1%，湖沼58.7%で海域の方が高い（図1.7参照）.

(3) 正しい. 2015（平成27）年のひ素の環境基準超過率は，公共用水域で0.54%，地下水では2.2%である（**表1.6**参照）.

表1.6　2015（平成27）年度地下水質測定結果（概況調査）

（出典：環境省「平成27年度公共用水域水質測定結果及び地下水質測定結果（概況調査）」）

項　目	概況調査結果					（参考）平成26年度 概況調査結果		
	調査数〔本〕	検出数〔本〕	検出率〔%〕	超過数〔本〕	超過率〔%〕	調査数〔本〕	超過数〔本〕	超過率〔%〕
カドミウム	2,658	16	0.6	1	0.0	2,704	0	0
全シアン	2,479	0	0	0	0	2,534	0	0
鉛	2,712	80	2.9	3	0.1	2,755	7	0.3
六価クロム	2,625	3	0.1	2	0.1	2,662	0	0
砒素	2,764	329	11.9	60	2.2	2,816	69	2.5
総水銀	2,660	0	0	0	0	2,701	1	0.0
アルキル水銀	699	0	0	0	0	526	0	0
PCB	1,957	0	0	0	0	2,022	0	0
ジクロロメタン	2,793	2	0.1	0	0	2,823	0	0
四塩化炭素	2,710	9	0.3	0	0	2,740	0	0
塩化ビニルモノマー	2,474	14	0.6	0	0	2,495	2	0.1
1,2-ジクロロエタン	2,709	4	0.1	0	0	2,733	0	0
1,1-ジクロロエチレン	2,695	10	0.4	0	0	2,723	0	0
1,2-ジクロロエチレン	2,801	35	1.2	1	0.0	2,831	0	0
1,1,1-トリクロロエタン	2,842	28	1.0	0	0	2,872	0	0
1,1,2-トリクロロエタン	2,604	6	0.2	0	0	2,630	0	0
トリクロロエチレン	2,942	62	2.1	2	0.1	2,965	7	0.2
テトラクロロエチレン	2,936	80	2.7	3	0.1	2,958	8	0.3
1,3-ジクロロプロペン	2,364	0	0	0	0	2,392	0	0
チウラム	2,241	1	0.0	0	0	2,263	0	0
シマジン	2,238	1	0.0	0	0	2,260	0	0
チオベンカルブ	2,238	0	0	0	0	2,260	0	0

第1章　公害総論

表1.6　2015（平成27）年度地下水質測定結果（概況調査）（つづき）

項　目	概況調査結果					（参考）平成26年度 概況調査結果		
	調査数 〔本〕	検出数 〔本〕	検出率 〔%〕	超過数 〔本〕	超過率 〔%〕	調査数 〔本〕	超過数 〔本〕	超過率 〔%〕
ベンゼン	2,717	1	0.0	0	0	2,751	1	0.0
セレン	2,482	25	1.0	0	0	2,533	0	0
硝酸性窒素および亜硝酸性窒素	3,033	2,602	85.8	105	3.5	3,084	90	2.9
ふっ素	2,755	1,111	40.3	16	0.6	2,783	26	0.9
ほう素	2,635	927	35.2	5	0.2	2,676	7	0.3
1,4-ジオキサン	2,483	10	0.4	2	0.1	2,519	0	0
全体	3,360	2,982	88.8	195	5.8	3,405	211	6.2

（注）1　検出数とは各項目の物質を検出した井戸の数であり，検出率とは調査数に対する検出数の割合である.
超過数とは環境基準を超過した井戸の数であり，超過率とは調査数に対する超過数の割合である.
環境基準超過の評価は年間平均値による. ただし，全シアンについては最高値とする.
2　全体とは全調査井戸の結果で，全体の超過数とはいずれかの項目で環境基準超過があった井戸の数であり，全体の超過率とは全調査井戸の数に対するいずれかの項目で環境基準超過があった井戸の数の割合である.

（4）正しい. 地下水の調査対象井戸のうち，5.8％（約6％）の環境基準を超過する項目が見られた（表1.6参照）.

（5）正しい. 地下水の環境基準超過率が最も高い項目は，硝酸性窒素および亜硝酸性窒素（3.5%）である（表1.6参照）.　　　　　　　　　　　　　　▶答（2）

問題10　　　　　　　　　　　　　　　　　　　　　　　【平成30年 問11】

水循環及び水質環境問題に関する記述として，正しいものはどれか.
（1）地上の水は，主に地球内部からのエネルギーを受けて自然の大循環を繰り返している.
（2）人の生活に由来する排水（生活排水）には，し尿は含まれない.
（3）分流式下水道では，汚水は下水処理場で処理され，雨水は川や海に放流される.
（4）近年では，製造工程に利用される工業用水のほぼ100％が回収利用されている.
（5）水生生物の保護に関する環境基準として，表層溶存酸素量についての基準値が設定されている.

解説　（1）誤り. 地上の水は，主に太陽のエネルギーを受けて自然の大循環を繰り返している.

(2) 誤り．人の生活に由来する排水（生活排水）に，し尿は含まれる．

(3) 正しい．分流式下水道では，汚水（生活排水）は，下水処理場で処理され，雨水は別の下水道管で川や海に放流される．なお，合流式下水道では，汚水と雨水が同一の下水道管で下水処理場に入り処理される．

(4) 誤り．製造工程に利用される工業用水の78.9％（2014年）が回収されており，ほぼ100％ではない．

(5) 誤り．水生生物の保護に関する環境基準として，湖沼と海域について「底層溶存酸素量」についての基準値が設定されている．　　　　　　　　　　　　▶答（3）

● 4　土壌汚染および地盤沈下

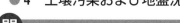
問題1　　　　　　　　　　　　　　　　　　　　　　【令和4年 問11】☑□□

　土壌汚染及び地盤沈下の現状に関する記述として，誤っているものはどれか（環境省：令和3年版環境白書・循環型社会白書・生物多様性白書による）．
(1) 2019（令和元）年度における土壌汚染の調査事例件数の40％弱で，土壌環境基準等を超過する汚染が認められた．
(2) 土壌汚染が判明した事例では，ふっ素，鉛，ひ素等による汚染が多い．
(3) 土壌汚染の超過事例件数は，この10年間で半減している．
(4) 東京都区部，大阪市，名古屋市等では，地盤沈下は沈静化の傾向をたどっている．
(5) 消融雪地下水採取地，水溶性天然ガス溶存地下水採取地など，一部地域では依然として地盤沈下が発生している．

解説　(1) 正しい．2019（令和元）年度における土壌汚染の調査事例件数は2,505件で，そのうち土壌環境基準等を超過する件数は936件であるから936/2,505×100≒37〔％〕である（**図1.10**参照）．

(2) 正しい．土壌汚染が判明した事例では，ふっ素，鉛，ひ素等による汚染が多い．

(3) 誤り．土壌汚染の超過事例件数は，図1.10に示すようにこの10年間でほとんど変化せず高止まりしてる．「半減」は誤り．

(4) 正しい．東京都区部，大阪市，名古屋市等では，地下水のくみ上げ規制によって地盤沈下は沈静化の傾向をたどっている．

(5) 正しい．消融雪地下水採取地，水溶性天然ガス溶存地下水採取地など，一部地域では依然として地盤沈下が発生している．

55

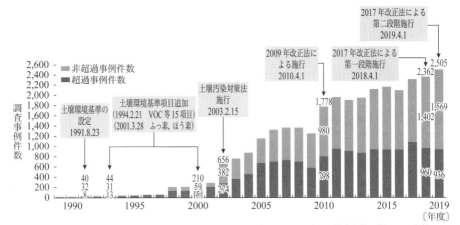

資料：環境省「令和元年度　土壌汚染対策法の施行状況及び土壌汚染状況調査・対策事例等に関する調査結果」

図 1.10　年度別の土壌汚染判明事例件数
（出典：環境省「令和 3 年版環境白書・循環型社会白書・生物多様性白書」）

▶ 答（3）

● 5　騒音・振動・悪臭

問 題1　　　　　　　　　　　　　　　　　　　　　　　【令和 5 年 問11】　✓ ✓ ✓

　　騒音・振動公害に関する記述中，（ア）～（ウ）の □ の中に挿入すべき語句・数値の組合せとして，正しいものはどれか（環境省：騒音規制法施行状況調査報告書及び振動規制法施行状況調査報告書による）.

・騒音・振動の苦情件数には，法規制の対象でないもの ［（ア）］.
・振動苦情件数は，1999（平成11）年度 ～ 2020（令和2）年度の間で ［（イ）］ 件を超えたことがない.
・騒音に対する適合率が最も低いものは ［（ウ）］ である.

	（ア）	（イ）	（ウ）
(1)	も含まれる	5,000	工場・事業場
(2)	も含まれる	2,000	建設作業
(3)	は含まれない	2,000	建設作業
(4)	は含まれない	5,000	工場・事業場
(5)	は含まれない	2,000	自動車

解説　（ア）「も含まれる」である.

56

（イ）「5,000」である（**図1.11**参照）.

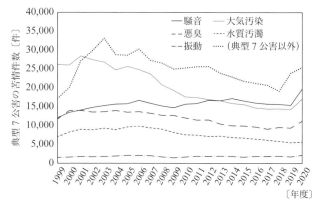

［総務省 公害等調整委員会：公害苦情調査結果報告書より作成］

図1.11　典型7公害の種類別苦情件数の推移 [17]

（ウ）「工場・事業場」である.

　以上から（1）が正解.　　　　　　　　　　　　　　　　　▶答（1）

問題2　　　　　　　　　　　　　　　　　　　　　　　**【令和5年 問12】**

　騒音に係る環境基準を，その制定された年の古い順に左から並べたとき，正しいものはどれか.

a：騒音に係る環境基準

b：航空機騒音に係る環境基準

c：新幹線鉄道騒音に係る環境基準

（1）a → b → c

（2）a → c → b

（3）b → c → a

（4）b → a → c

（5）c → a → b

解説　環基法のもとでは各々次のような年に制定されている.

a：騒音に係る環境基準：1998（平成10）年9月30年環境庁告示第64号

b：航空機騒音に係る環境基準：1973（昭和48）年12月27日環境庁告示第154号

c：新幹線鉄道騒音に係る環境基準：1975（昭和50）年7月29日環境庁告示第46号

　以上から古い順にb → c → aとなる.

　以上から（3）が正解.

旧公害対策基本法のもとでは次のように制定されている.

a：騒音に係る環境基準：1971（昭和46）年5月25日閣議決定

b：航空機騒音に係る環境基準：1973（昭和48）年12月27日環境庁告示

c：新幹線鉄道騒音に係る環境基準：1975（昭和50）年7月29日環境庁告示

したがって，旧公害対策基本法の期間を含めれば，古い順にa→b→cとなり，(1) が正解となる.

なお，本問は問題文が明確でないため，正解が2つとなっている（一般社団法人産業環境管理協会公害防止管理者試験センター「お知らせ（公害防止管理者等国家試験における試験問題の一部誤りについて）」(2023年10月13日) 参照）.　　　　　　▶答（1），（3）

問題3 【令和4年 問12】

騒音・振動及び悪臭の苦情件数に関する記述として，誤っているものはどれか（令和元年度総務省公害等調整委員会報告書，令和元年度環境省騒音規制法施行状況調査報告書及び振動規制法施行状況調査報告書による）.

(1) 典型7公害の種類別苦情件数は，騒音が最も多い.

(2) 典型7公害の種類別苦情件数において，振動の苦情件数は，悪臭の苦情件数より多い.

(3) 典型7公害の総苦情件数に対する振動苦情件数の割合は，近年ほぼ横ばいの傾向にある.

(4) 振動の苦情件数と騒音の苦情件数との比率は，近年ほぼ一定で推移している.

(5) 騒音及び振動の苦情件数を発生源別にみると，どちらも建設作業が最も多い.

解説 (1) 正しい. 典型7公害の種類別苦情件数は，騒音が最も多い（図1.11参照）. なお，典型7公害とは，大気の汚染，水質の汚濁，土壌の汚染，騒音，振動，地盤の沈下および悪臭である.

(2) 誤り. 典型7公害の種類別苦情件数において，振動の苦情件数は，悪臭の苦情件数よりはるかに少ない. なお，苦情件数は多い順で騒音，大気汚染，悪臭，水質汚染（汚濁），振動である（図1.11参照）.

(3) 正しい. 典型7公害の総苦情件数に対する振動苦情件数の割合は，近年ほぼ横ばいの傾向にある（図1.11参照）.

(4) 正しい. 振動の苦情件数と騒音の苦情件数との比率は，近年ほぼ一定で推移している（図1.11参照）.

(5) 正しい. 騒音および振動の苦情件数を発生源別にみると，どちらも建設作業が最も多い.　　　　　　▶答（2）

問題4 【令和3年 問9】

悪臭に係る発生源別の苦情として，最も件数の多いものはどれか（環境省平成30年度悪臭防止法施行状況調査による）.

(1) 野外焼却
(2) 畜産農業
(3) 食料品製造工場
(4) 下水・用水
(5) サービス業・その他

解説 悪臭に係る発生源別の苦情（2018（平成30）年）として，最も件数の多いものは次のとおりである（環境省平成30年度悪臭防止法施行状況調査による）.

1位は，野外焼却　全体の苦情件数12,573件のうち25.6%.

2位は，サービス業・その他で17.1%である.

3位は，個人住宅・アパート・寮で11.3%である.　　　　　　▶答 (1)

問題5 【令和3年 問12】

騒音・振動の状況に関する記述中，（ア）～（ウ）の ☐ の中に挿入すべき語句・数値の組合せとして，正しいものはどれか（令和2年版環境白書・循環型社会白書・生物多様性白書による）.

・騒音苦情件数は，振動苦情件数の約 (ア) 倍である.
・発生源別の苦情件数は，振動では (イ) が最も多い.
・近隣騒音は，騒音に係る苦情全体の約 (ウ) % を占めている.

	(ア)	(イ)	(ウ)
(1)	10	建設作業振動	7
(2)	10	工場・事業場	17
(3)	5	建設作業振動	7
(4)	5	工場・事業場	7
(5)	5	建設作業振動	17

解説 （ア）「5」である.

（イ）「建設作業振動」である.

（ウ）「17」である.

以上から (5) が正解.　　　　　　▶答 (5)

問題6 【令和2年 問12】

騒音・振動公害に関する記述中，（ア）〜（ウ）の □ の中に挿入すべき語句・数値の組合せとして，正しいものはどれか．

・建設作業振動に対する苦情件数は，振動苦情件数全体の約 （ア） ％である（環境省：令和元年版環境白書・循環型社会白書・生物多様性白書による）．

・航空機騒音に係る環境基準の達成状況を調査するには （イ） を計測する．

・新幹線鉄道騒音の対策として， （ウ） デシベル対策が推進されている．

	（ア）	（イ）	（ウ）
(1)	78	単発騒音暴露レベル	75
(2)	78	等価騒音レベル	85
(3)	68	単発騒音暴露レベル	75
(4)	68	等価騒音レベル	75
(5)	68	単発騒音暴露レベル	85

解説 （ア）「68」である．

（イ）「単発騒音暴露レベル」である．「航空機騒音に係る環境基準について」中に単発騒音暴露レベルを計測するとの記述が規定されている．

（ウ）「75」である．新幹線鉄道については，新幹線鉄道騒音の環境基準（昭和50年環境庁告示第46号）を達成するために各種対策が講じられてきたが，達成期間を経過しても達成状況が芳しくなかったことから，昭和60年度より，環境基準の達成に向けた対策として，新幹線鉄道沿線における騒音レベルを75デシベル以下とするため，関係行政機関および関係事業者において，いわゆる「75ホン対策」を推進している．

以上から（3）が正解． ▶答（3）

問題7 【令和元年 問12】

騒音及び振動に係る環境基準の有無に関する組合せとして，正しいものはどれか．

	航空機騒音	新幹線鉄道騒音	道路交通振動	新幹線鉄道振動
(1)	有	無	無	無
(2)	有	無	無	有
(3)	無	無	有	有
(4)	無	有	有	無
(5)	有	有	無	無

解説　航空機については，騒音のみで，振動はない．

新幹線については，騒音のみで，振動は指針値である．

道路交通については，騒音のみで振動はない．

以上から（5）が正解．　　　　　　　　　　　　　　　　　　　▶ 答（5）

 題8　　　　　　　　　　　　　　　　　　　　【平成30年 問12】

　平成27年度の騒音・振動・悪臭の状況に関する記述中，（ア）～（ウ）の □□□ の中に挿入すべき語句・数値の組合せとして，正しいものはどれか（平成29年版環境・循環型社会・生物多様性白書による）．

・騒音苦情の件数は，悪臭苦情の件数より [(ア)]．

・騒音苦情の件数は，振動苦情の件数の約 [(イ)] 倍である．

・近隣騒音（営業騒音など）は，騒音苦情全体の約 [(ウ)] ％である．

	（ア）	（イ）	（ウ）
(1)	少ない	10	40
(2)	少ない	5	40
(3)	多い	5	40
(4)	多い	10	20
(5)	多い	5	20

解説　（ア）「多い」である（図1.12参照）．

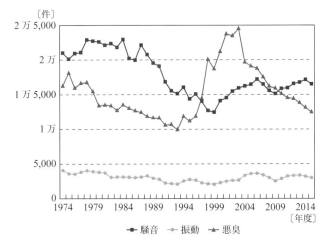

図1.12　騒音・振動・悪臭に係る苦情件数の推移（1974年度～2015年度）
（出典：環境省「平成29年版環境・循環型社会・生物多様性白書」）

（イ）「5」である．
（ウ）「20」である．なお，2017（平成29）年度版環境白書では，18.3%であった．
以上から（5）が正解．

▶答（5）

● 6　ダイオキシン類・化学物質

問題1　【令和5年 問14】

ダイオキシン類に関する記述中，下線を付した箇所のうち，誤っているものはどれか．

2,3,7,8-TeCDD（テトラクロロジベンゾ-パラ-ジオキシン）はダイオキシン類の中で(1)最も毒性が強く，(2)20°Cではほとんど気化せず，(3)水溶性であり，(4)750～800°Cの加熱や(5)紫外線で分解するなどの特徴がある．

解説（1），（2）正しい．
（3）誤り．正しくは「難溶性」である．
（4），（5）正しい（**図1.13**および**表1.7**参照）．

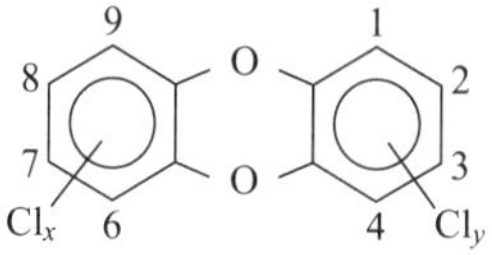

（a）PCDDs

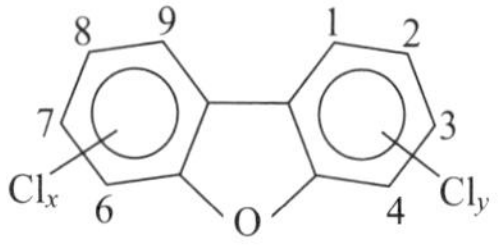

（b）PCDFs

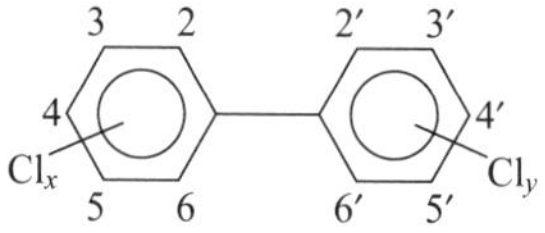

（c）DL–PCBs

（注）数字は塩素の置換できる炭素の位置を示す．

図1.13　ダイオキシン類の化学構造

表1.7　ダイオキシン類（PCDDs，PCDFs とコプラナー PCBs）の毒性等価係数（TEF）[16]

異性体		略号	TEF*
PCDDs		2,3,7,8-TeCDD	1
		1,2,3,7,8-PeCDD	1
		1,2,3,4,7,8-HxCDD	0.1
		1,2,3,6,7,8-HxCDD	0.1
		1,2,3,7,8,9-HxCDD	0.1
		1,2,3,4,6,7,8-HpCDD	0.01
		1,2,3,4,6,7,8,9-OCDD	0.0003 (0.0001)
PCDFs		2,3,7,8-TeCDF	0.1
		1,2,3,7,8-PeCDF	0.03 (0.05)
		2,3,4,7,8-PeCDF	0.3 (0.5)
		1,2,3,4,7,8-HxCDF	0.1
		1,2,3,6,7,8-HxCDF	0.1
		1,2,3,7,8,9-HxCDF	0.1
		2,3,4,6,7,8-HxCDF	0.1
		1,2,3,4,6,7,8-HpCDF	0.01
		1,2,3,4,7,8,9-HpCDF	0.01
		1,2,3,4,6,7,8,9-OCDF	0.0003 (0.0001)
コプラナー PCBs	ノンオルト体	3,4,4',5-TeCB	0.0003 (0.0001)
		3,3',4,4'-TeCB	0.0001
		3,3',4,4',5-PeCB	0.1
		3,3',4,4',5,5'-HxCB	0.03 (0.01)
	モノオルト体	2',3,4,4',5-PeCB	0.00003 (0.0001)
		2,3',4,4',5-PeCB	0.00003 (0.0001)
		2,3,3',4,4'-PeCB	0.00003 (0.0001)
		2,3,4,4',5-PeCB	0.00003 (0.0005)
		2,3',4,4',5,5'-HxCB	0.00003 (0.00001)
		2,3,3',4,4',5-HxCB	0.00003 (0.0005)
		2,3,3',4,4',5'-HxCB	0.00003 (0.0005)
		2,3,3',4,4',5,5'-HpCB	0.00003 (0.0001)

*2008（平成20）年4月から使用される値（括弧内の値は1998（平成10）年に採用された値）

▶ 答（3）

ダイオキシン類に関する記述として，誤っているものはどれか．

(1) ダイオキシン類対策特別措置法で定義されているのは，ポリ塩化ジベンゾフラン，ポリ塩化ジベンゾ-パラ-ジオキシン及びコプラナーポリ塩化ビフェニルである．

(2) 最も毒性の強い2,3,7,8-テトラクロロジベンゾフランの毒性を1（基準）として，その他毒性のある異性体の毒性は，相対的な毒性を表わす毒性等価係数（TEF）で表わされる．

(3) ダイオキシン類は通常，複数の異性体の混合物として存在する．

(4) 排出量は各異性体の量にTEFを乗じて，それらを足し合わせた値（毒性当（等）量）として算出される．

(5) 2019（令和元）年におけるダイオキシン類の排出総量は，第3次計画のダイオキシン類削減目標量を下回っており，削減目標は達成されている．

解 説 (1) 正しい．ダイオキシン類対策特別措置法で定義されているのは，ポリ塩化ジベンゾフラン（PCDFs），ポリ塩化ジベンゾ-パラ-ジオキシン（PCDDs）およびコプラナーポリ塩化ビフェニル（DL-PCBs：DLはDioxin-Likeの略）である（図1.13参照）．

(2) 誤り．最も毒性の強い2,3,7,8-テトラクロロジベンゾ-パラ-ジオキシン（2,3,7,8-TeCDD）の毒性を1（基準）として，その他毒性のある異性体の毒性は，相対的な毒性を表す毒性等価係数（TEF：Toxic Equivalency Factor）で表される．なお，2,3,7,8-テトラクロロジベンゾフラン（2,3,7,8-TeCDF）のTEFは，0.1である（表1.7参照）．

(3) 正しい．ダイオキシン類は通常，複数の異性体の混合物として存在する．

(4) 正しい．排出量は各異性体の量にTEFを乗じて，それらを足し合わせた値を（毒性当（等）量）として算出される．

(5) 正しい．2019（令和元）年におけるダイオキシン類の排出総量（101 g-TEQ/年）は，第3次計画のダイオキシン類削減目標量（176 g-TEQ/年）を下回っており，削減目標は達成されている（**表1.8**および**図1.14**参照）．

表1.8　ダイオキシン類の削減計画における事業分野別の目標量と達成状況[16]

事業分野	第3次削減目標量 (g-TEQ/年)	(参考) 過去の計画の削減目標量 (g-TEQ/年)		(参考) 推計排出量 (g-TEQ/年)			
		第1次削減目標量 (平成15年時点)	第2次削減目標量 (平成22年時点)	平成9年 (1997)	平成15年 (2003)	平成22年 (2010)	令和元年 (2019)
1. 廃棄物処理分野	106	576〜622	164〜189	7,205〜7,658	219〜244	94〜95	56
(1) 一般廃棄物焼却施設	33	310	51	5,000	71	33	20
(2) 産業廃棄物焼却施設	35	200	50	1,505	75	29	17
(3) 小型廃棄物焼却炉等 (法規制対象)	22	66〜122	63〜88	700〜1,153	73〜98	19	10.2
(4) 小型廃棄物焼却炉 (法規制対象外)	16					13〜14	9.0
2. 産業分野	70	264	146	470	149	61	45
(1) 製鋼用電気炉	31.1	130.3	80.3	229	80.3	30.1	18.6
(2) 鉄鋼業焼結施設	15.2	93.2	35.7	135	35.7	10.9	9.0
(3) 亜鉛回収施設 (焙焼炉, 焼結炉, 溶鉱炉, 溶解炉および乾燥炉)	3.2	13.8	5.5	47.4	5.5	2.3	1.2
(4) アルミニウム合金製造施設 (焙焼炉, 溶解炉および乾燥炉)	10.9	11.8	14.3	31.0	17.4	8.7	9.6
(5) その他の施設	9.8	15	10.4	27.3	10.3	8.8	6.3
3. その他 (下水道終末処理施設, 最終処分場)	0.2	3〜5	4.4〜7.7	1.2	0.6	0.2	0.1
合計	176	843〜891	315〜343	7,676〜8,129	368〜393	155〜156	101

(注1) 下水道終末処理施設, 最終処分場

(注2) 本表の排出量はすべて, 大気と水への排出量の合計値である. また, 第3次削減計画より目標設定から除外された排出源は除いた値である.

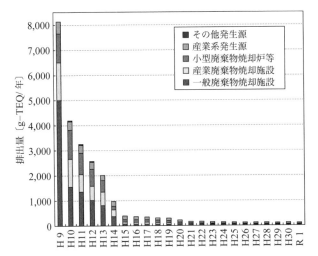
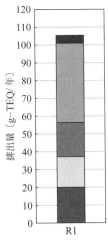

図1.14　1997年（平成9年）～ 2019年（令和元年）のダイオキシン類の推計排出量の推移[16]
（出典：環境省「ダイオキシン類の排出量の目録（排出インベントリー）について（2021（令和3）年3月）」）

▶ 答（2）

問題3　　　　　　　　　　　　　　　　　　　　　　　　【令和3年 問14】

　化管法の次の対象物質のうち，2018年度における届出排出量が最も多いものはどれか．
　（化管法：特定化学物質の環境への排出量の把握等及び管理の改善の促進に関する法律）

(1)　ベンゼン
(2)　キシレン
(3)　エチルベンゼン
(4)　ノルマル–ヘキサン
(5)　ジクロロメタン（別名塩化メチレン）

解説　化管法の次の対象物質のうち，2018年度における届出排出量を**図1.15**に示す．

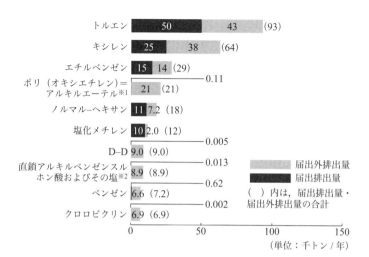

トルエン 50 43 (93)
キシレン 25 38 (64)
エチルベンゼン 15 14 (29)
ポリ（オキシエチレン）＝アルキルエーテル※1 21 (21) 0.11
ノルマル–ヘキサン 11 7.2 (18)
塩化メチレン 10 2.0 (12)
D–D 9.0 (9.0) 0.005
直鎖アルキルベンゼンスルホン酸およびその塩※2 8.9 (8.9) 0.013
ベンゼン 6.6 (7.2) 0.62
クロロピクリン 6.9 (6.9) 0.002

0　　　　50　　　　100　　　　150
（単位：千トン / 年）

届出外排出量
届出排出量
（ ）内は，届出排出量・届出外排出量の合計

※1：アルキル基の炭素数が 12 から 15 までのものおよびその混合物に限る．
※2：アルキル基の炭素数が 10 から 14 までのものおよびその混合物に限る．
注：百トンの位の値で四捨五入しているため合計値にずれがあります．
［資料：経済産業省，環境省］

図 1.15　届出排出量・届出外排出量上位 10 物質とその排出量（2018 年度分）
（出典：環境省「令和 2 年版環境白書・循環型社会白書・生物多様性白書」）

選択肢の中ではキシレンが最も多い． ▶ 答（2）

問題4 【令和 2 年 問14】 ✓ ✓ ✓

ダイオキシン類問題に関する記述として，誤っているものはどれか．

(1) ダイオキシン類の排出量については，ダイオキシン類対策特別措置法に基づいて削減目標が定められている．

(2) ダイオキシン類の排出量の目録（排出インベントリー）によると，2017（平成29）年の排出量は，目標量を下回っており，目標を達成している．

(3) ダイオキシン類は，複数の異性体の混合物として環境中に存在するので，それぞれの異性体の質量を合計して，全体としての毒性を表す．

(4) POPs 条約では，PCB 等の物質の製造・使用・輸出入の原則禁止が求められている．

(5) POPs 条約では，PCDDs 等の非意図的生成物の排出の削減及び廃絶が求められている．

解説　(1) 正しい．ダイオキシン類の排出量については，ダイオキシン類対策特別措置法に基づいて削減目標が定められている．

(2) 正しい．ダイオキシン類の排出量の目録（排出インベントリー）によると，2017（平成29）年の排出量は，目標量を下回っており，目標を達成している．

(3) 誤り．ダイオキシン類は，複数の異性体の混合物として環境中に存在するので，PCDDs（7種類あり）のうち毒性が最も高い 2,3,7,8-TeCDD の毒性の質量に置き換えて（等価毒性量）表す．

(4) 正しい．POPs条約では，PCB等の物質の製造・使用・輸出入の原則禁止が求められている．

(5) 正しい．POPs条約では，PCDDs等の非意図的生成物の排出の削減および廃絶が求められている．　　　　　　　　　　　　　　　　　　　　　　　　　▶答（3）

問 題5　　　　　　　　　　　　　　　　　　　　　　【令和元年 問14】

ダイオキシン類問題に関する記述として，誤っているものはどれか．

(1) ダイオキシン類の排出量は，毒性等価係数を用いて算出した毒性等量で表す．

(2) ダイオキシン類のうち，最も毒性が強いものの一つとして，2,3,7,8-四塩化ジベンゾ-パラ-ジオキシンがある．

(3) ダイオキシン類の 2016（平成28）年の排出量は，ダイオキシン類削減計画の目標量を上回っており，削減目標を達成していない．

(4) POPs（残留性有機汚染物質）条約では，非意図的に生成されるポリ塩化ジベンゾ-パラ-ジオキシン等の削減等による廃棄物等の適正管理が記載されている．

(5) 我が国のダイオキシン類削減計画の内容は，POPs条約に基づく国内実施計画に反映されている．

解説　(1) 正しい．ダイオキシン類の排出量は，毒性等価係数を用いて算出した毒性等量で表す．

(2) 正しい．ダイオキシン類のうち，最も毒性が強いものの一つとして，2,3,7,8-四塩化ジベンゾ-パラ-ジオキシン（2,3,7,8-TeCDD）がある．

(3) 誤り．ダイオキシン類の 2016（平成28）年の排出量（114～116 g-TEQ/年）は，ダイオキシン類削減計画の目標量（176 g-TEQ/年）を下回っており，削減目標を達成している．

(4) 正しい．POPs（Persistent Organic Pollutant：残留性有機汚染物質）条約では，非意図的に生成されるポリ塩化ジベンゾ-パラ-ジオキシン等の削減等による廃棄物等の適正管理が記載されている．

(5) 正しい．我が国のダイオキシン類削減計画の内容は，POPs条約に基づく国内実施計画に反映されている．　　　　　　　　　　　　　　　　　　　　▶答（3）

ダイオキシン類に関する記述中, 下線を付した箇所のうち, 誤っているものはどれか.

我が国では, 平成9年12月から (1) 大気汚染防止法や (2) 廃棄物の処理及び清掃に関する法律による対策が進められ, (3) ダイオキシン類対策特別措置法（平成11年）によって規制されている. 現在は (4) 第4次削減計画が進められており, 平成27年の排出量は118〜120 g-TEQ/年で, (5) 目標量（176 g-TEQ/年）を下回っている.

解説 (1)〜(3) 正しい.

(4) 誤り. 正しくは「第3次削減計画」である. なお, 第3次削減計画は, 2012（平成24）年8月に作成された.

(5) 正しい. ▶答 (4)

1.6 廃棄物

2019（令和元）年度における産業廃棄物に関する記述として, 誤っているものはどれか.

(1) 産業廃棄物の総排出量は約3億8,600万tで, 前年度に比べて700万tほど増加した.

(2) 排出量が多い3業種は,「電気・ガス・熱供給・水道業」,「建設業」,「パルプ・紙・紙加工品製造業」であった.

(3) 汚泥, 動物のふん尿, がれき類の排出量合計は, 全排出量の約8割であった.

(4) 再生利用率が高い廃棄物は, がれき類, 金属くず, 動物のふん尿などであった.

(5) 最終処分の比率が最も高い廃棄物は, 燃え殻であった.

解説 (1) 正しい. 産業廃棄物の総排出量は約3億8,600万トン（図1.16参照）で, 前年度に比べて700万トンほど増加した.

(2) 誤り. 排出量が多い3業種は, 図1.16から「電気・ガス・熱供給・水道業」,「農業, 林業」および「建設業」であった.

(3) 正しい. 産業廃棄物の種類別では, 汚泥（全体の44.3%）, 動物のふん尿（同20.9%）, がれき類（同15.3%）で, 合計で全体の約8割であった.

(4) 正しい. 再生利用率の高い廃棄物は, がれき類（再生利用率96.4%）, 金属くず（同96.2%）, 動物のふん尿（同94.9%）などであった.

(5) 正しい．最終処分の比率が最も高い廃棄物は，燃え殻（比率22.6%）であった．その他，ゴムくず（同18.3%），ガラス・コンクリートくずおよび陶磁器くず（同15.8%），繊維くず（同15.4%），廃プラスチック類（同15.3%）と続く．

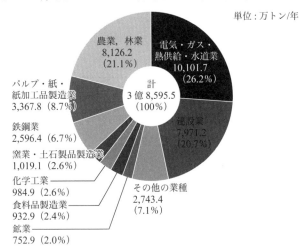

資料：環境省「産業廃棄物排出・処理状況調査報告書」

図 1.16　産業廃棄物の業種別排出量（2019 年度）
（出典：環境省「令和 4 年版環境白書・循環型社会白書・生物多様性白書」）

▶ 答（2）

問題2　　　　　　　　　　　　　　　　　　　　　　　　【令和 4 年 問 13】✓ ✓ ✓

　次の 3 種類の産業廃棄物を 2018（平成 30）年度における最終処分比率（最終処分量／排出量）の高い順に並べたとき，正しいものはどれか．

(1) 廃プラスチック類　　＞　　ゴムくず　　　　　　＞　　燃え殻
(2) 廃プラスチック類　　＞　　燃え殻　　　　　　　＞　　ゴムくず
(3) ゴムくず　　　　　　＞　　廃プラスチック類　　＞　　燃え殻
(4) 燃え殻　　　　　　　＞　　廃プラスチック類　　＞　　ゴムくず
(5) ゴムくず　　　　　　＞　　燃え殻　　　　　　　＞　　廃プラスチック類

解説　2018（平成 30）年度における最終処分比率は，次のとおりである．
　ゴムくず 37%，燃え殻 17%，ガラスくず・コンクリートくずおよび陶磁器くず 16%，廃プラスチック類 15%．
　以上から（5）が正解．

▶ 答（5）

問 題3 【令和3年 問13】

産業廃棄物に関する記述として，誤っているものはどれか（環境省調べによる）．
(1) 我が国の産業廃棄物の総排出量は，約4億t前後で推移している．
(2) 2017年度の業種別排出量では，電気・ガス・熱供給・水道業が最も多い．
(3) 2017年度の種類別排出量では，汚泥が最も多く，次いで動物のふん尿，がれき
　類である．
(4) 2017年度の総排出量のうち，中間処理されたものは全体の約50％，直接再生利
　用されたものは全体の約10％である．
(5) 2017年度において再生利用率が高いものは，がれき類，動物のふん尿，金属く
　ず，鉱さいなどである．

解説 (1) 正しい．我が国の産業廃棄物の総排出量は，約4億t前後で推移している
（図1.17参照）．

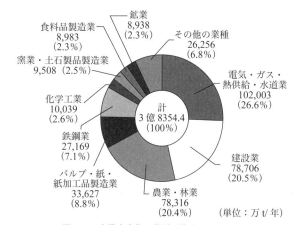

図1.17　産業廃棄物の業種別排出量（2017年度）
（出典：環境省「令和元年版環境白書・循環型社会白書・生物多様性白書」）

(2) 正しい．2017年度の業種別排出量では，電気・ガス・熱供給・水道業が最も多い
　（図1.17参照）．
(3) 正しい．2017年度の種類別排出量では，汚泥（43.3％）が最も多く，次いで動物の
　ふん尿（20.2％），がれき類（17.1％）である．
(4) 誤り．2017年度の総排出量のうち，中間処理されたものは全体の約80％，直接再生
　利用されたものは全体の約19％である．
(5) 正しい．2017年度において再生利用率が高いものは，がれき類（97％），動物のふ
　ん尿（95％），金属くず（92％），鉱さい（89％）などである．　　　　▶答 (4)

問 題4 【令和2年 問13】

一般廃棄物に関する記述として，誤っているものはどれか．

(1) 一般廃棄物とは，法令で指定された産業廃棄物以外の廃棄物のことをいう．

(2)「事業系ごみ」でも，その廃棄物の種類が法令に指定されていなければ，一般廃棄物である．

(3) 一般廃棄物については，原則として排出される区域の市町村が処理責任を負う．

(4) 2017（平成29）年度の一般廃棄物（ごみ）の排出量は，1人1日当たり約920gであった．

(5) 2017（平成29）年度の全国における一般廃棄物処理では，焼却，破砕・選別等による最終処理量は約3,850万tであった．

1.6
廃棄物

解説 (1) 正しい．一般廃棄物とは，法令で指定された産業廃棄物以外の廃棄物のことをいう．

(2) 正しい．「事業系ごみ」でも，その廃棄物の種類が法令に指定されていなければ，一般廃棄物である（**図1.18** 参照）．

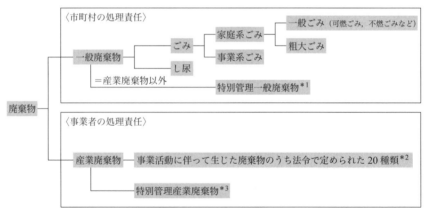

*1 一般廃棄物のうち，爆発性，毒性，感染性その他の人の健康又は生活環境に係る被害を生ずるおそれのあるもの

*2 ①燃え殻，②汚泥，③廃油，④廃酸，⑤廃アルカリ，⑥廃プラスチック類，⑦ゴムくず，⑧金属くず，⑨ガラスくず，コンクリートくずおよび陶磁器くず，⑩鉱さい，⑪がれき類，⑫ばいじん，⑬紙くず，⑭木くず，⑮繊維くず，⑯動植物性残さ，⑰動物系固形不要物，⑱動物のふん尿，⑲動物の死体，⑳上記の産業廃棄物を処分するために処理したもの 20 種類および「輸入された廃棄物」が産業廃棄物と定義される．

*3 産業廃棄物のうち，爆発性，毒性，感染性その他の人の健康又は生活環境に係る被害を生ずるおそれがあるもの

図 1.18　廃棄物の分類
（出典：環境省，一部加筆）

(3) 正しい．一般廃棄物については，原則として排出される区域の市町村が処理責任を負う．

(4) 正しい．2017（平成29）年度の一般廃棄物（ごみ）の排出量は，1人1日当たり約920gであった．なお，同年，全国の市町村で実施されたごみ処理の状況は，ごみの総発生量4,289万トンのうち，総処理量（中間処理量＋直接資源化量＋直接最終処分量（42万トン））は4,085万トンである．

(5) 誤り．2017（平成29）年度の全国における一般廃棄物処理では，焼却，破砕・選別等による中間処理量は約3,850万トンであった．「最終処理量」が誤り． ▶答 (5)

問 題5 【令和元年 問13】

2015（平成27）年度における産業廃棄物に関する記述として，誤っているものはどれか．

(1) 事業活動に伴って生じた廃棄物のうち，燃え殻，汚泥，廃プラスチック類など20種類と輸入された廃棄物を産業廃棄物という．

(2) 産業廃棄物の総排出量は約4億トンであり，中間処理されたものは全体の約80％であった．

(3) 種類別排出量の上位3種類は，汚泥，動物のふん尿，がれき類であった．

(4) 業種別排出量が最も多かったのは，建設業であった．

(5) 再生利用率が低いものは，汚泥，廃アルカリ，廃酸などであった．

解説 (1) 正しい．事業活動に伴って生じた廃棄物のうち，燃え殻，汚泥，廃プラスチック類など20種類と輸入された廃棄物を産業廃棄物という．

(2) 正しい．産業廃棄物の総排出量は約4億トンであり，中間処理されたものは全体の約80％であった．

(3) 正しい．種類別排出量の上位3種類は，汚泥（全体の43.3％），動物のふん尿（同20.6％），がれき類（同16.4％）であった．

(4) 誤り．業種別排出量が最も多かったのは，電気・ガス・熱供給・水道業で，建設業は2番目であった．なお，3番目は農業・林業であった．

(5) 正しい．再生利用率が低いものは，汚泥，廃アルカリ，廃酸などであった． ▶答 (4)

問 題6 【平成30年 問13】

環境省の産業廃棄物排出・処理状況調査報告書によると，下記の業種のうち，平成26年度における産業廃棄物の業種別排出量が最も少ない業種はどれか．

(1) 農業・林業

(2) 電気・ガス・熱供給・水道業

73

(3) 建設業
(4) 鉄鋼業
(5) 化学工業

解説 平成 26 年度の産業廃棄物の業種別排出量の割合は次のとおりである.
(1) 農業・林業で 20.8 % である.
(2) 電気・ガス・熱供給・水道業で 25.7 % である.
(3) 建設業で 20.8 % である.
(4) 鉄鋼業で 7.3 % である.
(5) 化学工業で 3.0 % である.
　以上から（5）が正解.　　　　　　　　　　　　　　　　　　　▶ 答（5）

1.7 環境管理手法

■ 1.7.1 環境マネジメント

問題1 【令和2年 問15】

　リスクマネジメントの基礎概念の一つであるリスク対応におけるプロセスとして,
誤っているものはどれか.
(1) リスク分析
(2) リスク低減
(3) リスク回避
(4) リスク共有
(5) リスク保有

解説 リスクマネジメントの手順の基礎概念は次のように分類される.
リスクアセスメント
　リスク特定……リスク源の識別
　リスク分析……リスク原因およびリスク源, リスクの結果と発生確率, リスク算定
　リスク評価……リスク基準との比較
リスク対応
　リスク回避
　リスク低減

リスク共有（移転）

　リスク保有…… リスクの受容

モニタリングおよびレビュー

　継続的な点検，監督，観察，決定

リスクコミュニケーション

　情報の提供，共有，取得

　ステークホルダとの対話

以上からリスク分析は，リスクアセスメントに属する．

以上から（1）が正解．

▶答（1）

■ 1.7.2　環境調和型製品およびLCA

 題1 【令和5年 問15】

環境ラベルに関する記述として，誤っているものはどれか．

(1) 商品（製品やサービス）の環境に関する情報を，製品やパッケージ，広告などを通じて消費者に伝えるものである．

(2) 環境ラベルの表示は，法律で義務付けられたものではなく，企業の判断にゆだねられている．

(3) 3つのタイプの環境ラベルが，国際標準化機構（ISO）で規格化されている．

(4) タイプ I 環境ラベルは，独立した第三者による認証を必要としない自己宣言による環境主張である．

(5) タイプ III 環境ラベルでは，産業界又は独立した団体がISO14025に従って，事前に設定されたパラメーター領域について製品の環境データを表示する．

解説 (1) 正しい．環境ラベルは，商品（製品やサービス）の環境に関する情報を，製品やパッケージ，広告などを通じて消費者に伝えるものである．

(2) 正しい．環境ラベルの表示は，法律で義務付けられたものではなく，企業の判断にゆだねられている．

(3) 正しい．3つのタイプの環境ラベルが，国際標準化機構（ISO）で規格化されている．

(4) 誤り．タイプ I 環境ラベルは，ISO14024に従って，（公財）日本環境協会が事務局となり行う第三者認証制度である．選択肢の内容は，タイプ II 環境ラベルであり，ISO14021による，独立した第三者による認証を必要としない自己宣言による環境主張であり，企業によって最も活用されている．

(5) 正しい．タイプ III 環境ラベルは，産業界または独立した団体がISO14025に従っ

第1章　公害総論

て，事前に設定されたパラメーター領域について製品の環境データを表示するものである．　　　　　　　　　　　　　　　　　　　　　　　　　　　　　▶答（4）

　ライフサイクルアセスメント（LCA）とその実施手順に関する記述として，誤っているものはどれか．
(1) LCAとは，製品システムのライフサイクル全体を通したインプット，アウトプット及び潜在的な環境影響のまとめ並びに評価のことである．
(2) LCAを実施する目的と範囲の設定が，LCAの第一ステップである．
(3) 第二ステップのインベントリ分析で用いられるインプットデータは，生産又は排出される製品・排出物に関するものである．
(4) 第三ステップでは，地球温暖化や資源消費などの各カテゴリーへの影響を定量的に評価する．
(5) 第四ステップでは，設定した目的に照らし，インベントリ分析やライフサイクル影響評価の結果を単独に又は総合して評価，解釈する．

解説　(1) 正しい．LCAとは，製品システムのライフサイクル全体を通したインプット，アウトプットおよび潜在的な環境影響のまとめ並びに評価のことである．

(2) 正しい．LCAを実施する目的と範囲の設定が，LCAの第一ステップである（**図1.19**参照）．

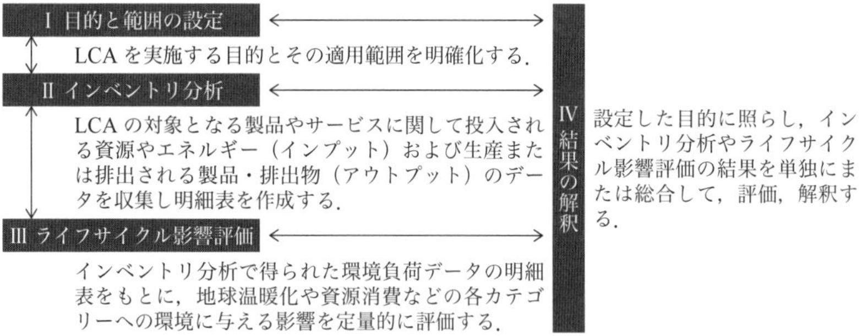

図1.19　LCAの実施手順 [14)]

(3) 誤り．第二ステップのインベントリ分析で用いられるインプットデータは，製品やサービスに関し投入される資源やエネルギーである．なお，アウトプットデータは，生産または排出される製品・排出物に関するものである．

(4) 正しい．第三ステップでは，地球温暖化や資源消費などの各カテゴリーへの影響を定量的に評価する．

(5) 正しい．第四ステップでは，設定した目的に照らし，インベントリ分析やライフサイクル影響評価の結果を単独にまたは総合して評価，解釈する． ▶答（3）

問題3 【令和元年 問15】

環境配慮（調和）型製品に関する記述として，誤っているものはどれか．
(1) 環境配慮設計は，製品の設計開発において製品の本来機能と環境側面を適切に統合する設計手法である．
(2) 環境配慮設計の取組みを効果的にするためには，製品のライフサイクル全般に対する考慮やマネジメントが実施される必要がある．
(3) 製品の設計，製造に当たっては，3R（リデュース・リユース・リサイクル）への配慮が重要である．
(4) タイプⅠ環境ラベルは，産業界又は独立団体がISO14025に従って，事前に設定されたパラメーター領域について製品の環境データを表示するものである．
(5) タイプⅡ環境ラベルは，ISO14021による独立した第三者による認証を必要としない自己宣言による環境主張であり，企業によって最も活用されている．

解説 (1) 正しい．環境配慮設計は，製品の設計開発において製品の本来機能と環境側面を適切に統合する設計手法である．
(2) 正しい．環境配慮設計の取組みを効果的にするためには，製品のライフサイクル全般に対する考慮やマネジメントが実施される必要がある．
(3) 正しい．製品の設計，製造に当たっては，3R（リデュース・リユース・リサイクル）への配慮が重要である．
(4) 誤り．タイプⅢ環境ラベルは，産業界または独立団体がISO14025に従って，事前に設定されたパラメーター領域について製品の環境データを表示するものである．なお，タイプⅠ環境ラベルは，ISO14024に従って，（公財）日本環境協会が事務局となり行う第三者認証制度である．
(5) 正しい．タイプⅡ環境ラベルは，ISO14021による独立した第三者による認証を必要としない自己宣言による環境主張であり，企業によって最も活用されている．
▶答（4）

第2章

■ ■ ■ ■ ■

水質概論

2.1 水質汚濁防止対策のための法律の仕組み

■ 2.1.1 水質（環境）基準

問題1 【令和5年 問5】

　公共用水域の水質の環境基準に関する記述中，下線を付した箇所のうち，誤っているものはどれか．

　生活環境項目のうち，有機汚濁の代表的な指標である(1)BODは河川に，(2)CODは湖沼及び海域にそれぞれ適用される．

　また，富栄養化を防止する観点から(3)全窒素と全燐が，1982（昭和57）年12月に(4)河川及び湖沼に，1993（平成5）年8月に(5)海域に追加された．

解説　(1)～(3) 正しい．

(4) 誤り．正しくは「湖沼」である．

(5) 正しい．

　なお，BOD（Biochemical Oxygen Demand：生物化学的酸素消費量）の測定は，20℃で100 mLの孵卵（ふらん）瓶に試料水（または希釈試料水）を溢れるように入れ，酸素濃度を測定する．次にその孵卵瓶を20℃，暗所に置き5日後に同様に酸素濃度を測定する．5日前より減少した酸素濃度は，好気性細菌が試料中の有機物を分解するのに消費した値となるが，試料水に植物プランクトンが多く存在すると，暗所では呼吸作用するので，酸素が消費され微生物による酸素消費とはならない．また，暗所でなければ，植物プランクトンは炭酸同化作用し水中の炭酸を取り入れ酸素を生成して5日後の酸素濃度の方が高くなることもある．いずれにせよ水の流れが少ない閉鎖性水域（海域，湖沼）では，多くの植物プランクトンが見られるのでBOD測定は不適切となる．　▶答（4）

問題2 【令和5年 問6】

　過去3年間（平成30年度～令和2年度）の公共用水域の水質の環境基準（健康項目）に関する記述として，誤っているものはどれか（環境省：公共用水域水質測定結果による）．

(1) 環境基準の達成率は，99%以上であった．

(2) 非達成率の高い上位2項目は，ふっ素とひ素であった．

(3) 超過地点を水域別にみると，大半が海域であった．

(4) カドミウム，鉛，ひ素の環境基準超過の原因の一つとして，休廃止鉱山廃水が考えられる．

(5) 環境基準超過の主な原因は，ふっ素の場合，自然由来と考えられる.

解説 (1) 正しい．環境基準の達成率は，2018（平成30）年99.1%，2019（令和元）年99.2%，2020（令和2）年99.1%で，いずれも99%以上であった（**表2.1**参照）.

表2.1 2018〜2020年度の健康項目に係る環境基準非達成の項目とその非達成率[17]
［環境省「平成30年度〜令和2年度公共用水域水質測定結果」より抜粋］

	2020（令和2）年度			2019（令和元）年度			2018（平成30）年度		
	項目	調査地点数	超過地点数	非達成率[%]	項目	調査地点数	超過地点数	非達成率[%]	項目	調査地点数	超過地点数	非達成率[%]
1	ふっ素	2,840	17	0.60	ひ素	4,161	23	0.553	ふっ素	2,859	15	0.52
2	ひ素	4,193	21	0.50	ふっ素	2,725	15	0.550	ひ素	4,217	21	0.50
3	鉛	4,205	4	0.10	カドミウム	4,053	4	0.10	カドミウム	4,114	6	0.15
4	カドミウム	4,073	3	0.07	鉛	4,177	3	0.07	鉛	4,243	5	0.12
5	硝酸性窒素および亜硝酸性窒素	4,246	2	0.05	硝酸性窒素・亜硝酸性窒素	4,205	2	0.05	硝酸性窒素・亜硝酸性窒素	4,285	2	0.05
6	1,2-ジクロロエタン	3,382	1	0.03	1,2-ジクロロエタン	3,326	1	0.03	ほう素	2,739	1	0.04
7	—	—	—	—	—	—	—	—	1,2-ジクロロエタン	3,350	1	0.03
8	—	—	—	—	—	—	—	—	セレン	3,370	1	0.03
	達成率：99.1%				達成率：99.2%				達成率：99.1%			

(2) 正しい．非達成率の高い上位2項目は，ふっ素とひ素であった（表2.1参照）.

(3) 誤り．超過地点を水域別にみると，大半が河川（42地点）である．湖沼の超過地点は3地点，海域の超過地点はなかった（表1.4および表1.5参照）.

(4) 正しい．カドミウム，鉛，ひ素の環境基準超過の原因の一つとして，休廃止鉱山廃水が考えられる.

(5) 正しい．環境基準超過の主な原因は，ふっ素の場合，自然由来と考えられる.

▶ 答（3）

 題3 　　　　　　　　　　　　　　　　　　　　　　　　【令和5年 問10】

　水生生物の保全に係る水質環境基準項目及び要監視項目に関する記述として，誤っているものはどれか.

(1) 環境基準として，全亜鉛，ノニルフェノール，直鎖アルキルベンゼンスルホン酸及びその塩について基準値が設定されている.

(2) 河川における環境基準として，2016（平成28）年に，底層溶存酸素量（底層

DO）が追加された.

(3) 湖沼における全亜鉛の環境基準値は，0.03 mg/L 以下である.

(4) 水生生物の保全に係る要監視項目には，クロロホルム，フェノールなど，6項目が設定されている.

(5) 水生生物の保全に係る要監視項目の指針値は，水域と類型とに応じて設定されている.

解説　(1) 正しい. 環境基準として，全亜鉛，ノニルフェノール，直鎖アルキルベンゼンスルホン酸およびその塩について基準値が設定されている.

(2) 誤り. 底層溶存酸素量（底層DO）が設定されたのは，海域である.

(3) 正しい. 湖沼における全亜鉛の環境基準値は，0.03 mg/L 以下である.

(4) 正しい. 水生生物の保全に係る要監視項目には，クロロホルム，フェノール，ホルムアルデヒド，4-t-オクチルフェノール，アニリン，2,4-ジクロロフェノールの6項目が設定されている.

(5) 正しい. 水生生物の保全に係る要監視項目の指針値は，水域と類型とに応じて設定されている.　　　　　　　　　　　　　　　　　　　　　　　　　　▶答（2）

問題4　　　　　　　　　　　　　　　　　　　　　　　　　　　【令和4年 問1】

水質汚濁に係る環境基準の達成期間等に関する記述中，下線を付した箇所のうち，誤っているものはどれか.

生活環境の保全に関する環境基準については，各公共用水域ごとに，おおむね次の区分により，施策の推進とあいまちつつ，可及的速かにその達成維持を図るものとする.

(一) 現に(1)著しい人口集中，大規模な工業開発等が進行している地域に係る水域で著しい水質汚濁が生じているものまたは生じつつあるものについては，(2)5年以内に達成することを目途とする. ただし，これらの水域のうち，水質汚濁が極めて著しいため，水質の改善のための施策を総合的に講じても，この期間内における達成が困難と考えられる水域については，(3)水域類型を適宜設定することにより，段階的に当該水域の水質の改善を図りつつ，極力環境基準の(4)速やかな達成を期することとする.

(二) 水質汚濁防止を図る必要のある公共用水域のうち，（一）の水域以外の水域については，設定後(5)直ちに達成され，維持されるよう水質汚濁の防止に努めることとする.

解説　(1)，(2) 正しい.

(3) 誤り. 正しくは「当面，暫定的な改善目標値」である.

(4), (5) 正しい.

環境省告示「水質汚濁に係る環境基準」第3 環境基準の達成機関等 第2項（生活環境の保全に関する環境基準）(1) および (2) 参照.　　　　　　　　　　　▶答 (3)

問題 5　　　　　　　　　　　　　　　　　　【令和3年 問1】

地下水の水質汚濁に係る環境基準に関する記述中，下線を付した箇所のうち，誤っているものはどれか.

地下水の水質の測定の実施は，別表の項目の欄に掲げる項目ごとに，地下水の (1) 流動状況等を勘案して，当該項目に係る地下水の水質汚濁の状況を (2) 的確に把握できると認められる場所において行うものとする.

環境基準は，設定後 (3) 直ちに達成され，(4) 維持されるように努めるものとする（ただし，汚染が専ら (5) 特定の汚染源によることが明らかであると認められる場合を除く.）.

解説　(1) ～ (4) 正しい.

(5) 誤り. 正しくは「自然的原因」である.

環境省告示「地下水の水質汚濁に係る環境基準について」参照.　　　　▶答 (5)

問題 6　　　　　　　　　　　　　　　　　　【令和2年 問1】

水質汚濁に係る環境基準に関する記述中，下線を付した箇所のうち，誤っているものはどれか.

環境基準の達成状況を調査するため，公共用水域の水質の測定を行なう場合には，次の事項に留意することとする.

測定方法は，別表1および別表2の測定方法の欄に掲げるとおりとする.

この場合においては，測定点の (1) 位置の選定，試料の (2) 採取および (3) 操作等については，水域の (4) 汚濁発生源との関連を考慮しつつ，(5) 最も適当と考えられる方法によるものとする.

解説　(1) ～ (3) 正しい.

(4) 誤り. 正しくは「利水目的」である.

(5) 正しい.

「水質汚濁に係る環境基準」第2 公共用水域の水質の測定方法等 (1) 参照.　▶答 (4)

問題 7　　　　　　　　　　　　　　　　　　【令和2年 問5】

水質環境基準の達成状況の評価に関する記述として，誤っているものはどれか.

(1) 湖沼における全窒素及び全りんについては，年間平均値により評価する.

(2) 人の健康の保護に関する環境基準は，全シアンを除き年間平均値により評価する．

(3) 全シアンについては，年間の最高値により評価する．

(4) CODについては，75％水質値により評価する．

(5) BODについては，年間平均値により評価する．

解説 (1) 正しい．湖沼における全窒素および全りんについては，年間平均値により評価する．「水質汚濁に係る環境基準」別表2　1河川（2）湖沼イ参照．

(2) 正しい．人の健康の保護に関する環境基準は，全シアンを除き年間平均値により評価する．同上別表1備考1参照．

(3) 正しい．全シアンについては，年間の最高値により評価する．同上別表1備考1参照．

(4) 正しい．CODについては，年間の日平均値の75％値が環境基準を満足する場合に当該類型指定水域で環境基準が達成されたものと評価する．

(5) 誤り．BODについてもCODと同様な取り扱いである．　　　　　　　　▶答（5）

問 題8 【令和2年 問10】

水質汚濁防止に関する施策についての記述として，誤っているものはどれか．

(1) 水質汚濁に係る環境基準は，水質保全行政の目標として，公共用水域の水質について達成し，維持されることが望ましい基準を定めたものである．

(2) 環境基準を達成，維持することが困難な水域においては，多くの都道府県で上乗せ環境基準が設定されている．

(3) 生活排水を処理するための施設として下水道のほかに，浄化槽，農業等集落排水施設，コミュニティ・プラント等の汚水処理施設の整備が進められている．

(4) 閉鎖性水域の富栄養化対策として，水質汚濁防止法に基づき，窒素及びりんに係る排水規制が実施されている．

(5) 地下水の水質については，水質汚濁防止法に基づき，都道府県知事が水質の汚濁の状況を常時監視し，その結果を環境大臣に報告することとされている．

解説 (1) 正しい．水質汚濁に係る環境基準は，水質保全行政の目標として，公共用水域（河川，湖沼，海域）の水質について達成し，維持されることが望ましい基準を定めたものである．

(2) 誤り．環境基準を達成，維持することが困難な水域においては，すべての都道府県で上乗せ排水基準が設定されている．

(3) 正しい．生活排水を処理するための施設として下水道のほかに，浄化槽，農業等集落排水施設，コミュニティ・プラント（団地等の排水処理を行う小規模の浄化施設）等の汚水処理施設の整備が進められている．

(4) 正しい．閉鎖性水域の富栄養化対策として，水質汚濁防止法に基づき，窒素および りんに係る排水規制が実施されている．

(5) 正しい．地下水の水質については，水質汚濁防止法に基づき，都道府県知事が水質 の汚濁の状況を常時監視し，その結果を環境大臣に報告することとされている．水防法 第15条（常時監視）第1項および水防則第9条の5（都道府県が行う常時監視）第2項 参照．　　　　　　　　　　　　　　　　　　　　　　　　　　　　　　▶答（2）

問題9　　　　　　　　　　　　　　　　　　　　　【令和元年 問1】

水質汚濁に係る人の健康の保護に関する環境基準に関する記述中，下線を付した箇 所のうち，誤っているものはどれか．

1　基準値は(1)年間平均値とする．ただし，全シアンに係る基準値については，(2)最 高値とする．

2　「検出されないこと」とは，測定方法の項に掲げる方法により測定した場合にお いて，その結果が当該方法の(3)定量限界を(4)下回ることをいう．

3　(5)湖沼については，ふっ素及びほう素の基準値は適用しない．

解説　(1)～(4) 正しい．「水質汚濁に係る環境基準」別表1備考参照．

(5) 誤り．湖沼についても，ふっ素およびほう素の基準値は適用される．なお，海域に ついては適用されない．　　　　　　　　　　　　　　　　　　　　　▶答（5）

問題10　　　　　　　　　　　　　　　　　　　　【令和元年 問5】

環境省の平成28年度公共用水域水質測定結果によると，次の健康項目のうち，環 境基準を超過していないものはどれか．

(1) 硝酸性窒素及び亜硝酸性窒素

(2) 1,4–ジオキサン

(3) 1,2–ジクロロエタン

(4) ほう素

(5) カドミウム

解説　各物質の超過率（全測定地点のうち超過した地点の割合）は次のとおりである．

(1) 硝酸性窒素および亜硝酸性窒素　　0.05

(2) 1,4–ジオキサン　　　　　　　　　0.0

(3) 1,2–ジクロロエタン　　　　　　　0.03

(4) ほう素　　　　　　　　　　　　　0.07

(5) カドミウム　　　　　　　　　　　0.07

以上から（2）が正解.　　　　　　　　　　　　　　　　　　　　　　　　　▶答（2）

問題11　　　　　　　　　　　　　　　　　　　　　　　　　　【令和元年 問6】

水生生物保全に係る環境基準に関する記述として，誤っているものはどれか.
(1) 環境省の平成28年度公共用水域水質測定結果によると，全亜鉛の測定結果は，湖沼においては全地点で基準値以下であった.
(2) 全亜鉛の環境基準値は湖沼については0.03 mg/Lである.
(3) 湖沼及び海域について底層溶存酸素量（底層DO）が追加された.
(4) 底層DOの環境基準値は，生物1類型に対し4.0 mg/L，生物2類型に対し2.0 mg/L，生物3類型に対し1.0 mg/Lである.
(5) 環境省の平成28年度公共用水域水質測定結果によると，底層DOの測定結果は，海域においては基準値を満たしていない測定点があった.

解説　(1) 正しい. 環境省の2016（平成28）年度公共用水域水質測定結果によると，全亜鉛の測定結果は，湖沼においては全地点で基準値以下であった（**図2.1**参照）.

(2) 正しい. 全亜鉛の環境基準値は湖沼については0.03 mg/Lである.「水質汚濁に係る環境基準」参照.

(3) 正しい. 湖沼および海域について底層溶存酸素量（底層DO）が追加された.「水質汚濁に係る環境基準」参照.

(4) 誤り. 底層DOの環境基準値は，生物1類型に対し4.0 mg/L，生物2類型に対し3.0 mg/L，生物3類型に対し2.0 mg/Lである.「水質汚濁に係る環境基準」参照.

(5) 正しい. 環境省の2016（平成28）年度公共用水域水質測定結果によると，底層DOの測定結果は，海域においては基準値を満たしていない測定点があった（**図2.2**参照）.

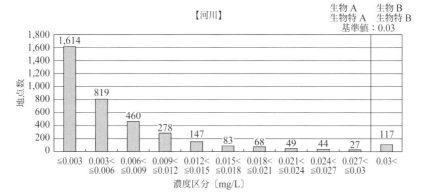

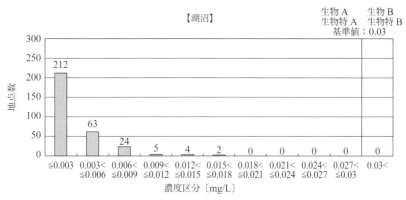

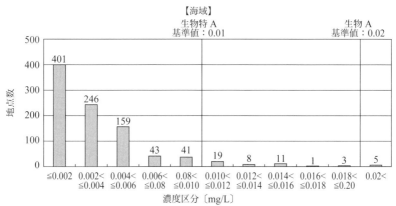

図 2.1　全亜鉛（年間平均値）の分布状況（地点数）
（出典：環境省「平成 28 年度公共用水域水質測定結果」）

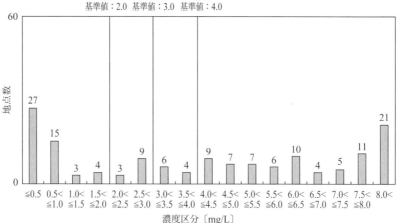

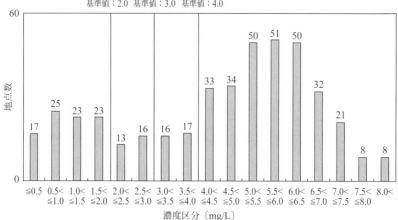

注）下層における DO の結果を底層 DO として集計したデータが含まれている。

図 2.2　底層溶存酸素量濃度（日間平均値の年間最低値）の分布状況（地点数）
（出典：環境省「平成 28 年度公共用水域水質測定結果」）

▶ 答（4）

■ 2.1.2 水質汚濁防止法の概要

● 1 目的・定義・基準項目

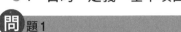 題1
【令和5年 問2】

水質汚濁防止法に規定する有害物質でないものはどれか.
(1) セレン及びその化合物
(2) ペルフルオロ（オクタン-1-スルホン酸）（別名PFOS）及びその塩
(3) 1·4-ジオキサン
(4) ふっ素及びその化合物
(5) ほう素及びその化合物

解説　(1) セレンおよびその化合物は有害物質である.水防令第2条（カドミウム等の物質）第二十三号参照.

(2) ペルフルオロ（オクタン-1-スルホン酸）（別名PFOS）およびその塩は有害物質ではない.PFOSは,親水性・親油性により界面活性能が高い物質で,難分解性であり,100 ppb前後で動物の免疫系に影響を与えることがわかり,日本では,2010年4月1日の化審法改正でPFOSが第一種特定化学物質に指定され,製造および輸入が許可制となり,事実上全廃されている.

(3) 1,4-ジオキサンは有害物質である.水防令第2条（カドミウム等の物質）第二十八号参照.

(4) ふっ素およびその化合物は有害物質である.水防令第2条（カドミウム等の物質）第二十五号参照.

(5) ほう素およびその化合物は有害物質である.水防令第2条（カドミウム等の物質）第二十四号参照.　　　　　　　　　　　　　　　　▶答 (2)

問 題2
【令和4年 問2】

水質汚濁防止法に規定する目的に関する記述中,下線を付した箇所のうち,誤っているものはどれか.

この法律は,工場及び事業場から公共用水域に排出される水の排出及び (1)地下に浸透する水の浸透を規制するとともに, (2)有害物質対策の実施を推進すること等によって,公共用水域及び地下水の水質の汚濁 ((3)水質以外の水の状態が悪化することを含む.以下同じ.)の防止を図り,もって国民の健康を保護するとともに生活環境を保全し,並びに工場及び事業場から排出される汚水及び廃液に関して人の健康に係る被害が生じた場合における (4)事業者の損害賠償の責任について定めることによ

り，(5)<u>被害者の保護を図ることを目的とする</u>．

解説 (1) 正しい．

(2) 誤り．正しくは「生活排水対策」である．

(3) ～ (5) 正しい．

水防法第1条（目的）参照． ▶答（2）

問題3 【令和4年 問3】

水質汚濁防止法に規定する指定物質に該当しないものはどれか．

(1) ポリ塩化ビフェニル

(2) キシレン

(3) トルエン

(4) ホルムアルデヒド

(5) 硫酸

解説 (1) 該当しない．ポリ塩化ビフェニルは，有害物質である．水防令第2条（カドミウム等の物質）第八号参照．

(2) 該当する．キシレンは，指定物質である．水防令第3条の3（指定物質）第二十八号参照．

(3) 該当する．トルエンは，指定物質である．水防令第3条の3（指定物質）第二十五号参照．

(4) 該当する．ホルムアルデヒドは，指定物質である．水防令第3条の3（指定物質）第一号参照．

(5) 該当する．硫酸は，指定物質である．水防令第3条の3（指定物質）第十五号参照．

▶答（1）

問題4 【令和元年 問2】

水質汚濁防止法に規定する有害物質でないものはどれか．

(1) クロロホルム

(2) トリクロロエチレン

(3) テトラクロロエチレン

(4) ジクロロメタン

(5) 四塩化炭素

解説 (1) クロロホルムは，有害物質ではない．なお，クロロホルムは指定物質に指定されている．(2) ～ (5) は有害物質である．

排水基準を定める省令第1条（排水基準）別表第1参照. ▶答（1）

問題5 【平成30年 問2】

　水質汚濁防止法の目的に関する記述中，下線を付した箇所のうち，誤っているものはどれか.

　この法律は，工場及び事業場から公共用水域に排出される水の排出及び地下に浸透する水の浸透を規制するとともに，(1)生活排水対策の実施を推進すること等によって，公共用水域及び地下水の水質の汚濁（(2)水質以外の水の状態が悪化することを含む. 以下同じ.）の防止を図り，もって国民の健康を保護するとともに生活環境を保全し，並びに工場及び事業場から排出される汚水及び廃液に関して(3)環境の汚染が生じた場合における事業者の(4)損害賠償の責任について定めることにより，(5)被害者の保護を図ることを目的とする.

解説 (3) 誤り.「人の健康に係る被害」が正しい.
その他は正しい. 水防法第1条（目的）参照. ▶答（3）

● 2　汚水の排出および地下水に対する規制

問題1 【令和5年 問1】

　水質汚濁防止法に規定する総量規制基準に関する記述中，下線を付した箇所のうち，誤っているものはどれか.

　法第4条の5第1項の総量規制基準は，化学的酸素要求量については次に掲げる算式により定めるものとする.

$$Lc = Cc \cdot Qc \times 10^{-3}$$

この式において，Lc，Cc及びQcは，それぞれ次の値を表すものとする.

Lc　排出が許容される汚濁負荷量（単位　1日につきキログラム）

Cc　(1)都道府県知事が定める一定の化学的酸素要求量（単位　1リットルにつきミリグラム）

Qc　特定排出水（排出水のうち，(2)特定事業場において(3)事業活動その他の人の活動に使用された水であって，専ら(4)冷却用，(5)洗浄用その他の用途でその用途に供することにより汚濁負荷量が増加しないものに供された水以外のものをいう.）の量（単位　1日につき立方メートル）

解説 (1)〜(4) 正しい.
(5) 誤り. 正しくは「減圧用」である.

91

水防則第1条の5（総量規制基準）第1項参照. ▶答（5）

問題2 【令和3年 問2】 ☑ ☑ ☑

水質汚濁防止法に規定する有害物質貯蔵指定施設のうち地下に設置されている施設に関する記述中，下線を付した箇所のうち，誤っているものはどれか.

有害物質貯蔵指定施設のうち地下に設置されているもの（以下「地下貯蔵施設」という.）は，有害物質を含む水の漏えい等を防止するため，次の各号のいずれかに適合するものであることとする.

一　次のいずれにも適合すること.
　　イ　(1)タンク室内に設置されていること，(2)高床式構造であることその他の有害物質を含む水の漏えい等を(3)防止する措置を講じた構造及び材質であること.
　　ロ　（略）
　　ハ　地下貯蔵施設の内部の有害物質を含む水の量を(4)表示する装置を設置することその他の有害物質を含む水の量を(5)確認できる措置が講じられていること.
二　（略）

解説 (1) 正しい. 水防則第8条の6（地下貯蔵施設の構造等）第一号イ参照.
(2) 誤り. 正しくは「二重殻構造」である. 同上.
(3)〜(5) 正しい. 水防則第8条の6（地下貯蔵施設の構造等）第一号イおよびハ参照.
▶答（2）

● 3 届出・実施の制限・命令

問題1 【令和5年 問3】 ☑ ☑ ☑

水質汚濁防止法第12条に規定する排出水の排出の制限に関する記述中，（ア）〜（エ）の□□□の中に挿入すべき語句の組合せとして，正しいものはどれか.

排出水を排出する者は，その　(ア)　が当該　(イ)　の　(ウ)　において　(エ)　に適合しない排出水を排出してはならない.

	（ア）	（イ）	（ウ）	（エ）
(1)	有害物質	指定事業場	敷地境界	排水基準
(2)	汚染状態	指定事業場	敷地境界	排水基準
(3)	汚染状態	特定事業場	排水口	排水基準
(4)	有害物質	指定事業場	排水口	排除基準
(5)	汚濁物質	特定事業場	排水口	排除基準

解説 （ア）「汚染状態」である.

（イ）「特定事業場」である.

（ウ）「排水口」である.

（エ）「排水基準」である.

　水防法第12条（排出水の排水の制限）第1項参照.

　以上から（3）が正解. ▶答（3）

問題2 【令和3年 問3】

　水質汚濁防止法に規定する改善命令に関する記述中，（ア）～（オ）の　　　の中に挿入すべき語句の組合せとして，正しいものはどれか.

　　（ア）は，　（イ）を排出する者が，その汚染状態が当該特定事業場の　（ウ）において排水基準に適合しない　（イ）を排出　（エ）と認めるときは，その者に対し，期限を定めて特定施設の構造若しくは使用の方法若しくは汚水等の処理の方法の改善を命じ，又は特定施設の使用若しくは　（イ）の排出の一時停止を命ずる　（オ）.

	（ア）	（イ）	（ウ）	（エ）	（オ）
(1)	市町村長	汚水	排水口	するおそれがある	ことができる
(2)	都道府県知事	汚水	敷地境界	するおそれがある	ものとする
(3)	市町村長	排出水	敷地境界	した	ものとする
(4)	都道府県知事	排出水	排水口	するおそれがある	ことができる
(5)	都道府県知事	排出水	排水口	した	ものとする

解説 （ア）「都道府県知事」である.

（イ）「排出水」である.

（ウ）「排水口」である.

（エ）「するおそれがある」である.

（オ）「ことができる」である.

　水防法第13条（改善命令等）第1項参照.

　以上から（4）が正解. ▶答（4）

問題3 【令和2年 問2】

　水質汚濁防止法に基づき，工場又は事業場から地下に有害物質使用特定施設に係る汚水等（これを処理したものを含む.）を含む水を浸透させる者が，有害物質使用特定施設を設置しようとするときに，届け出なければならない事項に該当しないものはどれか.

（1）有害物質使用特定施設の使用の方法

93

(2) 汚水等の処理の方法

(3) 貯蔵される有害物質に係る搬入及び搬出の系統

(4) 特定地下浸透水の浸透の方法

(5) 特定地下浸透水に係る用水及び排水の系統

解説 (1) 該当する.「有害物質使用特定施設の使用の方法」は,水防法第5条（特定施設等の設置の届出）第2項第五号参照.

(2) 該当する.「汚水等の処理の方法」は,水防法第5条（特定施設等の設置の届出）第2項第六号参照.

(3) 該当しない.「貯蔵される有害物質に係る搬入および搬出の系統」は,有害物質貯蔵指定施設に係るものである.水防法第5条（特定施設等の設置の届出）第3項第六号および水防則第3条（特定施設等の設置の届出）第3項参照.

(4) 該当する.「特定地下浸透水の浸透の方法」は,水防法第5条（特定施設等の設置の届出）第2項第七号参照.

(5) 該当する.「特定地下浸透水に係る用水および排水の系統」は,水防法第5条（特定施設等の設置の届出）第2項第八号および水防則第3条（特定施設等の設置の届出）第2項参照.　　　　　　　　　　　　　　　　　　　　　　　　　　　▶答 (3)

問題4　　　　　　　　　　　　　　　　　　　　【令和元年 問3】

水質汚濁防止法に規定する実施の制限に関する記述中,下線を付した箇所のうち,誤っているものはどれか.

1　特定施設等の設置の届出をした者又は特定施設等の構造等の変更の届出をした者は,その届出が受理された日から(1)60日を経過した後でなければ,それぞれ,その届出に係る特定施設若しくは(2)有害物質貯蔵指定施設を設置し,又はその届出に係る特定施設若しくは(2)有害物質貯蔵指定施設の構造,(3)設備若しくは使用の方法若しくは(4)汚水等の処理の方法の変更をしてはならない.

2　都道府県知事は,特定施設等の設置の届出又は特定施設等の構造等の変更の届出に係る事項の内容が相当であると認めるときは,前項に規定する期間を(5)延長することができる.

解説 (1) ～ (4) 正しい.水防法第9条（実施の制限）第1項参照.

(5) 誤り.「短縮」が正しい.同上第2項参照.　　　　　　　　　　　　▶答 (5)

問題5　　　　　　　　　　　　　　　　　　　　【平成30年 問3】

水質汚濁防止法に規定する有害物質貯蔵指定施設を工場若しくは事業場において設

置しようとする者が届け出なければならない事項として，定められていないものはどれか．

- (1) 有害物質貯蔵指定施設の設備
- (2) 有害物質貯蔵指定施設において貯蔵される有害物質に係る搬入及び搬出の系統
- (3) 有害物質貯蔵指定施設の構造
- (4) 有害物質貯蔵指定施設の使用の方法
- (5) 有害物質貯蔵指定施設において貯蔵される有害物質に係る汚水等の処理の方法

解説 (1) 定めあり．水防法第5条（特定施設等の設置の届出）第3項第四号参照．
(2) 定めあり．水防則第3条（特定施設等の設置の届出）第3項参照．
(3) 定めあり．水防法第5条（特定施設等の設置の届出）第3項第三号参照．
(4) 定めあり．水防法第5条（特定施設等の設置の届出）第3項第五号参照．
(5) 定めなし．このような規定はない． ▶答 (5)

● 4 測 定

問題 1 【平成30年 問1】

水質汚濁に係る環境基準における公共用水域の水質の測定方法等に関する記述中，下線を付した箇所のうち，誤っているものはどれか．

測定の実施は，人の健康の保護に関する環境基準の関係項目については，公共用水域の (1) 渇水期を除き (2) 随時，生活環境の保全に関する環境基準の関係項目については，公共用水域が (3) 通常の状態（河川にあっては (4) 低水量以上の流量がある場合，湖沼にあっては (5) 低水位以上の水位にある場合等をいうものとする．）の下にある場合に，それぞれ適宜行なうこととする．

解説 (1) 誤り．正しくは「水量の如何を問わずに」である．
(2) ～ (5) 正しい．環境庁告示「水質汚濁に係る環境基準」第2 公共用水域の水質の測定方法等 (2) 参照． ▶答 (1)

● 5 事故・緊急対策

問題 1 【令和2年 問3】

水質汚濁防止法に規定する事故時の措置に関する記述中，下線を付した箇所のうち，誤っているものはどれか．

貯油施設等を設置する工場又は事業場（以下この条において「貯油事業場等」とい

95

う．）の設置者は，当該貯油事業場等において，(1)貯油施設等の破損その他の事故が発生し，(2)油を含む水が当該貯油事業場等から公共用水域に排出され，又は地下に浸透したことにより(3)生活環境に係る被害を生ずるおそれがあるときは，直ちに，引き続く(2)油を含む水の排出又は浸透の防止のための(4)応急の措置を講ずるとともに，速やかにその事故の状況及び講じた措置の概要を(5)市町村長に届け出なければならない．

解説 (1)～(4) 正しい．

(5) 誤り．「都道府県知事」が正しい．

水防法第14条の2（事故時の措置）第3項参照． ▶答 (5)

●6 生活排水対策（水質汚濁防止対策）

問題1 【令和4年 問10】

国又は地方公共団体の水質汚濁防止対策に関する記述として，誤っているものはどれか．

(1) 公共用水域の水質汚濁に係る環境基準には，人の健康の保護に関する環境基準と生活環境の保全に関する環境基準がある．

(2) 水質汚濁防止法（以下「水濁法」という．）により特定事業場から公共用水域に排出される水については，全国一律の排水基準が設定され，約半数の都道府県において上乗せ排水基準が設定されている．

(3) 湖沼の水質保全のため，水濁法に基づき，COD，窒素含有量及びりん含有量などに係る排水規制が実施されている．

(4) 公共用水域の環境基準を達成し維持するため，水濁法等による排水規制，下水道の整備，生活排水対策などの施策が講じられている．

(5) 生活排水を処理するための施設として，下水道のほかに，浄化槽，農業集落排水施設，コミュニティ・プラント等の汚水処理施設の整備が進められている．

解説 (1) 正しい．公共用水域の水質汚濁に係る環境基準には，人の健康の保護に関する環境基準（有害物質に係るもの）と，生活環境の保全に関する環境基準（BOD，COD，その他）がある．

(2) 誤り．水質汚濁防止法（以下「水濁法」という）により特定事業場から公共用水域に排出される水については，全国一律の排水基準が設定され，すべての都道府県において上乗せ排水基準が設定されている．「約半数」が誤り．

(3) 正しい．湖沼の水質保全のため，水濁法に基づき，COD，窒素含有量およびりん含

有量などに係る排水規制が実施されている．海域も COD の規制となっている．なお，河川は BOD 規制である．湖沼や海域などの閉鎖水域では，植物プランクトンが発生しているため，測定原理から BOD 測定ができないからである．河川水のように水が流れている場合，植物プランクトンの発生はほとんど見られない．

(4) 正しい．公共用水域の環境基準を達成し維持するため，水濁法等による排水規制，下水道の整備，生活排水対策などの施策が講じられている．

(5) 正しい．生活排水を処理するための施設として，下水道のほかに，浄化槽，農業集落排水施設，コミュニティ・プラント等の汚水処理施設の整備が進められている．

▶答（2）

問 題2　　　　　　　　　　　　　　　　　　　　　　　【平成30年 問10】

水質汚濁防止のための生活排水対策に関する記述として，誤っているものはどれか．ただし，数値は平成27年度の集計データ（東日本大震災の影響により調査不能な市町村を除く．）による．

(1) 汚水処理施設として，下水道のほかに，浄化槽，農業等集落排水施設，コミュニティ・プラント等の整備が進められている．

(2) 汚水処理施設の処理人口は，総人口の85％を超えている．

(3) 下水道による処理人口は，総人口の70％以下である．

(4) 浄化槽による処理人口は，総人口の10％以下である．

(5) コミュニティ・プラントによる処理人口は，総人口の1％以下である．

解説　(1) 正しい．汚水処理施設として，下水道のほかに，浄化槽，農業等集落排水施設，コミュニティ・プラント等の整備が進められている．

(2) 正しい．汚水処理施設の処理人口は，2015（平成27）年度で総人口の89.9％である．

(3) 誤り．下水道による処理人口は，2015（平成27）年度で総人口の77.8％である．

(4) 正しい．浄化槽による処理人口は，2015（平成27）年度で総人口の9.1％である．

(5) 正しい．コミュニティ・プラントによる処理人口は，2015（平成27）年度で総人口の0.2％である．

▶答（3）

■ 2.1.3　特定工場における公害防止組織の整備に関する法律（水質関係）

問 題1　　　　　　　　　　　　　　　　　　　　　　　【令和5年 問4】

特定工場における公害防止組織の整備に関する法律に規定する汚水等排出施設に該当しないものはどれか．

(1) 小麦粉製造業の用に供する洗浄施設
(2) 米菓製造業又はこうじ製造業の用に供する洗米機
(3) 麺類製造業の用に供する湯煮施設
(4) 酸又はアルカリによる表面処理施設
(5) 空きびん卸売業の用に供する自動式洗びん施設

解説 (1) 該当する．小麦粉製造業の用に供する洗浄施設は，水防令別表第1の第六号であるが，特公令第3条（汚水等排出施設等）第1項で指定されている．

(2) 該当する．米菓製造業またはこうじ製造業の用に供する洗米機は，水防令別表第1の第九号であるが，特公令第3条（汚水等排出施設等）第1項で指定されている．

(3) 該当する．麺類製造業の用に供する湯煮施設は，水防令別表第1の第十六号であるが，特公令第3条（汚水等排出施設等）第1項で指定されている．

(4) 該当する．酸またはアルカリによる表面処理施設は，水防令別表第1の第六十五号であるが，特公令第3条（汚水等排出施設等）第1項で指定されている．

(5) 該当しない．空きびん卸売業の用に供する自動式洗びん施設は，水防令別表第1の第六十三の二号であるが，特公令第3条（汚水等排出施設等）第1項で指定されていない．

▶答 (5)

問題2 【令和4年 問4】

特定工場における公害防止組織の整備に関する法律に規定する汚水等排出施設に該当しないものはどれか．

(1) 酸又はアルカリによる表面処理施設
(2) 石炭を燃料とする火力発電施設のうち，廃ガス洗浄施設
(3) 電気めっき施設
(4) 皮革製造業の用に供する石灰づけ施設
(5) 洗濯業の用に供する洗浄施設

解説 (1) 該当する．「酸又はアルカリによる表面処理施設」は，水防令別表第1で定める特定施設第六十五号であり，特公法第2条（定義）第二号で定める汚水等排出施設である．水防令別表第1第六十五号および特公令第3条（汚水等排出施設等）第1項参照．

(2) 該当する．「石炭を燃料とする火力発電施設のうち，廃ガス洗浄施設」は，水防令別表第1で定める特定施設第六十三号の三であり，特公法第2条（定義）第二号で定める汚水等排出施設である．水防令別表第1第六十三号の三および特公令第3条（汚水等排出施設等）第1項参照．

(3) 該当する．電気めっき施設は，水防令別表第1で定める特定施設第六十六号であり，

98

特公法第2条（定義）第二号で定める汚水等排出施設である．水防令別表第1第六十六号および特公令第3条（汚水等排出施設等）第1項参照．

(4) 該当する．「皮革製造業の用に供する石灰づけ施設」は，水防令別表第1で定める特定施設第五十二号のロであり，特公法第2条（定義）第二号で定める汚水等排出施設である．水防令別表第1第五十二号のロおよび特公令第3条（汚水等排出施設等）第1項参照．

(5) 該当しない．「洗濯業の用に供する洗浄施設」は，水防令別表第1で定める特定施設第六十七号であるが，特公法第2条（定義）第二号で定める汚水等排出施設から除外されている．水防令別表第1第六十七号および特公令第3条（汚水等排出施設等）第1項参照．

▶答 (5)

 題3　　　　　　　　　　　　　　　　　　　　　　【令和3年 問4】☐☐☐

　特定工場における公害防止組織の整備に関する法律に規定する汚水等排出施設に該当しないものはどれか．
(1) 鉄鋼業の用に供するガス冷却洗浄施設
(2) 空きびん卸売業の用に供する自動式洗びん施設
(3) 酸又はアルカリによる表面処理施設
(4) 石炭を燃料とする火力発電施設のうち，廃ガス洗浄施設
(5) 電気めっき施設

解説　(1) 該当する．鉄鋼業の用に供するガス冷却洗浄施設
　　　特公令第3条（汚水等排出施設等）で準用する水防令別表第1第六十一号ロ参照．

(2) 該当しない．空きびん卸売業の用に供する自動式洗びん施設
　　　特公令第3条（汚水等排出施設等）で除外している．準用する水防令別表第1第六十三の二号参照．

(3) 該当する．酸またはアルカリによる表面処理施設
　　　特公令第3条（汚水等排出施設等）で準用する水防令別表第1第六十五号参照．

(4) 該当する．石炭を燃料とする火力発電施設のうち，廃ガス洗浄施設
　　　特公令第3条（汚水等排出施設等）で準用する水防令別表第1第六十三号三参照．

(5) 該当する．電気めっき施設
　　　特公令第3条（汚水等排出施設等）で準用する水防令別表第1第六十六号参照．

▶答 (2)

 題4　　　　　　　　　　　　　　　　　　　　　　【令和2年 問4】☐☐☐

　特定工場における公害防止組織の整備に関する法律に規定する水質関係公害防止管理者が管理する業務として，該当しないものはどれか．

(1) 使用する原材料の検査

(2) 汚水等排出施設の補修

(3) 汚水等排出施設から排出される汚水又は廃液を処理するための施設及びこれに附属する施設の操作，点検及び補修

(4) 排出水又は特定地下浸透水の汚染状態の測定の実施及びその結果の記録

(5) 事故時の措置（応急の措置に係るものに限る．）の実施

解説 (1) 該当する．特公則第6条（法第4条第1項の技術的事項）第2項第一号参照．

(2) 該当しない．「汚水等排出施設の補修」は，公害防止管理者の業務に規定されていない．同上第2項参照．

(3) 該当する．同上第2項第三号参照．

(4) 該当する．同上第2項第四号参照．

(5) 該当する．同上第2項第六号参照． ▶答 (2)

問題5 【令和元年 問4】

特定工場における公害防止組織の整備に関する法律に規定する水質関係公害防止管理者が管理する業務として，定められていないものはどれか．

(1) 使用する原材料の検査

(2) 汚水等排出施設の点検及び補修

(3) 事故時の措置（応急の措置に係るものに限る．）の実施

(4) 排出水又は特定地下浸透水の汚染状態の測定の実施及びその結果の記録

(5) 測定機器の点検及び補修

解説 (1) 定めあり．特公則第6条（法第4条第1項の技術的事項）第2項第一号参照．

(2) 定めなし．汚水等排出施設の点検は，定めがあるが，補修はない．同上第2項第二号参照．

(3) 定めあり．同上第2項第六号参照．

(4) 定めあり．同上第2項第四号参照．

(5) 定めあり．同上第2項第五号参照． ▶答 (2)

問題6 【平成30年 問4】

特定工場における公害防止組織の整備に関する法律に規定する汚水等排出施設に該当しないものはどれか．

(1) 畜産食料品製造業の用に供する湯煮施設

(2) 新聞業の用に供する自動式フィルム現像洗浄施設

(3) 米菓製造業の用に供する洗米機

(4) 写真現像業の用に供する自動式フィルム現像洗浄施設

(5) 電気めっき施設

解説　(1)～(3) 該当する.

(4) 該当しない. 写真現像業の用に供する自動式フィルム現像洗浄施設は, 特公令第3条（汚水等排出施設等）第1項で除外（特公令別表第1第六十八号）されている.

(5) 該当する.　　　　　　　　　　　　　　　　　　　　　　　　▶答 (4)

2.2　水質汚濁の現状

問題1　　　　　　　　　　　　　　　　　　　　　　　【令和5年 問8】

地下水汚染の原因についての記述として, 誤っているものはどれか（環境省：令和2年度地下水質測定結果による）.

(1) 工場・事業場が汚染原因と特定又は推定された事例のうち, その汚染に係る原因施設等の種別として, 最も多かったものは貯油施設である.

(2) 工場・事業場からの汚染に係る原因行為の種別のうち, 原因が特定されているものとしては, 汚染原因物質の不適切な取り扱いによる漏えいが最も多い.

(3) 重金属等（シアン, ふっ素及びほう素を含む）に分類される項目に関する汚染は, 工場・事業場に起因するものが1割程度ある.

(4) 揮発性有機化合物（VOC）に分類される項目に関する汚染は, 主に工場・事業場の排水, 廃液, 原料等に起因するものである.

(5) 硝酸性窒素や亜硝酸性窒素による地下水汚染の原因としては, 施肥による影響が最も大きいと考えられている.

解説　(1) 誤り. 工場・事業場が汚染原因と特定または推定された事例のうち, その汚染に係る原因施設等の種別として, 最も多かったものは有害物質使用特定施設（592件）である. 貯油施設は183件, 有害物質使用特定施設を除いた特定施設は51件である.

(2) 正しい. 工場・事業場からの汚染に係る原因行為の種別のうち, 原因が特定されているものとしては, 汚染原因物質の不適切な取り扱いによる漏えいが260件で, 最も多い.

(3) 正しい. 重金属等（シアン, ふっ素およびほう素を含む）に分類される項目に関する汚染は, 工場・事業場に起因するものが1割程度ある.

(4) 正しい. 揮発性有機化合物（VOC）に分類される項目に関する汚染は, 主に工場・

事業場の排水，廃液，原料等に起因するものである．

(5) 正しい．硝酸性窒素や亜硝酸性窒素による地下水汚染の原因としては，施肥による影響が最も大きいと考えられている． ▶答（1）

問題2 【令和4年 問5】 ✓ ✓ ✓

最近（2017年度から2019年度の間）の3年間，環境省による公共用水域水質測定結果において，健康項目に係る環境基準に関して，次に示す5項目のうち，非達成率が最も高い項目はどれか．

(1) カドミウム　　(2) 鉛　　(3) ほう素　　(4) セレン　　(5) ひ素

解説 (1) 該当しない．カドミウムの非達成率は，**表2.2**から0.10〜0.15%である．

(2) 該当しない．鉛の非達成率は，表2.2から0.07〜0.12%である．

(3) 該当しない．ほう素の非達成率は，0〜0.04%である．

表2.2　2017〜2019年度の健康項目に係る環境基準非達成の項目とその非達成率

［環境省「（平成29年度〜令和元年度）公共用水域水質測定結果」より抜粋］

	2019（令和元）年度			2018（平成30）年度			2017（平成29）年度		
	項目	調査地点数	超過地点数	非達成率〔%〕	項目	調査地点数	超過地点数	非達成率〔%〕	項目	調査地点数	超過地点数	非達成率〔%〕
1	ひ素	4,161	23	0.553	ふっ素	2,859	15	0.52	ひ素	4,290	22	0.51
2	ふっ素	2,725	15	0.550	ひ素	4,217	21	0.50	ふっ素	2,920	14	0.48
3	カドミウム	4,053	4	0.10	カドミウム	4,114	6	0.15	鉛	4,338	6	0.14
4	鉛	4,177	3	0.07	鉛	4,243	5	0.12	カドミウム	4,198	4	0.10
5	硝酸性窒素・亜硝酸性窒素	4,205	2	0.05	硝酸性窒素・亜硝酸性窒素	4,285	2	0.05	硝酸性窒素・亜硝酸性窒素	4,270	2	0.05
6	1,2-ジクロロエタン	3,326	1	0.03	ほう素	2,739	1	0.04	1,2-ジクロロエタン	3,431	1	0.03
7	—	—	—	—	1,2-ジクロロエタン	3,350	1	0.03	—	—	—	—
8	—	—	—	—	セレン	3,370	1	0.03	—	—	—	—
	達成率：99.2%				達成率：99.1%				達成率：99.2%			

(4) 該当しない．セレンの非達成率は，0〜0.03%である．

(5) 該当する．ひ素の非達成率は，表2.2から0.51〜0.55%である． ▶答（5）

問題3 【令和3年 問5】 ✓ ✓ ✓

環境省の平成30年度公共用水域水質測定結果によると，人の健康の保護に係る要

監視項目で，河川において指針値を超過した地点がない項目は次のうちどれか.
(1) 全マンガン　　(2) ニッケル　　　(3) ウラン
(4) アンチモン　　(5) モリブデン

解説 環境省の 2018（平成 30）年度公共用水域水質測定結果において，人の健康の保護に係る要監視項目で，河川において指針値を超過した地点がない項目は選択肢の中では**表2.3**からニッケルである.

表 2.3　人の健康の保護に係る要監視項目の指針値超過状況（2018（平成 30）年度）

(出典：環境省「平成 30 年度公共用水域水質測定結果」)

項目名・指針値（mg/L 以下）		河川 調査地点数	河川 超過地点数	河川 超過率〔%〕	湖沼 調査地点数	湖沼 超過地点数	湖沼 超過率〔%〕	海域 調査地点数	海域 超過地点数	海域 超過率〔%〕	調査都道府県数
クロロホルム	0.06	922	0	0	39	1	2.6	126	0	0	39
トランス-1,2-ジクロロエチレン	0.04	716	0	0	31	0	0	83	0	0	40
1,2-ジクロロプロパン	0.06	694	0	0	26	0	0	83	0	0	40
p-ジクロロベンゼン	0.2	755	0	0	31	0	0	83	0	0	40
イソキサチオン	0.008	730	0	0	28	0	0	81	0	0	41
ダイアジノン	0.005	769	0	0	33	0	0	81	0	0	42
フェニトロチオン（MEP）	0.003	788	0	0	27	0	0	81	0	0	43
イソプロチオラン	0.04	774	0	0	28	0	0	81	0	0	42
オキシン銅（有機銅）	0.04	691	0	0	25	0	0	71	0	0	40
クロロタロニル（TPN）	0.05	724	0	0	27	0	0	81	0	0	41
プロピザミド	0.008	684	0	0	26	0	0	81	0	0	40
EPN	0.006	887	0	0	49	0	0	138	0	0	41
ジクロルボス（DDVP）	0.008	726	0	0	27	0	0	81	0	0	41
フェノブカルブ（BPMC）	0.03	699	0	0	26	0	0	81	0	0	40
イプロベンホス（IBP）	0.008	729	0	0	28	0	0	81	0	0	41
クロルニトロフェン（CNP）	—	713	0	0	28	0	0	81	0	—	41
トルエン	0.6	743	0	0	31	0	0	97	0	0	40
キシレン	0.4	726	0	0	31	0	0	98	0	0	40
フタル酸ジエチルヘキシル	0.06	678	0	0	23	0	0	67	0	0	39
ニッケル	—	939	0	0	28	0	0	100	0	—	42
モリブデン	0.07	745	1	0.1	22	0	0	80	0	0	42
アンチモン	0.02	707	3	0.4	22	0	0	69	0	0	40
塩化ビニルモノマー	0.002	536	0	0	17	0	0	66	0	0	35

表 2.3 人の健康の保護に係る要監視項目の指針値超過状況（2018（平成 30）年度）（つづき）

項目名・指針値（mg/L 以下）	水域	河川			湖沼			海域			調査都道府県数
		調査地点数	超過地点数	超過率〔%〕	調査地点数	超過地点数	超過率〔%〕	調査地点数	超過地点数	超過率〔%〕	
エピクロロヒドリン	0.0004	513	1	0.2	17	0	0	68	0	0	35
全マンガン	0.2	866	18	2.1	38	5	13.2	84	0	0	41
ウラン	0.002	562	3	0.5	20	0	0	76	57	75.0	35

注：1 平成 30 年度に都道府県の水質測定計画に基づき測定された結果を取りまとめたものである．
　　2 評価は年間平均濃度による．
　　3 指針値は平成 16 年 3 月 31 日付け環境省環境管理局水環境部長通知による．
　　4 一般的な海水中のウラン濃度は，0.003 mg/L 程度といわれている．（出典：『理科年表 環境編』（2012））

▶ 答（2）

問題 4　　　　　　　　　　　　　　　　　　　　　　　【令和 3 年 問 6】

　環境省の平成 30 年度地下水質測定結果（概況調査）において，環境基準値を超過した項目は次のうちどれか．

(1) 全シアン　　(2) 総水銀　　　　　　(3) 硝酸性窒素及び亜硝酸性窒素
(4) PCB　　(5) 1,3-ジクロロプロペン

解説　環境省の 2018（平成 30）年度地下水質測定結果（概況調査）において，環境基準値を超過した項目は選択肢の中では**表 2.4**から硝酸性窒素および亜硝酸性窒素である．

表 2.4 2018（平成 30）年度地下水質測定結果（概況調査）
（出典：環境省「平成 30 年度地下水質測定結果」）

項目	概況調査結果					(参考) 平成 29 年度概況調査結果		
	調査数〔本〕	検出数〔本〕	検出率〔%〕	超過数〔本〕	超過率〔%〕	調査数〔本〕	超過数〔本〕	超過率〔%〕
カドミウム	2,602	12	0.5	0	0	2,627	2	0.1
全シアン	2,418	0	0	0	0	2,450	0	0
鉛	2,726	119	4.4	10	0.4	2,689	4	0.1
六価クロム	2,664	1	0.0	0	0	2,673	0	0
ひ素	2,757	306	11.1	54	2.0	2,725	60	2.2
総水銀	2,592	0	0	0	0	2,619	1	0.0
アルキル水銀	571	0	0	0	0	774	0	0
PCB	1,935	0	0	0	0	1,952	0	0
ジクロロメタン	2,680	11	0.4	0	0	2,723	0	0

表 2.4　2018（平成30）年度地下水質測定結果（概況調査）（つづき）

項目	概況調査結果					（参考）平成29年度概況調査結果		
	調査数〔本〕	検出数〔本〕	検出率〔%〕	超過数〔本〕	超過率〔%〕	調査数〔本〕	超過数〔本〕	超過率〔%〕
四塩化炭素	2,592	12	0.5	0	0	2,661	0	0
クロロエチレン（別名塩化ビニルまたは塩化ビニルモノマー）	2,390	15	0.6	1	0.0	2,433	4	0.2
1,2-ジクロロエタン	2,585	2	0.1	0	0	2,631	0	0
1,1-ジクロロエチレン	2,560	16	0.6	0	0	2,625	0	0
1,2-ジクロロエチレン	2,686	44	1.6	0	0	2,734	1	0.0
1,1,1-トリクロロエタン	2,698	14	0.5	0	0	2,768	0	0
1,1,2-トリクロロエタン	2,458	2	0.1	0	0	2,525	0	0
トリクロロエチレン	2,767	61	2.2	3	0.1	2,816	5	0.2
テトラクロロエチレン	2,762	107	3.9	6	0.2	2,812	4	0.1
1,3-ジクロロプロペン	2,257	0	0	0	0	2,335	0	0
チウラム	2,190	0	0	0	0	2,216	0	0
シマジン	2,188	0	0	0	0	2,213	0	0
チオベンカルブ	2,188	0	0	0	0	2,213	0	0
ベンゼン	2,612	0	0	0	0	2,676	0	0
セレン	2,432	31	1.3	0	0	2,441	0	0
硝酸性窒素および亜硝酸性窒素	2,954	2,519	85.3	85	2.9	2,925	81	2.8
ふっ素	2,725	1,003	36.8	22	0.8	2,751	17	0.6
ほう素	2,570	850	33.1	9	0.4	2,603	7	0.3
1,4-ジオキサン	2,405	5	0.2	0	0	2,429	0	0
全体	3,206	2,893	90.2	181	5.6	3,196	177	5.5

（注）1　検出数とは各項目の物質を検出した井戸の数であり，検出率とは調査数に対する検出数の割合である.
　　　　超過数とは環境基準を超過した井戸の数であり，超過率とは調査数に対する超過数の割合である.
　　　　環境基準超過の評価は年間平均値による. ただし，全シアンについては最高値とする.
　　　2　全体とは全調査井戸の結果で，全体の超過数とはいずれかの項目で環境基準超過があった井戸の数であり，全体の超過率とは全調査井戸の数に対するいずれかの項目で環境基準超過があった井戸の数の割合である.

▶ 答（3）

 題5　【平成30年 問6】

　公共用水域の水質の現状（環境省平成27年度公共用水域水質測定結果による）に関する記述として，誤っているものはどれか.

(1) 環境基準を超過した健康項目は，ひ素，ふっ素，カドミウムなどの7項目である.
(2) 河川のBOD環境基準達成率は，90%を超えている.
(3) 海域のCOD環境基準達成率は，60%を超えている.
(4) 湖沼のCOD環境基準達成率は，50%を超えていない.
(5) 海域の全窒素・全りんの環境基準達成率は，80%を超えている.

解説 (1) 正しい．2015（平成27）年度に環境基準を超過した健康項目は，カドミウム，鉛，ひ素，1,2-ジクロロエタン，硝酸性窒素および亜硝酸性窒素，ふっ素，ほう素の7項目である.

(2) 正しい．河川のBOD環境基準達成率は，2015（平成27）年度で95.8%である（図1.5参照）.

(3) 正しい．海域のCOD環境基準達成率は，2015（平成27）年度で81.1%である（図1.5参照）.

(4) 誤り．湖沼のCOD環境基準達成率は，2015（平成27）年度で58.7%である（図1.5参照）.

(5) 正しい．海域の全窒素・全りんの同時環境基準達成率は，2015（平成27）年度で86.8%である．なお，個別では，全窒素96.0%，全りん88.7%である（**表2.5**参照）.

表2.5 海域における全窒素および全りんの環境基準達成状況の推移
（出典：環境省「平成27年度公共用水域水質測定結果」）

項目	平成（年度）	18	19	20	21	22	23	24	25	26	27
全窒素	類型指定水域数	152	152	152	151	152	151	149	149	151	151
	達成水域数	133	141	140	143	137	142	132	141	145	145
	達成率〔%〕	87.5	92.8	92.1	94.7	90.1	94.0	88.6	94.6	96.0	96.0
全りん	類型指定水域数	152	152	152	151	152	151	149	149	151	151
	達成水域数	132	133	136	128	133	132	131	137	139	134
	達成率〔%〕	86.8	87.5	89.5	84.8	87.5	87.4	87.9	91.9	92.1	88.7
全窒素・全りん	類型指定水域数	152	152	152	151	152	151	149	149	151	151
	達成水域数	122	125	129	123	124	128	125	132	135	131
	達成率〔%〕	80.3	82.2	84.9	81.5	81.6	84.8	83.9	88.6	89.4	86.8

注1：全窒素および全りんの環境基準を満足している場合に，達成水域とした.
注2：海域については，全窒素のみまたは全りんのみ環境基準を適用する水域はない.

▶ 答 (4)

2.3 水質汚濁と発生源

■ 2.3.1 我が国の公害・環境問題

問題1　【平成30年 問5】

わが国の公害・環境問題が顕在化した年代を左から古い順に並べた場合，正しいものはどれか．

（ア）PCBによる環境汚染
（イ）足尾銅山鉱毒被害
（ウ）水俣病
（エ）トリクロロエチレンによる地下水汚染
（オ）ダイオキシン類による環境汚染

(1)（ア）—（イ）—（ウ）—（エ）—（オ）
(2)（イ）—（ア）—（ウ）—（オ）—（エ）
(3)（イ）—（ウ）—（ア）—（エ）—（オ）
(4)（ウ）—（イ）—（ア）—（オ）—（エ）
(5)（ウ）—（ア）—（イ）—（オ）—（エ）

解説　（ア）PCBによる環境汚染は，1968（昭和43）年に西日本地域で発生した．
（イ）足尾銅山鉱毒被害は，1878（明治11）年に渡良瀬川で発生した．
（ウ）水俣病は，1956（昭和31）年に存在が社会化した．
（エ）トリクロロエチレンによる地下水汚染は，1975（昭和50）年になると顕在化してきた．
（オ）ダイオキシン類による環境汚染は，1983（昭和58）年に都市ごみ焼却炉のフライアッシュからダイオキシン類が検出され，これ以後社会問題化した．
　　以上から（3）が正解．　　　　　　　　　　　　　　　　　　　　　▶ 答（3）

■ 2.3.2 汚濁発生源，人口当量

問題1　【令和4年 問7】

ある工場において，排水量が500 m³/日で，BOD濃度が10,000 mg/Lの排水が処理場に入り，処理場での排出率が0.01，処理場から海域への流達率が0.5とすると，この工場から海域への流達負荷量（kg/日）はいくらか．

(1) 10   (2) 25   (3) 50   (4) 250   (5) 500

解説 BODの排出量〔kg/日〕（発生負荷）を算出し，その値に排出率と流達率を乗すればよい．

BODの排出量〔kg/日〕（発生負荷）の算出方法は次のとおり（単位に注意：〔mg/L〕= 〔10^{-3}kg/m^3〕）．

発生負荷 = 排水量〔m^3/日〕× BOD濃度〔mg/L〕

= 500 m^3/日 × 10,000 × 10^{-3} kg/m^3 = 5,000 kg/日

海域への流達負荷〔kg/日〕= 発生負荷 × 排出率 × 流達率

= 5,000 kg/日 × 0.01 × 0.5 = 25 kg/日

以上から（2）が正解. ▶答（2）

問 題2 【令和3年 問7】

工場・事業場の汚水の性状に関する記述として，最も不適切なものはどれか.
(1) 食料品製造業やパルプ製造業は，BODの高い汚水を排出する.
(2) 染色整理業は，処理が不十分であると放流先の河川の水を着色させる汚水を排出する.
(3) 皮革業，殺虫剤や殺菌剤などの製造業は，有機性で有害物質を含む汚水を排出する.
(4) コンクリート製品製造業は，重金属などの有害物質を大量に含む汚水を排出する.
(5) コークス製造業は，アンモニア，フェノール類，シアン等を含有する汚水を排出する.

解説 (1) 適切. 食料品製造業やパルプ製造業は，BODの高い汚水を排出する.
(2) 適切. 染色整理業は，処理が不十分であると放流先の河川の水を着色させる汚水を排出する.
(3) 適切. 皮革業，殺虫剤や殺菌剤などの製造業は，有機性で有害物質を含む汚水を排出する.
(4) 不適切. コンクリート製品製造業は，重金属などの有害物質を排出しない.
(5) 適切. コークス製造業は，アンモニア，フェノール類，シアン等を含有する汚水を排出する. ▶答（4）

問 題3 【令和2年 問7】

水質汚濁物質と製造業との関係に関する記述として，誤っているものはどれか.
(1) BODの高い汚水を排出する業種として，肉製品製造業やビール製造業などの食

料品製造業が挙げられる.
(2) 染色整理業の汚水には，生物学的に難分解性のものが含まれることがある.
(3) 有機性で有害物質を含む汚水を排出する業種として，殺虫剤や殺菌剤などの製造業が挙げられる.
(4) 紙製品製造業の汚水には，アンモニア，フェノール類，シアン，硫黄，油分等が多量に含まれている.
(5) 板ガラス製造業やコンクリート製品製造業の汚水では，主にpHやSSなどが問題となる.

解説 (1) 正しい．BODの高い汚水を排出する業種として，有機物を排出する肉製品製造業やビール製造業などの食料品製造業が挙げられる.

(2) 正しい．染色整理業の汚水には，石油系の有機化合物を使用するため生物学的に難分解性のものが含まれることがある.

(3) 正しい．有機性で有害物質を含む汚水を排出する業種として，殺虫剤や殺菌剤などの製造業が挙げられる．これらは有機物を分解する微生物にとっても有害物質である.

(4) 誤り．紙製品製造業の汚濁物質は，BOD，COD および SS である．アンモニア，フェノール類，シアン，硫黄，油分等が多量に含まれる排水は，製油所排水である.

(5) 正しい．板ガラス製造業やコンクリート製品製造業の汚水では，主に pH や SS などが問題となる.
▶ 答（4）

問題4 【令和2年 問8】

　河川の上流で汚染物質の濃度と流量は，それぞれ 5 mg/L，60 m³/s であった．下流のある地点で，濃度 10 mg/L の汚染物質が，流量 15 m³/s で定常的に流入してくるものとする．流入点より下流のある点で，汚染物質は完全に混合すると仮定したとき，汚染物質の濃度（mg/L）はどの程度になるか．ただし，汚染物質や流量の減少はないものとする.

(1) 9　　(2) 8　　(3) 7　　(4) 6　　(5) 5

解説 合計した汚染物質の量を求め，それを合計した水量で除して濃度を算出する．単位に注意.

$$5 \, \text{mg/L} \times 60 \, \text{m}^3/\text{s} = 5 \, \text{g/m}^3 \times 60 \, \text{m}^3/\text{s} = 300 \, \text{g/s} \qquad ①$$

$$10 \, \text{mg/L} \times 15 \, \text{m}^3/\text{s} = 10 \, \text{g/m}^3 \times 15 \, \text{m}^3/\text{s} = 150 \, \text{g/s} \qquad ②$$

式①＋式②は，汚染物質の合計量であるから，水量の合計量（60 m³/s ＋ 15 m³/s）で除して濃度を算出する.

$(300\,\mathrm{g/s} + 150\,\mathrm{g/s})/(60\,\mathrm{m^3/s} + 15\,\mathrm{m^3/s})$

$= (450\,\mathrm{g/s})/(75\,\mathrm{m^3/s}) = 450\,\mathrm{g}/75\,\mathrm{m^3} = 450\,\mathrm{mg}/75\,\mathrm{L} = 6\,\mathrm{mg/L}$

以上から（4）が正解. ▶答（4）

■ 2.3.3 水質汚濁の原因物質および水質指標

問題1 【令和5年 問7】

大腸菌数に関する記述として，誤っているものはどれか.

(1) 大腸菌数は，大腸菌群数に比べ，より的確なふん便汚染の指標である.

(2) 水質環境基準の生活環境項目で，大腸菌群数に加えて，新たに大腸菌数が追加された.

(3) 水環境中において，大腸菌群が多く検出されていても，大腸菌が検出されない場合があった.

(4) 大腸菌数に用いられる単位のCFUは，Colony Forming Unit の略である.

(5) 自然環境保全を利用目的とする場合の水質環境基準値は，20 CFU/100 mL 以下である.

解説（1）正しい. 大腸菌数は，大腸菌群数（自然由来の細菌も含む）に比べ，より的確なふん便汚染の指標である.

(2) 誤り. 水質環境基準の生活環境項目では，当初から大腸菌数が定められ，その後変更はない. なお，大腸菌数の数え方は，MPN（Most Probable Number）から CFU（Colony Forming Unit）に変更された.

(3) 正しい. 水環境中において，大腸菌群が多く検出されていても，大腸菌が検出されない場合がある.

(4) 正しい. 大腸菌数に用いられる単位のCFUは，Colony Forming Unit の略である.

(5) 正しい. 自然環境保全を利用目的とする場合の水質環境基準値は，20 CFU/100 mL 以下である. ▶答（2）

問題2 【令和2年 問6】

水質汚濁の要因に関する記述として，最も不適切なものはどれか.

(1) 工場・事業場排水については，生活排水に比べ，排水規制の強化等の措置の効果がほとんど出ていない.

(2) 生活排水等については，下水道整備がいまだ十分でない地域がある.

(3) し尿浄化槽については，維持管理において適正を欠いている面がある.

(4) 内湾，内海，湖沼等については，水が滞留し，汚濁物質が蓄積しやすいという物理的要因がある．

(5) 内湾や内海等の臨海部については，人口や産業が集中しているという社会経済的要因がある．

解説 (1) 不適切．工場・事業場排水については，生活排水よりも規制が先行したため排水規制の強化等の措置の効果が大きく出ている．

(2) 適切．生活排水等については，人口の少ない地方において下水道整備がいまだ十分でない地域がある．

(3) 適切．し尿浄化槽については，維持管理において適正を欠いている面がある．

(4) 適切．内湾，内海，湖沼等については，水が滞留し，汚濁物質が蓄積しやすいという物理的要因がある．

(5) 適切．内湾や内海等の臨海部については，人口や産業が集中しているという社会経済的要因がある．　　　　　　　　　　　　　　　　　　　　　　▶答（1）

問題3　　　　　　　　　　　　　　　　　　　　【平成30年 問7】

水質指標に関する記述として，誤っているものはどれか．

(1) BODは，生物化学的に分解可能な有機物の指標として用いられる．

(2) COD_{Mn} と COD_{Cr} を比較すると，一般的に COD_{Cr} が高い値を示す．

(3) VSSは，SSとして計測されたものを約600℃で灰化したときの減量をいう．

(4) 富栄養化によって植物プランクトンの生産が活発になると，光合成反応によりpHが低下する．

(5) 環境基準の試験に用いられる大腸菌群試験では，ふん便汚染を受けていない土壌・植物などの環境中に生息する大腸菌群も検出される．

解説 (1) 正しい．BOD（Biochemical Oxygen Demand：生物化学的酸素要求量）は，有機物を分解するために必要とする酸素量で間接的に有機物量を表したものと考えることができるから，BODは，生物化学的に分解可能な有機物の指標として用いられる．

(2) 正しい．COD（Chemical Oxygen Demand：化学的酸素要求量）は，有機物を化学的に酸化したとき消費した酸素量で，COD_{Mn} と COD_{Cr} を比較すると，Crの方がMnより酸化力が大きいので，一般に COD_{Cr} が高い値を示す．

(3) 正しい．VSS（Volatile Suspended Solid：有機性浮遊物質）は，SS（Suspended Solids：浮遊物質）として計測されたものを約600℃で灰化したときの減量（燃焼して消失した有機物量）をいう．

(4) 誤り．植物プランクトンの活動が活発な湖沼の表面では，炭酸同化作用が活発にな

り，炭酸ガスが吸収されることになるが，この炭酸ガスは炭酸の分解で供給される．その炭酸は，炭酸水素イオンが水素イオンと結合して生成するが，水素イオンは水の解離で供給されるので，その結果OH^-イオンが増加しpHが上昇することになる．

$$CO_2 + H_2O \leftarrow H_2CO_3$$
$$H_2CO_3 \leftarrow H^+ + HCO_3^-$$
$$H^+ + OH^- \leftarrow H_2O$$

結局，次のような反応でpHが上昇するとしてもよい．

$$CO_2 + OH^- \leftarrow HCO_3^-$$

(5) 正しい．環境基準の試験に用いられる大腸菌群試験では，ふん便汚染を受けていない土壌・植物などの環境中に生息する大腸菌群も検出される． ▶答（4）

2.4 水質汚濁指標

■ 2.4.1 河川環境・その他

問題1 　　　　　　　　　　　　　　　　　　　【令和4年 問8】 ✓ ✓ ✓

水質汚濁機構に関する記述として，誤っているものはどれか．

(1) 河川水質を4つのカテゴリーに分けた水質階級で，きれいな水は貧腐水性と呼ばれ，この水域に生息する生物にサカマキガイがいる．

(2) 生物化学的酸素要求量（BOD）で示される有機汚濁物質は，一般的に生物化学的な分解を受ける．

(3) 湖沼や内湾に流入した窒素やりんは，湖水・海水と堆積物の間で循環することから，いったん富栄養化した水質を改善することは容易ではない．

(4) カドミウムや鉛などの重金属は，水域に排出後，酸化作用や還元作用などを受けてその形態が変化することはあっても，分解されることなく元素として消滅しない．

(5) カドミウムや鉛などの重金属は，懸濁態となって水系から底質系へ移動し，底生生物やそれを餌とする生物に蓄積される．

解説 (1) 誤り．河川水質を4つのカテゴリーに分けた水質階級で，きれいな水は貧腐水性（Ⅰ）と呼ばれ，この水域に生息する生物にサカマキガイはいない．サカマキガイは「Ⅲ　汚い水」および「Ⅳ　大変汚い水」に生息する（**表2.6**参照）．

表 2.6　水質指標生物と水質階級[15]

(出典：日本自然保護協会編『指標生物』，平凡社（1994））

No.	指標生物	I きれいな水 (貧腐水性)	II 少し汚れた水 (β-中腐水性)	III 汚い水 (α-中腐水性)	IV 大変汚い水 (強腐水性)
1	ウズムシ類	■			
2	サワガニ	■			
3	ブユ類	■			
4	カワゲラ類	■			
5	ナガレトビケラ・ヤマトビケラ類	■			
6	ヒラタカゲロウ類	■			
7	ヘビトンボ類	■	■		
8	5以外のトビケラ類	■	■		
9	6, 11以外のカゲロウ類	■	■	■	
10	ヒラタドロムシ		■		
11	サホコカゲロウ			■	
12	ヒル類			■	
13	ミズムシ			■	■
14	サカマキガイ			■	■
15	セスジユスリカ				■
16	イトミミズ類				■

(2) 正しい．生物化学的酸素要求量（BOD：Biochemical Oxygen Demand）で示される有機汚濁物質は，好気性微生物（酸素を必要とする微生物）が酸素のもとで有機物を餌として取り入れCO_2と水に分解（生物化学的分解）するとき，消費した酸素量で間接的に有機物量を表した値である．

(3) 正しい．湖沼や内湾に流入した窒素やりんは，湖水・海水と堆積物の間で循環することから，いったん富栄養化した水質を改善することは容易ではない．

(4) 正しい．カドミウムや鉛などの重金属は，水域に排出後，酸化作用や還元作用などを受けてその形態が変化することはあっても，分解されることなく元素として消滅しない．

(5) 正しい．カドミウムや鉛などの重金属は，懸濁態となって水系から底質系へ移動し，底生生物やそれを餌とする生物に蓄積される． ▶答（1）

問題2　　　　　　　　　　　　　　　　　　　　　　　　【令和3年 問9】✓ ✓ ✓

自然湖岸における植生の分類と代表的な植物の組合せとして，誤っているものはどれか．

	（植生の分類）	（植物）
(1)	湿性植物	アゼスゲ
(2)	抽水植物	ヨシ

(3)　浮葉植物　　　アサザ

(4)　沈水植物　　　エビモ

(5)　浮漂植物　　　マコモ

解説　(1) 正しい．湿性植物は，湿り気の多い場所（池や沼の付近）にはえる植物の総称でアゼスゲ，カサスゲ，ヒオウギアヤメなどである．

(2) 正しい．抽水植物は，水底の土に根を張るが，茎や葉は水面より上に伸ばすもので，ヨシ，マコモ，ガマなどである．

(3) 正しい．浮葉植物は，水底に根を張り，葉を水面に浮かべる植物で，アサザ，ヒシ，ジュンサイなどである．

(4) 正しい．沈水植物は，水底に根を張り，茎や葉が水中に沈んでいる植物で，エビモ，ササバモ，コカナダモなどである．

(5) 誤り．浮標植物は，根が水底に達せず，水中に垂れ下がり，全体が水面に浮き漂う植物で，ホテイアオイやサンショウモなどである．マコモは抽水植物である．　▶ 答（5）

 題3　　　　　　　　　　　　　　　　　　　　　　【令和元年 問9】

　河道の堆積物（たいせき）に生息する生物は，河川水質の環境を判断する指標になるといわれている．水質階級と指標生物の組合せとして，誤っているものはどれか．

　　（水質階級）　　　　　　（指標生物）

(1)　貧腐水性 ――――― サワガニ

(2)　貧腐水性 ――――― カワゲラ類

(3)　中腐水性 ――――― ミズムシ

(4)　強腐水性 ――――― イトミミズ類

(5)　強腐水性 ――――― ヒラタドロムシ

解説　(1) 正しい．貧腐水性の指標生物としてサワガニは，その一つである（表2.6 参照）．

(2) 正しい．貧腐水性の指標生物としてカワゲラ類は，その一つである．

(3) 正しい．中腐水性の指標生物としてミズムシは，その一つである．

(4) 正しい．強腐水性の指標生物としてイトミミズ類は，その一つである．

(5) 誤り．ヒラタドロムシは，貧腐水性から β-中腐水性の指標生物である．　▶ 答（5）

 題4　　　　　　　　　　　　　　　　　　　　　　【平成30年 問8】

　河川の植生による自浄作用に関する記述として，最も不適切なものはどれか．

(1) 水域の植生，特にヨシ，マコモなどを用いた水質浄化実験が多く試みられてきた．

(2) 植生域は流れが制御されるので，懸濁物質の堆積が促進される．

(3) 植生に付着した微生物によって有機物が分解される．

(4) 植生に付着した藻類や植生自身による栄養塩の吸収がある．

(5) 十分な栄養塩吸収効果を得るためには，水生植物が繁茂した流れが速く狭い水域を設け，河川水を通過させる工夫が必要である．

解説　(1) 適切．河川の自浄作用に水域の植生，特にヨシ，マコモなどを用いた水質浄化実験が多く試みられてきた．

(2) 適切．植生域は流れが制御されるので，懸濁物質の堆積が促進される．

(3) 適切．植生に付着した微生物によって有機物が分解される．

(4) 適切．植生に付着した藻類や植生自身による栄養塩の吸収がある．

(5) 不適切．誤りは「流れが速く狭い水域」で，正しくは「流れの緩やかな広い水域」である．十分な栄養塩吸収効果を得るためには，水生植物が繁茂した流れの緩やかな広い水域を設け，河川水を通過させる工夫が必要である．　　　　　　　　　　▶ 答（5）

■ 2.4.2　富栄養化・エスチャリー

問題1　　　　　　　　　　　　　　　　　　　　　　【令和3年 問8】

富栄養化した湖沼の水質に関する記述として，誤っているものはどれか．

(1) 光合成によって二酸化炭素が消費されると，pHは低下する．

(2) 表層に近い好気的な環境の下では，植物プランクトンの死骸などは微生物によって分解・無機化していく．

(3) 水域が成層すると，表層から酸素が深層に供給されにくくなる．

(4) 貧酸素化した底質で行われる嫌気分解は，好気分解に比べ効率が悪いので，完全に無機化されない懸濁態有機物が蓄積されやすい．

(5) 底質が長期にわたり貧酸素状態となると，鉄やマンガンのイオン態の溶出，脱窒による窒素ガスの発生などが起こりやすくなる．

解説　(1) 誤り．光合成によって水中に溶解した炭酸イオン（HCO_3^-）が消費されると，次のように反応が左側に進行し水中のH^+が減少するためpHは上昇する．

$$CO_2 + H_2O \rightleftharpoons H^+ + HCO_3^-$$

(2) 正しい．表層に近い好気的な環境の下では，植物プランクトンの死骸などは微生物（好気性微生物）によって分解・無機化していく．

(3) 正しい．水域が成層（上層の温度が下層より高い場合）すると，上層の密度が小さ

いため層が安定し，表層から酸素が深層に供給されにくくなる．

(4) 正しい．貧酸素化した底質で行われる嫌気分解は，好気分解に比べ効率が悪いので，完全に無機化されない懸濁態有機物が蓄積されやすい．

(5) 正しい．底質が長期にわたり貧酸素状態となると，鉄やマンガンのイオン態（Fe^{2+}やMn^{2+}など）の溶出，脱窒による窒素ガスの発生などが起こりやすくなる．

▶答 (1)

問題2 【令和元年 問7】

富栄養化指標及び富栄養化による障害の指標に関する記述として，誤っているものはどれか．

(1) 植物プランクトンの平均的な体組成の元素別割合は，大きい順に，有機体炭素，りん，窒素である．

(2) 植物プランクトンにとって，窒素，りん，カリウムは三大栄養素であるが，カリウムは水中に豊富にあるため，窒素とりんが主な成長の制限因子となる．

(3) 植物プランクトンの増殖は，無機物から有機物が生産されることから，一種の有機汚濁でもあるため，湖沼や閉鎖性水域では内部生産と称される．

(4) 植物プランクトンの産生するミクロキスチン–LRの毒性は，シアン化カリウムよりも高い毒性（マウス腹腔内投与試験）を示す．

(5) 植物プランクトンが産生する代表的な異臭味物質には，ジェオスミンと2-MIB（2-メチルイソボルネオール）がある．

解説 (1) 誤り．植物プランクトンの平均的な体組成の元素別割合は，大きい順に，有機体炭素（38％），窒素（8.6％），りん（0.65％）である．

(2) 正しい．植物プランクトンにとって，窒素，りん，カリウムは三大栄養素であるが，カリウムは水中に豊富にあるため，窒素とりんが主な成長の制限因子となる．

(3) 正しい．植物プランクトンの増殖は，無機物から有機物が生産されることから，一種の有機汚濁でもあるため，湖沼や閉鎖性水域では内部生産と称される．

(4) 正しい．植物プランクトンの産生するミクロキスチン–LRの毒性は，シアン化カリウムよりも高い毒性（マウス腹腔内投与試験）を示す．

(5) 正しい．植物プランクトンが産生する代表的な異臭味物質には，ジェオスミンと2-MIB（2-メチルイソボルネオール）がある．

▶答 (1)

2.4
水質汚濁指標

問題1　　　　　　　　　　　　　　　　　　　　　　【令和5年 問9】

　化学物質のリスク評価に関する記述として，誤っているものはどれか．
(1) 化学物質によるリスクは，有害性（ハザード）と暴露量によって決まる．
(2) 無毒性量（NOAEL）の情報は，閾値が存在する化学物質のリスク評価に利用される．
(3) TDIは，人が一生涯摂取し続けても悪影響を生じないと考えられる体重1 kg当たりの1日当たりの摂取量で表わされる．
(4) 不確実係数積は，動物と人との種差による係数と，個体差による係数との積であり，$10^{-5} \sim 10^{-6}$の範囲の値となる．
(5) 遺伝子障害性をもつ発がん性物質に関しては，閾値は存在しないと考えられている．

解説　(1) 正しい．化学物質によるリスクは，有害性（ハザード）と暴露量によって決まる．
(2) 正しい．無毒性量（NOAEL：No Observed Adverse Effect Level）の情報は，閾値（初めて中毒が現われる摂取量）が存在する化学物質のリスク評価に利用される．
(3) 正しい．TDI（Tolerable Daily Intake：耐容一日摂取量）は，人が一生涯摂取し続けても悪影響を生じないと考えられる体重1 kg当たりの1日当たりの摂取量で表される．
(4) 誤り．不確実係数積は，動物と人との種差による係数と，個体差による係数との積であり，通常，100が用いられる．
　　　TDI（耐容一日摂取量）＝ NOAEL（無毒性量）/不確実係数積
(5) 正しい．遺伝子障害性を持つ発がん性物質に関しては，閾値は存在しないと考えられている．がんは異常な細胞分裂が原因であり，1分子の化学物質が遺伝子に影響を与えてもがんは発生する可能性があるため，事実上閾値がないと考える．　▶答 (4)

問題2　　　　　　　　　　　　　　　　　　　　　　【令和4年 問6】

　環境省による「PRTRデータを読み解くための市民ガイドブック（令和2年9月発行）」には，公共用水域への排出の多い5物質等とその排出量が示されている．次に示す5物質のうち，排出量が最も多い物質はどれか．
(1) ふっ化水素及びその水溶性塩
(2) 亜鉛の水溶性化合物
(3) チオ尿素

(4) ほう素化合物

(5) マンガン及びその化合物

解説 公共用水域への排出量の多い5物質の排出量は，次のとおりである．なお，PRTRは Pollutant Release and Transfer Register の略で，環境汚染物質排出移動登録のことである．

(1)「ふっ化水素及びその水溶性塩」の公共用水域への排出量は，1,885トン/年である．

(2)「亜鉛の水溶性化合物」の公共用水域への排出量は，593トン/年である．

(3)「チオ尿素」の公共用水域への排出量は，141トン/年である．

(4)「ほう素化合物」の公共用水域への排出量は，2,297トン/年である．

(5)「マンガン及びその化合物」の公共用水域への排出量は，548トン/年である．

以上から（4）が正解．　　　　　　　　　　　　　　　　　　▶答（4）

問題3　　　　　　　　　　　　　　　　　　　　【令和4年 問9】

有害物質の人体影響に関する記述として，誤っているものはどれか．

(1) 生体内に水銀が侵入した場合，体内全蓄積量あるいは臓器内蓄積量が閾値を超えなければ，長期間体内に存在しても障害を与えることはない．

(2) 重金属の生体内への侵入経路には，吸入摂取，経口摂取，経皮吸収があるが，侵入経路の違いによって毒性の発現が異なることはない．

(3) 有害性金属が複合して生体内に作用する場合，金属間の相互作用により毒性が弱められることがあり，この現象は拮抗作用といわれる．

(4) カドミウム，水銀，亜鉛，鉛などの重金属の暴露により肝臓などで誘導生合成されるメタロチオネインは，重金属の解毒作用の役割を果たしている．

(5) 生物学的半減期の長いものは，排泄されにくいので，毒性が現れやすい．

解説 （1）正しい．生体内に水銀が侵入した場合，体内全蓄積量あるいは臓器内蓄積量が閾値を超えなければ，長期間体内に存在しても障害を与えることはない．

(2) 誤り．重金属の生体内への侵入経路には，吸入摂取，経口摂取，経皮吸収があるが，侵入経路の違いによって毒性の発現が異なる．例えば，水銀を経口摂取した場合，吸収はほとんどなく毒性は軽微であるが，水銀蒸気として吸入摂取した場合は，強い毒性が現われる．

(3) 正しい．有害性金属が複合して生体内に作用する場合，金属間の相互作用により毒性が弱められることがあり，この現象は拮抗作用といわれる．カドミウムに対しての拮抗金属は亜鉛，鉛に対しての拮抗金属はカルシウム，亜鉛，鉄などである．

(4) 正しい．カドミウム，水銀，亜鉛，鉛などの重金属の暴露により肝臓などで誘導生合成されるメタロチオネイン（MetalloThionein：MT）は，重金属の解毒作用の役割を果

たしている．MTは，① 金属を多量に含有していること，② 分子量は6,000 〜 8,000程度，③ 組成アミノ酸にシステインを約30% 含むこと，④ 芳香族アミノ酸をほとんど含まないことなどの特徴がある．

(5) 正しい．生物学的半減期の長いものは，排泄されにくいので，毒性が現れやすい．

▶答（2）

 題4　　　　　　　　　　　　　　　　　　　　　【令和3年 問10】

金属の生体影響に関する記述として，誤っているものはどれか．

(1) 重金属に暴露されると生合成されるメタロチオネインは，重金属の毒性を弱める働きをしている．

(2) 有害性金属が複合して生体内に作用する場合，それぞれの毒性が相加的，あるいは相乗的に現れることがあるが，逆に毒性が弱められることもある．

(3) 有機水銀は塩化水銀(Ⅱ)に比べて生物学的半減期が長いため，排泄されにくい．

(4) 無機水銀は血液−脳関門を容易に通過し，脳内に蓄積する．

(5) 総金属暴露量が同一量であっても，一時に多量暴露した場合と，少量ずつ長期間の暴露の場合とでは毒性の程度は異なる．

解説　(1) 正しい．重金属に暴露されると生合成されるメタロチオネインは，重金属の毒性を弱める働きをしている．なお，メタロチオネイン（MT）は，金属が取り込まれると肝臓で誘導合成されるもので，その特徴は① 金属を多量に含有していること，② 分子量は6,000 〜 8,000程度，③ 組成アミノ酸にシステインを約30% 含むこと，④ 芳香族アミノ酸をほとんど含まないことなどである．

(2) 正しい．有害性金属が複合して生体内に作用する場合，それぞれの毒性が相加的，あるいは相乗的に現れることがあるが，逆に毒性が弱められることもある．毒性が弱められる例として，モリブデン（過剰摂取）と銅，マンガン（過剰摂取）と鉄などである．

(3) 正しい．有機水銀は塩化水銀(Ⅱ)に比べて生物学的半減期が長いため，排泄されにくい．

(4) 誤り．「無機水銀」が誤り．有機水銀は血液−脳関門（血液と脳の組織液の間の物質交換を制御する関門）を容易に通過し，脳内に蓄積する．

(5) 正しい．総金属暴露量が同一量であっても，一時に多量暴露した場合と，少量ずつ長期間の暴露の場合とでは毒性の程度は異なる．

▶答（4）

 題5　　　　　　　　　　　　　　　　　　　　　　【令和2年 問9】

金属の毒性に関する記述として，誤っているものはどれか．

(1) 同じ金属でも化学種によって毒性が異なることが多い．

(2) 暴露経路によって毒性の発現が異なることが多い．

(3) 一時に多量暴露した場合でも，少量ずつ長期間暴露した場合でも，総暴露量が同じであれば毒性の程度は同じである．

(4) 複数の金属による複合汚染では，それぞれの毒性が弱められることもある．

(5) メタロチオネインが生合成されると，重金属に対し解毒作用を及ぼす．

解説 (1) 正しい．同じ金属でも化学種によって毒性が異なることが多い．例えば，塩化水銀(Ⅱ)とメチル水銀では，前者は腎障害と軽度の肝障害が現われるが，後者では特異的な脳神経障害が現われる．

(2) 正しい．暴露経路によって毒性の発現が異なることが多い．例えば，金属水銀が経口摂取された場合，水銀の消化管からの吸収はほとんどなく毒性も軽微であるが，水銀蒸気を経気道暴露した場合には体内によく吸収され非常に強い毒性が現われる．

(3) 誤り．一時に多量暴露すると，少量ずつ長期間暴露した場合よりも，総暴露量が同じであっても毒性が強く現れる．

(4) 正しい．複数の金属による複合汚染では，それぞれの毒性が弱められることもある．これを拮抗作用というが，マンガンと鉄，モリブデンと銅などがある．

(5) 正しい．メタロチオネインが生合成されると，重金属に対し解毒作用を及ぼす．メタロチオネイン（MT）は，金属が取り込まれると肝臓で誘導合成されるもので，その特徴は①金属を多量に含有していること，②分子量が6,000〜8,000程度，③組成アミノ酸にシステインを約30％含むこと，④芳香族アミノ酸をほとんど含まないことなどである． ▶ 答（3）

問 題6 【令和元年 問8】

環境省の「平成27年度PRTRデータの概要–化学物質の排出量・移動量の集計結果–」において，次のうち最も排出量の多かった物質はどれか．

(1) ノルマル–ヘキサン (2) エチルベンゼン (3) トルエン

(4) キシレン (5) 塩化メチレン

解説 環境省の「平成27年度PRTRデータの概要–化学物質の排出量・移動量の集計結果–」において，選択肢のうち最も排出量の多かった物質はトルエンである（**図2.3**参照）．

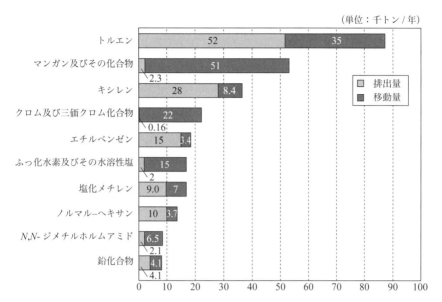

（単位：千トン／年）

図 2.3　届出排出量・移動量上位 10 物質とその量
（出典：環境省「「平成 27 年度 PRTR データの概要—化学物質の排出量・移動量の集計結果—」について」）

▶ 答（3）

問題7　【令和元年 問10】

化学物質のリスク評価に関する記述として，正しいものはどれか．

(1) 化学物質によるリスクは，有害性のみを考慮すればよい．

(2) 無影響量（NOEL）や無毒性量（NOAEL）は，一般に閾値が存在しない化学物質の有害性評価に用いられる．

(3) 耐容一日摂取量（TDI）は，最も感受性の高い動物を用いた試験で得られた NOEL 又は NOAEL に，不確実係数を乗じたものである．

(4) 不確実係数には通常 100 が用いられるが，この値は動物から人へ外挿するときの種差による係数を 10，個体差による係数を 10 と見込んだものである．

(5) 実質安全量（VSD）は，一般に閾値が存在する化学物質の有害性評価に用いられる．

解説　(1) 誤り．化学物質によるリスクは，有害性だけでなく暴露量も考慮しなければならない．

(2) 誤り．無影響量（NOEL）や無毒性量（NOAEL）は，一般に閾値が存在する化学物質の有害性評価に用いられる．

(3) 誤り. 耐容一日摂取量 (TDI) は，最も感受性の高い動物を用いた試験で得られた NOEL または NOAEL を，不確実係数で割ったものである.

(4) 正しい. 不確実係数には通常 100 が用いられるが，この値は動物から人へ外挿するときの種差による係数を 10，個体差による係数を 10 と見込んだものである.

(5) 誤り. 実質安全量 (VSD) は，一般に閾値が存在しない化学物質の有害性評価に用いられる. なお，我が国において実質安全量の設定に使用する危険率は 10^{-5} が用いられている. これは 10 万人に 1 人の割合で受けると予想される危険性である.　　▶答 (4)

問題 8　　　　　　　　　　　　　　　　　　　　【平成 30 年 問 9】

有害金属が人の健康に及ぼす影響に関する記述として，正しいものはどれか.

(1) 金属水銀の毒性は，侵入経路の違いに関係なく同じである.

(2) 金属の複合汚染では，毒性は相加的あるいは相乗的に現れ，抑制的に現れることはない.

(3) 金属は種々の化合物を形成し，その化学種が変化するが，化学種が違っても生体内に摂取されれば毒性は同じである.

(4) 水銀の吸収量と排泄量のバランスが崩れて体内に蓄積され，ある限界量を超えると毒性が現れるようになる.

(5) 鉄は必須金属であり，多量摂取しても有害作用を発現しない.

解説　(1) 誤り. 金属水銀の毒性は，吸入（水銀蒸気）と経口とによって異なり，前者の方が強い毒性が現れる.

(2) 誤り. 金属の複合汚染では，毒性は相加的あるいは相乗的に現れるが，抑制的（拮抗的）に現れることもある. 例えば，モリブデン（過剰摂取）と銅，マンガン（過剰摂取）と鉄などである.

(3) 誤り. 化学種が異なると，例えば，無機水銀とメチル水銀のように毒性が大幅に異なる.

(4) 正しい. 水銀の吸収量と排泄量のバランスが崩れて体内に蓄積され，ある限界量（閾値）を超えると毒性が現れるようになる.

(5) 誤り. 鉄は必須金属であるが，鉄に限らずすべての金属は，閾値を超えた量を摂取すると，有害作用を発現する.　　▶答 (4)

第3章

汚水処理特論

3.1 汚水等処理計画

■ 3.1.1 工場内処理

図に示すような n 段の向流多段洗浄においては，下に示す理論式が成り立つ.

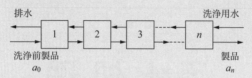

排水　　　　　　　　　　　　　　　　洗浄用水

1　2　3　……　n

洗浄前製品　　　　　　　　　　　　　製品
a_0　　　　　　　　　　　　　　　　a_n

$$\frac{a_n}{a_0} = \frac{r-1}{r^{n+1}-1}$$

ただし，a_0：洗浄前製品中に含まれる不純物質量

$\quad\quad\quad\ a_n$：第 n 段の洗浄槽を出る製品中の不純物質量

$\quad\quad\quad\ r$：洗浄水量 V と製品が各段で持ち出す水量 v の比 $(r = V/v)$

今，r が 50 である洗浄工程において，製品中に含まれる不純物質量を洗浄前の 1/10,000 以下に減らしたいとき，向流多段洗浄の段数を最低いくつにすればよいか. 以下の選択肢から適切なものを選びなさい.

(1) 2段　　(2) 3段　　(3) 4段　　(4) 5段　　(5) 10段

解 説　$a_n/a_0 = (r-1)/(r^{n+1}-1)$ 　　　　　　　　　　　　　①

式①に与えられた数値を代入して n を求める.

$a_n/a_0 = 1/10{,}000$，$r = 50$ であるから式①は，次のように表される.

$\quad\quad 1/10{,}000 = (50-1)/(50^{n+1}-1)$ 　　　　　　　　　　②

式②の右辺は，次のように変形する.

$\quad\quad$右辺 $= (50-1)/(50^{n+1}-1) \fallingdotseq 50/50^{n+1} = 1/50^n$ 　　　③

したがって，

$\quad\quad 1/10{,}000 = 1/50^n$

として，

$\quad\quad 10^4 = 50^n$ 　　　　　　　　　　　　　　　　　　　④

となる n を求めればよい. 式④の両辺の対数をとる.

$\quad\quad 4 = n \log 50 \fallingdotseq n \times 1.7$

$\quad\quad\quad (\log 50 = \log 10 + \log 5 = 1 + \log(10/2) = 1 + \log 10 - \log 2 \fallingdotseq 2 - 0.3 = 1.7)$

$\quad\quad n = 4/1.7 \fallingdotseq 2.35$ 　　　　　　　　　　　　　　⑤

式⑤から3段とすればよい.

以上から（2）が正解. ▶答（2）

問題2 【令和4年 問1】

排水の工場内対策に関する記述として，誤っているものはどれか.

(1) 設備を改良して製品の歩留りを向上させることにより，排水の汚濁負荷を減少できる.

(2) 排水の濃度が時間的に変動する場合は，調整槽を設け排水濃度を平均化すれば，排水処理は容易になる.

(3) 重金属を不溶性の物質に変えて水と分離する場合は，濃厚排水を希釈して処理するほうがよい.

(4) 排水量を減少させる手段として，生産プロセス制御の高度化などがあげられる.

(5) 製品の洗浄に向流多段洗浄を採用することで，洗浄用水量を減少させることができる.

解説 (1) 正しい．設備を改良して製品の歩留りを向上させることにより，排水の汚濁負荷を減少できる.

(2) 正しい．排水の濃度が時間的に変動する場合は，調整槽を設け排水濃度を平均化すれば，排水処理は容易になる.

(3) 誤り．重金属を不溶性の物質に変えて水と分離する場合は，濃厚排水を処理する方がよい．希釈して処理すると，除去率が低下する.

(4) 正しい．排水量を減少させる手段として，生産プロセス制御の高度化などが挙げられる.

(5) 正しい．製品の洗浄に向流多段洗浄（排水または用水と原料または製品の移動が逆向きの洗浄）を採用することで，洗浄用水量を減少させることができる（問題5（令和2年 問2）の図3.1参照）. ▶答（3）

問題3 【令和4年 問2】

無機性の工場排水の処理法の選択に関する記述として，最も不適切なものはどれか.

(1) 浮遊物質を含む場合は静置沈降試験を行い，数時間以内で目標水質が得られれば，普通沈殿法の採用を検討する.

(2) 浮遊物質を含む排水で，普通沈殿法で目標水質が得られない場合は，凝集沈殿処理を検討する.

(3) 浮遊物質を含む排水で，普通沈殿法や凝集沈殿法で目標水質が得られない場合は，活性汚泥処理を検討する.

(4) 浮遊物質を除去しても，有害物質が残留している場合は，pH調整，硫化物添加，酸化，還元などの化学的方法による不溶化や分解を検討する．

(5) 沈殿処理や化学的処理で目標水質が得られない場合は，吸着処理やイオン交換処理を検討する．

解説 (1) 適切．浮遊物質を含む場合は静置沈降試験を行い，数時間以内で目標水質が得られれば，普通沈殿法の採用を検討する．

(2) 適切．浮遊物質を含む排水で，普通沈殿法（凝集剤を使用しない自然沈殿法）で目標水質が得られない場合は，凝集沈殿処理を検討する．

(3) 不適切．浮遊物質を含む排水で，普通沈殿法や凝集沈殿法で目標水質が得られない場合は，砂ろ過または膜ろ過を検討する．活性汚泥処理は，水溶性の有機物の分解処理であるから，誤りである．

(4) 適切．浮遊物質を除去しても有害物質が残留している場合は，pH調整，硫化物添加，酸化，還元などの化学的方法による不溶化や分解を検討する．

(5) 適切．沈殿処理や化学的処理で目標水質が得られない場合は，吸着処理やイオン交換処理を検討する． ▶ 答（3）

問題4 【令和2年 問1】

工場からの排水等の処理計画に関する記述として，誤っているものはどれか．

(1) 排水処理の大原則は，適正な工程管理により可能な限り処理前の水量・汚染状態を低減させることである．

(2) 工場の様々な発生源から排出される汚濁負荷を集合して終末点で処理をするエンドオブパイプからの脱却や，生産工程からの排出を極力抑制しようとするゼロエミッションやクリーナープロダクションの考え方も重要である．

(3) 一般に，工場内の製造排水，冷却排水，衛生排水（し尿及び生活雑排水）を混合して処理することは，個々の汚染物質の濃度を下げることができ，終末点での処理が容易になるので好ましい．

(4) 製品となるべき成分が何らかの理由により排水中に出てくる場合は，生産工程の改善により製品のロスを減らすことで，汚濁負荷量も減らすことができる．

(5) 原料を精製する過程で不純物を水に含ませて排出する場合は，排水の量を減らしても濃度が高くなり，汚濁の絶対量は減らない．

解説 (1) 正しい．排水処理の大原則は，適正な工程管理により可能な限り処理前の水量・汚染状態を低減させることである．

(2) 正しい．工場の様々な発生源から排出される汚濁負荷を集合して終末点で処理をす

るエンドオブパイプ（工場や事業場から環境に排出される出口における対策）からの脱却や，生産工程からの排出を極力抑制しようとするゼロエミッション（廃棄物の量をゼロにすること）やクリーナープロダクション（低環境負荷型の生産システム）の考え方は重要である．

(3) 誤り．一般に，工場内の製造排水，冷却排水，衛生排水（し尿および生活雑排水）は，それぞれ汚濁物質の種類や濃度が異なるので，別々に処理する方が循環使用や再利用に有利である．なお，衛生排水は通常，別処理される．

(4) 正しい．製品となるべき成分が何らかの理由により排水中に出てくる場合は，生産工程の改善により製品のロスを減らすことで，汚濁負荷量も減らすことができる．

(5) 正しい．原料を精製する過程で不純物を水に含ませて排出する場合は，排水の量を減らしても濃度が高くなり，汚濁の絶対量は減らない． ▶答（3）

問 題 5 【令和2年 問2】

3段の向流多段洗浄において，製品が各段で持ち出す水量（v）を半減させて，洗浄水量（V）との比（V/v）を5から10に上げることにより，第3段の洗浄槽を出る製品中の不純物質の量を，およそ何分の1に減少させることができるか．

(1) $\dfrac{1}{2}$　(2) $\dfrac{1}{4}$　(3) $\dfrac{1}{5}$　(4) $\dfrac{1}{7}$　(5) $\dfrac{1}{10}$

解説 向流多段洗浄において，原料中の不純物の量を a_0，第 n 段の洗浄槽を出る製品中の不純物の量を a_n とすれば，次のように表される（**図3.1**参照）．

$$N_n = a_n/a_0 = (r-1)/(r^{n+1}-1)$$

ここに，r：洗浄水量 V と製品が各段で持ち出す水量 v との比（$r = V/v$）

$n = 3$，$r = 5$ では，次のように表される．

$$N_3 = (5-1)/(5^{3+1}-1) = 4/(25 \times 25 - 1) \fallingdotseq 4/(25 \times 25) \qquad ①$$

$n = 3$，$r = 10$ では，次のように表される．

$$N_3' = (10-1)/(10^{3+1}-1) = 9/(100 \times 100 - 1) \fallingdotseq 9/(100 \times 100) \qquad ②$$

式①と式②から

$$N_3'/N_3 = 9/(100 \times 100) \times (25 \times 25)/4 = 9/64 \fallingdotseq 1/7$$

となる．

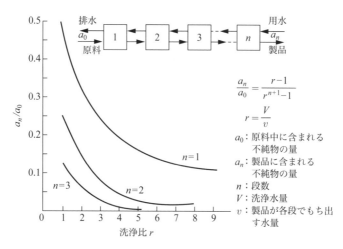

図3.1 向流多段洗浄

以上から（4）が正解.

▶答（4）

問題6 【令和元年 問1】

工程排水の管理に関する記述として，誤っているものはどれか.

(1) 洗浄工程では，複数の原料や製品を連続的に向流洗浄することによって，個別のバッチ洗浄と比較して排水量を著しく減少させることができる.

(2) 製品を精製することを目的とする工程からの汚濁物質（不純物など）は，排水量を減らすと汚濁物質濃度が高まるので，排水量を減らす必要はない.

(3) 製品となるべき成分が排水に漏れることによって生じる汚濁物質は，工程の改良や管理の適正化により減らすことができる.

(4) 工程から排出される汚濁物質量や濃度を減らす手段として，製造工程の変更による原料や薬品の変更，あるいは，それらの使用量削減がある.

(5) 少量の濃厚排水と希薄で大量の排水がある場合，それらの排水系統を分けて個別処理することで，処理コストを下げることが可能である.

解説 (1) 正しい. 洗浄工程では，複数の原料や製品を連続的に向流洗浄（用水と製品，または排水と原料の流れが逆向きの洗浄方式）することによって，個別のバッチ洗浄と比較して排水量を著しく減少させることができる（図3.1 参照）.

(2) 誤り. 製品を精製することを目的とする工程からの汚濁物質（不純物など）は，排水量を減らすと汚濁物質濃度が高まり，効率的に除去が可能となるので排水量を減らす必要がある.

(3) 正しい. 製品となるべき成分が排水に漏れることによって生じる汚濁物質は，工程

の改良や管理の適正化により減らすことができる.

(4) 正しい.工程から排出される汚濁物質量や濃度を減らす手段として,製造工程の変更による原料や薬品の変更,あるいは,それらの使用量削減がある.

(5) 正しい.少量の濃厚排水と希薄で大量の排水がある場合,それらの排水系統を分けて個別処理することで,処理コストを下げることが可能である.　　　　▶答（2）

問題 7　　　　　　　　　　　　　　　　　　　　【平成30年 問1】

　図に示す向流二段洗浄において,各段の洗浄水量 Q を $1\,\mathrm{m^3/min}$,製品が各段で持ち込む水量 q,持ち出す水量 q をそれぞれ $10\,\mathrm{L/min}$ とするとき,単位時間当たりに第1段洗浄槽に入る製品に付着する不純物質の量 a_0 に対する第2段洗浄槽を出る製品に付着する不純物質の量 a_2 の比（a_2/a_0）の値に最も近いものはどれか.

(1) 1/100

(2) 1/1,000

(3) 1/10,000

(4) 1/100,000

(5) 1/1,000,000

解説　単位時間当たり供給される原料中に含まれる不純物質の量を a_0 とし,第 n 段の洗浄槽を出る製品中の不純物質の量を a_n とすると,次のように与えられる（図3.1参照）.

$$a_n/a_0 = (r-1)/(r^{n+1}-1) \qquad ①$$

ただし,r は洗浄水量 V と製品が各段で持ち出す水量 v との比（$r=V/v$）である.式①に与えられた数値を代入する.　$r=V/v=1\,\mathrm{m^3}/10\,\mathrm{L}=1{,}000\,\mathrm{L}/10\,\mathrm{L}=100$

$$a_n/a_0 = (r-1)/(r^{n+1}-1) = (100-1)/(100^{2+1}-1) \fallingdotseq 100/100^3 = 1/10{,}000$$

以上から（3）が正解.　　　　　　　　　　　　　　　　　　　　▶答（3）

問題 8　　　　　　　　　　　　　　　　　　　　【平成30年 問2】

　工場排水対策に関する記述として,誤っているものはどれか.

(1) 工場内の排水は大別して,製造排水,冷却排水,衛生排水に分けられる.これらを混合して処理することは得策ではないので,排水系統の分離を検討する.

(2) 工場内の水の使用系統を調べ,水収支を明らかにしておく.

(3) 洗浄工程では,向流多段洗浄を取り入れることで,同じ洗浄効果を得るのに必

要な洗浄水の量を，個別のバッチ洗浄と比較して大きく減らすことができる．
(4) 排水量の少ない生産工程に変更するには，水処理技術者と生産プロセス技術者の緊密な連携が必要である．
(5) 一般に，ある製品を生産するときの汚濁負荷量は一定とみなされるから，排水量を減少させれば排水中の汚濁物質の濃度も減少する．

解説 (1) 正しい．工場内の排水は大別して，製造排水（汚染水），冷却排水（汚染程度は低い），衛生排水（汚染水）に分けられる．これらを混合して処理することは得策ではないので，排水系統の分離を検討することは適切である．

(2) 正しい．工場内の水の使用系統を調べ，水収支を明らかにしておくことは適切である．

(3) 正しい．洗浄工程では，向流多段洗浄（製品と洗浄水が逆向きの洗浄方式）を取り入れることで，同じ洗浄効果を得るのに必要な洗浄水の量を，個別のバッチ洗浄と比較して大きく減らすことができる．

(4) 正しい．排水量の少ない生産工程に変更するには，水処理技術者と生産プロセス技術者の緊密な連携が必要である．

(5) 誤り．一般に，ある製品を生産するときの汚濁負荷量は，単位生産量当たり，ほぼ一定と見なされるから，排水量を減少させても汚濁物質の絶対量は減らないので，排水中の汚濁物質の濃度は増加する．「減少」が誤り．　　　　　　　　　　　▶ 答（5）

3.2 物理化学的処理

■ 3.2.1 沈降分離

問題1　　　　　　　　　　　　　　　　　　　　　【令和5年 問2】

横流式沈殿池に1日当たり $600\,\mathrm{m^3}$ の排水（沈降速度1cm/分の粒子が懸濁）が流入している．粒子除去率70%を得るための面積（$\mathrm{m^2}$）として，最も近いものはどれか．ただし，池内に乱れや短絡がなく，水の流れは平行であり，かつ粒子は沈降の過程で沈降速度が変わることがないとする．

(1) 24　　(2) 26　　(3) 29　　(4) 34　　(5) 38

解説　横流式沈殿池における除去率 η は**図3.2**から次のように表される．

$$\eta = h/h_0 \times 100 = v/v_0 \times 100 = v/(Q/A) \times 100 \tag{①}$$

式①に与えられた数値を代入して，面積 A〔$\mathrm{m^2}$〕を求める．ただし，$\eta = 70/100 = 0.7$，$v = 1\,\mathrm{cm/分} = 1 \times 10^{-2}\,\mathrm{m/分}$，$Q = 600\,\mathrm{m^3/日} = 600\,\mathrm{m^3}/(24 \times 60\,分) ≒ 0.42\,\mathrm{m^3/分}$

である．

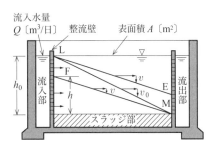

流入水量 Q〔m³/日〕　整流壁　表面積 A〔m²〕

v_0：表面積負荷 $\left(= \dfrac{Q}{A}\,\text{〔m/日〕}\right)$

v：粒子沈降速度〔m/日〕

注）横流式と上昇流式において，Q と A がそれぞれ同じであれば，両者の表面積負荷は同一となる．しかし，上昇流式では $v<v_0$ の粒子はすべて流出するが，横流式では $v<v_0$ の粒子でも点 F 以下（h の高さ）から流入した粒子は除去されるので横流式の方が粒子除去効率が高いことになる．

図 3.2　横流式沈殿池の分離効率

$$0.7 = 1 \times 10^{-2}/(0.42/A)$$
$$A = 0.7 \times 1 \times 10^2 \times 0.42 \fallingdotseq 29\,\text{m}^2$$

以上から（3）が正解．　　　　　　　　　　　　　　　　　　　　　▶ 答（3）

 題2　　　　　　　　　　　　　　　　【令和4年 問3】☑☑☑

　水量 1,200 m³/日の SS 含有排水を沈殿池（水深 3 m）で沈降分離する．水面積負荷 30 m³/(m²・日) で処理する場合，沈殿池の水理学的滞留時間（h）はいくらか．

(1) 2.4　　(2) 2.6　　(3) 2.8　　(4) 3.2　　(5) 3.6

解説　水量 Q〔m³/日〕を水面積負荷〔m³/(m²・日)〕で除して，沈殿池の表面積 A〔m²〕を求めた後，表面積負荷 v_0〔m/h〕を求め，その値で水深 h_0 を除して，水理学的滞留時間〔h〕を算出する（図 3.2 参照）．

　　沈殿池の表面積 A ＝ 水量〔m³/日〕/水面積負荷〔m³/(m²・日)〕
　　　　　　　＝ (1,200 m³/日)/(30 m³/(m²・日)) ＝ 40 m²　　　　①
　　表面積負荷 $v_0 = Q/A$ ＝ 水量〔m³/日〕/沈殿池の表面積〔m²〕
　　　　　　　＝ (1,200 m³/日)/(40 m²)
　　　　　　　＝ 30 m/日 ＝ 30/24〔m/h〕　　　　　　　　　　②
　　水理学滞留時間 ＝ h_0/v_0 ＝ 3 m/(30/24〔m/h〕) ＝ 2.4 h

　　　　　　　　　　　　　　　　　　　　　　　　　　　　▶ 答（1）

 題3　　　　　　　　　　　　　　　　【令和3年 問1】☑☑☑

　水理学的滞留時間 4 時間，容積 200 m³，深さ 4 m の横流式沈殿池に流入する沈降速度が（ア）2 cm/min，（イ）1 cm/min，（ウ）0.2 cm/min の 3 種類の粒子の除去率（%）の組合せとして，正しいものはどれか．ただし，沈殿池内に乱れや短絡がなく，水の流れは平行であり，かつ沈降の過程で沈降速度が変わることがないものとする．

	(ア)	(イ)	(ウ)
(1)	100	100	90
(2)	100	90	18
(3)	100	60	12
(4)	90	45	9
(5)	60	30	6

解説 横流式沈殿池における除去率 η〔%〕は，図 3.2 から次のように表される．

$$\eta = h/h_0 \times 100 = v/v_0 \times 100 = v/(Q/A) \times 100 \qquad ①$$

表面積 A〔m²〕は，深さ 4 m，容積 200 m³ であるから次のように求められる．

$$A \,\text{m}^2 \times 4\,\text{m} = 200\,\text{m}^2$$

$$A = 200\,\text{m}^3/4\,\text{m} = 50\,\text{m}^2 \qquad ②$$

流入水量 Q〔m³/min〕は，水理学的滞留時間が 4 時間であるから単位を分に換算して次のように算出される．

$$Q\,\text{m}^3/\text{min} \times 4 \times 60\,\text{min} = 200\,\text{m}^3$$

$$Q = 200\,\text{m}^3/(4 \times 60\,\text{min}) = 5/6\ 〔\text{m}^3/\text{min}〕 \qquad ③$$

式②と式③を式①に代入すると

$$\eta = v/(Q/A) \times 100 = v/((5/6)/50) \times 100 = 6 \times 50/5 \times v \times 100 = 60 \times v \times 100 \qquad ④$$

となる．

（ア）$v = 2\,\text{cm/min}$

　　式④から

$$\eta = 60 \times 2 \times 10^{-2} \times 100 = 120\ 〔\%〕$$

　　であるが，これは 100 % を表す．

（イ）$v = 1\,\text{cm/min}$

　　同様に

$$\eta = 60 \times 1 \times 10^{-2} \times 100 = 60\ 〔\%〕$$

　　である．

（ウ）$v = 0.2\,\text{cm/min}$

　　同様に

$$\eta = 60 \times 0.2 \times 10^{-2} \times 100 = 12\ 〔\%〕$$

　　である．

以上から（3）が正解．　　　　　　　　　　　　　　　　　　▶ 答（3）

問題4　　　　　　　　　　　　　　　　　　　　【令和3年 問2】

　連続シックナーに関する記述中，（ア）〜（ウ）の □□□ の中に挿入すべき語句の

組合せとして，正しいものはどれか．

連続シックナーの内部で，汚泥濃度C，表面積Aの水平面を考え，重力による沈降速度をRとする．越流での汚泥濃度$C_e = 0$，排泥量をQ_uとした場合，この水平面を通って下向きに移動する質量沈降速度Gは，$\boxed{\text{（ア）}}$ となる．排泥量が一定であれば，給泥濃度C_fから排泥濃度C_uに至るまでのある濃度C_LにおいてGが$\boxed{\text{（イ）}}$ になる．このGの値から連続シックナーの$\boxed{\text{（ウ）}}$ が求まる．

	（ア）	（イ）	（ウ）
(1)	$C(R + Q_uA)$	最大	必要表面積
(2)	$C(R + Q_uA)$	最大	必要水深
(3)	$C\left(R + \dfrac{Q_u}{A}\right)$	最大	必要水深
(4)	$C(R + Q_uA)$	最小	必要水深
(5)	$C\left(R + \dfrac{Q_u}{A}\right)$	最小	必要表面積

解説 （ア）「$C\left(R + \dfrac{Q_u}{A}\right)$」である．

図3.3から質量沈降速度G〔kg/(m^2·h)〕は，重力沈降による部分C〔kg/m^3〕$\times R$〔m/h〕$= CR$〔kg/(m^2·h)〕と排泥によって生じる下降流C〔kg/m^3〕$\times \dfrac{Q_u}{A}$〔m/h〕$= \dfrac{CQ_u}{A}$〔kg/(m^2·h)〕の和であるから，$G = CR + \dfrac{CQ_u}{A} = C\left(R + \dfrac{Q_u}{A}\right)$ となる．

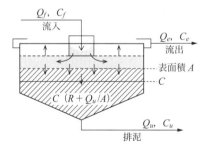

図3.3　連続シックナーの物質収支 [14]

（イ）「最小」である．図3.4に示すようにCRは極大値から次第に減少し，$\dfrac{CQ_u}{A}$は直線（勾配は$\dfrac{Q_u}{A}$）で増加するから，これらの和であるGは最小値が存在する．なお，CRに極大値が存在する理由は，Cが低くて自由沈降に近い領域では濃度が多少変化してもRはあまり影響を受けないが，Cがさらに大きくなると粒子同士の干渉が激しくなって，逆にRは次第に小さくなるからである．図3.4中の右下がりの直線は，$G =$

$C\left(R + \dfrac{Q_u}{A}\right)$ において，$\dfrac{dG}{dC} = 0$ で $R = -\dfrac{Q_u}{A}$，$G = -\dfrac{Q_u}{A}C + G_L$ である．

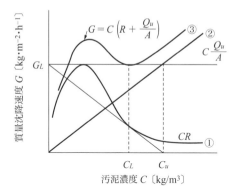

図 3.4　C–G 曲線によるシックナーの面積決定法 [14)]

（ウ）「必要表面積」である．図 3.3 から流入濃度 C_f と排泥濃度 C_u との間が定常状態であれば，質量沈降速度が最小値（$G = 0$）において（$C_e \fallingdotseq 0$，$C_f Q_f = C_u Q_u$）

$$0 = -\frac{Q_u}{A}C_u + G_L$$

$$G_L = \frac{Q_u}{A}C_u$$

$$G_L = \frac{C_f Q_f}{A} = \frac{C_u Q_u}{A}$$

が成立する．したがって，

$$A = \frac{C_f Q_f}{G_L}$$

が求まる．

以上から（5）が正解．　　　　　　　　　　　　　　　　　　　　　　　　　▶ 答（5）

問題 5　　　　　　　　　　　　　　　　　　　　　　　　　　【令和 2 年 問 3】✓✓✓

　排水中の懸濁粒子を沈降分離で処理する場合，一般に，懸濁粒子は下記のストークスの式に従って沈降する．直径 $d = 0.01\,\mathrm{cm}$，密度 $\rho_s = 1.2\,\mathrm{g/cm^3}$ の懸濁粒子の最も近い沈降速度 v（cm/s）はいくらか．

　ただし，懸濁粒子は球形で，沈降過程における凝集はなく，沈殿池内に乱れや短絡流はないものとする．

　　ストークスの式：$v = \dfrac{g(\rho_s - \rho)d^2}{18\mu}$

　ここに，v：粒子の沈降速度（cm/s）　　　g：重力の加速度 $= 980\,\mathrm{cm/s^2}$

d：粒子の直径（cm）　　　μ：水の粘度 $= 0.01\,\mathrm{g \cdot cm^{-1} \cdot s^{-1}}$

ρ_s：粒子の密度（g/cm^3）　　ρ：水の密度 $= 1.0\,\mathrm{g/cm^3}$

(1) 0.054　　(2) 0.11　　(3) 0.54　　(4) 1.1　　(5) 5.4

 与えられたストークスの式に与えられた数値を代入すればよい．単位も変更することなくそのままの数値を使用する．

$$\text{ストークスの式：} v = \frac{g(\rho_s - \rho)d^2}{18\mu} = 980 \times (1.2 - 1.0) \times 0.01^2 / (18 \times 0.01)$$

$$= (980 \times 0.2 \times 0.01)/18 \fallingdotseq 0.11\,\mathrm{cm/s}$$

以上から（2）が正解．　　　　　　　　　　　　　　　　　　　　▶答（2）

問題6

【令和2年 問4】

　5種類の排水 A ～ E について，それぞれの水中の固形物の粒度分布を測定し，下図のような沈降速度分布曲線を得た．表面積 $100\,\mathrm{m^2}$ の横流式沈殿池に $40\,\mathrm{m^3/h}$ の水量の排水を流入させて固形物の沈降除去をするとき，粒子の分離効率が最も高くなるのは，どの排水か．ただし，排水は流入部から均一に流入し，池内に乱れや短絡がなく，水の流れは並行であり，かつ粒子は沈降の過程で沈降速度が変わることはないものとする．

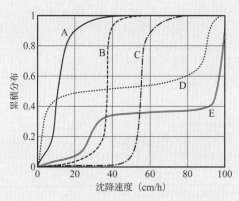

(1) A　　(2) B　　(3) C　　(4) D　　(5) E

 横流式沈殿池（図3.2参照）において，表面積負荷 v_0 は，沈殿池の表面積 $A\,\mathrm{m^2}$，流水量 $Q\,\mathrm{m^3/h}$ とすれば，

$$v_0 = Q/A\ \ [\mathrm{m/h}]$$

で与えられる．与えられた数値を代入して求めると，

$$v_0 = Q/A = 40\,\mathrm{m^3/h} \div 100\,\mathrm{m^2} = 40\,\mathrm{cm/h}$$

である．横流式沈殿池の表面積負荷について，粒子の沈降速度が表面積負荷の40 cm/hよりも大きい粒子はすべて沈降し，沈降速度がそれより小さい粒子でも図3.2からF点の下部から流入する粒子は沈降分離（除去）されることを表す．ここでは，40 cm/hで分離効率を考えると，沈降速度40 cm/hの縦線と各沈降速度分布曲線の交点の値と累積分布の上端の値1との差が分離効率となる．

A　$(1 - 0.99) \times 100 = 1$〔%〕

B　$(1 - 0.95) \times 100 = 5$〔%〕

C　$(1 - 0.01) \times 100 = 99$〔%〕

D　$(1 - 0.54) \times 100 = 46$〔%〕

E　$(1 - 0.35) \times 100 = 65$〔%〕

Cの粒子の分離効率が最も高い．

以上から（3）が正解．　　　　　　　　　　　　　　　　　　　　　▶答（3）

 題7　　　　　　　　　　　　　　　　　　　　　　　　　　【平成30年 問3】

沈降速度が2 cm/minの懸濁粒子を含む流量10 m³/minの濁水から，幅10 m，深さ5 mの横流式沈殿池を用いて懸濁粒子を分離したい．懸濁粒子の除去率を60%とするために必要な横流式沈殿池の長さ（m）はいくらか．ただし，沈殿池全体で流れは平行かつ均一であるものとする．

(1) 10　　(2) 15　　(3) 20　　(4) 25　　(5) 30

解説　横流式における粒子の除去確率ηは，図3.2を参考に次のように表される．

　　$\eta = h/h_0 = v/v_0 = v/(Q/A)$　　　　　　　　　　　　　　　①

式①を変形する．

　　$A = Q \times \eta / v$　　　　　　　　　　　　　　　　　　　　②

式②に与えられた数値を代入する．

　　$A = (10 \, \text{m}^3/\text{min} \times 60/100)/(0.02 \, \text{m/min}) = 300 \, \text{m}^2$

表面積Aの横幅は10 mであるから長さは，

　　$300 \, \text{m}^2/10 \, \text{m} = 30 \, \text{m}$

となる．

以上から（5）が正解．　　　　　　　　　　　　　　　　　　　　　▶答（5）

題1　　　　　　　　　　　　　　　　　　　　　　　　　【令和4年 問4】

凝集沈殿装置に関する記述として，誤っているものはどれか．

(1) 水平流形の凝集沈殿装置は，原水と凝集剤を混合するフラッシュミキサー，フロックを成長させる撹拌を行うフロキュレーター，成長したフロックを分離する沈殿池から構成される．

(2) 水平流形の凝集沈殿装置のフロック成長では緩い撹拌を加えるが，粒子濃度が低く，水温が低いときは撹拌時間を短くすることができる．

(3) 接触凝集沈殿装置では，フロック形成の場において既成フロックを懸濁させ，粒子の接触による凝集反応の速度を上げる．

(4) 接触凝集沈殿装置の撹拌方法は，機械撹拌式，水流式及び空気撹拌式などに分類される．

(5) 接触凝集沈殿装置は，水平流形の凝集沈殿装置に比べて，設置面積当たりの処理水量が大きい．

解説　(1) 正しい．水平流形の凝集沈殿装置は，原水と凝集剤を混合するフラッシュミキサー，フロックを成長させる撹拌を行うフロキュレーター，成長したフロックを分離する沈殿池（凝集池）から構成される（図 3.5 参照）．

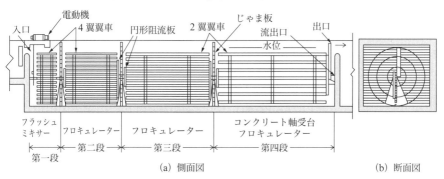

図 3.5　急速撹拌装置および凝集池の例[14]

(2) 誤り．水平流形の凝集沈殿装置のフロック成長では，緩い撹拌を加える．撹拌時間は，通常 30 分ないし 1 時間であるが，粒子濃度が低く，水温が低いときは長くとる必要がある．

(3) 正しい．接触凝集沈殿装置の一種であるスラリー循環型凝集沈殿装置を図 3.6 に示

137

す．フロック形成の場において，径の大きい既成フロックを懸濁させておけば，粒子の接触による凝集反応の速度を上げることができる．原水は第一次攪拌室に導入され，ここで既存のフロックおよび凝集剤と混合され，第二次攪拌室→ドラフトチューブ→スラリープール（フロックの分離と下降流）→一次攪拌室へと循環する．

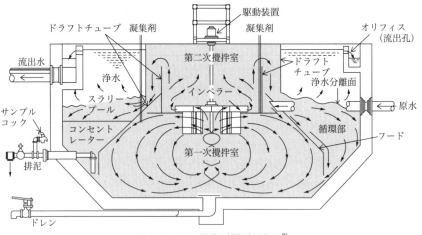

図3.6　スラリー循環形凝集沈殿装置[8]

(4) 正しい．接触凝集沈殿装置の攪拌方法は，機械攪拌式，水流式および空気攪拌式などに分類される．

(5) 正しい．接触凝集沈殿装置は，水平流形の凝集沈殿装置に比べて，設置面積当たりの処理水量が大きい．　　　　　　　　　　　　　　　　　　　　　　　▶ 答（2）

問 題 2　　　　　　　　　　　　　　　　　　　　　　　　　【令和3年 問3】

凝集分離に関する記述として，誤っているものはどれか．

(1) 水に懸濁している粒子のうち，大きさが$0.1\,\mu m$程度以上のものは凝集法を用いなくても普通沈殿や砂ろ過法で分離することができる．

(2) ジャーテストでは，薬品添加後1〜5分たったら，攪拌羽根の回転数を下げる．

(3) 凝集剤の添加によって表面電荷を電気的に中和された粒子は互いに凝集してフロックを形成する．このとき凝集の速度は，単位体積中の粒子の個数が大きくなるほど増加する．

(4) 水平流形の凝集沈殿装置は，基本的にはフラッシュミキサー，フロキュレーターと沈殿池から構成されている．

(5) フロック形成の場において，径の大きい既成フロックを懸濁させておけば，粒子の接触による凝集反応の速度を上げることができる．

解説 (1) 誤り．水に懸濁している粒子のうち，大きさが 10 µm 程度以上のものは凝集法を用いなくても普通沈殿や砂ろ過法で分離することができる．1 µm 以下になると凝集法を用いないと機械的な分離はできない．さらに 0.001 µm 以下では粒子が分子状に分散（コロイド状態）しているので，化学的な方法でいったん析出させてから凝集分離を行う．

(2) 正しい．ジャーテストでは，薬品添加後 1 〜 5 分間薬品を混合するため急速撹拌を行い，次に生じた小さいフロックを大きくするため撹拌羽根の回転数を下げ緩速撹拌を行う．なお，ジャーテストとは，試験水を入れた 500 mL のビーカー 5 個程度をセットして撹拌機を取り付け，凝集剤の量を変えて添加し適切に撹拌すると，20 分程度でフロックが生成するので，撹拌を止めて撹拌機を引き抜き，フロックの大きさや沈降性などから凝集剤の適切な添加量を知る試験をいう．

(3) 正しい．凝集剤の添加によって表面電荷を電気的に中和された粒子は互いに凝集してフロックを形成する．このとき凝集の速度は，単位体積中の粒子の個数が大きくなるほど増加する．

(4) 正しい．水平流形の凝集沈殿装置は，基本的にはフラッシュミキサー，フロキュレーターと沈殿池から構成されている（図 3.5 参照）．

(5) 正しい．フロック形成の場において，径の大きい既成フロックを懸濁させておけば，粒子の接触による凝集反応の速度を上げることができる．これを装置にしたものが図 3.6 に示すスラリー循環形凝集沈殿装置である．原水は第一次撹拌室に導入され，ここで既存のフロックおよび凝集剤と混合され，第二次撹拌室 → ドラフトチューブ → スラリープール（フロックの分離と下降流）→ 第一次撹拌室へと循環する．　　▶答（1）

問題3　　　　　　　　　　　　　　　　　【令和2年 問5】

凝集分離に関する記述として，誤っているものはどれか．

(1) 水に懸濁して安定な分散状態を保っている微粒子が凝集剤などによって凝集して生じる粗大粒子をコロイドという．

(2) 水の中の安定な微粒子分散系に，反対荷電を持つ微粒子やイオンを添加して荷電を中和すると凝集が起こる．

(3) 無機凝集剤の代表的なものには，硫酸アルミニウム，ポリ塩化アルミニウム，硫酸鉄(II)，塩化鉄(III)などがある．

(4) 凝集剤の添加量を原水の水質分析値から推定できない場合は，ジャーテストによって実験的に決定する．

(5) 撹拌が強すぎると，凝集によって生成した凝集体が破壊されて再分散してしまうので，ある凝集反応系に特有の最適撹拌条件が存在する．

解説 (1) 誤り. コロイド粒子は, 大きさが0.001〜1 μmの範囲の大きさの微細粒子で, 粒子表面が負に帯電し相互に反発し合って安定な分散状態を保っている粒子である.

(2) 正しい. 水の中の安定な微粒子分散系に, 反対電荷を持つ微粒子やイオンを添加して電荷を中和すると凝集が起こる.

(3) 正しい. 無機凝集剤の代表的なものには, 硫酸アルミニウム, ポリ塩化アルミニウム, 硫酸鉄(Ⅱ), 塩化鉄(Ⅲ)などがある (**表3.1** 参照).

表3.1 無機凝集剤の種類と性質[13]

種類	剤名	化学式	凝集に適したpH	参考
アルミニウム塩	硫酸アルミニウム	$Al_2(SO_4)_3 \cdot nH_2O$	6〜8	最も一般的. 鉄塩を共有することもあり, 硫酸ばん土ともいう.
	アルミン酸ナトリウム	$NaAlO_2$		硫酸アルミニウムと共用すると凝集効果が高まるといわれている.
	塩基性塩化アルミニウム (ポリ塩化アルミニウム)	$Al_n(OH)_mCl_{3n-m}$ のポリマー		色度成分の除去に効力があり, また液のpHをあまり変えない長所がある.
鉄塩	硫酸鉄(Ⅱ)	$FeSO_4 \cdot 7H_2O$	8〜11	使用条件が悪いと処理水に鉄分が残り, 着色することがある.
	塩化鉄(Ⅲ)	$FeCl_3 \cdot 6H_2O$	4〜11	
	硫酸鉄(Ⅲ)	$Fe_2(SO_4)_3 \cdot nH_2O$		
	塩素化コッパラス	$Fe_2(SO_4)_3 \cdot FeCl_3$		
	ポリシリカ鉄	$(SiO_2)_n \cdot (Fe_2O_3)$	4〜8	

注1：参考文献1)〜4) を参考に編集

注2：本表のpH値は, 一般的な排水処理条件での最小値, 最大値を参考値として示したものである. 処理水の性状や処理条件および除去対象物質等により最適pHは大きく異なるので注意を要する.

参考文献 1) 金子光美・藤田賢二『新体系土木工学90 水処理』, 技報堂出版 (1982)

2) 栗田工業薬品ハンドブック編集委員会『栗田工業薬品ハンドブック』(1989)

3) 吉村二三隆, 栗田工業(株)監修『これでわかる水処理技術』, 工業調査会 (2002)

4)『事業場排水指導指針2002年版』, 日本下水道協会 (2002)

(4) 正しい. 凝集剤の添加量を原水の水質分析値から推定できない場合は, ジャーテストによって実験的に決定する. ジャーテストとは, 試験水を入れた500 mLのビーカー5個程度をセットして攪拌機を取り付け, 凝集剤の量を変えて添加し適切に攪拌すると, 20分程度でフロックが生成するので, 攪拌を止めて攪拌機を引き抜き, フロックの大きさや沈降性などから凝集剤の適切な添加量を知る試験をいう.

(5) 正しい. 攪拌が強すぎると, 凝集によって生成した凝集体が破壊されて再分散してしまうので, ある凝集反応系に特有の最適攪拌条件が存在する.　　　　　　▶ 答 (1)

凝集沈殿法に関する記述として，誤っているものはどれか．

(1) 陰イオン性ポリマーによる凝集効果は，主として負に帯電している懸濁粒子の表面電荷の中和による．

(2) 非イオン性のポリマーは無機凝集剤と併用されることが多く，粒子間に吸着架橋してフロックの粗大化に効果がある．

(3) 凝集に適した pH は，原水の性状や除去対象物によって異なり，目的に合った適切な pH で使用する必要がある．

(4) 凝集剤の選定に当たっては，ジャーテストなどの凝集試験を行う必要がある．

(5) 凝集沈殿法は，排水の清澄化だけでなく，COD，色，りん酸塩などの除去にも用いられる．

解説 (1) 誤り．凝集沈殿法は，粒子の表面の荷電を凝集剤の反対荷電で打ち消すことによって粒子が凝集し大きくなると沈降しやすくなることを利用した分離方式をいう．陰イオン性ポリマー（**表3.2** 参照）による凝集効果は，主として正に帯電している懸濁粒子の表面電荷の中和による．無機凝集剤は正の荷電，高分子凝集剤は正，負および中性の荷電をもつ種類がある．

表3.2 高分子凝集剤[12]

性格	剤名	化学式	参考
陰イオン性ポリマー	アルギン酸ナトリウム	（構造式）	
	CMC ナトリウム塩	セルロース$-OCH_2 \cdot COONa$	
	ポリアクリル酸ナトリウム	$\left(-CH-CH_2-\atop \quad COONa\right)_n$	吸着による架橋作用．過量の使用は避けること．
	ポリアクリルアミドの部分加水分解塩	$\left[-CH_2-CH-\atop \quad CO \atop \quad NH_{2/3}\middle| -CH_2-CH-\atop \quad CO \atop \quad ONa\right]_n$	
	マレイン酸共重合物	一例 $\left(-CH-CH-CH_2-CH-\atop CO \; CO \atop \; O \quad\quad CO \atop \quad\quad OCH_3\right)_n$	

141

表3.2　高分子凝集剤[12]　（つづき）

性格	剤名	化学式	参考
陽イオン性ポリマー	水溶性アニリン樹脂	$(-CH_2-NH-\langle\bigcirc\rangle-)_n$	陰電荷のコロイドに対しては単独使用で主剤的役割を果たすことがある.
	ポリチオ尿素	$(-R-NHCSNH-)_n$	
	ポリエチレンイミン	$(-CH_2-CH_2NH-)_n$	
	第四級アンモニウム塩	R_1 X R_3 N R_2 R_4	
	ポリビニルピリジン類	$\left(-CH-CH_2-\right)_n$ （ピリジン環）	
非イオン性ポリマー	ポリアクリルアミド	$\left(\begin{array}{c}-CH-CH_2-\\CONH_2\end{array}\right)_n$	
	ポリオキシエチレン	$(-CH_2 \cdot CH_2O-)_n$	
	カセイ化デンプン		鉱石微粒子や，$Mg(OH)_2$の沈降助剤として効力が大きく，安価にできる.

(2) 正しい．水中の懸濁物質の表面は負荷電の場合が多いため，通常，無機凝集剤で荷電を打ち消すと小さなフロックを形成する．これに非イオン性のポリマー（表3.2参照）を併用すると，粒子間（小さなフロック間）に吸着架橋してフロックの粗大化に効果がある．

(3) 正しい．凝集に適したpHは，原水の性状や除去対象物によって異なり，目的に合った適切なpHで使用する必要がある．

(4) 正しい．凝集剤の選定に当たっては，ジャーテストなどの凝集試験を行う必要がある．ジャーテストとは，試験水を入れた500 mLのビーカー5個程度をセットして攪拌機を取り付け，凝集剤の量を変えて添加し適切に攪拌すると，20分程度でフロックが生成するので，攪拌を止めて攪拌機を引き抜き，フロックの大きさや沈降性などから凝集剤の適切な添加量を知る試験をいう．

(5) 正しい．凝集沈殿法は，排水の清澄化だけでなく，COD，色，りん酸塩などの除去にも用いられる．

▶ 答 （1）

■ 3.2.3　浮上分離

問題1　　　　　　　　　　　　　　　　　　　　　　【令和3年 問4】

　　水中における浮上速度が0.12 cm/sである油滴を，APIオイルセパレーターを用い
て分離したい．水槽の深さが2.0 m，槽内の平均水平流速が0.72 m/minであると
き，100%の油滴の分離に必要最小限の理論的な槽の長さ（m）はいくらか．ただ
し，流れの乱れや短絡流の影響はなく，乱流係数及び短絡係数はともに1とする．
(1) 16　　(2) 18　　(3) 20　　(4) 22　　(5) 24

解説　APIオイルセパレーターは図5.7で示すように重力分離方式である．なお，API
とはAmerican Petroleum Institute（米国石油協会）の略称である．

　深さ2.0 mにある油滴がちょうど浮上する距離が槽の長さとなる．浮上する時間は

$$2.0\,\text{m}/(0.12\,\text{cm/s}) = 200\,\text{cm}/(0.12\,\text{cm/s}) = 200/0.12\,\text{s} = 200/(0.12 \times 60)\,\text{min} \quad ①$$

である．

　流速が0.72 m/minであるから式①の時間に油滴が流される距離（槽の長さに相当）は，

$$式① \times 0.72\,\text{m/min} = 200/(0.12 \times 60) \times 0.72 = 20\,\text{m}$$

である．

　以上から（3）が正解．　　　　　　　　　　　　　　　　　　　　　　▶答（3）

問題2　　　　　　　　　　　　　　　　　　　　　　【令和2年 問6】

　　加圧浮上分離法に関する記述として，誤っているものはどれか．
(1) 粒子の密度が水より大きいと，浮上分離できない．
(2) 微細なコロイド状の懸濁物質に対しては，前処理が必要である．
(3) 一般に所要動力は凝集沈殿法より大きい．
(4) 一般に固液分離に要する時間は，沈降分離に比べ短い．
(5) 適用例として，石油精製や機械加工などの含油排水，製紙工場の排水などがある．

解説　(1) 誤り．粒子の密度が水より大きくても，粒子に微細な空気の気泡が付着して
見かけの密度を水よりも小さくすることができるため，浮上分離できる．
(2) 正しい．微細なコロイド状の懸濁物質に対しては，粒子の表面が帯電（多くはマイ
ナスイオンでゼータ電位という）しているため，これを凝集剤で±10 mV以内にする前
処理が必要がある．
(3) 正しい．加圧浮上分離法は空気圧縮機を使用するため，一般に所要動力は凝集沈殿
法より大きい（**図3.7**参照）．

143

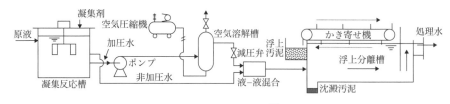

図 3.7　加圧浮上装置例 [11]

(4) 正しい．一般に加圧浮上分離法による固液分離に要する時間（15 ～ 30 分）は，沈降分離（1 ～ 2 時間）に比べ短い．

(5) 正しい．適用例として，石油精製や機械加工などの含油排水，製紙工場の排水などがある．　　　　　　　　　　　　　　　　　　　　　　　　　　　　　　▶ 答（1）

【平成 30 年 問 4】

加圧浮上分離装置に関する記述として，誤っているものはどれか．

(1) 表面が疎水性の懸濁粒子の分離に適する．

(2) 空気溶解槽の頂部には空気抜き弁を設ける．

(3) 空気の溶解量は，同一圧力条件下では水温が高くなれば大きくなる．

(4) 装置内の滞留時間は，凝集沈殿法と比較して短い．

(5) 浮上分離槽には，浮上したフロスを槽外に排出する機構（スキマー）を設ける．

解説　(1) 正しい．加圧浮上は，加圧した空気を開放して生じた微細な空気を懸濁粒子に付着させて見かけの密度を小さくして浮上させる原理であるから，空気が付着しやすい，表面が疎水性の懸濁粒子の分離に適する．

(2) 正しい．空気溶解槽は，空気の完全溶解と過剰空気の分離も兼ねているので，頂部には空気抜き弁を設ける．過剰空気をここで除去しないと，浮上分離槽に持ち込まれ，大きな泡となって上昇し，槽内を攪乱して対流を起こし分離効率を低下するからである（図 3.7 参照）．

(3) 誤り．空気の溶解量は，同一圧力条件下では，水温が高くなれば，空気や水の分子運動が大きくなり，溶解したものが出されやすくなるため小さくなる．

(4) 正しい．加圧装置内の滞留時間は，15 ～ 30 分であるが，凝集沈殿装置では 1 ～ 2 時間である．

(5) 正しい．加圧浮上分離槽には，浮上したフロスを槽外に排出する機構（スキマー）を設ける．　　　　　　　　　　　　　　　　　　　　　　　　　　　　　　▶ 答（3）

■ 3.2.4　清澄ろ過

問題1　【令和5年 問3】

　清澄ろ過に関する記述として，誤っているものはどれか．
- (1) 天然産のろ材としては，アンスラサイト，砂などがある．
- (2) 砂ろ過においては，懸濁物質はろ材間の空隙に捕捉されるが，捕捉可能な粒子の大きさはろ材空隙の大きさ程度以上である．
- (3) 重力式砂ろ過機では，ろ過池の上部が開かれているので池内の様子が観察でき，保守や管理が容易である．
- (4) 上水道のろ過機に使われるろ材としての砂は有効径0.5 ～ 0.7 mm 程度のものが望ましいとされている．
- (5) 繊維質のろ材を用いたろ過機もあり，アクリル系の繊維を捲縮（けんしゅく）加工したろ材はその一つである．

解説　(1) 正しい．天然産のろ材としては，アンスラサイト（無煙炭），砂などがある．なお，清澄ろ過は，高度処理に該当し，沈殿，凝集沈殿，活性汚泥法の後，さらに微細な粒子を除去するために用いる．

(2) 誤り．砂ろ過においては，懸濁物質はろ材間の空隙に捕捉されるが，捕捉可能な粒子の大きさはろ材空隙率の大きさ程度以下も，凝集作用により可能である．したがって，凝集性のないコロイド粒子は，砂ろ過ではほとんど除去できない．

(3) 正しい．重力式砂ろ過機（**図3.8**参照）では，ろ過池の上部が開かれているので池内の様子が観察でき，保守や管理が容易である．

(4) 正しい．上水道のろ過機に使われるろ材としての砂の有効径は0.5 ～ 0.7 mm 程度のものが望ましいとされている．なお，砂の有効径とは，ろ材試料をふるい分けして，全質量の10％が通過するふるい目の大きさに相当する粒子径をいう．また，均等係数とは，全質量の60％が通過するふるい目の大きさに相当する粒子径と有効径との比をいう．

(5) 正しい．繊維質のろ材を用いたろ過機もあり，アクリル系の繊維を捲縮加工（熱加工して繊維の一本一本を細かく縮れさせてからませる加工）したろ材はその一つである．

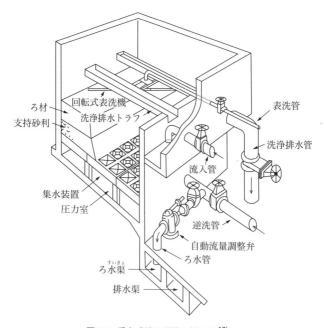

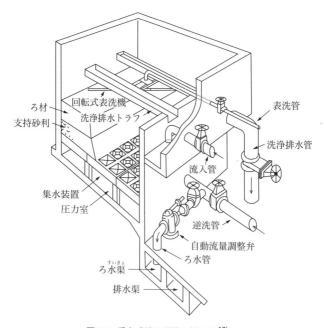

ろ材
支持砂利
回転式表洗機
洗浄排水トラフ
表洗管
洗浄排水管
流入管
集水装置
圧力室
逆洗管
自動流量調整弁
ろ水管
ろ水渠（すいきょ）
排水渠

図 3.8　重力式砂ろ過機の構造例 [17]

▶ 答（2）

問題 2　　　　　　　　　　　　　　　　　　【令和 5 年　問 4】

　粒状層を通って水が流れるときのろ過抵抗を表す式としては，コゼニー–カルマンの式があるが，その式の中で，清浄ろ層のろ過抵抗と正比例の関係にある要素として，誤っているものはどれか．

(1) ろ過速度
(2) ろ材層の厚さ
(3) 水の粘性係数
(4) ろ材粒子径
(5) 空隙率関数　$\dfrac{(1-\varepsilon)^2}{\varepsilon^3}$（$\varepsilon$：ろ層の空隙率）

解説　ろ過抵抗を表すコゼニー–カルマンの式では，次式のように示される．

$$h_0 = k \times \mu u L / d^2 \times (1-\varepsilon)^2 / \varepsilon^3 \qquad ①$$

ここに，h_0：清浄ろ層のろ過抵抗，k：定数，μ：水の粘性係数，u：ろ過速度，L：ろ材層の厚さ，d：ろ材粒子径，ε：ろ層の空隙率

3.2
物理化学的処理

146

(1) 正しい．ろ過速度 u は，式①の分子にあるから，ろ過抵抗 h_0 と正比例の関係にある．

(2) 正しい．ろ材層の厚さ L は，式①の分子にあるから，ろ過抵抗 h_0 と正比例の関係にある．

(3) 正しい．水の粘性係数 μ は，式①の分子にあるから，ろ過抵抗 h_0 と正比例の関係にある．

(4) 誤り．ろ材粒子径 d は，その2乗が式①の分母にあるから，ろ過抵抗 h_0 と正比例の関係ではない．d の2乗は h_0 と反比例の関係にある．

(5) 正しい．空隙率関数 $(1-\varepsilon)^2/\varepsilon^3$ は，式①の分子にあるから，ろ過抵抗 h_0 と正比例の関係にある． ▶ 答（4）

問題3 【令和4年 問5】

清澄ろ過に関する記述として，正しいものはどれか．

(1) ろ過抵抗を表すコゼニー–カルマンの式では，清浄ろ層のろ過抵抗はろ過速度に比例する．

(2) 逆流洗浄の効果は，ろ材層を流動化させずにろ材粒子同士を衝突させないときに効果が大きくなる．

(3) 砂の有効径とは，ろ材試料をふるい分けして，全質量の50%が通過するふるい目の大きさに相当する粒子径をいう．

(4) 砂とアンスラサイトを用いて二層ろ過とする場合，砂を上層にアンスラサイトを下層とする．

(5) マイクロフロック法では，原水に凝集剤を添加せずに直接ろ過池に水を通して処理する．

解説 (1) 正しい．ろ過抵抗を表すコゼニー–カルマンの式では，次式に示すように清浄ろ層のろ過抵抗 h_0 は，ろ過速度 u に比例する．

$$h_0 = k \times \mu u L/d^2 \times (1-\varepsilon)^2/\varepsilon^3$$

ここに，h_0：清浄ろ層のろ過抵抗，k：定数，μ：水の粘性係数，u：ろ過速度，L：ろ材層の厚さ，d：ろ材粒子径，ε：ろ層の空隙率

(2) 誤り．逆流洗浄の効果は，ろ材層を流動化させ，ろ材粒子同士を衝突させるときに効果が大きくなる．

(3) 誤り．砂の有効径とは，ろ材試料をふるい分けして，全質量の10%が通過するふるい目の大きさに相当する粒子径をいう．なお，均等係数とは，全質量の60%が通過するふるい目の大きさに相当する粒子径と有効径との比をいう．

(4) 誤り．砂とアンスラサイト（無煙炭）を用いて二層ろ過とする場合，砂を下層にアンスラサイトを上層とする．アンスラサイトの比重が砂より小さいので，砂が下層となる．

(5) 誤り．マイクロフロック法では，原水に凝集剤を添加し，急速攪拌槽を出た直後の
マイクロフロックを含む凝集水を直接ろ過池に通して処理する．凝集剤の使用量を節約
できるメリットがある． ▶答（1）

工場排水の処理において，清澄ろ過が採用されている理由として，誤っているもの
はどれか．
(1) 清澄ろ過は，多様な工場排水に対して，沈殿，凝集沈殿，活性汚泥法などによ
る処理を経ることなく，1段で溶存物質の除去を完了できるため．
(2) 活性汚泥法や凝集沈殿法では，沈降分離における懸濁物質の除去が不完全なため．
(3) 清澄ろ過の目的は懸濁物質（SS）の除去であるが，SS は BOD，COD，有害物
質でもあることが多く，SS の除去はこれらの削減にもなるため．
(4) 活性炭吸着，イオン交換，逆浸透などの高度処理が必要な場合，これらに導入
する排水は清澄であることが必要で，清澄ろ過がこの目的に利用できるため．
(5) 工場内で水の循環再利用を進める際，清澄ろ過は化学的性質を変えずに SS の除
去ができ，処理法として適する場合があるため．

解説 (1) 誤り．清澄ろ過は，高度処理に該当し，沈殿，凝集沈殿，活性汚泥法の後，さら
に微細な粒子を除去するために用いる．なお，清澄ろ過では溶存物質の除去はできない．
(2) 正しい．活性汚泥法や凝集沈殿法では，沈降分離における懸濁物質の除去が不完全
なために清澄ろ過を用いる．
(3) 正しい．清澄ろ過の目的は懸濁物質（SS）の除去であるが，SS は BOD，COD，有
害物質でもあることが多く，SS の除去はこれらの削減にもなるため清澄ろ過を用いる．
(4) 正しい．活性炭吸着，イオン交換，逆浸透などの高度処理が必要な場合，これらに導
入する排水は清澄であることが必要で，清澄ろ過をこの目的に利用できるため用いる．
(5) 正しい．工場内で水の循環再利用を進める際，清澄ろ過は化学的性質を変えずに SS
の除去ができ，処理法として適する場合があるため用いる． ▶答（1）

■ 3.2.5 pH調整および重金属の処理

pH調節による排水中の金属イオン除去に関する記述として，誤っているものはど
れか．
(1) 一般に，金属イオンを含む排水にアルカリを加えて pH を上げていくと，水酸化

物イオンと反応して水酸化物の沈殿を生じる.

(2) 鉄やマンガンは,高いpHにおいては過剰の水酸化物イオンと反応して金属錯イオンとなって再溶解するので注意が必要である.

(3) 排水処理に用いられるアルカリ剤には,水酸化ナトリウム,炭酸ナトリウム,水酸化カルシウムなどがある.

(4) Fe^{2+}はpH10程度まで上げないと十分に水酸化物として除去されないが,中和時に空気を吹き込んでFe^{2+}をFe^{3+}にすると,pH4付近でほぼ完全に除去される.

(5) 一般に,金属水酸化物のスラッジは沈降速度が小さく,含水率が高いが,スラッジの一部を中和反応槽に返送することで,沈降濃縮脱水特性を改善する方法がある.

解説 (1) 正しい.一般に,金属イオンを含む排水にアルカリを加えてpHを上げていくと,水酸化物イオンと反応して水酸化物の沈殿を生じる.

(2) 誤り.鉄やマンガンは,高いpHにおいて過剰の水酸化物イオンがあっても金属錯イオンとなって再溶解することはない(図3.9参照).

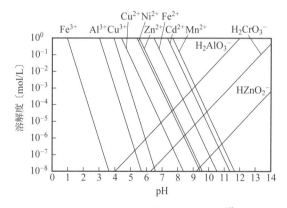

図3.9 金属イオンの溶解度とpHの関係 [15)]

(3) 正しい.排水処理に用いられるアルカリ剤には,水酸化ナトリウム($NaOH$),炭酸ナトリウム(Na_2CO_3),水酸化カルシウム($Ca(OH)_2$)などがある.炭酸ナトリウムは,二酸化炭素のガスが発生するため注意が必要である.なお,水酸化カルシウムは,水に溶けにくく中和反応に時間を要する.

(4) 正しい.Fe^{2+}はpH10程度以上まで上げないと十分に水酸化物として除去されないが,中和時に空気を吹き込んでFe^{2+}をFe^{3+}にすると,pH4付近でほぼ完全に除去される(図3.9参照).

(5) 正しい.一般に,金属水酸化物のスラッジは沈降速度が小さく,含水率が高いが,ス

ラッジの一部を中和反応槽に返送することで，沈降濃縮脱水特性を改善する方法がある．

▶答（2）

 題2 【令和元年 問4】

金属イオンを含む排水は一般に酸性で，アルカリを添加してpHを上げることにより金属を水酸化物として沈殿させることができる．このことに関連する記述として，誤っているものはどれか．ただし，[ ]は各イオンのモル濃度を表わす．

(1) 金属イオンM^{n+}と水酸化物イオンOH^-の溶解度積K_{sp}は，水酸化物の種類ごとに一定値をとり，$K_{sp} = [M^{n+}][OH^-]^n$の式で表される．

(2) 水のイオン積K_wは，$K_w = [H^+][OH^-]$の式で表される．

(3) 金属イオンM^{n+}の溶解度は，$\log[M^{n+}] = \log K_{sp} - n \log K_w + n \log[H^+]$の式で表せる．

(4) $pH = \log[H^+]$である．

(5) 鉛などの両性金属は，高いpHで過剰の水酸化物イオンと反応して金属錯イオンを形成し，溶解性が高まる．

解説 (1) 正しい．金属イオンM^{n+}と水酸化物イオンOH^-の溶解度積K_{sp}は，水酸化物の種類ごとに一定値をとり，$K_{sp} = [M^{n+}][OH^-]^n$の式で表される．

$$M(OH)_n \rightleftarrows M^{n+} + nOH^-$$

(2) 正しい．水のイオン積K_wは，$K_w = [H^+][OH^-]$の式で表される．

$$H_2O \rightleftarrows H^+ + OH^-$$

(3) 正しい．$K_w = [H^+][OH^-]$を変形すると，$[OH^-] = K_w/[H^+]$となり，これを$K_{sp} = [M^{n+}][OH^-]^n$に代入する．$K_{sp} = [M^{n+}][OH^-]^n = [M^{n+}](K_w/[H^+])^n = [M^{n+}]K_w{}^n[H^+]^{-n}$となる．この両辺の対数をとると，

$$\log K_{sp} = \log[M^{n+}] + \log K_w{}^n + \log[H^+]^{-n}$$
$$= \log[M^{n+}] + n \log K_w - n \log[H^+]$$

となる．移項すると，金属イオンM^{n+}の溶解度は，$\log[M^{n+}] = \log K_{sp} - n \log K_w + n \log[H^+]$の式で表せる．

(4) 誤り．$pH = -\log[H^+]$である．

(5) 正しい．鉛，アルミニウム，亜鉛などの両性金属は，高いpHで過剰の水酸化物イオンと反応して金属錯イオンを形成し，溶解性が高まる（図3.9および**表3.3**参照）．

表3.3　両性水酸化物の錯イオン形成時の平衡定数[12]

反応式	K
$Al(OH)_3 \rightleftarrows H_2AlO_3^- + H^+$	10^{-13}
$Pb(OH)_2 \rightleftarrows HPbO_2^- + H^+$	10^{-15}
$Sn(OH)_2 \rightleftarrows HSnO_2^- + H^+$	10^{-15}
$Zn(OH)_2 \rightleftarrows HZnO_2^- + H^+$	10^{-17}
$Cr(OH)_3 \rightleftarrows H_2CrO_3^- + H^+$	10^{-17}
$Ni(OH)_2 \rightleftarrows HNiO_2^- + H^+$	10^{-18}
$Cu(OH)_2 \rightleftarrows HCuO_2^- + H^+$	10^{-19}
$Mn(OH)_2 \rightleftarrows HMnO_2^- + H^+$	10^{-19}
$Co(OH)_2 \rightleftarrows HCoO_2^- + H^+$	10^{-19}

▶ 答（4）

問題3　【令和元年 問5】

各種金属イオンの溶解度とpHの関係は下図のように表わされる．図から読み取れる金属イオンを含む排水の処理に関する記述として，誤っているものはどれか．

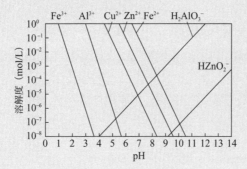

(1) 2価の鉄は，pH11付近でほぼ完全に除去される．
(2) 3価の鉄は，pH4付近でほぼ完全に除去される．
(3) アルミニウムは，pH6以上でほぼ完全に除去される．
(4) 銅は，pH9付近でほぼ完全に除去される．
(5) 亜鉛は，pH9〜10の範囲でほぼ完全に除去される．

解説　(1) 正しい．2価の鉄は，pH11付近で10^{-8} mol/L以下であるからほぼ完全に除去される．
(2) 正しい．3価の鉄は，pH4付近で10^{-8} mol/L以下であるからほぼ完全に除去される．
(3) 誤り．アルミニウムは，pH6以上で$H_2AlO_3^-$となり再溶解するので除去されない．
(4) 正しい．銅は，pH9付近で10^{-8} mol/L以下であるからほぼ完全に除去される．

(5) 正しい. 亜鉛は，pH9 ～ 10 の範囲で 10^{-7} mol/L ～ 10^{-8} mol/L であるからほぼ完全に除去される.　　　　　　　　　　　　　　　　　　　　　　　　　　▶ 答（3）

■ 3.2.6　酸化と還元

問 題1　　　　　　　　　　　　　　　　　　　　　　【令和5年 問5】

酸化還元電位を定義する次のネルンストの式の空欄（ア）～（エ）のうち，組合せとして正しいものはどれか.

$$E = \boxed{(\text{ア})} + \frac{\boxed{(\text{イ})}\,T}{n\,\boxed{(\text{ウ})}} \ln \boxed{(\text{エ})}$$

ここに，E：酸化還元電位，E_0：標準酸化還元電位，R：気体定数，F：ファラデー定数，T：絶対温度，n：移動する電子のモル数，[Ox]：酸化剤の活量（濃度），[Red]：還元剤の活量（濃度）である.

	（ア）	（イ）	（ウ）	（エ）
(1)	E_0	R	F	$\dfrac{[Ox]}{[Red]}$
(2)	E_0	F	R	$\dfrac{[Ox]}{[Red]}$
(3)	E_0	F	R	$\dfrac{[Red]}{[Ox]}$
(4)	R	E_0	F	$\dfrac{[Ox]}{[Red]}$
(5)	R	E_0	F	$\dfrac{[Red]}{[Ox]}$

解説　（ア）「E_0」である.
（イ）「R」である.
（ウ）「F」である.
（エ）「[Ox]/[Red]」である.
　以上から（1）が正解.　　　　　　　　　　　　　　　　　　　　　　　▶ 答（1）

問 題2　　　　　　　　　　　　　　　　　　　　　　【令和3年 問5】

オゾン処理に関する記述として，誤っているものはどれか.
(1) 酸化力は塩素より強い.
(2) オゾン発生機には高圧無声放電法が用いられる.
(3) オゾン発生機に供給する原料として加湿空気が用いられる.

(4) オゾン発生量はオゾン発生機の電力の調節により制御できる.

(5) 有機物と反応してトリハロメタンを生成しない.

解説 (1) 正しい. 酸化力は塩素より強い. オゾン (O₃) の標準酸化還元電位 $E_0 =$ 2.07 V, 塩素 (Cl₂) の $E_0 = 1.36$ V である.

(2) 正しい. オゾン発生機には高圧無声放電法（2つの電極の間に誘電体を介して交流電圧をかけ, その間に乾燥した空気または酸素を通過させる方法）が用いられる.

(3) 誤り. オゾン発生機に供給する原料として乾燥空気が用いられる. 水分があるとオゾン発生率が低下する.

(4) 正しい. オゾン発生量はオゾン発生機の電力の調節により制御できる.

(5) 正しい. 有機物と反応しても塩素がないためトリハロメタンを生成しない. ▶答 (3)

 題3 【令和2年 問7】

塩素による酸化に関する記述として, 誤っているものはどれか.

(1) 塩素を水に溶かすと, pHが5.6以下ではHClOはほとんど存在しない.

(2) 水中にアンモニアが存在すると, 塩素と結合してクロロアミンを生じる.

(3) HClO及びClO⁻は遊離塩素に含まれる.

(4) 塩素の酸化力は, ClO⁻よりもHClOのほうが強い.

(5) アンモニアの不連続点塩素処理では, 不連続点より塩素注入率が大きくなると, 残留塩素は主として遊離塩素の状態で存在している.

解説 (1) 誤り. 塩素を水に溶かすと, **図3.10** に示すようにpHが5.6以下ではClO⁻はほとんど存在しない.

$$Cl_2 + H_2O \rightarrow HClO + HCl$$
$$HClO \rightleftharpoons H^+ + ClO^-$$

(2) 正しい. 水中にアンモニアが存在すると, 塩素と結合してクロロアミンを生じる.

$$NH_3 + HClO \rightarrow NH_2Cl + H_2O \qquad モノクロロアミンの生成$$
$$NH_2Cl + HClO \rightarrow NHCl_2 + H_2O \qquad ジクロロアミンの生成$$
$$NHCl_2 + HClO \rightarrow NCl_3 + H_2O \qquad トリクロロアミンの生成$$

(3) 正しい. HClOおよびClO⁻は遊離塩素（酸化力のある塩素）に含まれる.

(4) 正しい. 塩素の酸化力は, ClO⁻よりもHClOの方が強い.

(5) 正しい. アンモニアの不連続点塩素処理では, **図3.11** に示すように不連続点までは, 塩素とアンモニアが反応してクロロアミンが生成し分解するが, 不連続点を過ぎるとアンモニアが存在しなくなるので, 残留塩素は主として遊離塩素の状態で存在している.

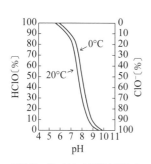

図 3.10　各 pH における HClO と CIO⁻生成量の関係

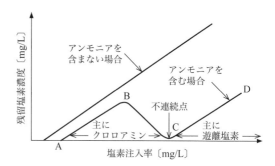

図 3.11　不連続点塩素処理

▶ 答（1）

問題4　　　　　　　　　　　　　　　　　　　【令和元年 問6】

次の酸化還元反応のうち，標準酸化還元電位が最も高いものはどれか．

(1) $Cu^{2+} + e^- \rightleftarrows Cu^+$

(2) $Fe^{3+} + e^- \rightleftarrows Fe^{2+}$

(3) $Cl_2 + 2e^- \rightleftarrows 2Cl^-$

(4) $Cr_2O_7{}^{2-} + 14H^+ + 6e^- \rightleftarrows 2Cr^{3+} + 7H_2O$

(5) $H_2O_2 + 2H^+ + 2e^- \rightleftarrows 2H_2O$

解説　各々の原子または化合物の標準酸化還元電位は，次のとおりである．

(1) $Cu^{2+} + e^- \rightleftarrows Cu^+$　　　　　　　　　　0.15 V

(2) $Fe^{3+} + e^- \rightleftarrows Fe^{2+}$　　　　　　　　　　0.75 V

(3) $Cl_2 + 2e^- \rightleftarrows 2Cl^-$　　　　　　　　　　1.36 V

(4) $Cr_2O_7{}^{2-} + 14H^+ + 6e^- \rightleftarrows 2Cr^{3+} + 7H_2O$　1.33 V

(5) $H_2O_2 + 2H^+ + 2e^- \rightleftarrows 2H_2O$　　　　　　1.70 V

以上から（5）が正解．

▶ 答（5）

問題5　　　　　　　　　　　　　　　　　　　【令和元年 問7】

オゾンによる酸化に関する記述として，誤っているものはどれか．

(1) オゾンは塩素よりも酸化力が強い．

(2) 水中の有機物と結合して有機塩素化合物を生じる心配がない．

(3) 排水の高度処理用として，窒素，りんの除去に用いられる．

(4) オゾン発生機は，高圧無声放電法などを用いている．

(5) 原料としての空気の湿度は，露点 −50℃ 以下が望ましい．

解説 (1) 正しい．オゾン（標準酸化還元電位 2.07 V）は塩素（同 1.36 V）よりも酸化力が強い．

(2) 正しい．オゾン（O_3）は，塩素原子がないため水中の有機物と結合して有機塩素化合物を生じる心配がない．

(3) 誤り．オゾンは，排水の高度処理用として，有機物の酸化，色や臭いの除去に用いられるが，窒素，りんの除去には用いられない．

(4) 正しい．オゾン発生機は，高圧無声放電法などを用いている．

(5) 正しい．湿度があるとオゾン発生の効率が低下するため，原料としての空気の湿度は，露点 $-50℃$ 以下が望ましい．　　　　　　　　　　　　　　▶答（3）

問 題6　　　　　　　　　　　　　　　　　　　　【平成30年 問5】

　アンモニアを含む排水に塩素を注入したときの残留塩素濃度の変化を示す下図に関する説明として，誤っているのはどれか．

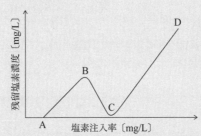

(1) 点Aから点Bの間では，水中のアンモニアと塩素が結合し，モノクロロアミン，ジクロロアミンなどのクロロアミンが生じている．

(2) 極大点Bから点Cの間では，結合塩素どうしが反応して結合塩素が減っていく．

(3) 極小点Cは不連続点と呼ばれ，ここまでに注入された塩素量を塩素要求量と呼ぶ．

(4) 点Cよりさらに塩素を注入すると，遊離塩素が増加する．

(5) 結合塩素と遊離塩素を合わせて残留塩素と呼ぶが，殺菌力を持つのは遊離塩素だけである．

解説 (1) 正しい．クロロアミンの生成は次のとおりである（図3.11参照）．

$$NH_3 + HClO \rightarrow NH_2Cl + H_2O$$　　　モノクロロアミンの生成

$$NH_2Cl + HClO \rightarrow NHCl_2 + H_2O$$　　ジクロロアミンの生成

$$NHCl_2 + HClO \rightarrow NCl_3 + H_2O$$　　　トリクロロアミンの生成

(2) 正しい．B点を過ぎると，次のように分解する．

$$NH_2Cl + NHCl_2 \rightarrow N_2 + 3HCl$$

155

$$NH_2Cl + NHCl_2 + HClO \rightarrow N_2O + 4HCl$$

(3) 正しい．極小点 C は，不連続点と呼ばれ，ここまでに注入された塩素量を塩素要求量という．

(4) 正しい．C 点を過ぎると，Cl_2，HClO および ClO^- などの遊離塩素が増加する．

(5) 誤り．結合塩素（モノクロロアミン，ジクロロアミン，トリクロロアミン）と遊離塩素を合わせて残留塩素と呼ぶが，殺菌力は遊離塩素の方が大きい．なお，遊離塩素の中でも酸化力の強い HClO が最も殺菌力が強い．　　　　　　　　　　　▶ 答（5）

■ 3.2.7　活性炭吸着

題1　　　　　　　　　　　　　　　　　　　　　　　　　【令和5年 問6】

活性炭吸着に関する記述として，不適切なものはどれか．

(1) 活性炭は，木材や石炭などの原料を高温下で炭化及び賦活化し，多孔質構造を形成させたものである．

(2) 活性炭は，高い比表面積を持ち，高い吸着能を有する．

(3) 活性炭は，その粒子径により粉末炭（1 mm 程度以下）と粒状炭（1 mm 程度以上）に分類される．

(4) 活性炭の賦活化には，高温の水蒸気と反応させる水蒸気賦活化法などが用いられる．

(5) 活性炭は，一般に，疎水性の強い物質ほど吸着しやすい．

解説　(1) 適切．活性炭は，木材や石炭などの原料を高温下で炭化および賦活化し，多孔質構造を形成させたものである．

(2) 適切．活性炭は，高い比表面積を持ち，高い吸着能を有する．

(3) 不適切．活性炭は，その粒子径により粉末炭（150 µm 以下）と粒状炭（150 µm 以上）に分類される．

(4) 適切．活性炭の賦活化には，高温の水蒸気と反応させる水蒸気賦活化法などが用いられる．その他，乾式加熱法，薬品再生法，電気化学的の再生法，生物的再生法などがある．

(5) 適切．活性炭の表面は疎水性が強いため，活性炭は，一般に，疎水性の強い物質ほど吸着しやすい．　　　　　　　　　　　　　　　　　　　　　　　　▶ 答（3）

題2　　　　　　　　　　　　　　　　　　　　　　　　　【令和4年 問7】

活性炭吸着装置に関する記述として，誤っているものはどれか．

(1) 固定層吸着における圧力式の吸着槽では，鋼板製の圧力容器には，エポキシ系

塗料でコーティングするかゴムライニングなどを施す.
(2) 固定層吸着における活性炭層内では微生物が繁殖しやすい.
(3) 固定層吸着においては，破過点に達したら塔内の活性炭を全量取り出して，新炭あるいは再生炭と交換する.
(4) 固定層吸着は移動層吸着に比べ，装置が複雑になる，運転操作が煩雑になる，活性炭の性能劣化が早いなどの欠点がある.
(5) 攪拌槽吸着において，吸着剤の使用量を節減し，処理水の濃度を低くするためには，向流多段吸着が用いられる.

解説 (1) 正しい．固定層吸着（活性炭を移動させないで吸着する方式）における圧力式の吸着槽では，鋼板製の圧力容器には，エポキシ系塗料でコーティングするかゴムライニングなどを施す.

(2) 正しい．固定層吸着における活性炭層内では微生物が繁殖しやすい.

(3) 正しい．固定層吸着においては，破過点（処理水の許容濃度で，これを過ぎると急激に濃度が上昇する点）に達したら塔内の活性炭を全量取り出して，新炭あるいは再生炭と交換する.

(4) 誤り．移動層吸着（活性炭を移動させながら吸着する方法）は固定層吸着に比べ，装置が複雑になる，運転操作が煩雑になる，活性炭の性能劣化が早いなどの欠点がある．固定層と移動層の記述が逆である.

(5) 正しい．攪拌槽吸着において，吸着剤の使用量を節減し，処理水の濃度を低くするためには，向流多段吸着（図 **3.12** 参照）が用いられる.

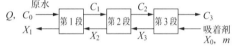

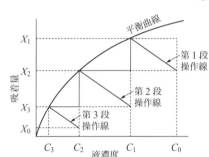

図 3.12 向流多段吸着（3 段の場合）[14]

▶ 答（4）

問題 3 　　　　　　　　　　　　　　　　　　　　　　　　【令和 3 年 問 6】

活性炭吸着に関する記述として，誤っているものはどれか.
(1) 活性炭の吸着速度は，活性炭表面積の 2 乗に比例する.
(2) 活性炭には疎水性の強い物質ほど吸着されやすい.
(3) 活性炭での吸着等温線がフロイントリッヒの式 $X = kC^n$（X：単位質量当たりの吸着量，C：平衡濃度，k, n：定数）に従うとき，k が大きく n が小さいほうが低

濃度から高濃度にわたってよく吸着する.
(4) 活性炭の使用量を節減し，処理水の濃度を低くするには向流多段吸着が用いられる.
(5) 活性炭の吸着速度は，活性炭近傍の液境膜の総括物質移動係数が大きいほど大きくなる.

解説 (1) 誤り．活性炭の吸着速度は，次のように表される.

$$\rho_b \frac{\mathrm{d}X}{\mathrm{d}t} = k_f a_v (C - C^*) \tag{①}$$

ここに，X：活性炭単位質量当たり吸着量〔g/g〕，ρ_b：活性炭の充填密度〔g/cm^3〕，k_f：液境膜の総括物質移動係数〔cm/h〕，a_v：活性炭充填層単位容積当たりの表面積〔cm^2/cm^3〕，C：濃度〔g/cm^3〕，C^*：平衡濃度〔g/cm^3〕

上式から活性炭の吸着速度は，活性炭表面積に比例する.

(2) 正しい．活性炭には疎水性（水をはじく性質）の強い物質ほど吸着されやすい.

(3) 正しい．活性炭での吸着等温線がフロイントリッヒの式 $X = kC^n$（X：単位質量当たりの吸着量，C：平衡濃度，k，n：定数）に従うとき，両辺の常用対数をとり $\log X = n \log C + \log k$ を**図 3.13**に示すと，k が大きく n が小さい方が低濃度から高濃度にわたってよく吸着する.

(4) 正しい．活性炭の使用量を節減し，処理水の濃度を低くするには図 3.12 に示すように向流多段（処理水の流れと活性炭吸着塔の吸着剤の移動が逆方向）吸着が用いられる.

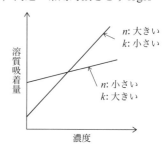

図 3.13 平衡状態での活性炭の吸着量

(5) 正しい．活性炭の吸着速度は，選択肢 (1) の解説で示した式から活性炭近傍の液境膜の総括物質移動係数 k_f が大きいほど大きくなる.

▶ 答 (1)

問題4 　　　　　　　　　　　　　　　　　　　　　【平成30年 問6】

排水中に含まれるある有機物の濃度 C と活性炭の平衡吸着量 X との関係がフロイントリッヒの式で表わされるものとする．このとき，濃度 C と平衡吸着量 X との関係を表わす図として，正しいものはどれか.

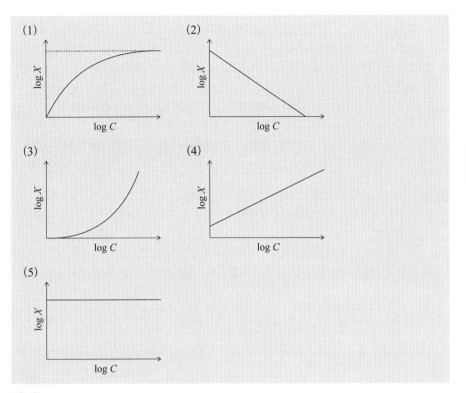

解説　フロイントリッヒの式は，次のように表される．

$$X = kC^n \qquad \text{①}$$

X：平衡吸着量，C：水中の平衡有機物濃度，n，k：定数

式①の両辺の常用対数をとると，

$$\log X = n \log C + \log k \qquad \text{②}$$

となる．

　したがって，$\log X$ を縦軸に，$\log C$ を横軸に取ると，$n > 0$ であるから右上がりの直線のグラフが描かれる．

　以上から（4）が正解．　　　　　　　　　　　　　　　　　　　　　　　▶答（4）

■ 3.2.8　イオン交換およびイオン交換膜

問題1　　　　　　　　　　　　　　　　　　　　　　　　　【令和5年 問7】

イオン交換に関する記述として，誤っているものはどれか．

(1) 樹脂母体に結合している活性基がカルボキシ基（カルボキシル基）のものは強酸性陽イオン交換樹脂である．

(2) キレート樹脂は，微量の重金属を選択的に吸着するものである．

(3) 硬度成分で飽和した樹脂の再生に，塩化ナトリウム水溶液を用いることがある．

(4) 通常，イオン交換の対象となる原水は，イオン濃度が $1{,}000\,mg/L$ 程度以下のものであり，高濃度のものは逆浸透法などを検討するほうがよい．

(5) イオン交換処理においては，通常，通水速度は見掛けの接触時間の逆数を意味する空間速度で表示される．

解説 (1) 誤り．樹脂母体に結合している活性基がカルボキシ基（カルボキシル基：R-COO^-H^+）のものは弱酸性陽イオン交換樹脂である．なお，強酸性陽イオン交換樹脂は，R-$SO_3^-H^+$である．

(2) 正しい．キレート樹脂は，微量の重金属を選択的に吸着するものである．例として，EDTAを図 **3.14** に示した．また，水銀を強く吸着するものを表4.2に示した．

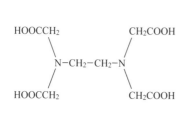
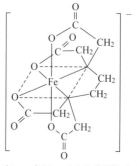

エチレンジアミンテトラ酢酸（EDTA）　　エチレンジアミンテトラ酢酸鉄（III）

図 3.14　EDTA と鉄イオン錯体の立体構造

(3) 正しい．硬度成分で飽和した樹脂の再生に，塩化ナトリウム水溶液を用いることがある．例：$(R\text{-}SO_3)_2Ca + 2NaCl \rightarrow 2R\text{-}SO_3Na + CaCl_2$

(4) 正しい．通常，イオン交換の対象となる原水は，イオン濃度が $1{,}000\,mg/L$ 程度以下のものであり，高濃度のものは逆浸透法などを検討する方がよい．

(5) 正しい．イオン交換処理においては，通常，通水速度は見掛けの接触時間の逆数を意味する空間速度（SV：Space Velocity, 単位〔h^{-1}〕）で表示される．

$$SV\,[h^{-1}] = 流量\,[m^3/h]/充填樹脂量\,[m^3]$$

▶答（1）

問 題 2　　　　　　　　　　　　　　　　　　　　　　　　　【令和2年 問8】

イオン交換に関する記述として，誤っているものはどれか．
(1) 2相間においてイオンが互いに入れ換わる反応をイオン交換反応といい，イオン交換をする母体をイオン交換体と呼ぶ．
(2) イオン交換樹脂は，純水製造をはじめとして，排水からのレアメタルなどの有価物の回収，微量の重金属イオンの除去などに用いられる．
(3) イオン交換法の採用に当たっては，再生廃液の処分に関して考慮しておく必要がある．
(4) 通常のイオン交換装置では，破過点まで吸着できるイオン量は全イオン交換容量と等しい．
(5) イオン交換処理の計算を容易にするために，通常は被処理水のイオン濃度，樹脂の交換容量は炭酸カルシウムに換算して表示される．

解説 (1) 正しい．2相間においてイオンが互いに入れ換わる反応をイオン交換反応といい，イオン交換をする母体をイオン交換体と呼ぶ．
　　　例　$(R{-}SO_3)_2Ca + 2Na^+ \rightarrow 2R{-}SO_3Na + Ca^{2+}$

(2) 正しい．イオン交換樹脂は，純水製造をはじめとして，排水からのレアメタルなどの有価物の回収，微量の重金属イオンの除去などに用いられる．

(3) 正しい．イオン交換法の採用に当たっては，再生廃液の処分に関して考慮しておく必要がある．(1) の例で示した $2R{-}SO_3Na$ を再生する場合，塩酸で処理するが，廃液に高濃度の $NaCl$ が排出される．
　　　$2R{-}SO_3Na + 2HCl \rightarrow 2R{-}SO_3H + 2NaCl$

(4) 誤り．通常のイオン交換装置では，破過点（処理水濃度の上昇がみられる点で実用上の使用可能な点）まで吸着できるイオン量は全イオン交換容量（すべてのイオン交換樹脂が交換できる量）の 50 ～ 80 % 程度である．

(5) 正しい．イオン交換処理の計算を容易にするために，通常は被処理水のイオン濃度，樹脂の交換容量は炭酸カルシウムに換算して表示される．　　　▶答（4）

問 題 3　　　　　　　　　　　　　　　　　　　　　　　　　【令和2年 問9】

電気透析法に関する記述として，誤っているものはどれか．
(1) 膜を通してイオンが移動する現象を利用した方法である．
(2) イオン交換樹脂を膜状に成型したものを用いる．
(3) 溶解塩類の除去に用いられる．
(4) 水溶性電解質でないコロイド質や有機物は除去できる．
(5) イオン状の鉄，マンガンなどは膜に沈積して劣化を起こす原因になるので，前

処理によって除去しておくほうがよい.

解説 (1) 正しい. 膜を通してイオンが移動する現象を利用した方法で, **図3.15**に示したように陰陽両イオンのいずれか一方だけを選択的に透過させる膜を交互に多数配列し, その両端に直流電圧をかけると, 脱塩水と濃縮液とが1つおきにセル内に生成する方式である.

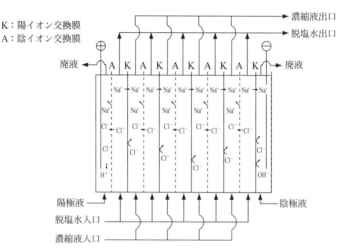

図3.15 イオン交換膜電気透析の原理[1]

(2) 正しい. イオン交換樹脂を膜状に成型したものを用いる.

(3) 正しい. 溶解塩類の除去に用いられる.

(4) 誤り. 水溶性電解質でないコロイド質や有機物は除去できない. これらはイオン交換膜に付着し性能が劣化するため前処理を行う必要がある.

(5) 正しい. イオン状の鉄, マンガンなどは濃縮されて膜に沈積して膜の劣化を起こす原因になるので, 前処理によって除去しておく方がよい.　　　　▶答 (4)

問題4　　　　　　　　　　　　　　　　　　　　　　【平成30年 問7】

　次に示すイオン交換体の活性基のうち, 弱酸性陽イオン交換樹脂に用いられるものはどれか.

(1) 第二級アミン

(2) 第三級アミン

(3) 第四級アンモニウム基

(4) カルボキシル基

(5) スルホン酸基

解説 (1) 第二級アミンは，Re-RHN の分子構造をした弱塩基性陰イオン交換樹脂である．なお，Re は樹脂を表す．

(2) 第三級アミンは，Re-R$_2$N の分子構造をした弱塩基性陰イオン交換樹脂である．

(3) 第四級アンモニウム基は，Re-CH$_2$(CH$_3$)$_3$N$^+$OH$^-$ の分子構造をした強塩基性陰イオン交換樹脂である．

(4) カルボキシル基は，Re-COO$^-$H$^+$の分子構造をした弱酸性陽イオン交換樹脂である．これが正解である．

(5) スルホン酸基は，Re-SO$_3^-$H$^+$の分子構造をした強酸性陽イオン交換樹脂である．

▶ 答（4）

■ 3.2.9 膜分離

問題1 【令和5年 問8】

膜分離法に関する記述として，正しいものはどれか．
(1) 逆浸透法では，通常，対象とする原水の浸透圧の 30% 〜 50% 程度の圧力を加える．
(2) スパイラル型の膜モジュールは，NF 膜や逆浸透膜に用いられる．
(3) 全量ろ過式は，排水処理や海水淡水化に用いられることが多い．
(4) 次亜塩素酸ナトリウムを用いる薬液洗浄は，金属酸化物を対象として行われる．
(5) 電気透析法は，水溶性電解質ではない有機物の除去に用いられる．

解説 (1) 誤り．逆浸透法では，通常，対象とする原水の浸透圧の 2 倍ないし数倍の圧力を加える（**図 3.16** 参照）．

(2) 正しい．スパイラル型の膜モジュールは，のり巻き形ともいわれ，多孔性支持材を内蔵した封筒状の膜をのり巻き状に巻き込んだもので，NF 膜や逆浸透膜に用いられる．

なお，NF（Nano-Filtration）膜は，ナノろ過法で用いるもので，限外ろ過膜と逆浸透膜の中間に位置するものである（**図 3.17** 参照）．

(3) 誤り．全量ろ過式（**図 3.18** 参照）は浄水処理

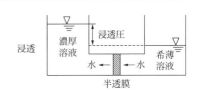

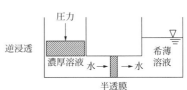

図 3.16 逆浸透の原理 [14]

163

に用いられる．海水淡水化には多段式（**図3.19** 参照）が用いられることが多い．

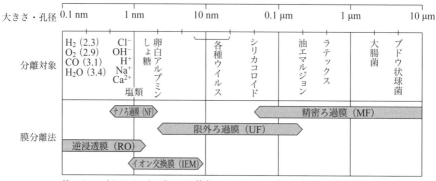

注：1 nm（ナノメートル）は 10 億分の 1 m．1 μm（マイクロメートル）は 100 万分の 1 m

図 3.17　粒径と分離膜

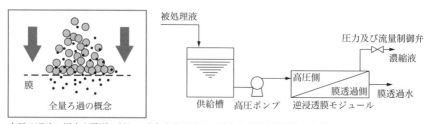

全量ろ過式：原水を膜面に対して直角方向に流し，原水の全量をろ過する方式．

図 3.18　全量ろ過式プロセス [17]

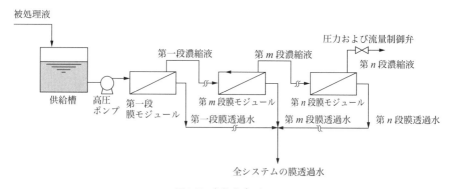

図 3.19　多段式プロセス

（4）誤り．次亜塩素酸ナトリウム（NaClO）を用いる薬液洗浄は，水酸化ナトリウム（NaOH）を使用したアルカリ洗浄とともに主に有機物を対象としている．金属酸化物

を対象とした薬液洗浄では，硫酸やくえん酸などの酸洗浄が行われる．

(5) 誤り．電気透析法（イオン交換膜の使用：図3.15参照）は，水溶性電解質ではない有機物の除去には用いられない．3.2.8 問題3（令和2年問9）の解説（1）参照．

▶ 答（2）

題2 【令和4年 問8】

逆浸透膜を用いる多段式の膜分離プロセス（二段）を用いたときのフローとして，適切なものはどれか．ただし，図中の ※ は膜モジュールの高圧側を，＊は膜透過側を表す．

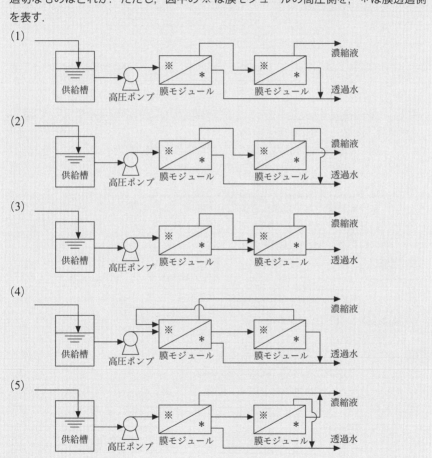

解説 多段式の膜分離プロセスにおいて，膜ろ過した処理水はどの段階においても透過水とし，濃縮液は次の膜に移送されてさらに濃縮される（図3.19参照）．このような仕組

み以外は誤りである.

(1) 正しい. 膜ろ過した処理水は, どの段階においても透過水とし, 濃縮液は次の膜に移送されてさらに濃縮される.

(2) 誤り. 2段目で濃縮液が透過水と一緒にされている.

(3) 誤り. 2段目で1段目の透過水と1段目の濃縮液が一緒にされている.

(4) 誤り. 2段目の濃縮液が1段目に返送されているので, 供給槽の供給水によって希釈される. 1段目の濃縮液を取り出しているので, (1) の選択肢のように濃縮されない.

(5) 誤り. 1段目の透過水の一部を2段目の濃縮液に供給していること, 1段目の濃縮液を取り出していること, 2段目の濃縮液を1段目の透過水と混合していること, 2段目の透過水を1段目の濃縮液と混合していることなどで誤りとなる.　　　　　▶答 (1)

問題3 【令和3年 問7】

ナノろ過法と逆浸透法に関する記述として, 誤っているものはどれか.

(1) 逆浸透法は, 水は透過するが, 溶質はほとんど透過しない性質を持つ逆浸透膜 (半透膜) を用いる膜処理法である.

(2) U字型の管の途中に半透膜を設置し, その膜の左右に濃厚溶液と希薄溶液をそれぞれ注ぐと, 浸透圧によって希薄溶液側から濃厚溶液側に水が移動して水位差が生じる.

(3) U字型の管の途中に半透膜を設置し, その膜の左右に濃厚溶液と希薄溶液をそれぞれ注いだとき, 濃厚溶液側に, ある一定以上の圧力をかけると, 濃厚溶液側の水を, 半透膜を透過して希薄溶液側に移動させることができる.

(4) 実用化されている逆浸透膜には, 酢酸セルロース, 芳香族ポリアミド系などが用いられる.

(5) ナノろ過法は, 逆浸透膜より操作圧力が高くなるが, 塩化ナトリウムの除去率を高めることができる.

解説 (1) 正しい. 逆浸透法は, 水は透過するが, 溶質はほとんど透過しない性質を持つ逆浸透膜 (半透膜) を用いる膜処理法である.

(2) 正しい. U字型の管の途中に半透膜を設置し, その膜の左右に濃厚溶液と希薄溶液をそれぞれ注ぐと, 浸透圧によって希薄溶液側から濃厚溶液側に水が移動して水位差が生じる (図3.16参照).

(3) 正しい. U字型の管の途中に半透膜を設置し, その膜の左右に濃厚溶液と希薄溶液をそれぞれ注いだとき, 濃厚溶液側に, ある一定以上の圧力をかけると, 濃厚溶液側の水を, 半透膜を透過して希薄溶液側に移動させることができる (図3.16参照).

(4) 正しい. 実用化されている逆浸透膜には, 酢酸セルロース, 芳香族ポリアミド系な

どが用いられる.

(5) 誤り. ナノろ過法で用いるナノろ過膜は, 図3.17に示すように重なる部分もあるが限外ろ過膜と逆浸透膜の中間に位置するもので, 逆浸透膜より操作圧力が低く, 塩化ナトリウムの除去率も低い. 主に硬度成分や低分子有機物を除去対象としている.

▶答 (5)

 題4 【令和3年 問8】

膜分離法に関する記述として, 誤っているものはどれか.
(1) 精密ろ過は微細な懸濁粒子や細菌などの除去に用いられる.
(2) 限外ろ過膜は, 分子量1,000 〜 100万程度の水溶性の高分子物質や微細な懸濁粒子などの除去に用いられる.
(3) 電気透析法は溶解塩類の除去に用いられる.
(4) 電気透析法では, 水溶性電解質でないコロイド質や有機物は除去できない.
(5) 海水淡水化などで用いられる多段式プロセスでは, 前段逆浸透膜モジュールの膜透過水を後段逆浸透膜モジュールに通すことで, より多くの膜透過水が得られる.

解説 (1) 正しい. 精密ろ過は微細な懸濁粒子や細菌などの除去に用いられる.
(2) 正しい. 限外ろ過膜は, 分子量1,000 〜 100万程度の水溶性の高分子物質や微細な懸濁粒子などの除去に用いられる.
(3) 正しい. 電気透析法は, 膜を通してイオンが移動する現象を利用した方法で, 図3.15に示したように陰陽両イオンのいずれか一方だけを選択的に透過させる膜 (陽イオン交換膜は陽イオンは通過できるが陰イオンは通過できず, 陰イオン交換膜は陰イオンは通過できるが陽イオンは通過できない) を交互に多数配列し, その両端に直流電圧をかけると, 脱塩水と濃縮液とが一つおきにセル内に生成する方式である. 電気透析法は溶解塩類の除去に用いられる.
(4) 正しい. 電気透析法では, 水溶性電解質でないコロイド質や有機物は除去できない.
(5) 誤り. 海水淡水化などで用いられる多段式プロセスでは, 前段逆浸透膜モジュールの濃縮液を後段逆浸透膜モジュールに通すことで, より多くの膜透過水が得られる (図3.19参照).

▶答 (5)

 題5 【令和元年 問8】

下図のうち, 膜分離法における全量ろ過式プロセス及びクロスフロー式プロセスの図として, 最も適切なものの組合せはどれか.

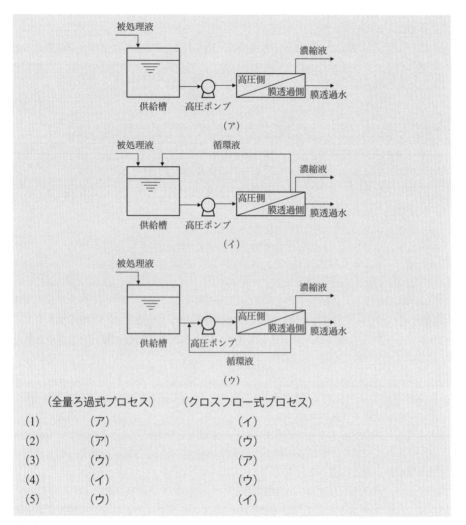

	（全量ろ過式プロセス）	（クロスフロー式プロセス）
(1)	（ア）	（イ）
(2)	（ア）	（ウ）
(3)	（ウ）	（ア）
(4)	（イ）	（ウ）
(5)	（ウ）	（イ）

解説 全量ろ過式プロセスは，全量をろ過し濃縮液の循環のないプロセスであるから（ア）である．

クロスフロー式プロセスは，濃縮液を被処理液と混合して処理するから（イ）である（図 **3.20** 参照）．

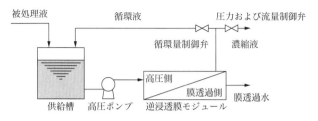

図3.20 クロスフロー式プロセス

なお，（ウ）のプロセスは，膜透過水を被処理水と混合しているが，このようなプロセスは通常行われない．

以上から（1）が正解． ▶答（1）

 題6 【平成30年 問8】

膜分離法に関する記述として，誤っているものはどれか．
(1) 精密ろ過膜は孔径が0.05〜1 μm程度で，微細な懸濁粒子や細菌などの除去に用いられる．
(2) 限外ろ過膜は分子量1,000〜100万程度の溶質又は粒子をろ過によって分離するためのもので，水溶性の高分子物質の除去に用いられる．
(3) 逆浸透法では濃厚溶液側に浸透圧以上の圧力をかけて，水溶液中の水を半透膜を通して移動させる．
(4) ナノろ過法は逆浸透法に比べ，操作圧力が低く，塩化ナトリウム除去率も低い．
(5) 電気透析法では，一定以上の分子量の溶質だけを透過させる膜を多数配列し，その両端に直流電圧を加えて脱塩水と濃縮液とを一つおきのセル内に生成させる．

解説 (1) 正しい．精密ろ過膜（MF膜：Microfiltration Membrane）は，孔径が0.05〜1 μm程度で，微細な懸濁粒子や細菌などの除去に用いられる．

(2) 正しい．限外ろ過膜（UF膜：Ultrafiltration Membrane）は，分子量1,000〜100万程度の溶質または粒子をろ過によって分離するためのもので，水溶性の高分子物質の除去に用いられる．

(3) 正しい．逆浸透法（RO膜：Reverse Osmosis Membrane）では，濃厚溶液側に浸透圧以上の圧力をかけて，水溶液中の水を半透膜を通して移動させる．

(4) 正しい．ナノろ過法（NF膜：Nanofiltration Membrane）は，RO膜より操作圧力が低く，UF膜とRO膜の中間に位置するもので，塩化ナトリウム除去率も低い．

(5) 誤り．電気透析法は，図3.15に示すように陰陽両イオンのいずれか一方だけを選択的に透過させる膜を交互に多数配列し，その両端に直流電圧をかけると，脱塩水と濃縮液とが一つおきにセル内に生成する方式である． ▶答（5）

■ 3.2.10　汚泥処理（脱水吸収焼却）

問題1 【令和5年 問9】✓✓✓

脱水機に関する記述として，誤っているものはどれか．

(1) フィルタープレス脱水機では，ろ過機の各ろ過室に汚泥を押し込み，圧搾脱水した後に各ろ過板を外してケーキを排出する．

(2) ベルトプレス脱水機は，遠心脱水機に比べ運転騒音が小さく動力が小さい．

(3) スクリュープレス脱水機は，スクリューの回転によってスラッジを次第に狭隙部へ送り込み，そのときに発生する圧搾圧力によって圧搾脱水する．

(4) 遠心脱水機では，供給汚泥中の砂やきょう雑物等は脱水機の摩耗を促進したり，閉塞を起こすので，事前に砂を除去し，きょう雑物を破砕する．

(5) 回転加圧脱水機では，高速度で回転する2枚の金属円盤フィルターの間に汚泥を供給し，回転によって生じる遠心力によって脱水する．

解説 (1) 正しい．フィルタープレス脱水機（**図3.21**参照）では，ろ過機の各ろ過室に汚泥を押し込み，圧搾脱水した後に各ろ過板を外してケーキを排出する．

(2) 正しい．ベルトプレス脱水機（**図3.22**参照）は，汚泥を凝集剤の添加によって凝縮させ，液状の汚泥を重力で予備濃縮（水平水切り）して汚泥の流動性をなくしてからロールで圧縮して脱水するもので，遠心脱水機に比べ運転騒音が小さく動力が小さい．

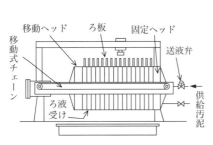

図3.21　フィルタープレス（自動加圧脱水機）

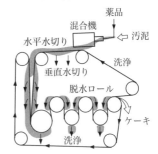

図3.22　ベルトプレス（ロールプレス）の一例[1]

(3) 正しい．スクリュープレス脱水機（**図3.23**参照）は，スクリューの回転によってスラッジを次第に狭隙部へ送り込み，そのときに発生する圧搾圧力によって圧搾脱水する．

(4) 正しい．遠心脱水機（**図3.24**参照）では，高速回転による遠心力で汚泥の脱水を行うため，供給汚泥中の砂や夾雑物等は，脱水機の摩耗を促進したり，閉塞を起こしたりするので，事前に砂を除去し，夾雑物を破砕しておく．回転体（ボウル）の中に回転体と異なる回転速度で回るスクリューを内蔵して，ケーキを機外に排出する．

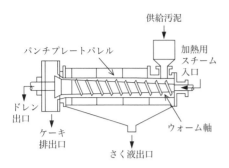

図3.23 スクリュープレス（加温型）[5]

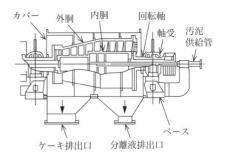

図3.24 遠心脱水機[5]

(5) 誤り．回転加圧脱水機（図3.25参照）は，高分子凝集剤を使用した汚泥を，供給ポンプで加圧しながら，縦に配列された2枚の対面する金属円板フィルターと内輪および外輪スペーサーの間に供給し，低速度で金属フィルターを回転させて，挟み込まれた汚泥を回転する力と圧入圧力で圧搾し，脱水ろ過するものである．

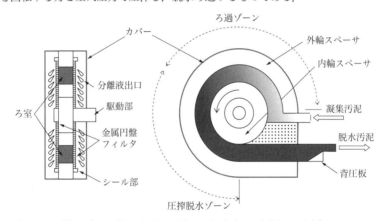

［日本下水道協会『下水道施設計画・設計指針と解説（2019年版）』を改変］

図3.25 回転加圧脱水機[17]

▶答（5）

汚泥焼却に関する記述として，誤っているものはどれか．

(1) 有機質の汚泥は焼却によって著しく減量する．

(2) ダイオキシン類の発生を抑制するため，適正な燃焼温度管理（850℃程度）などに留意する必要がある．

(3) 流動焼却炉では，横型の回転する筒形の炉の中に砂などの流動媒体を入れて流

動化させ，この流動層内に汚泥を供給して燃焼させる．

(4) 流動焼却炉では排ガスは高温となるので，臭気成分は熱によって分解される．

(5) 階段式ストーカー炉では，脱水汚泥の攪拌作用がないため，高含水率汚泥に対しては，予備乾燥が必要となる．

解説 (1) 正しい．有機質の汚泥は，焼却によって著しく減量する．

(2) 正しい．ダイオキシン類の発生を抑制するため，適正な燃焼温度管理（850℃以上），高温滞留時間（2秒以上），炉内での十分な攪拌・二次空気との混合などに留意する必要がある．これを完全燃焼するための3T条件という．3T = Temperature, Time, Turbulence.

(3) 誤り．流動焼却炉（**図3.26**参照）は，縦型の炉の中に砂などの流動媒体を入れて流動化させ，この流動層内に汚泥を供給して燃焼させる方式である．

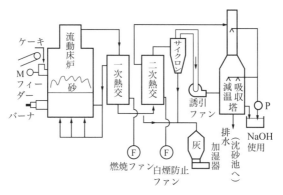

図3.26 流動焼却炉[4]

(4) 正しい．流動焼却炉では，排ガスは高温となるので，臭気成分は熱によって分解される．

(5) 正しい．階段式ストーカー炉（**図3.27**参照）では，脱水汚泥の攪拌作用がないため，高含水汚泥に対しては，予備乾燥が必要となる．使用例は少なく，多くの汚泥焼却に流動焼却炉が使用されている．

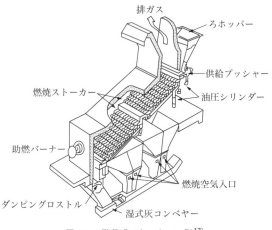

図 3.27　階段式ストーカーの例[17)]

▶ 答（3）

題 3　　　　　　　　　　　　　　　　　　　　　　【令和 4 年 問 9】

汚泥の焼却及び処分，有効利用に関する記述として，正しいものはどれか.
(1) 焼却の際のダイオキシン類の発生を抑制するためには，適正な焼却温度管理（400℃程度）などに留意する.
(2) 流動焼却炉における下方からの高温ガス送入の空塔速度は，流動媒体の流動化開始速度を超えないように設定する.
(3) 階段式ストーカーでは，高含水率汚泥に対しては予備乾燥が必要となる.
(4) 焼却灰の有効利用方法として，炭化してボイラー用固形燃料や発電用燃料としての利用がある.
(5) 下水汚泥を肥料として取り扱う場合は，鉄，アルミニウムなどの有害成分の許容量に留意する.

解説　(1) 誤り．焼却の際のダイオキシン類の発生を抑制するためには，適正な焼却温度管理（850℃程度）などに留意する.
(2) 誤り．流動焼却炉における下方からの高温ガス送入の空塔速度は，流動媒体の流動化開始速度（10 〜 20 cm/s）の 2 〜 8 倍が適当だとされている.
(3) 正しい．階段式ストーカーでは，高含水率汚泥に対しては予備乾燥が必要となる. なお，ストーカーとは火床をいう.
(4) 誤り．焼却灰の有効利用方法として，緑農地利用，建設資材利用（セメント原料，土質改良材，路盤材，タイル・レンガ・コンクリート骨材等）などがある. なお，汚泥

を炭化すれば，ボイラー用固形燃料や発電用燃料としての利用がある．

(5) 誤り．下水汚泥を肥料として取り扱う場合は，水銀，カドミウムなどの有害成分の許容量に留意する． ▶答（3）

問題4 【令和3年 問9】

汚泥の脱水に関する記述として，誤っているものはどれか．

(1) ルースのろ過方程式に従う場合，ヌッチェ試験で求めたろ過時間 θ とろ液量 V は，θ/V 対 V でプロットすると直線関係が得られる．

(2) ろ過脱水のためには，ケーキ比抵抗は大きいほどよい．

(3) ろ過助剤には，ケイ藻土，おがくず，セルロースなどがある．

(4) ケーキに圧縮性がある場合，ケーキ比抵抗はろ過圧力が高くなると大きくなる．

(5) 消化汚泥のろ過脱水の前処理として，汚泥の水洗が有効な場合がある．

解説 (1) 正しい．ルースのろ過方程式は，次のように表される．

$$\theta/V = V/K + 2C/K$$

ここに，θ：ろ過時間〔s〕，V：ろ液量〔m³〕，K：ルースのろ過定数〔m⁶/s〕，C：ルースのろ過定数〔m³〕

これから，単位ろ液量当たりのろ過時間（θ/V）は，ろ液量（V）と直線関係になる．

なお，ヌッチェ試験とは**図3.28**のような装置でろ過時間（θ〔s〕）とろ液量（V〔m³〕）の関係を求める試験である．ヌッチェとは吸引ロート（ブフナー漏斗ともいう）をいう．

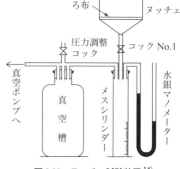

図3.28 ヌッチェ試験装置[14]

(2) 誤り．上式において，K と C は次のように表される．

$$K = 2pA^2k/(\alpha\mu)$$

ここに，p：ろ過圧力〔Pa〕，A：ろ過面積〔m²〕，k：乾ケーキ単位質量当たりのろ液量〔m³/kg〕，α：ケーキ比抵抗〔m/kg〕，μ：ろ液粘度〔kg/(m·s)〕

$$C = AkK_m/\alpha$$

ここに，K_m：ろ過材のろ過抵抗〔m⁻¹〕

以上から，ろ過脱水のためには（V を大きくするため），ケーキ比抵抗 α は小さいほどよい．

(3) 正しい．ろ過助剤（ケーキ比抵抗を下げる物質）には，ケイ藻土，おがくず，セルロースなどがある．

174

(4) 正しい．ケーキに圧縮性がある場合，次の関係があるためケーキ比抵抗 α はろ過圧力 p が高くなると大きくなる．$\alpha = Cp^n$　　ここに，C：定数，n：ケーキ圧縮指数（非圧縮ケーキでは $n = 0$）

(5) 正しい．表面にコロイド粒子が付着している消化汚泥のろ過脱水の前処理として，汚泥の水洗が有効（ケーキ比抵抗が低下する）な場合がある． ▶答（2）

問題5　【令和3年 問10】

活性汚泥法より発生する汚泥の脱水に関する記述として，正しいものはどれか．
(1) ろ過脱水において，活性汚泥などのケーキは圧縮性があるので，ろ過圧力を上げればそれに比例してろ過速度も大きくなる．
(2) 凝集剤としては，ポリ塩化アルミニウムや硫酸アルミニウムがよく用いられる．
(3) ベルトプレスは，目の粗いベルト状のろ布の上で重力によって自然脱水して脱水ケーキを得るものである．
(4) スクリュープレスは，スクリューの回転によって汚泥をスクリュー軸に沿って次第に挟隙部へ送り込み，発生する圧搾圧力によって圧縮脱水するものである．
(5) 遠心脱水機は，回転体の中に，回転体と同じ回転速度で回るスクリューを内蔵して，ケーキを機外に排出する．

解説 (1) 誤り．ろ過脱水において，活性汚泥などのケーキは圧縮性があるので，ろ過圧力を上げてもそれに比例してろ過速度は大きくならない．
(2) 誤り．凝集剤としては，高分子凝集剤（表3.2参照）がよく用いられる．
(3) 誤り．ベルトプレスは，図3.22に示すように汚泥を凝集剤の添加によって凝縮させ，液状の汚泥を重力で予備濃縮（水平水切り）して汚泥の流動性をなくしてからロールで圧搾し脱水するものである．
(4) 正しい．スクリュープレスは，図3.23に示すようにスクリューの回転によって汚泥をスクリュー軸に沿って次第に挟隙部へ送り込み，発生する圧搾圧力によって圧縮脱水するものである．
(5) 誤り．遠心脱水機は，回転体の中に，回転体（ボウル）と異なる回転速度で回るスクリューを内蔵して，ケーキを機外に排出する（図3.24参照）． ▶答（4）

問題6　【令和2年 問10】

汚泥の焼却に関する記述として，誤っているものはどれか．
(1) 燃料消費量は，汚泥の水分量や有機物の含有量に影響される．
(2) ダイオキシン類の発生を抑制するために，適正な燃焼温度管理（850°C程度）に留意する．

(3) 流動焼却炉では，炉の中に砂などの流動媒体を入れ，この流動層内に汚泥を供給して燃焼させる．

(4) 流動焼却炉は，階段式ストーカー炉に比べると炉内に機械的可動部が多い．

(5) 階段式ストーカー炉では，脱水汚泥の撹拌作用がないため，高含水率汚泥に対しては，予備乾燥が必要となる．

解説　(1) 正しい．燃料消費量は，汚泥の水分量や有機物の含有量に影響される．

(2) 正しい．ダイオキシン類の発生を抑制するために，適正な燃焼温度管理（850℃程度）に留意する．

(3) 正しい．流動焼却炉では，炉の中に砂（粒径 $0.2 \sim 0.3\,mm$）などの流動媒体を入れ，図3.26に示すように炉の下方から熱交換して高温となった空気を送入して流動化させ，この流動層内に汚泥を供給して撹拌しながら燃焼させる．

(4) 誤り．流動焼却炉は，炉内は砂が燃焼空気で流動するだけで機械的可動部が存在しない．

(5) 正しい．階段式ストーカー炉では，脱水汚泥の撹拌作用がないため，高含水率汚泥に対しては，予備乾燥が必要となる．　　　　　　　　　　　　　　　　　　▶答（4）

汚泥の脱水に関する記述として，誤っているものはどれか．

(1) 前処理においてろ過助剤を添加するときは，ケイ藻土，おがくず，繊維質，フライアッシュなどが用いられる．

(2) 前処理において凝集剤を添加するときは，塩化鉄(Ⅲ)，水酸化カルシウムなどの無機凝集剤や高分子凝集剤が多く用いられる．

(3) 遠心脱水（水平形デカンター）は間欠運転であるから，まず1サイクルの時間を決める必要がある．

(4) ベルトプレスでは，液状の汚泥は重力による予備濃縮によって汚泥の流動性をなくしてからロールで圧搾する．

(5) スクリュープレスは繊維分に富む汚泥の脱水に適しており，製紙工場の汚泥処理に多く用いられている．

解説　(1) 正しい．前処理においてろ過助剤を添加するときは，ケイ藻土，おがくず，繊維質，フライアッシュなどが用いられる．

(2) 正しい．前処理において凝集剤を添加するときは，塩化鉄(Ⅲ)，水酸化カルシウムなどの無機凝集剤や高分子凝集剤が多く用いられる．

(3) 誤り．遠心脱水（水平形デカンター）は高速回転による遠心力を利用して脱水する

もので連続運転である．フィルタープレス（加圧脱水機）は，汚泥を加圧ポンプでろ過機の各ろ過室に押し込み圧搾脱水した後に各板を外し，ケーキ（脱水した汚泥）を排出するので，間欠運転であるから，運転にはまず1サイクルの時間を決める必要がある（図3.24および図3.21参照）．

(4) 正しい．ベルトプレスでは，汚泥を凝集剤の添加によって凝集させ，液状の汚泥は重力による予備濃縮（図3.22における水平水切り）によって汚泥の流動性をなくしてからロールで圧搾する．

(5) 正しい．スクリュープレスは，ゲージの中で回転するウォームによって汚泥をゲージ内の挟隙に送りこんで圧搾圧力で脱水するもので，繊維分に富む汚泥の脱水に適しており，製紙工場の汚泥処理に多く用いられている（図3.23参照）． ▶答（3）

問題8 【平成30年 問9】

汚泥の脱水に関する記述として，誤っているものはどれか．

(1) 真空ろ過では，多孔ドラムにろ材を巻き付けてこれを回転させ，内部を減圧して汚泥をろ布面に吸い付ける．

(2) ベルトプレスは，汚泥に凝集剤を添加して凝集させ，これを目の粗いベルト状のろ布の上で重力によって脱水し，ろ布上に残った汚泥をそのまま脱水汚泥として排出する．

(3) フィルタープレスでは，汚泥は加圧ポンプでろ過機の各ろ過室に押し込み，圧搾脱水した後に各板を外し，ケーキを排出する．

(4) スクリュープレスは，ケージの中で回転するウォームによって汚泥をケージ内の挟隙部に送りこんで，圧搾圧力によって脱水する．

(5) 遠心脱水では，高速回転による遠心力を利用して汚泥の脱水を行う．

解説 (1) 正しい．真空ろ過では，多孔ドラムにろ材を巻き付けてこれを回転させ，内部を減圧して汚泥をろ布面に吸い付ける．オリバー形脱水機がよく使用される（**図3.29**参照）．

(2) 誤り．ベルトプレスは，図3.22に示すように重力による予備濃縮（水平水切り）によって汚泥の流動性をなくしてからロールにより圧搾する．

(3) 正しい．フィルタープレスでは，汚泥は加圧ポンプでろ過機の各ろ過室に押し込み，圧搾脱水した後に各板を外し，ケーキを排出する（図3.21参照）．

(4) 正しい．スクリュープレスは，ケージの中で回転するウォームによって汚泥をケージ内の挟隙部に送りこんで，圧搾圧力によって脱水する（図3.23参照）．

(5) 正しい．遠心脱水では，高速回転による遠心力を利用して汚泥の脱水を行う（図3.24参照）．

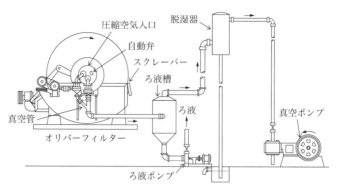

図 3.29　オリバー形脱水機[9]

▶答（2）

　汚水処理から生じた汚泥の焼却に関する記述として，誤っているものはどれか．

(1) 有機質の汚泥を焼却する目的の一つは，体積を減らし，取り扱いを容易にすることである．

(2) 汚泥を補助燃料なしに自燃させるには，含水量を減らし，単位重量当たりの発熱量を高める必要がある．

(3) 流動焼却炉では炉の中に礫などの流動媒体を入れ，上方から高温ガスを送入して流動化させ，この流動層内に汚泥を供給して燃焼させる．

(4) 向流式横形回転炉（ロータリーキルン）では，汚泥は燃焼用空気とは逆向きの流れで移動しながら乾燥され，最終的に燃焼する．

(5) 焼却処理においてダイオキシン類の発生を抑制するには，燃焼温度の管理が重要である．

解説　(1) 正しい．有機質の汚泥を焼却する目的の一つは，体積を減らし，取り扱いを容易にすることである．

(2) 正しい．汚泥を補助燃料なしに自燃させるには，含水量を減らし，単位重量当たりの発熱量を高める必要がある．

(3) 誤り．流動焼却炉では炉の中に粒径 0.2 ～ 0.3 mm の砂を用い，下方から熱交換して高温となった空気を送入して流動化させ，この流動層内に汚泥を供給して燃焼させる（図 3.26 参照）．

(4) 正しい．向流式横形回転炉（ロータリーキルン）では，汚泥は燃焼用空気とは逆向きの流れで移動しながら乾燥され，最終的に燃焼する．

(5) 正しい．焼却処理においてダイオキシン類の発生を抑制するには，燃焼温度の管理（850℃以上）が重要である． ▶答（3）

3.3 生物処理法

■ 3.3.1 活性汚泥法

● 1 基本的な事項および操作条件

問 題1 【令和5年 問11】

下図に示すような標準活性汚泥法で以下の条件で処理している．汚泥滞留時間を10日で運転するための余剰汚泥引き抜き量（m³/日）はいくらか．

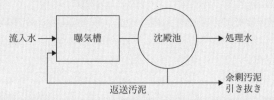

　運転条件
　　流入水量：200 m³/日
　　曝気槽容積：50 m³
　　曝気槽MLSS：2,000 mg/L
　　返送汚泥率：0.5
　　沈殿池と配管内の汚泥量：40 kg
　　処理水SS：5 mg/L

(1) 0.8　　(2) 1.0　　(3) 1.6　　(4) 2.2　　(5) 2.8

解説 汚泥滞留時間〔日〕は，次の式で与えられる．

$$汚泥滞留時間 = \frac{曝気槽中の汚泥量 + 沈殿槽の汚泥量 + 汚泥輸送管中の汚泥量}{余剰汚泥量 + 処理水中の汚泥量} \quad ①$$

式①で余剰汚泥量を X〔kg/日〕とする．
曝気槽中の汚泥量は

$$2{,}000\,\text{mg/L} \times 50\,\text{m}^3 = 2{,}000 \times 10^{-3}\,\text{kg/m}^3 \times 50\,\text{m}^3 = 2{,}000 \times 10^{-3} \times 50\,\text{kg}$$
$$= 100\,\text{kg}$$

処理水中の汚泥量は

$5\,\text{mg/L} \times 200\,\text{m}^3/\text{日} = 5 \times 10^{-3}\,\text{kg/m}^3 \times 200\,\text{m}^3/\text{日} = 1\,\text{kg/日}$

これらと与えられた数値を代入する.

$10 = (100 + 40)/(X + 1)$

$X = 130/10 = 13\,\text{kg/日}$ ②

余剰汚泥量 $13\,\text{kg/日}$ は，返送汚泥から生ずるものであり，返送汚泥濃度は，次式から算出する．式の導出については，拙著『汚水・排水処理—基礎から現場まで』（オーム社）を参照.

$r = C_A/(C_R - C_A)$

ここに，r：返送汚泥率，C_A：曝気槽 MLSS〔mg/L〕，C_R：返送汚泥濃度〔mg/L〕

与えられた数値を代入する.

$0.5 = 2{,}000/(C_R - 2{,}000)$

$C_R = 6{,}000\,\text{mg/L}$

余剰汚泥引き抜き量を $Y\,\text{m}^3/\text{日}$ とすれば，式②から次のように算出される.

$6{,}000\,\text{mg/L} \times Y\,\text{m}^3/\text{日} = 6{,}000 \times 10^{-3}\,\text{kg/m}^3 \times Y\,\text{m}^3/\text{日} = 13\,\text{kg/日}$

$Y = 13/(6{,}000 \times 10^{-3}) = 13/6 \fallingdotseq 2.2\,\text{m}^3/\text{日}$

以上から（4）が正解. ▶答（4）

問題 2 【令和5年 問13】 ✓ ✓ ✓

下記の排水を活性汚泥法により処理するとき，不足しているりんをりん酸溶液で補給するとすれば，その必要量（kg/日）はいくらか．ただし，りん酸溶液のりん含有率は 20%（質量パーセント濃度）とし，活性汚泥法の栄養必要条件は，質量比で BOD：N：P＝100：5：1 とする.

排水量	$1{,}000\,\text{m}^3/\text{日}$
BOD 濃度	$400\,\text{mg/L}$
全窒素（N）濃度	$20\,\text{mg/L}$
全りん（P）濃度	$2\,\text{mg/L}$

(1) 2　　(2) 4　　(3) 6　　(4) 8　　(5) 10

解説　BOD の量を求め，質量比からりんを算出する.

BOD 量 ＝ BOD 濃度〔mg/L〕× 排水量〔m³/日〕

$= 400\,\text{mg/L} \times 1{,}000\,\text{m}^3/\text{日} = 400 \times 10^{-3}\,\text{kg/m}^3 \times 1{,}000\,\text{m}^3/\text{日}$

$= 400\,\text{kg/日}$ ①

質量比は BOD：N：P＝100：5：1 であるから

P ＝ 4 kg/日 ②

となる．排水中にすでに

$$2\,\text{mg/L} \times 1{,}000\,\text{m}^3/\text{日} = 2 \times 10^{-3}\,\text{kg/m}^3 \times 1{,}000\,\text{m}^3/\text{日} = 2\,\text{kg/日}$$

含まれているので，不足分は

$$不足する P = 4\,\text{kg/日} - 2\,\text{kg/日} = 2\,\text{kg/日}$$

である．りん酸溶液のりん含有率は20％であるため，必要なりん酸溶液 L〔kg/日〕は次のように算出される．

$$L = (2\,\text{kg/日})/20\% = (2\,\text{kg/日})/0.2 = 10\,\text{kg/日}$$

以上から（5）が正解． ▶答（5）

 題 3 【令和4年 問10】

汚泥容量指標SVIに関する記述として，最も不適切なものはどれか．

(1) SVIは，曝気槽内汚泥混合液を1Lのメスシリンダーに入れ，60分間静置して活性汚泥を沈降させた場合に，1gの活性汚泥が占める容積である．

(2) 活性汚泥のSVIが200mL/gを超えると沈殿池で汚泥界面が上昇し，SSが処理水中に流出するおそれがある．

(3) 正常な活性汚泥のSVIは50〜150mL/gの範囲にある．

(4) バルキングの原因にはいろいろあるが，特に炭水化物系の基質（有機物）を多量に含む排水では，糸状性微生物などが異常に増殖して起こる場合が多い．

(5) SVIはBOD負荷とも密接な関係がある．

解説 (1) 不適切．SVI（Sludge Volume Index：汚泥容量指標）は，曝気槽内汚泥混合液を1Lのメスシリンダーに入れ，30分間静置して活性汚泥を沈降させた場合に，1gの活性汚泥が占める容積〔mL〕である．「60分」が誤り．

(2) 適切．活性汚泥のSVIが200mL/gを超えると沈殿池で汚泥界面が上昇し，SS（Suspended Solid：浮遊物質）が処理水中に流出するおそれがある．

(3) 適切．正常な活性汚泥のSVIは50〜150mL/gの範囲にある．

(4) 適切．バルキング（Bulking：汚泥が沈降せずに膨化すること）の原因にはいろいろあるが，特に炭水化物系の基質（有機物）を多量に含む排水では，糸状性微生物などが異常に増殖して起こる場合が多い．

(5) 適切．SVIはBOD負荷が大きすぎても少なすぎても大きな値となり，適切な負荷で正常な値となる． ▶答（1）

 題 4 【令和4年 問11】

BOD容積負荷 0.8kgBOD/(m³·日)，BOD汚泥負荷 0.4kgBOD/(kgMLSS·日)，BOD除去率95％で運転している活性汚泥処理施設（曝気槽容積10m³）がある．こ

の施設の1日当たりの必要酸素量（kg/日）はいくらか．ただし，必要酸素量は次式により求めるものとして，a'は0.5，b'は0.1とする．

$$X = a'L_r + b'S_a$$

ここに，X：必要酸素量（kg/日）　　L_r：除去BOD量（kg BOD/日）

　　　　S_a：曝気槽内汚泥量（kg MLSS）

　　　　a'：除去BODのうちエネルギー獲得のために利用される酸素の割合

　　　　b'：汚泥の内生呼吸に利用される酸素の割合（1/日）

(1) 4.6　　(2) 5.0　　(3) 5.4　　(4) 5.8　　(5) 6.2

解説　L_r（除去BOD量）は，次のように算出する．

L_r = BOD容積負荷〔kg-BOD/m³·日〕× 曝気槽容積〔m³〕× BOD除去率

　　 = 0.8 × 10 × 0.95 kg-BOD/日　　　　　　　　　　　　　　　①

なお，BOD容積負荷 × 曝気槽容積 = BOD負荷である．

S_a（曝気槽内汚泥量〔kg-MLSS〕）は，次のように算出する．

　　BOD汚泥負荷 = BOD負荷/S_a　　　　　　　　　　　　　　　②

式②からS_aは

　　S_a = BOD負荷/BOD汚泥負荷 = 0.8 × 10/0.4 = 20 kg-MLSS　　③

である．式①および式③の値を与えられた式に代入して，Xを算出する．

　　$X = a'L_r + b'S_a$ = 0.5 × 0.8 × 10 × 0.95 + 0.1 × 20 = 5.8 kg/日

以上から（4）が正解．　　　　　　　　　　　　　　　　　▶答（4）

問題5　　　　　　　　　　　　　　　　　　　　【令和3年 問11】 ✓ ✓ ✓

　有機性排水を活性汚泥処理するとき，その有機物（$C_xH_yO_z$）の酸化分解反応は，理論的に次式で示される．

$$C_xH_yO_z + (x + y/4 - z/2)O_2 \rightarrow xCO_2 + y/2H_2O$$

　グルコース（$C_6H_{12}O_6$）18 gが完全に分解されるとすると，二酸化炭素の発生量（g）として，最も近い値はどれか．ただし，水素，炭素，酸素の原子量はそれぞれ1，12，16とし，グルコース以外の有機物や栄養塩類などは反応に関与しないものとする．

(1) 14　　(2) 18　　(3) 22　　(4) 26　　(5) 30

解説　有機物（グルコース）は与えられた数値（$x = 6$，$y = 12$，$z = 6$）から次のような酸化分解反応式となる．

　　$C_6H_{12}O_6 + 6O_2 \rightarrow 6CO_2 + 6H_2O$

グルコース18 gであるときに発生するCO_2の発生量〔g〕は次のように算出される．

グルコースのモル質量 $= 6 \times 12 + 1 \times 12 + 6 \times 16 = 180\,\mathrm{g/mol}$

CO_2 のモル質量 $= 1 \times 12 + 2 \times 16 = 44\,\mathrm{g/mol}$

CO_2 発生量 $= 6 \times 44/180 \times 18\,\mathrm{g} = 26.4\,\mathrm{g}$

以上から（4）が正解. ▶答（4）

 題6 【令和3年 問12】 ☑☑☑

BOD300 mg/L，流量 200 m³/日の排水を，曝気槽容積 120 m³，MLSS 濃度 2,000 mg/L の活性汚泥法で処理していたところ，生産を拡張させ，同じ濃度の排水をさらに 100 m³/日増加させて処理することとなった．曝気槽容積を 30 m³ 増加させ，BOD 汚泥負荷を変化させずに運転する場合，MLSS 濃度（mg/L）として適切なものはどれか．

(1) 2,200　(2) 2,400　(3) 2,600　(4) 2,800　(5) 3,000

解説 次の公式を使用する．なお，BOD 汚泥負荷とは，乾燥汚泥 1 kg が 1 日に生物分解できる有機物量を kg-BOD として表したもので，単位は kg-BOD/(kg-MLSS·日) である．

$$\text{BOD 汚泥負荷} = Q_1 \times C_1/(V \times C_A) \qquad ①$$

ここに，Q_1：流入水量〔m³/日〕，C_1：流入水の BOD 濃度〔mg/L〕，

V：曝気槽容量〔m³〕，C_A：曝気槽の MLSS 濃度〔mg/L〕

生産を拡張する前の BOD 汚泥負荷は式①から次のように算出される．

$$\text{BOD 汚泥負荷} = 200 \times 300/(120 \times 2,000) \qquad ②$$

生産を拡張した場合の曝気槽の MLSS 濃度〔mg/L〕を C_A〔mg/L〕とすれば，式②で与えられる BOD 汚泥負荷は変化しないので，次のように表される．

$$200 \times 300/(120 \times 2,000) = (200 + 100) \times 300/((120 + 30) \times C_A) \qquad ③$$

式③を変形し C_A を求める．

$$200 \times 300/(120 \times 2,000) = 300 \times 300/(150 \times C_A)$$

$$120 \times 2,000/(200 \times 300) = 150 \times C_A/(300 \times 300)$$

$$C_A = 120 \times 2,000/(200 \times 300) \times 300 \times 300/150 = 2,400\,\mathrm{mg/L}$$

以上から（2）が正解. ▶答（2）

 題7 【令和3年 問13】 ☑☑☑

ある工場に 2 系統の排水があり，これらを合わせて活性汚泥で処理している．2 系統のうち，一方の排水は BOD 200 mg/L で，水量が 250 m³/日，他方は BOD 500 mg/L で，水量が 80 m³/日である．また，曝気槽の容積は 100 m³，処理後の水質は BOD 20 mg/L，及び BOD 汚泥負荷は 0.4 kgBOD/(kg MLSS·日) である．この活性汚泥の曝気槽の MLSS 濃度（mg/L）はいくらか．

(1) 2,090　(2) 2,250　(3) 2,350　(4) 2,500　(5) 9,000

解説 図3.30に示す2系統の排水があり，これらを合わせて活性汚泥で処理している場合，BOD汚泥負荷 kg-BOD/(kg·MLSS·日) は，次のように表される．

$$\text{BOD汚泥負荷} = Q_I \times C_I/(V \times C_A) \tag{①}$$

ここに，Q_I：流入水量〔m^3/日〕，C_I：流入水のBOD濃度〔mg/L〕，

V：曝気槽容量〔m^3〕，C_A：曝気槽のMLSS濃度〔mg/L〕

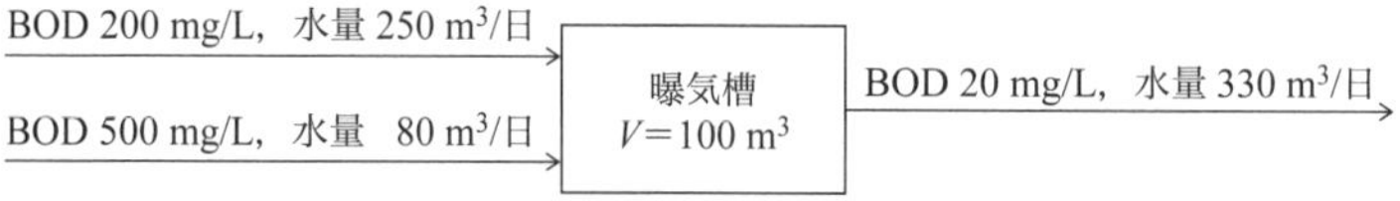

BOD 200 mg/L，水量 250 m^3/日

BOD 500 mg/L，水量 80 m^3/日

曝気槽
$V = 100\ m^3$

BOD 20 mg/L，水量 330 m^3/日

図 3.30

式①に与えられた数値を代入して C_A を求める．なお，BOD汚泥負荷は，処理後の放流水中のBOD量は考慮されていないことに注意することが必要である．

$$0.4 = (200 \times 250 + 500 \times 80)/(100 \times C_A) \tag{②}$$

式②を変形して C_A を求める．

$$0.4 = 90{,}000/(100 \times C_A)$$

$$C_A = 90{,}000/(100 \times 0.4) = 2{,}250\ \text{mg/L}$$

以上から（2）が正解．

▶答（2）

問題8　　　　　　　　　　　　　　【令和3年 問14】 ☑ ☑ ☑

汚泥負荷 0.4 kg BOD/(kg MLSS·日)，容積負荷 0.8 kgBOD/(m^3·日) で標準活性汚泥法の処理をしている．返送汚泥濃度 6,000 mg/L で運転する場合，返送汚泥率をいくらにすればよいか．ただし，曝気槽への流入排水のSSは無視するものとする．

(1) 0.2　　(2) 0.3　　(3) 0.5　　(4) 0.6　　(5) 0.8

解説 次の公式を使用する．なお，公式の算出については拙著『汚水・排水処理—基礎から現場まで』（オーム社）を参照．

$$r = Q_R/Q_I = C_A/(C_R - C_A) \tag{①}$$

$$\text{BOD汚泥負荷} = Q_I \times C_I/(V \times C_A) \tag{②}$$

$$\text{容積負荷} = Q_I \times C_I \times 10^{-3}/V \tag{③}$$

なお，容積負荷の場合 C_I の単位が mg/L であるから kg にするために 10^{-3} を掛けている．BOD汚泥負荷では分子と分母に 10^{-3} を掛けるが打ち消し合うので不要となる．

r は返送汚泥率でその他の記号やフローについては，**図3.31** 参照．

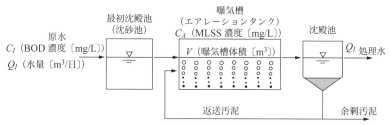

図 3.31 活性汚泥法の基本フロー [14]

r の算出は，式②および式③から C_A を求め，与えられた C_R と共に式①に代入して算出する．

C_A の算出

$$0.4 = Q_I \times C_I / (V \times C_A) \qquad ④$$

$$0.8 = Q_I \times C_I \times 10^{-3} / V \qquad ⑤$$

式④と式⑤から C_A を求める．

式④を式⑤で割ると

$$0.4/0.8 = 1/(10^{-3} \times C_A)$$

$$C_A = 2{,}000\,\mathrm{mg/L} \qquad ⑥$$

となる．

式①から

$$r = C_A/(C_R - C_A) = 2{,}000/(6{,}000 - 2{,}000) = 0.5$$

以上から（3）が正解． ▶答（3）

 題 9 【令和 2 年 問 11】 ✓ ✓ ✓

BOD 濃度 400 mg/L，流量 200 m³/日の排水 A 系と，BOD 濃度 160 mg/L，流量 500 m³/日の排水 B 系とが合流し，沈殿池で SS 性 BOD を自然沈降させたところ BOD 除去率は 30% であった．沈殿池の越流水を活性汚泥法で処理するとき，曝気槽 (ばっき) での BOD 容積負荷（kg/(m³・日)）を求めよ．なお曝気槽の容積は 400 m³ とする．

(1) 0.28 (2) 0.32 (3) 0.37 (4) 0.40 (5) 0.42

解説 （1）排水 A 系と排水 B 系が合流した BOD 量の算出

A 系統 $400\,\mathrm{mg/L} \times 200\,\mathrm{m^3/日} = 400 \times 10^{-3}\,\mathrm{kg/m^3} \times 200\,\mathrm{m^3/日}$

$$= 80\,\mathrm{kg/日} \qquad ①$$

B系統　$160\,\mathrm{mg/L} \times 500\,\mathrm{m^3/日} = 160 \times 10^{-3}\,\mathrm{kg/m^3} \times 500\,\mathrm{m^3/日}$

$= 80\,\mathrm{kg/日}$ ②

式① ＋ 式② $= 80\,\mathrm{kg/日} + 80\,\mathrm{kg/日} = 160\,\mathrm{kg/日}$ ③

(2) 沈殿池の越流水の BOD 量

BOD 除去率が 30 % であるから，70 % の BOD が曝気槽に流入する．

式③ $\times 70/100 = 160\,\mathrm{kg/日} \times 70/100 = 112\,\mathrm{kg/日}$ ④

(3) 容積負荷

容積負荷は次のように表される．曝気槽容量を $V\,\mathrm{m^3}$ とすれば，

容積負荷 $=$ BOD 量〔kg/日〕/曝気槽容量 V〔m³〕

である．数値を代入して算出する．

容積負荷 $=$ BOD 量〔kg/日〕曝気槽容量 V〔m³〕$=$ 式④ $/V$

$= (112\,\mathrm{kg/日})/400\,\mathrm{m^3} = 0.28\,\mathrm{kg/(m^3 \cdot 日)}$

以上から（1）が正解． ▶答（1）

BOD 濃度 $250\,\mathrm{mg/L}$，流量 $200\,\mathrm{m^3/日}$ の排水を曝気槽 $100\,\mathrm{m^3}$ の活性汚泥法で，汚泥負荷 $0.25\,\mathrm{kgBOD/(kg\ MLSS \cdot 日)}$ で処理しており，Sv（30分間沈降後の汚泥容積）は $300\,\mathrm{mL/L}$ であった．汚泥容量指標SVI（mL/g）を求めよ．

(1) 100 　　(2) 130 　　(3) 150 　　(4) 160 　　(5) 180

解説　次の公式を使用する．なお，公式の算出については拙著『汚水・排水処理 ― 基礎から現場まで』（オーム社）を参照．

汚泥負荷 $= Q_I \times C_I/(V \times C_A)$〔kg-BOD/(kg-MLSS·日)〕 ①

SVI〔mL/g〕$=$ SV$_{30}$〔%〕$\times 10^4/C_A$ ②

ここに，Q_I：流入水量〔m³/日〕，C_I：流入水の BOD 濃度〔mg/L〕，

V：曝気槽容量〔m³〕，C_A：曝気槽の MLSS 濃度〔mg/L〕

式①から C_A を求め，式②から SVI を算出する．ただし，式②の SV$_{30}$ は % であるから，問題の SV$_{30}$〔mL/L〕$= 300\,\mathrm{mL/L}$ を % に変換しなければならない．SV$_{30}$〔%〕$= 300\,\mathrm{mL/L} \times 100 = 300\,\mathrm{mL}/1{,}000\,\mathrm{mL} \times 100 = 30\,\%$

与えられた数値を代入して SVI を算出する．

$0.25 = Q_I \times C_I/(V \times C_A) = 200 \times 250/(100 \times C_A)$

$C_A = 200 \times 250/(100 \times 0.25) = 2{,}000\,\mathrm{mg/L}$

SVI〔mL/g〕$=$ SV$_{30}$〔%〕$\times 10^4/C_A = 30 \times 10^4/2{,}000 = 150\,\mathrm{mL/g}$

以上から（3）が正解． ▶答（3）

問題11 【令和元年 問12】

　水量 $1,000\,\text{m}^3/$日，BOD $200\,\text{mg/L}$ の排水を膜分離活性汚泥法（曝気槽・膜分離槽一体方式）で汚泥負荷 $0.25\,\text{kgBOD/(kgMLSS·日)}$ で運転している．工場増設により排水量が $1,500\,\text{m}^3/$日，BOD $200\,\text{mg/L}$ になる見通しになり，曝気槽の活性汚泥濃度を増加させ運転したい．汚泥負荷を同じ条件で運転するためには，汚泥濃度MLSS(mg/L) をいくらにすればよいか．なお，曝気槽の容積は $200\,\text{m}^3$ とする．

(1) 4,800　　(2) 5,200　　(3) 5,600　　(4) 6,000　　(5) 6,400

解説　次の公式を使用する．なお，BOD汚泥負荷とは，乾燥汚泥 $1\,\text{kg}$ が 1 日に生物分解できる有機物量を kg-BOD として表したもので，単位は kg-BOD/(kg-MLSS·日) である．

$$\text{BOD汚泥負荷} = Q_\text{I} \times C_\text{I}/(V \times C_\text{A}) \tag{①}$$

ここに，Q_I：流入水量〔$\text{m}^3/$日〕，C_I：流入水のBOD濃度〔mg/L〕，
　　　　V：曝気槽容量〔m^3〕，C_A：曝気槽のMLSS濃度〔mg/L〕

式①から C_A を算出する．

$$C_\text{A} = Q_\text{I} \times C_\text{I}/(V \times \text{BOD汚泥負荷})$$

与えられた数値を代入する．

$$C_\text{A} = Q_\text{I} \times C_\text{I}/(V \times \text{BOD汚泥負荷}) = 1,500 \times 200/(200 \times 0.25) = 6,000\,\text{mg/L}$$

以上から (4) が正解．　　　　　　　　　　　　　　　　　　　　　▶答 (4)

問題12 【平成30年 問12】

　活性汚泥により有機物（ここでは，グルコースが例）が二酸化炭素と水に酸化分解する反応が以下の化学反応式に従う場合，式の x, y, z に入る数値の組合せとして，正しいものはどれか．

$$C_6H_{12}O_6 + xO_2 \rightarrow yCO_2 + zH_2O$$

	x	y	z
(1)	3	3	3
(2)	3	6	6
(3)	6	3	6
(4)	6	6	6
(5)	9	6	6

解説　炭素 C，酸素 O，水素 H について，化学反応式の左右の原子数が等しいため，それぞれの原子の数から次のような方程式を作成して x, y, z を算出する．

　C について，

$$6 + 0 \times x = 1 \times y + 0 \times z \tag{①}$$

O について，

$$6 + 2 \times x = 2 \times y + 1 \times z \tag{②}$$

H について，

$$12 + 0 \times x = 0 \times y + 2 \times z \tag{③}$$

式①と式③から

$$y = 6$$
$$z = 6$$

となる．これらの値を使用して式②から

$$x = 6$$

となる．

以上から（4）が正解. ▶答（4）

問題13 【平成30年 問13】

　BOD 200 mg/L，流量 500 m³/日の排水A系と，BOD 1,000 mg/L，流量 20 m³/日の排水B系とがあり，A系とB系が合流した．この合流排水を曝気槽で活性汚泥処理した場合の容積負荷（kgBOD/(m³·日)）と汚泥負荷（kgBOD/(kgMLSS·日)）の組合せとして，正しいものはどれか．なお，曝気槽の容積は 300 m³，MLSS 濃度は 2,000 mg/L とする．

	（容積負荷）	（汚泥負荷）
(1)	0.40	0.20
(2)	0.40	0.30
(3)	0.40	0.40
(4)	0.50	0.25
(5)	0.50	0.50

解説 1）容積負荷

　次の式を使用する．

$$\text{BOD 容積負荷} = Q \times C_I \times 10^{-3}/V \tag{①}$$

ここに，Q：流入水量〔m³/日〕，C_I：流入水の BOD 濃度〔mg/L〕，

　　　　V：曝気槽容量〔m³〕，C_A：曝気槽の MLSS 濃度〔mg/L〕

式①に与えられた数値を代入する．

$$\text{BOD 容積負荷} = Q \times C_I \times 10^{-3}/V = (500 \times 200 + 20 \times 1,000) \times 10^{-3}/300$$
$$= 120/300 = 0.40 \ \text{〔kg-BOD/(m}^3\text{·日)〕}$$

2）汚泥負荷

次の公式を使用する.

$$\text{BOD 汚泥負荷} = Q_I \times C_I / (V \times C_A) \qquad ②$$

ここに，Q_I：流入水量〔m³/日〕，C_I：流入水の BOD 濃度〔mg/L〕，

V：曝気槽容量〔m³〕，C_A：曝気槽の MLSS 濃度〔mg/L〕

式②に与えられた数値を代入する.

$$\text{BOD 汚泥負荷} = Q_I \times C_I / (V \times C_A) = (500 \times 200 + 20 \times 1{,}000)/(300 \times 2{,}000)$$
$$= 0.20 \;〔\text{kg-BOD/(kg-MLSS·日)}〕$$

以上から（1）が正解. ▶答（1）

 題14 【平成30年 問14】

BOD 180 mg/L，流量 100 m³/日の排水を曝気槽容量 45 m³ の活性汚泥法で処理する場合，汚泥負荷（kgBOD/(kgMLSS·日)）として適切なものはどれか. ただし，S_v（30分間静置後の汚泥容積）は 300 mL/L，SVI（汚泥容量指標）は 150 mL/g であった.

(1) 0.15　　(2) 0.2　　(3) 0.25　　(4) 0.3　　(5) 0.35

 1）MLSS（C_A）を求める. 次の関係式を使用する.

$$\text{SVI} = \text{SV}_{30} 〔\%〕 \times 10^4 / C_A \qquad ①$$

ここで，SV_{30}（S_v）は30分間静置後の汚泥容量の%で，300 mL/L × 100 = 300 mL/1,000 mL × 100 = 30〔%〕となる. C_A は曝気槽の MLSS 濃度で単位は mg/L である.

以上から C_A は次のように算出される.

$$C_A = \text{SV}_{30} 〔\%〕 \times 10^4 / \text{SVI} = 30 \times 10^4 / 150 = 2{,}000 \, \text{mg/L} \qquad ②$$

2）汚泥負荷を算出

次の公式を使用する.

$$\text{BOD 汚泥負荷} = Q_I \times C_I / (V \times C_A) \qquad ③$$

ここに，Q_I：流入水量〔m³/日〕，C_I：流入水の BOD 濃度〔mg/L〕，

V：曝気槽容量〔m³〕，C_A：曝気槽の MLSS 濃度〔mg/L〕

式③に式②の値を使用し，与えられた数値を代入する.

$$\text{BOD 汚泥負荷} = Q_I \times C_I / (V \times C_A) = (100 \times 180)/(45 \times 2{,}000)$$
$$= 0.20 \;〔\text{kg-BOD/(kg-MLSS·日)}〕$$

以上から（2）が正解. ▶答（2）

● 2 汚泥生成量

題1　　　　　　　　　　　　　　　　　　　　　　　　　　【令和5年 問12】 ✓ ✓ ✓

BOD 300 mg/L，流量 100 m³/日の汚水を曝気槽容量 50 m³，MLSS 濃度 2,000 mg/L，BOD 除去率 95% で処理している活性汚泥処理施設がある．この施設の1日当たりの必要酸素量（kg/日）として最も近い値はどれか．ただし，必要酸素量は次式により求めるものとして，a' は 0.5，b' は 0.1 とする．

$$X = a'L_r + b'S_a$$

ここで，X は必要酸素量（kg/日），L_r は除去 BOD 量（kg BOD/日），S_a は曝気槽内汚泥量（kg MLSS），a' は除去 BOD のうち，エネルギー獲得のために利用される酸素の割合，b' は汚泥の内生呼吸に利用される酸素の割合（1/日）である．

(1) 19　　(2) 24　　(3) 29　　(4) 34　　(5) 39

解説　必要酸素量 X を次式から求める．

$$X = a'L_r + b'S_a \tag{①}$$

式①において，与えられていない数値は除去 BOD 量 L_r と曝気槽内汚泥量 S_a である．

L_r = 流入 BOD〔mg/L〕× 流量〔m³/日〕× BOD 除去率

　　= 300 mg/L × 100 m³/日 × 0.95

$$= 300 \times 10^{-3} \,\text{kg/m}^3 \times 100 \,\text{m}^3/\text{日} \times 0.95 = 28.5 \,\text{kg/日} \tag{②}$$

S_a = MLSS 濃度〔mg/L〕× 曝気槽容量〔m³〕

$$= 2,000 \,\text{mg/L} \times 50 \,\text{m}^3 = 2,000 \times 10^{-3} \,\text{kg/m}^3 \times 50 \,\text{m}^3 = 100 \,\text{kg} \tag{③}$$

式②と式③の値を式①に代入する．

$$X = a'L_r + b'S_a = 0.5 \times 28.5 + 0.1 \times 100 ≒ 24 \,\text{kg/日}$$

以上から（2）が正解．　　　　　　　　　　　　　　　　　　　　　　▶答（2）

題2　　　　　　　　　　　　　　　　　　　　　　　　　　【令和元年 問11】 ✓ ✓ ✓

流入 BOD 量 100 kg/日，BOD 除去率 90%，除去 BOD 量に対する汚泥生成量の割合 60% とした場合の汚泥生成量（m³/日）として，正しい値はいくらか．ただし，汚泥の比重は1，汚泥の含水率は 99% とする．

(1) 2.7　　(2) 3.6　　(3) 4.5　　(4) 5.4　　(5) 6.3

解説　流入 BOD 量 100 kg/日のうち 90% が除去されるから除去 BOD 量は，

　　100 kg/日 × 90/100 = 90 kg/日

となる．

このうち，汚泥となる割合が 60% であるから汚泥生成量は

$$90\,\mathrm{kg/日} \times 60/100 = 54\,\mathrm{kg/日}$$

である．これは含水率99%の汚泥であるから乾燥汚泥の含有率は1%である．したがって，水分99%を含んだ汚泥量は，比重を1として取り扱ってよいから

$$54\,\mathrm{kg/日} \div 1/100 = 5{,}400\,\mathrm{kg/日} = 5.4\,\mathrm{m^3/日}$$

となる．

以上から（4）が正解． ▶答（4）

 題3 【平成30年 問15】

　BOD 200 mg/L，流量300 m³/日の排水を曝気槽150 m³，MLSS濃度2,000 mg/Lで処理している活性汚泥処理施設がある．処理水BODが10 mg/Lで運転されているとき，この施設の1日当たりの余剰汚泥生成量（kg/日）を次式より求めよ．ただし，aは0.5，bは0.05とする．

$$\Delta S = aL_r - bS_a$$

ここに，ΔS：余剰汚泥生成量（kg/日）　　L_r：除去BOD量（kg/日）
S_a：曝気槽内汚泥量（kg）　　　　a：除去BODの汚泥への転換率
b：内生呼吸による汚泥の自己酸化率（1/日）

(1) 10.5　　(2) 12.0　　(3) 13.5　　(4) 15.0　　(5) 16.5

解説 L_rとS_aを求めれば，与えられた式からΔSが求められる．

1) L_rの算出

　流入水BOD 200 mg/Lが処理水BOD 10 mg/Lとなるから，処理されるBODは200 mg/L － 10 mg/L ＝ 190 mg/Lとなる．したがって，

$$L_r = 190\,\mathrm{mg/L} \times 300\,\mathrm{m^3/日} \times 10^{-3}\,\mathrm{kg/mg} = 57\,\mathrm{kg/日}$$

2) S_aの算出

$$S_a = 2{,}000\,\mathrm{mg/L} \times 150\,\mathrm{m^3} \times 10^{-3}\,\mathrm{kg/mg} = 300\,\mathrm{kg}$$

3) ΔSの算出

$$\Delta S = aL_r - bS_a = 0.5 \times 57\,\mathrm{kg/日} - 0.05 \times 300\,\mathrm{kg/日} = 13.5\,\mathrm{kg/日}$$

以上から（3）が正解． ▶答（3）

● 3　滞留時間

 題1 【令和2年 問13】

　ある活性汚泥法による排水処理施設では，下図のような運転がなされている．この処理施設における汚泥滞留時間（日）として，最も近いものはどれか．ただし，最終沈殿池や返送汚泥管などに存在する汚泥量は無視してよい．

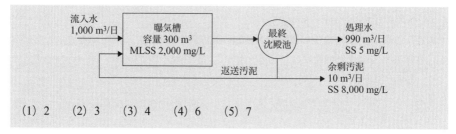

流入水
1,000 m³/日

曝気槽
容量 300 m³
MLSS 2,000 mg/L

最終
沈殿池

処理水
990 m³/日
SS 5 mg/L

返送汚泥

余剰汚泥
10 m³/日
SS 8,000 mg/L

(1) 2　　(2) 3　　(3) 4　　(4) 6　　(5) 7

解説　汚泥滞留時間（日）は，次の式で算出される．

$$汚泥滞留時間 = \frac{曝気槽中の汚泥量 + 沈殿槽の汚泥量 + 汚泥輸送管中の汚泥量}{余剰汚泥量 + 処理水中の汚泥量}$$

ここでは，沈殿槽の汚泥量と汚泥輸送管中の汚泥量はゼロである．上式に与えられた数値を代入して算出する．

$$汚泥滞留時間 = 曝気槽中の汚泥量/(余剰汚泥量 + 処理水中の汚泥量)$$
$$= \frac{2,000\,\text{mg/L} \times 300\,\text{m}^3}{8,000\,\text{mg/L} \times 10\,\text{m}^3/日 + 5\,\text{mg/L} \times 990\,\text{m}^3/日}$$
$$= (600\,\text{kg})/(80\,\text{kg/日} + 4.95\,\text{kg/日}) = 600\,\text{kg}/(84.95\,\text{kg/日}) \fallingdotseq 7\,日$$

以上から（5）が正解．　　　　　　　　　　　　　　　　　　　　　　　▶ 答（5）

問題2　　　　　　　　　　　　　　　　　　　　　　　【令和2年 問14】

活性汚泥法において，汚泥生成量は次式から求められる．

$$\Delta S = a \cdot L_r - b \cdot S_a$$

ここで，ΔSは汚泥生成量（kg/日），L_rは除去BOD量（kg/日），S_aは曝気槽内汚泥量（kg），aは除去BODの汚泥への転換率（kg MLSS/kg BOD），bは内生呼吸による汚泥の自己酸化率（1/日）である．

いま，一定の汚泥滞留時間（SRT）で余剰汚泥が引き抜かれ，BOD-SS負荷量が0.4（kg BOD/(kg MLSS・日)），BOD除去率が95％で運転されているときに活性汚泥法が定常状態であるとすると，SRTとして最も近い値（日）はどれか．

ただし，定常状態では比増殖速度（$\Delta S/S_a$）がSRTの逆数に近似でき，aは0.5，bは0.05とする．

(1) 3　　(2) 7　　(3) 10　　(4) 15　　(5) 20

解説　BOD-SS負荷量（汚泥負荷）は，次のように表される．ただし，流入BOD量をL_sとする．

$$BOD\text{-}SS負荷量 = 流入BOD量/曝気槽中の汚泥量（MLSS量）$$
$$= L_s/S_a \,〔\text{kg-BOD}/(\text{kg-MLSS}\cdot日)〕 \tag{①}$$

したがって，与えられた条件から

$$0.4 = L_s/S_a \qquad\qquad ②$$

一方，汚泥生成量は次式から求められる．

$$\Delta S = a \cdot L_r - b \cdot S_a \qquad\qquad ③$$

ここで，L_r は実際に除去される BOD であるから，与えられた条件から $L_r = 95/100 \times L_s = 0.95 \times L_s$ となる．したがって，

$$\Delta S = a \times 0.95 \times L_s - b \times S_a \qquad\qquad ④$$

となる．式④に与えられた数値を代入する．

$$\Delta S = 0.5 \times 0.95 \times L_s - 0.05 \times S_a \qquad\qquad ⑤$$

式⑤に式②を代入する．

$$\Delta S = 0.5 \times 0.95 \times 0.4 \times S_a - 0.05 \times S_a = 0.14 S_a \ \text{〔kg/日〕} \qquad\qquad ⑥$$

一方，汚泥滞留時間（SRT：Sludge Retention Time）は，題意から比増殖速度（$\Delta S/S_a$）の逆数に比例するから式⑤を使用して次のように表される．

$$\text{SRT} = S_a \ \text{〔kg〕}/\Delta S \ \text{〔kg/日〕} = 1/0.14 \fallingdotseq 7 \ \text{日}$$

以上から（2）が正解．　　　　　　　　　　　　　　　　　　　　　　　▶答（2）

問題3　　　　　　　　　　　　　　　　　　　　　　　【令和元年 問13】

曝気槽容量 $100 \, \text{m}^3$，MLSS 濃度 $2,000 \, \text{mg/L}$，除去 BOD 量 $72 \, \text{kg/日}$ の活性汚泥法の SRT（日）は，およそいくらか．ただし，除去 BOD の汚泥への転換率を 0.6，内生呼吸による汚泥の自己酸化率を 0.05（1/日）とし，曝気槽以外の汚泥量と処理水中のSS 量は無視できるものとする．また，汚泥生成量と余剰汚泥量は等しいものとする．

(1) 2　　(2) 4　　(3) 6　　(4) 8　　(5) 10

解説　SRT（Sludge Retention Time）は，活性汚泥が曝気槽に滞留する時間で，次式で表される．

$$\text{SRT} = 曝気槽内汚泥量/余剰汚泥量 \ \Delta S \qquad\qquad ①$$
$$曝気槽内汚泥量 \ \text{〔kg〕} = 曝気槽容量 \ V \ \text{〔m}^3\text{〕} \times \text{MLSS 濃度} \ \text{〔mg/L〕} \times 10^{-3} \qquad\qquad ②$$
$$余剰汚泥量 \ \Delta S \ \text{〔kg/日〕} = 汚泥転換率 \times 除去 BOD 量 \ \text{〔kg/日〕}$$
$$- 汚泥の自己酸化率 \times 曝気槽内汚泥量 \ \text{〔kg/日〕} \qquad\qquad ③$$

式②に与えられた数値を代入する．

$$曝気槽内汚泥量 = 曝気槽容量 \ V \ \text{〔m}^3\text{〕} \times \text{MLSS 濃度} \ \text{〔mg/L〕} \times 10^{-3}$$
$$= 100 \, \text{m}^3 \times 2,000 \, \text{mg/L} \times 10^{-3} = 200 \, \text{kg} \qquad\qquad ④$$

式③に与えられた数値を代入する．

$$余剰汚泥量 \ \Delta S \ \text{〔kg/日〕} = 汚泥転換率 \times 除去 BOD 量 \ \text{〔kg/日〕}$$
$$- 汚泥の自己酸化率 \times 曝気槽内汚泥量 \ \text{〔kg/日〕}$$
$$= 0.6 \times 72 - 0.05 \times 200 = 33.2 \, \text{kg/日} \qquad\qquad ⑤$$

式①から式④および式⑤の値を使用してSRTを算出する.

　　SRT＝曝気槽内汚泥量/余剰汚泥量 ΔS ＝ 200/33.2 ≒ 6 日

以上から（3）が正解.　　　　　　　　　　　　　　　　　　　　　　　▶答（3）

■ 3.3.2　各種活性汚泥法

● 1　膜分離活性汚泥法

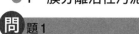

問題1　　　　　　　　　　　　　　　　　　　　　　　【平成30年 問16】

　種々の活性汚泥法を一般的な条件で運転したとき，MLSS濃度が高い順に並べたものとして，最も適切なものはどれか.

(1) 標準活性汚泥法　＞　オキシデーション　＞　膜分離活性汚泥法
　　　　　　　　　　　　ディッチ法

(2) 標準活性汚泥法　＞　膜分離活性汚泥法　＞　オキシデーション
　　　　　　　　　　　　　　　　　　　　　　　ディッチ法

(3) 膜分離活性汚泥法　＞　オキシデーション　＞　標準活性汚泥法
　　　　　　　　　　　　　ディッチ法

(4) オキシデーション　＞　標準活性汚泥法　＞　膜分離活性汚泥法
　　ディッチ法

(5) オキシデーション　＞　膜分離活性汚泥法　＞　標準活性汚泥法
　　ディッチ法

解説　1）膜分離活性汚泥法では，沈澱池の代わりに膜を使用して曝気処理水をろ過するため，バルキングが生じても汚泥が浮上して流出することはないので，通常の（標準）活性汚泥法（1,500～2,000 mg/L）よりかなり高いMLSS濃度（10,000～20,000 mg/L）で運転できる.

2）オキシデーションディッチ法では，曝気槽は**図3.32**（e）で示したように環状で浅い.MLSSは3,000～4,000 mg/Lで標準活性汚泥法より高い.BOD汚泥負荷は0.03～0.05〔kg-BOD/(kg-SS・日)〕程度で他の処理法に比べて小さい.また容積負荷も小さい.**表3.4**参照.表から曝気時間も長く，汚泥滞留時間も長い.

以上から（3）が正解.

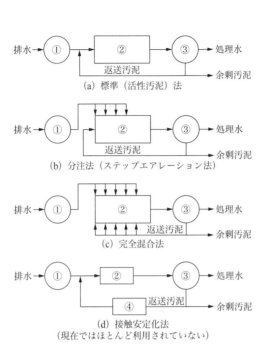

(a) 標準（活性汚泥）法

(b) 分注法（ステップエアレーション法）

(c) 完全混合法

(d) 接触安定化法
（現在ではほとんど利用されていない）

(e) オキシデーションディッチ法

① 最初沈殿池　　② 曝気槽　　③ 最終沈殿池　　④ 再曝気槽

図 3.32　各種活性汚泥法 [12]

表 3.4　各種活性汚泥法

（出典：日本下水道協会「下水道維持管理指針 2014 年度版」）

処理方法	BOD 汚泥負荷〔kgBOD・kgSS^{-1}・d^{-1}〕	MLSS 濃度〔mg/L〕	曝気時間〔h〕	汚泥滞留時間〔d〕
標準活性汚泥法	0.2 〜 0.4	1,500 〜 2,000	6 〜 8	3 〜 6
ステップエアレーション法	0.2 〜 0.4	1,000 〜 1,500	4 〜 6	3 〜 6
酸素活性汚泥法	0.3 〜 0.6	3,000 〜 4,000	1.5 〜 3	1.5 〜 4
長時間エアレーション法	0.05 〜 0.10	3,000 〜 4,000	16 〜 24	13 〜 50
オキシデーションディッチ法	0.03 〜 0.05	3,000 〜 4,000	24 〜 48	8 〜 50

▶ 答（3）

● 2 複合問題

題1 【令和4年 問12】

各種活性汚泥法に関する記述として,最も不適切なものはどれか.

(1) ステップエアレーション法は,流入負荷に応じ曝気量を変え運転する省エネ型の運転方法である.

(2) オキシデーションディッチ法は,曝気槽が環状で浅く,汚泥混合液は回転ブラシなどの機械曝気装置により曝気と流動が同時に行われ,常に槽内を循環している.

(3) 回分式活性汚泥法は,単一の槽で反応槽と沈殿槽の機能をもたせ,排水の流入,反応,沈殿,処理水の排出を1サイクルとして繰り返し処理を行う方法である.

(4) 酸素活性汚泥法は,通常の空気の代わりに酸素を使用する方法で,酸素分圧が空気に比べ高いことから酸素移動速度を大きくできる.

(5) ポンプ循環式深層曝気法は,水深を10〜15mと深くし,ポンプ循環式曝気装置などと組み合わせ,汚泥濃度を高めて運転する方法である.

解説 (1) 不適切.回分式(バッチ式)活性汚泥法は,流入負荷に応じ曝気量を変えて運転する省エネ型の運転方法である.ステップエアレーション法は,図3.32 (b) に示すように排水を分割して曝気槽の数か所から導入する方式で,汚泥の負荷を分散することができる.

(2) 適切.オキシデーションディッチ法(図3.32 (e) 参照)は,曝気槽が環状で浅く,汚泥混合液は回転ブラシなどの機械曝気装置により曝気と流動が同時に行われ,常に槽内を循環している.

(3) 適切.回分式活性汚泥法は,単一の槽で反応槽と沈殿槽の機能を持たせ,排水の流入,反応,沈殿,処理水の排出を1サイクルとして繰り返し処理を行う方法である.

(4) 適切.酸素活性汚泥法は,通常の空気の代わりに酸素を使用する方法で,酸素分圧が空気に比べ高いことから,酸素移動速度を大きくできる.高負荷に対応可能である.

(5) 適切.ポンプ循環式深層曝気法は,水深を10〜15mと深くし,ポンプ循環式曝気装置などと組み合わせる.酸素の溶解度が高くなるので,汚泥濃度を高めて運転することができる方法である. ▶答 (1)

題2 【令和元年 問14】

種々の活性汚泥法に関する記述として,最も不適切なものはどれか.

(1) 標準活性汚泥法のBOD汚泥負荷は,0.2〜0.4 kgBOD/(kgMLSS・日)である.

(2) ステップエアレーション法の汚泥滞留時間は,13〜50日である.

(3) 膜分離活性汚泥法では,汚泥濃度を8,000〜12,000 mg/Lに制御することがで

きる.
(4) オキシデーションディッチ法の曝気時間は，24 ～ 48 時間である.
(5) 超深層曝気法の反応槽の水深は，50 ～ 150 m である.

解説 (1) 適切．標準活性汚泥法の BOD 汚泥負荷は，0.2 ～ 0.4 kg-BOD/(kg-MLSS・日)である（表 3.4 参照）.

(2) 不適切．ステップエアレーション法は，排水を分割して曝気槽の数か所から導入する方法で，標準活性汚泥法より導入箇所における酸素濃度の低下を避けることができ，有害物質が入った場合に曝気槽で希釈されるためその影響を低下させることができる．汚泥滞留時間は 3 ～ 6 日である（表 3.4 および図 3.32（b）参照）.

(3) 適切．膜分離活性汚泥法では，沈殿槽の代わりに膜分離で汚泥を処理水と分離するもので，沈殿槽は不要となるため，汚泥濃度を 8,000 ～ 12,000 mg/L と高く制御することができる.

(4) 適切．オキシデーションディッチ法は，曝気槽が環状で浅く，汚泥混合液（曝気槽の液）は回転ブラシなどの機械曝気装置により曝気と流動が同時に行われ，常に槽内を循環している．酸化溝法ともいい，構造，維持管理などが最も簡単な方法の一つで，曝気時間は 24 ～ 48 時間である（表 3.4 および図 3.32（e）参照）.

(5) 適切．超深層曝気法の反応槽の水深は，50 ～ 150 m である．このため深層では高い溶存酸素が得られ省エネルギーであること，狭い敷地に設置可能であることなどの特徴がある. ▶ 答（2）

■ 3.3.3 生物膜法

問題1 【令和5年 問14】

好気ろ床法に関する記述として，誤っているものはどれか.
(1) 固体表面に付着した微生物を用いて処理を行う方式であり，生物膜法に分類される.
(2) 下向流式では，支持体を充填したろ床の上部から排水を流入させ，ろ床下部から空気を吹き込む.
(3) ろ材間を排水が通過する間に，ろ材表面に増殖した微生物による酸化分解と SS の捕捉が同時に行われる.
(4) 処理時間に伴って，捕捉された SS などによるろ床の閉塞が進行するため，一般に空気と処理水を用いた逆洗を行う.
(5) 増殖速度の遅い硝化細菌などはほとんど保持できない.

解説 (1) 正しい. 固体表面に付着した微生物を用いて処理を行う方式であり, 生物膜法に分類される. 生物膜内部の物質濃度変化については**図3.33**参照.

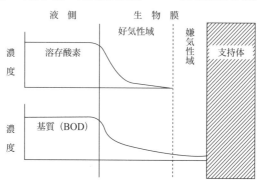

図3.33 生物膜内部の物質濃度変化[17]

(2) 正しい. 下向流式では, 支持体を充填したろ床の上部から排水を流入させ, ろ床下部から空気を吹込む (**図3.34**参照).

(3) 正しい. ろ材間を排水が通過する間に, ろ材表面に増殖した微生物による酸化分解とSSの捕捉が同時に行われる.

(4) 正しい. 処理時間に伴って, 捕捉されたSSなどによる床の閉塞が進行するため, 一般に空気と処理水を用いた逆洗を行う.

(5) 誤り. ろ材表面にはBOD酸化細菌, 増殖速度の遅い硝化細菌, 脱窒素細菌などを保持できる.

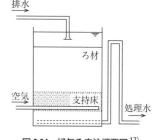

図3.34 好気ろ床法概要図[17]

▶ 答 (5)

問題2

【令和4年 問13】

生物膜法に関する記述として, 誤っているものはどれか.

(1) 散水ろ床法は, 除去効率の低さ, ハエや臭気の発生という問題があり, 現在, 国内での使用例は少ない.

(2) 微生物を支持体に膜状に固定して処理を行うため, バルキングが起きにくい.

(3) 微生物が支持体に固定されているため, 活性汚泥法と比較して流入負荷変動に対し抵抗力が強いケースが多い.

(4) 支持体からはく離した汚泥は沈降性がよいため, 処理水の透視度が活性汚泥法よりも良好である.

(5) 高負荷運転を行うと, 固定床でははく離汚泥により支持体の閉塞が起こりがち

であるが，担体添加法では閉塞の心配はない．

解説 （1）正しい．散水ろ床法（**図3.35**参照）は，砕石やプラスチックのろ床に上部から排水と循環水を散水し，ろ床表面の生物膜と空気中の酸素を反応させて処理を行う方式である．除去効率の低さ，ハエや臭気の発生という問題があり，現在，国内での使用例は少ない．

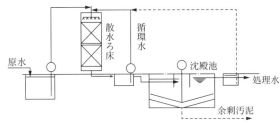

図3.35　散水ろ床法フローシート [15]

（2）正しい．微生物を支持体に膜状に固定して処理を行うため，バルキングが起きにくい．

（3）正しい．微生物が支持体に固定されているため，活性汚泥法と比較して流入負荷変動に対し抵抗力（生物膜や活性汚泥などが流出しにくいこと）が強いケースが多い．

（4）誤り．支持体から剥離した汚泥は沈降性が悪いため，処理水の透視度が活性汚泥法よりも悪い．

（5）正しい．高負荷運転を行うと，固定床でははく離汚泥により支持体の閉塞が起こりがちであるが，担体添加法（スポンジなどの支持体を添加し，曝気することで流動状態を維持しながら酸化分解する方式：**図3.36**参照）では閉塞の心配はない．

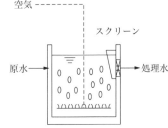

図3.36　担体添加法概要図

▶答（4）

【令和元年 問15】

問題3

生物処理の担体添加法に関する記述として，誤っているものはどれか．

（1）曝気槽にスポンジなどの支持体を添加し，支持体を曝気により流動状態を維持しながら酸化分解する方式である．

（2）曝気槽に流動している支持体を保持するため，支持体が通過しない目幅のスクリーンが設けられる．

（3）他の生物膜法（固定床など）で見られる閉塞などのトラブルは少ない．

（4）支持体に微生物を保持する結合固定化法のほか，微生物をゲルに閉じ込める包括固定化法がある．

(5) 支持体表面の微生物の活性が低下すると付着力が弱くなり，微生物が剝離するので，硝化処理には用いられない．

解説 (1) 正しい．生物処理の担体添加法は曝気槽にスポンジなどの支持体を添加し，支持体を曝気することにより流動状態を維持しながら酸化分解する方式である（図3.36 参照）．

(2) 正しい．曝気槽に流動している支持体を保持するため，支持体が通過しない目幅のスクリーンが設けられる．

(3) 正しい．担体が常に流動しているため，他の生物膜法（固定床など）で見られる閉塞などのトラブルは少ない．また，曝気槽全体で微生物と排水が活性汚泥法と同様に均一に混合されて反応が進むこと，微生物を多く槽内に保持でき閉塞の心配がないことから高負荷運転が可能である．

(4) 正しい．支持体に微生物を保持する結合固定化法のほか，微生物をゲルに閉じ込める包括固定化法がある．

(5) 誤り．支持体表面の微生物の活性が低下すると付着力が弱くなり，微生物が剝離するが，担体製造時に硝化菌をゲルに事前に閉じ込める包括固定化法では，投入後の立ち上がりが速く，菌体の減少が少ないので硝化処理に用いられる． ▶答（5）

■ 3.3.4 嫌気処理法

問題 1 【令和 5 年 問 15】

メタン発酵によるでんぷんからのガス発生量を求める次式において， ☐ に入る（ア）〜（ウ）の数値の組合せとして，正しいものはどれか．

$$C_6H_{10}O_5 + \boxed{(ア)}\ H_2O \rightarrow \boxed{(イ)}\ CH_4 + \boxed{(ウ)}\ CO_2$$

	(ア)	(イ)	(ウ)
(1)	1	3	3
(2)	1	4	2
(3)	2	2	4
(4)	3	1	4
(5)	3	2	4

解説 左辺と右辺の原子の数が同じであることから，次のようにして連立方程式から算出する．

$$C_6H_{10}O_5 + XH_2O \rightarrow YCH_4 + ZCO_2 \qquad ①$$

Cについて

$$6 + 0 \times X = 1 \times Y + 1 \times Z$$
$$6 = Y + Z \qquad ②$$

Hについて

$$10 + 2 \times X = 4 \times Y + 0 \times Z$$
$$10 + 2X = 4Y \qquad ③$$

Oについて,

$$5 + 1 \times X = 0 \times Y + 2 \times Z$$
$$5 + X = 2Z \qquad ④$$

式②, 式③, 式④から X, Y, Z を求める.

式②から $Y = 6 - Z$ を式③に代入する.

$$10 + 2X = 4Y = 4(6 - Z) = 24 - 4Z \qquad ⑤$$

式⑤に式④の $X = 2Z - 5$ を代入する.

$$10 + 2X = 10 + 2(2Z - 5) = 24 - 4Z$$
$$10 + 4Z - 2 \times 5 = 24 - 4Z$$
$$8Z = 24 + 10 - 10 = 24$$
$$Z = 3 \qquad ⑥$$

式⑥を式④に代入して X を求める.

$$5 + X = 2 \times 3$$
$$X = 6 - 5 = 1 \qquad ⑦$$

式⑦を式③に代入して Y を求める.

$$4Y = 10 + 2X = 10 + 2 \times 1 = 12$$
$$Y = 3 \qquad ⑧$$

以上から（1）が正解.

▶答（1）

問 題2　　　　　　　　　　　　　　　　　　　【令和4年 問14】

　嫌気処理において, 酢酸（CH_3COOH）が全量バイオガス（CH_4 と CO_2 の混合気体）になった場合, 酢酸 60 g から生成する 20℃, 1 気圧でのバイオガス量（L）はいくらか.

　ただし, 20℃, 1 気圧での気体のモル体積は 24 L とする. また, 原子量は H = 1, C = 12, O = 16 とする.

(1) 6　　(2) 12　　(3) 24　　(4) 36　　(5) 48

解 説　嫌気処理において, 酢酸（CH_3COOH：分子量 60）の分解反応は, 次のとおりである.

201

$$\begin{array}{cccc} CH_3COOH & \rightarrow & CH_4 & + & CO_2 \\ 60\,g\,(1\,mol) & & 24\,L\,(1\,mol) & & 24\,L\,(1\,mol) \end{array}$$

したがって,
$$24\,L + 24\,L = 48\,L$$

となる.

以上から（5）が正解. ▶答（5）

 題3

各種の嫌気処理装置に関する記述として，誤っているものはどれか.

(1) イムホフ槽は，消化と沈殿を兼ねた単槽式の処理装置である.

(2) 嫌気ろ床は，付着汚泥及び充塡材間隙に捕捉された汚泥を用いる押し出し流れ形の処理装置である.

(3) 嫌気流動床は，粒状担体に付着した汚泥を用いた完全混合形に近い処理装置である.

(4) 上向流式嫌気汚泥床は，自己造粒したグラニュール汚泥による上向流の排水処理装置である.

(5) 二相発酵槽システムは，加水分解や酸生成の反応相とガス生成の反応相を同一槽内で同時に行うメタン発酵システムである.

解説 (1) 正しい. イムホフ槽は，消化と沈殿を兼ねた単槽式の処理装置である（**図3.37**参照）.

(2) 正しい. 嫌気ろ床は，付着汚泥および充塡材間隙に捕捉された汚泥を用いる押し出し流れ形の処理装置である（**図3.38**参照）.

(3) 正しい. 嫌気流動床は，粒状担体に付着した汚泥を用いた完全混合形に近い処理装置である.

(4) 正しい. 上向流式嫌気汚泥床（UASB：Upflow Anaerobic Sludge Blanket, **図3.39**参照）は，自己造粒したグラニュール汚泥（小粒汚泥：MLSSのこと）による上向流の排水処理装置である. なお，グラニュール汚泥とは，嫌気性微生物が集合して小粒状となったものである. UASBの特徴は，MLSSを50,000 mg/L程度に維持して稼働するため，中〜高濃度の有機排水の処理水量を大幅に増加できる点である.

(5) 誤り. 二相発酵槽システムは，加水分解や酸生成の反応

図3.37 イムホフ槽[15]

図3.38 嫌気ろ床[15]

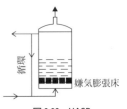

図3.39 UASB

相とガス生成の反応相を分離して行うメタン発酵システムである．各相に関与する微生物には反応速度，水素などによる阻害性に差があるため，それぞれの反応を最適条件で制御することで，全体として処理の高速化，設備面積の縮小化を図ろうとするものである．

▶答（5）

問題4　【令和3年 問15】

嫌気処理法に関する記述として，正しいものはどれか．
(1) 発酵槽の撹拌（かくはん）方式には，表面撹拌式と水中撹拌式がある．
(2) メタン発酵法における高温発酵法の最適温度は，36〜38℃程度である．
(3) メタン発酵の中間生成物である低級脂肪酸は，高濃度ではメタン生成の阻害の原因となる．
(4) メタン発酵槽に流入する原水中に高濃度の糖類が含まれていると，その分解により過剰のアンモニアが生成し，メタン生成の阻害となる．
(5) UASBでは，担体を投入し，上向流による排水の一過式流入，発生ガスの上昇による穏やかな撹拌下で，担体に付着した嫌気性微生物によって処理を行う．

解説　(1) 誤り．発酵槽の撹拌方式には，ポンプや撹拌機による機械撹拌と生成ガスの一部を液中に吹き込むガス撹拌の2つの方法がある．

(2) 誤り．メタン発酵法における高温発酵法の最適温度は，**図3.40**に示すように53〜55℃程度である．なお，中温発酵の最適温度は36〜38℃である．

(3) 正しい．メタン発酵の中間生成物である低級脂肪酸（特にプロピオン酸の影響が大きい）は，高濃度ではメタン生成の阻害の原因となる．

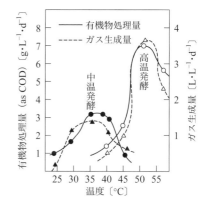

図3.40　発酵温度と処理量の関係
[小野（1958）]

(4) 誤り．メタン発酵槽に流入する原水中に高濃度のタンパク質が含まれていると，その分解により過剰の遊離アンモニアが生成し，メタン生成の阻害となる．なお，pHを下げアンモニウムイオンとすれば毒性の低下となり，メタン生成の阻害も減少される．

(5) 誤り．UASB（Upflow Anaerobic Sludge Blanket：上向流式嫌気汚泥床法）では，担体を投入せず，自己造粒化したグラニュール汚泥（直径2〜3mm）を用いる．上向流による排水の一過式流入（有機酸の生成のためアルカリの補給の意味から循環する場

合もある），発生ガスの上昇による穏やかな攪拌下で，汚泥床部分の高濃度（50,000 mg/L以上）の嫌気性微生物によって処理を行う（図3.39参照）．　　　▶答（3）

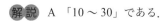 問題5　　　　　　　　　　　　　　　　　　　　　　　　　　【令和2年 問15】

　好気処理の活性汚泥法と嫌気処理のメタン発酵法（二方式）の特徴を表に示した．この表中のA〜Cに入るべき数値の組合せとして，最も適切なものはどれか．

項　目	活性汚泥法	メタン発酵法	
		慣用法	上向流式嫌気汚泥床法（UASB法）
対象排水濃度	低〜中濃度	高濃度	中〜高濃度
水理学的滞留時間（日）	1以下	A	1〜3
槽内汚泥濃度（mg/L）	2,000〜5,000	10,000程度	B
汚泥沈降性（mm/s）	C	1程度	10〜20
臭気	少ない	有り	有り
所要動力	大	小	小

	A	B	C
(1)	1〜2	10,000程度	2程度
(2)	4〜7	50,000程度	10程度
(3)	4〜7	10,000程度	10程度
(4)	10〜30	50,000程度	2程度
(5)	10〜30	10,000程度	10程度

解説　A　「10〜30」である．
B　「50,000程度」である．
C　「2程度」である．
　なお，UASB（Upflow Anaerobic Sludge Blanket：上向流式嫌気汚泥床法）は，自己造粒化したグラニュール（小粒）汚泥を高濃度50,000 mg/Lに保持し有機物の分解速度を大きくとることができるため高濃度排水に利用されている（図3.39参照）．　▶答（4）

問題6　　　　　　　　　　　　　　　　　　　　　　　　　　【令和元年 問10】

　嫌気処理において，グルコース（$C_6H_{12}O_6$）が全量バイオガス（CH_4とCO_2の混合気体）になった場合，グルコース180 gから生成する20℃でのバイオガス量（L）はいくらか．ただし，20℃での気体のモル体積は24 Lとする．また，原子量はH＝1，C＝12，O＝16とする．

(1) 48　　(2) 72　　(3) 96　　(4) 120　　(5) 144

解説 嫌気処理において，グルコース（$C_6H_{12}O_6$：分子量180）の分解反応は，次のとおりである．

$$C_6H_{12}O_6 \quad \rightarrow \quad 3CH_4 \quad + \quad 3CO_2$$
$$180\,g \qquad\qquad 3 \times 24\,L \qquad 3 \times 24\,L$$

したがって，

$$3 \times 24\,L + 3 \times 24\,L = 144\,L$$

となる．

以上から（5）が正解．　　　　　　　　　　　　　　　　　　　　　　　　　　　▶答（5）

 問題7　　　　　　　　　　　　　　　　　　　　　【令和元年 問16】☑☑☑

嫌気処理法のメタン発酵に関する記述として，誤っているものはどれか．

(1) 産業排水やし尿及び下水汚泥などに含まれる有機物を嫌気細菌の作用によりメタンや二酸化炭素などに分解するものである．

(2) メタン発酵法の進歩したものとして，上向流式嫌気汚泥床法（UASB法）や，グラニュール汚泥膨張床式（EGSB）がある．

(3) 活性汚泥法に比べ，メタン発酵法では，微生物の増殖速度が大きいため，微生物の自己分解により汚泥の発生量が少なくてすむ．

(4) 好気処理と比べ，メタン発酵法では，酸素供給のための曝気が不要なため，動力が少なくてすむ．

(5) メタン発酵法は，排水中の有機物をメタンガスに変換し，エネルギーとして利用できる特長がある．

解説　(1) 正しい．嫌気処理法のメタン発酵は産業排水やし尿および下水汚泥などに含まれる有機物を嫌気細菌の作用によりメタンや二酸化炭素などに分解するものである．

(2) 正しい．メタン発酵法の進歩したものとして，上向流式嫌気汚泥床法（UASB：Upflow Anaerobic Sludge Blanket）や，グラニュール（小粒）汚泥膨張床式（EGSB：Expanded Granular Sludge Bed）がある．UASB（図3.39参照）は槽内の底部からの流入水の上昇速度を$1.0 \sim 1.5\,m/h$で運転し，グラニュール（小粒）状汚泥（糸状にからんだ細菌の塊で$20 \sim 40\,m/h$の大きい沈降速度を持つ）を形成（MLSS濃度$50,000\,mg/L$）させて排水中の有機物を高負荷（$10 \sim 20\,kg\text{-COD}/(m^3 \cdot 日)$）で処理する方法である．EGSBは槽内の底部からの流入水を高い上昇速度（$5 \sim 10\,m/h$）で運転し，グラニュール床を膨張させ，流入水とグラニュールの接触効率を改善し処理効率（$30 \sim 40\,kg\text{-COD}/(m^3 \cdot 日)$：UASBの$2 \sim 3$倍）を向上させた方法である．

(3) 誤り．活性汚泥法に比べ，メタン発酵法では，微生物の増殖速度が小さいため，より汚泥の発生量が少なくてすむ．

第3章　汚水処理特論

(4) 正しい．好気処理と比べ，メタン発酵法では，酸素供給のための曝気が不要なため，動力が少なくてすむ．

(5) 正しい．メタン発酵法は，排水中の有機物をメタンガスに変換し，エネルギーとして利用できる特長がある． ▶ 答 (3)

■ 3.3.5 生物的硝化脱窒素法・その他の方法

硝化脱窒素法における硝化工程に関する記述として，誤っているものはどれか．

(1) 好気条件下でアンモニア態窒素を微生物処理により亜硝酸態あるいは硝酸態窒素まで酸化する工程のことである．

(2) 関与する微生物は，アンモニア態窒素や亜硝酸態窒素の酸化によりエネルギーを獲得し，有機化合物を利用して増殖する従属栄養細菌である．

(3) 関与する微生物として，アンモニア態窒素の酸化を担う *Nitrosomonas* sp.や亜硝酸態窒素の酸化を担う *Nitrobacter* sp.が知られている．

(4) アンモニア態窒素を硝酸態窒素に酸化する際は次式に従うことから，窒素1g当りおよそ4.6gの酸素を必要とする．

$$NH_4^+ + 2O_2 = NO_3^- + H_2O + 2H^+$$

(5) アンモニア態窒素を亜硝酸態窒素に酸化する際にはH$^+$が生成されるので，pHの過剰な低下を防ぐため，アルカリの添加が必要となる場合がある．

解説 (1) 正しい．硝化工程とは，好気条件下でアンモニア態窒素を微生物処理により亜硝酸態あるいは硝酸態窒素まで酸化する工程のことである．

(2) 誤り．関与する微生物（硝化細菌）は，アンモニア態窒素や亜硝酸態窒素の酸化によりエネルギーを獲得し，有機化合物なしで増殖する独立栄養細菌である．

(3) 正しい．関与する微生物として，アンモニア態窒素の酸化を担う *Nitrosomonas* sp.や亜硝酸態窒素の酸化を担う *Nitrobacter* sp.などが知られている．

(4) 正しい．アンモニア態窒素を硝酸態窒素に酸化する際は次式に従う．

$$NH_4^+ + 2O_2 = NO_3^- + H_2O + 2H^+$$

上式から窒素 (N) 14gと酸素 (O$_2$) 2×32gで酸化反応するから，窒素 (N) 1gでは

2×32g/14 ≒ 4.6g

となる．

(5) 正しい．アンモニア態窒素を亜硝酸態窒素に酸化する際には，H$^+$が生成されるので，pHの過剰な低下を防ぐため，アルカリの添加が必要となる場合がある． ▶ 答 (2)

循環式硝化脱窒素法に関する記述として，最も不適切なものはどれか.

(1) 硝化工程において，アンモニウムイオンを硝酸イオンへ酸化するのに必要な酸素分子数は，アンモニウムイオン数の2倍である.

(2) アンモニアの硝化工程において水素イオンが生じるが，脱窒素工程において同じモル数の水酸化物イオンが生じるため，プロセス全体としてpH低下は起こらない.

(3) 硝化工程は水温低下の影響を受けやすく，特に15℃以下では硝化能力が大きく低下する.

(4) 脱窒素工程で硝酸呼吸を行う通性嫌気性細菌は，好気条件では酸素呼吸を優先して行う.

(5) 排水中BOD成分を利用して脱窒素反応を起こさせるために，脱窒素槽は硝化槽の前に設置される.

解説　(1) 適切. 硝化工程において，アンモニウムイオンを硝酸イオンへ酸化するのに必要な酸素分子数は，反応式からアンモニウムイオン数の2倍である.

$$NH_4^+ + 3/2O_2 \rightarrow NO_2^- + H_2O + 2H^+ \quad （亜硝酸菌による酸化）\qquad ①$$

$$NO_2^- + 1/2O_2 \rightarrow NO_3^- \qquad\qquad （硝酸菌による酸化）\qquad ②$$

式①と式②を合計すると，

$$NH_4^+ + 2O_2 \rightarrow NO_3^- + H_2O + 2H^+$$

となる.

(2) 不適切. 選択肢 (1) の式①で示したように，1 molのアンモニアの硝化工程において2 molの水素イオンが生じるが，次式で示す脱窒素工程において1 molの水酸化物イオンが生じるため，プロセス全体としてはpH低下が起こる.

$$NO_3^- + 5H（水素供与体）\rightarrow 1/2N_2 + 2H_2O + OH^-$$

(3) 適切. 硝化工程は水温低下の影響を受けやすく，特に15℃以下では硝化能力が大きく低下する.

(4) 適切. 脱窒素工程で硝酸呼吸を行う通性嫌気性細菌は，好気条件では酸素呼吸を優先して行う. 嫌気条件では，硝酸態窒素の酸素を奪って呼吸する.

(5) 適切. 排水中BOD成分（水素供与体）を利用して脱窒素反応を起こさせるために，脱窒素槽は硝化槽の前に設置される（**図3.41** 参照）. なお，硝化菌（亜硝酸菌と硝酸菌）は，アンモニアや亜硝酸イオンの酸化でエネルギーを得るため，BOD成分は不要である. 硝化槽にBOD成分があると，BOD酸化菌の増殖速度が硝化菌より大きいので硝化はほとんど進行しない. したがって，先にBODが酸化分解された後，硝化が進行する.

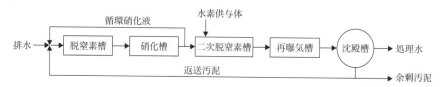

図 3.41　循環式硝化脱窒素法

 問題3

アナモックスプロセスに関する記述として，誤っているものはどれか．

(1) アナモックス細菌は嫌気性の独立栄養細菌である．

(2) 窒素濃度に対して有機物濃度が低い排水の処理に適している．

(3) 循環式硝化脱窒素法に比べて汚泥発生量が少ない．

(4) 循環式硝化脱窒素法と比較して，曝気動力の削減に有効である．

(5) アンモニア態窒素と亜硝酸態窒素が反応し，すべての窒素原子は窒素ガスに変換される．

解説　(1) 正しい．アナモックス細菌を使用するアナモックスプロセス（Anammox 法：Anaerobic Ammonium Oxidation）では，嫌気性の独立栄養細菌（有機物を必要としない細菌）によりアンモニア態窒素および亜硝酸態窒素が次の反応式で窒素ガスおよび一部硝酸イオンへ変換される．

$$1.0NH_4^+ + 1.32NO_2^- + 0.066HCO_3^- + 0.13H^+$$
$$\rightarrow 1.02N_2 + 0.26NO_3^- + 0.066CH_2O_{0.5}N_{0.15} + 2.03H_2O$$

(2) 正しい．窒素濃度に対して有機物濃度が低い排水の処理に適している．

(3) 正しい．循環式硝化脱窒素法（図3.41参照）に比べてアナモックス細菌の増殖収率が小さいため，汚泥発生量が少ない．

(4) 正しい．循環式硝化脱窒素法では，アンモニア態窒素を硝酸態窒素まで硝化する必要があるが，アナモックスプロセスでは，アンモニア態窒素の約半分を亜硝酸態窒素までに硝化すればよいため，曝気動力の削減に有効である．

(5) 誤り．アンモニア態窒素と亜硝酸態窒素は，選択肢（1）の解説で示した反応式から窒素原子の一部は硝酸態窒素に酸化される．すべての窒素原子が窒素ガスに変換されるわけではない．

 問題4

生物的硝化脱窒素法に関する記述として，誤っているものはどれか．

(1) アンモニアから亜硝酸態窒素への反応では *Nitrosomonas* sp.が関与する．

生物処理法

(2) 亜硝酸態窒素から硝酸態窒素への反応ではアルカリが消費される.

(3) アンモニアから硝酸態窒素への反応では水素供与体を必要としない.

(4) 亜硝酸態窒素から窒素への反応では通性嫌気性細菌が関与する.

(5) 硝酸態窒素から窒素への反応ではアルカリが生成される.

解説 (1) 正しい. 次の反応式で示すようにアンモニアから亜硝酸態窒素への反応では *Nitrosomonas* sp.が関与する.

$$NH_4^+ + 3/2O_2 \rightarrow NO_2^- + H_2O + 2H^+$$

この硝化反応でpHが低下する.

(2) 誤り. 亜硝酸態窒素が硝酸態窒素に酸化されるとき, pHの低下はないのでアルカリが消費されることはない.

$$NO_2^- + 1/2O_2 \rightarrow NO_3^-$$

(3) 正しい. アンモニアから硝酸態窒素への反応では水素供与体を必要としない.

(4) 正しい. 亜硝酸態窒素から窒素への反応では通性嫌気性細菌（酸素があっても無くても増殖できる細菌）が関与する. 通性嫌気性細菌は, 水中の酸素が無いと亜硝酸の酸素を奪い取って呼吸する.

$$NO_2^- + 3H（水素供与体） \rightarrow 1/2N_2\uparrow + H_2O + OH^-$$

(5) 正しい. 硝酸態窒素から窒素への反応ではアルカリ（OH^-）が生成される.

$$NO_3^- + 5H（水素供与体） \rightarrow 1/2N_2\uparrow + 2H_2O + OH^-$$

なお, 亜硝酸態窒素から窒素への反応においても, アルカリが生成される.

▶答 (2)

 題5 【令和3年 問17】

循環式硝化脱窒素法の処理プロセスを下図に示す. 図中の (A) ～ (C) に入るべき最も適切な用語の組合せはどれか.

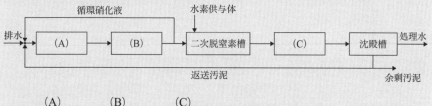

	(A)	(B)	(C)
(1)	硝化槽	再曝気槽	脱窒素槽
(2)	硝化槽	脱窒素槽	再曝気槽
(3)	脱窒素槽	再曝気槽	硝化槽
(4)	脱窒素槽	硝化槽	再曝気槽

(5) 再曝気槽　　脱窒素槽　　硝化槽

解説　(A)「脱窒素槽」である.

(B)「硝化槽」である.

(C)「再曝気槽」である.

　循環硝化液の工程では，硝化槽で硝化した液をさらに脱窒素するため，脱窒素槽（原水の有機物を利用）に戻す. 硝化槽から流出する排水には，少量の脱窒素していない硝酸態窒素があるので，それを脱窒素するため二次脱窒素槽を設ける. ここでは，脱窒素に必要な有機物が存在しないのでメタノールなどの水素供与体を添加する必要がある. 再曝気槽では，生成した窒素ガスが活性汚泥に付着しているので，曝気して除去する.

　以上から（4）が正解.　　　　　　　　　　　　　　　　　　　　　　▶答（4）

問題6　　　　　　　　　　　　　　　　　　　　　【令和3年 問18】

　アナモックス反応に関する記述中，下線を付した箇所のうち，誤っているものはどれか.

　アナモックス反応では，(1) 嫌気性の (2) 従属栄養細菌により，(3) アンモニア態窒素及び亜硝酸態窒素が (4) 窒素ガスへ変換され，その過程で水素イオンが消費され，少量の (5) 硝酸態窒素が生成する.

解説　アナモックス反応（Anammox法：Anaerobic Ammonium Oxidation）では，嫌気性の独立栄養細菌（有機物を必要としない細菌）によりアンモニア態窒素および亜硝酸態窒素が次の反応式で窒素ガスおよび一部硝酸イオンへ変換される.

$$1.0NH_4^+ + 1.32NO_2^- + 0.066HCO_3^- + 0.13H^+$$
$$\rightarrow 1.02N_2 + 0.26NO_3^- + 0.066CH_2O_{0.5}N_{0.15} + 2.03H_2O$$

(1) 正しい.

(2) 誤り.「独立栄養細菌」が正しい. 従属栄養細菌はBOD酸化細菌のように有機物を必要とする細菌である.

(3)～(5) 正しい.　　　　　　　　　　　　　　　　　　　　　　　　▶答（2）

問題7　　　　　　　　　　　　　　　　　　　　　【令和2年 問16】

　アナモックスプロセスに関する記述として，誤っているものはどれか.

(1) 嫌気性条件下における生物学的窒素変換反応である.

(2) 有機物を必要としない独立栄養型のプロセスである.

(3) 消費される窒素は全量が窒素ガスへ変換される.

(4) アンモニア態窒素の約半量を亜硝酸態窒素に酸化させればよいので，従来の硝化脱窒素法に比べて必要酸素量が小さい.

(5) 従来の硝化脱窒素法に比べて汚泥発生量が小さい.

解説 (1) 正しい. 嫌気性条件下における生物学的窒素変換反応である.

アナモックスプロセス(Anammox 法:Anaerobic Ammonium Oxidation)では,嫌気性の独立栄養細菌(有機物を必要としない細菌)によりアンモニア態窒素および亜硝酸態窒素が次の反応式で窒素ガスおよび一部硝酸イオンへ変換される.

$$1.0NH_4^+ + 1.32NO_2^- + 0.066HCO_3^- + 0.13H^+$$
$$\rightarrow 1.02N_2 + 0.26NO_3^- + 0.066CH_2O_{0.5}N_{0.15} + 2.03H_2O$$

(2) 正しい. 有機物を必要としない独立栄養型のプロセスで,アンモニウムイオン,炭酸イオンおよび水素イオンを必要とする.

(3) 誤り. 消費される窒素は全量が窒素ガス(88%)へ変換されず,上式に示したように一部硝酸イオン(11%)となる.

(4) 正しい. アンモニア態窒素の約半量を亜硝酸態窒素に酸化させればよいので,従来の硝化脱窒素法に比べて必要酸素量が43%小さい.

(5) 正しい. 従来の硝化脱窒素法に比べて細菌の増殖収率が小さいので,汚泥発生量が小さい. ▶答 (3)

問 題8 【令和元年 問17】

生物的硝化脱窒素法に関する記述として,誤っているものはどれか.
(1) 硝化工程に関与する細菌は,独立栄養細菌である.
(2) 脱窒素に関与する細菌は,通性嫌気性細菌である.
(3) 循環式硝化脱窒素法では,沈殿槽から硝化液が循環される.
(4) 硝化菌を処理系内に維持するために,SRTは7〜10日以上に維持される.
(5) 硝化菌の増殖速度は,BOD酸化菌に比べて温度により大きく影響を受ける.

解説 (1) 正しい. 硝化工程に関与する細菌は,独立栄養細菌(自栄養細菌ともいい,増殖に有機物が必要ない細菌)である. アンモニアや亜硝酸があれば増殖することができる. なお,増殖に有機物が必要な細菌は,従属細菌という(他栄養細菌ともいう).

(2) 正しい. 脱窒素に関与する細菌は,通性嫌気性細菌(酸素があってもなくても増殖できる細菌)である.

(3) 誤り. 循環式硝化脱窒素法では,硝化槽から硝化液が脱窒素槽に循環される(図3.41参照). 脱窒素槽では原水の有機物を利用して循環した硝酸イオンの脱窒素が生じ,原水にある有機体窒素は,硝化槽で硝化する. 脱窒素しなかった残りは二次脱窒素槽で有機物を添加(メタノールの使用が多い)して脱窒素する. 再曝気槽は,活性汚泥に付着した窒素ガスを分離させる槽である.

(4) 正しい．硝化菌を処理系内に維持するために，SRT（Sludge Retention Time：汚泥滞留時間）は7 〜 10日以上に維持される．なお，メタン発酵の慣用法のSRTは10 〜 30日，活性汚泥法は1日以下である．

(5) 正しい．硝化菌の増殖速度は，BOD酸化菌に比べて約1/10であり，また温度により大きく影響を受ける． ▶答（3）

問題9　【平成30年 問17】

生物的硝化脱窒法に関する記述として，誤っているものはどれか．
(1) 硝化工程では処理槽内のpH低下を防ぐために，アルカリの添加が必要となる場合がある．
(2) 脱窒工程で硝酸や亜硝酸が還元される際には，水素供与体が必要になる．
(3) 硝化菌の増殖速度は，BOD酸化にかかわる従属栄養細菌に比べて非常に小さく，処理系内に維持するためにはSRTを大きくとる必要がある．
(4) 硝化菌の増殖速度は，BOD酸化にかかわる従属栄養細菌に比べて温度により大きく影響を受け，低水温では硝化速度が著しく低下する．
(5) 硝化菌は独立栄養細菌であるため，一般に毒性物質に対してはBODにかかわる従属栄養細菌に比べて耐性がある．

解説　(1) 正しい．硝化反応でpHが低下するのは，アンモニアを亜硝酸に酸化するときである．

$$NH_4^+ + 3/2O_2 \rightarrow NO_2^- + H_2O + 2H^+$$

このとき硝化槽のpHの低下があればアルカリの添加で中和する必要がある．なお，亜硝酸態窒素が硝酸態窒素に酸化されるとき，pHの低下はない．

$$NO_2^- + 1/2O_2 \rightarrow NO_3^-$$

(2) 正しい．脱窒素槽では，次のように還元のための水素供与体が必要である．

$$NO_2^- + 3H（水素供与体）\rightarrow 1/2N_2\uparrow + H_2O + OH^-$$
$$NO_3^- + 5H（水素供与体）\rightarrow 1/2N_2\uparrow + 2H_2O + OH^-$$

(3) 正しい．硝化菌の増殖速度は，BOD酸化菌の1/10程度と非常に小さいため，処理系内に維持するためにはSRT（Sludge Retention Time：汚泥滞留時間）を大きくとる必要がある．

(4) 正しい．硝化菌の増殖速度に対する温度の影響は，BOD酸化菌（従属栄養細菌で有機物をエネルギー源としている）より大きく，そのため低水温では硝化速度が著しく低下する．

(5) 誤り．硝化菌は，独立栄養細菌（有機物を必要としない細菌でアンモニアをエネルギー源としている）で，一般に毒性物質に対してはBOD酸化細菌より耐性がない．

▶答（5）

■ 3.3.6　脱りん

 題1　　　　　　　　　　　　　　　　　　　　　　　　　　　【令和5年 問17】

　生物的脱りん法の原理に関する記述として，誤っているものはどれか．
(1) 前段の嫌気槽と後段の好気槽を経て，りんを高濃度に蓄積した活性汚泥を余剰汚泥として系外に取り除くことで行われる．
(2) 嫌気状態では，細胞中のポリりん酸が加水分解されて正りん酸として混合液中に放出される．
(3) 嫌気状態では，蓄積したPHB（ポリ-β-ヒドロキシ酪酸）などの有機物を用いた細胞増殖が行われる．
(4) 好気状態では，正りん酸を混合液中から摂取し，ポリりん酸として再蓄積する．
(5) 好気状態では，嫌気状態での放出量以上にりんを蓄積するため，活性汚泥のりん含有量が増大する．

解説　(1) 正しい．嫌気槽では活性汚泥中のりんを通常より多く放出し，続く好気槽では通常よりも多く吸収するという性質を利用して，前段の嫌気槽と後段の好気槽を経て，りんを高濃度に蓄積した活性汚泥を余剰汚泥として系外に取り除くことで行われる．

(2) 正しい．嫌気状態では，細胞中のポリりん酸（$HO\text{-}(PO_2OH)_n\text{-}H$）が加水分解されて正りん酸（$H_3PO_4$）として混合液中に放出される．

(3) 誤り．嫌気状態では，正りん酸放出に伴い摂取された有機物は，PHB（ポリ-β-ヒドロキシ酪酸）などの基質として細胞内に貯蔵される．

(4) 正しい．好気状態では，正りん酸を混合液中から摂取し，ポリりん酸として再蓄積する．

(5) 正しい．好気状態では，嫌気状態での放出量以上にりんを蓄積するため，活性汚泥のりん含有量が増大する．　　　　　　　　　　　　　　　　　　　　　▶答（3）

 題2　　　　　　　　　　　　　　　　　　　　　　　　　　　【令和4年 問18】

　生物的脱りん法では，嫌気条件を経験したポリりん酸蓄積細菌が，引き続き好気条件下で正りん酸を過剰に取り込む現象を利用し，りん含有量の高い余剰汚泥として系外に排出することでりん除去を達成している．りんを含む有機性排水を生物的脱りん法で処理したとき，処理に伴うりん濃度の低下幅（mg/L）はおよそいくらか．

ただし，正りん酸の過剰取り込み前の活性汚泥中りん含有率を1%，過剰取り込み後の活性汚泥中りん含有率を4%，流入下水1L当たりの余剰汚泥生成量を60mgとする.

(1) 0.6　　(2) 1.8　　(3) 2.4　　(4) 3.0　　(5) 4.0

解説　排水量を M〔L/日〕，そのりん濃度を X〔mg/L〕とすれば，活性汚泥処理施設に流入するりんの量は，次のように表される.

$$M〔\text{L/日}〕\times X〔\text{mg/L}〕= MX〔\text{mg/日}〕 \qquad ①$$

1. 過剰取り込み前のりんの排水濃度

$$
\begin{aligned}
\text{りんの除去量} &= M〔\text{L/日}〕\times 60\,\text{mg/L}\times 1/100 \\
&= 60M \times 0.01 = 0.6M〔\text{mg/日}〕 \qquad ②
\end{aligned}
$$

$$\text{排水のりん濃度} = (MX - 0.6M)/M = (X - 0.6)〔\text{mg/L}〕 \qquad ③$$

2. 過剰取り込み後のりんの排水濃度

$$
\begin{aligned}
\text{りんの除去量} &= M〔\text{L/日}〕\times 60\,\text{mg/L}\times 4/100 \\
&= 60M \times 0.04 = 2.4M〔\text{mg/日}〕 \qquad ④
\end{aligned}
$$

$$\text{排水のりん濃度} = (MX - 2.4M)/M = (X - 2.4)〔\text{mg/L}〕 \qquad ⑤$$

3. 活性汚泥処理施設の入口濃度からの低下幅

$$X - \text{式⑤} = X - (X - 2.4) = 2.4\,\text{mg/L}$$

なお，出口の過剰取り込み前後の低下幅は，

$$\text{式③} - \text{式⑤} = (X - 0.6) - (X - 2.4) = 1.8\,\text{mg/L}$$

である.

以上から（3）が正解.　　　　　　　　　　　　　　　　　　　▶答（3）

問題3　　　　　　　　　　　　　　　　　　　　　　　【令和2年 問17】

りんの除去に関する記述として，誤っているものはどれか.
(1) 無機凝集剤による凝集分離処理でりんを除去できる.
(2) HAP法は，排水にカルシウムを添加し，アルカリ剤によるpH調整を行い，ヒドロキシアパタイトとして除去するものである.
(3) MAP法は，アンモニアの存在下でマグネシウム剤を添加し，アルカリ剤によるpH調整を行い，りん酸マグネシウムアンモニウムとして除去するものである.
(4) 生物的脱りん法は，活性汚泥によるりんの過剰摂取現象を利用するものである.
(5) 嫌気・無酸素・好気法では，無酸素槽でりんを放出させた後，好気槽でりんを取り込むものである.

解説　(1) 正しい．無機凝集剤による凝集分離処理でりんを除去できる.

$$PO_4^{3-} + Fe^{3+} \rightarrow FePO_4\downarrow \quad (\text{難溶性塩})$$

$$PO_4^{3-} + Al^{3+} \rightarrow AlPO_4\downarrow \quad (\text{難溶性塩})$$

(2) 正しい．HAP（Hydroxyl Apatite：ヒドロキシアパタイト）法は，排水にカルシウムを添加し，アルカリ剤による pH 調整を行い，難溶性のヒドロキシアパタイトとして除去するものである．

$$10Ca^{2+} + 2OH^- + 6PO_4^{3-} \rightarrow Ca_{10}(OH)_2(PO_4)_6\downarrow$$

(3) 正しい．MAP（Magnesium Ammonium Phosphate）法は，アンモニアの存在下でマグネシウム剤を添加し，アルカリ剤による pH 調整を行い，りん酸マグネシウムアンモニウムとして除去するものである．

$$PO_4^{3-} + NH_4^+ + Mg^{2+} + 6H_2O \rightarrow MgNH_4PO_4 \cdot 6H_2O\downarrow$$

(4) 正しい．生物的脱りん法は，活性汚泥を嫌気状態にすると吸収したりんを放出し，次に好気状態にするとりんを通常より多く摂取する性質を利用する方法である．

(5) 誤り．嫌気・無酸素・好気法は，窒素とりんを同時に除去する生物的脱窒素・脱りん法である．その原理は**図 3.42** のとおりである．

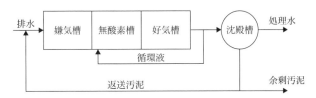

図 3.42　嫌気・無酸素・好気法のフロー

　返送汚泥を嫌気槽に戻すと排水中の有機物を利用し，また硝酸体窒素がないので活性汚泥がりんを通常より多く排出する．次の無酸素槽ではりんが放出されたままである．ここに硝酸体窒素を含む循環液が入ってくると，有機物を消費して硝酸体窒素が脱窒する．次の好気槽では，活性汚泥がりんを通常より多く取り込むため水中のりん濃度は大幅に低下する．また同時に排水中の有機窒素やアンモニア成分は硝化菌によって硝化される．次に沈殿槽を通った処理水のりん濃度は低くなり（汚泥中に多く取り込まれるため），また窒素濃度も脱窒素のため低濃度となる．　　　　　▶ 答（5）

問題 4 【平成 30 年 問11】

りんの除去に関する記述中，（ア）〜（ウ）の　　　の中に挿入すべき語句の組合せとして，正しいものはどれか．

　HAP 法は，原水に　（ア）　を添加し，アルカリ剤による pH 調整を行い，りんを晶析させるものである．MAP 法は，　（イ）　の存在下で　（ウ）　を添加し，アルカリ剤による pH 調整を行って，りんを回収する技術である．

	（ア）	（イ）	（ウ）
(1)	マグネシウム剤	アンモニア	カルシウム剤
(2)	マグネシウム剤	鉄(Ⅲ)イオン	カルシウム剤
(3)	カルシウム剤	アンモニア	マグネシウム剤
(4)	カルシウム剤	鉄(Ⅲ)イオン	マグネシウム剤
(5)	カルシウム剤	塩化物イオン	マグネシウム剤

解説 （ア）「カルシウム剤」である．HAP 法（カルシウムヒドロキシアパタイト法）で
は，りん酸イオンがカルシウムイオンおよび水酸化物イオンと次のように反応して不溶
性のカルシウムヒドロキシアパタイトが生成する．

$$10Ca^{2+} + 2OH^- + 6PO_4^{3-} \rightarrow Ca_{10}(OH)_2(PO_4)_6\downarrow$$

（イ）「アンモニア」である．MAP 法（りん酸マグネシウムアンモニア法）では，マグネ
シウムイオン，アンモニウムイオンおよびりん酸イオンが次のように反応して不溶性の
りん酸マグネシウムアンモニウムが生成する．

$$Mg^{2+} + NH_4^+ + PO_4^{3-} + 6H_2O \rightarrow MgNH_4PO_4 \cdot 6H_2O\downarrow$$

（ウ）「マグネシウム剤」である．

以上から（3）が正解.

▶答（3）

問題5 【平成30年 問18】

生物的脱りん法を用いた有機物とりんを除去する活性汚泥法のフローとして，正し
いものはどれか.

(1)

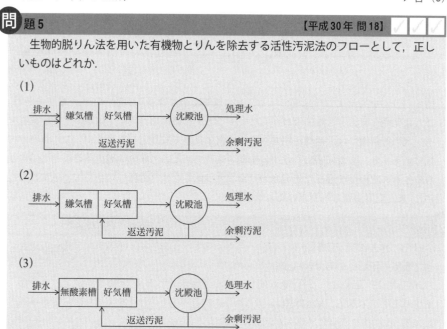

(2)

(3)

(4)

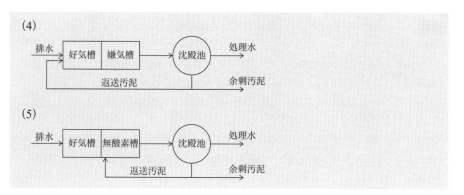

(5)

解説 有機物の除去には，好気槽が必要である．りんを除去するには，嫌気槽でいったん活性汚泥がりんを吐き出し，次に好気槽で通常より多くのりんを吸収する性質を利用する．

（1）の処理フローでは，返送汚泥を最初に嫌気槽に返送しているから，活性汚泥中のりんは吐き出され，次に好気槽に流入するので，ここで活性汚泥は通常より多くのりんを吸収する．その結果，水中のりん濃度は低下する．また，この好気槽で有機物は酸化分解されるので有機物の除去も行われる．

以上から（1）が正解．

▶答（1）

3.4 汚水等処理装置の維持管理

■ 3.4.1 生物処理装置

問 題1 【令和2年 問19】

活性汚泥処理装置の維持管理に関する記述として，誤っているものはどれか．

(1) 曝気槽内のpHが中性付近になるように，事前に中和槽又は曝気槽内で中和する．

(2) 排水中に窒素やりんなどの栄養塩類が不足している場合は，質量比で，BOD：N：P = 100：5：1程度になるように栄養塩類を添加する．

(3) 流入負荷の変動を見込みつつ，曝気槽内の溶存酸素濃度は1 mg/L程度以上になるように管理する．

(4) 曝気槽内の溶存酸素濃度が急上昇した場合は，微生物活動が低下した可能性があり，pHの異常，毒性物質の流入，返送汚泥の停止などの原因が考えられる．

(5) 処理対象となる有機物が，高濃度になると微生物に対して毒性を持つ場合は，貯留槽より少量ずつ注入し，かつ押し出し流れ方式にする．

解説 (1) 正しい．曝気槽内のpHが中性付近になるように，事前に中和槽または曝気槽内で中和する．

(2) 正しい．排水中に窒素やりんなどの栄養塩類が不足している場合は，質量比で，BOD：N：P＝100：5：1程度になるように栄養塩類を添加する．

(3) 正しい．流入負荷の変動を見込みつつ，曝気槽内の溶存酸素濃度は1 mg/L程度以上になるように管理する．

(4) 正しい．曝気槽内の溶存酸素濃度が急上昇した場合は，微生物活動が低下した可能性があり，pHの異常，毒性物質の流入，返送汚泥の停止などの原因が考えられる．

(5) 誤り．処理対象となる有機物が，高濃度になると微生物に対して毒性を持つ場合は，貯留槽より少量ずつ注入し，かつ，すみやかに曝気槽全体に均一混合させる完全混合法にする（図3.32 (c) 参照）．毒性物質の濃度を希薄にするためである．なお，押し出し流れ方式は標準活性汚泥法で用いる． ▶ 答（5）

問題2 【令和元年 問19】

嫌気処理装置の維持管理として，誤っているものはどれか．
(1) 嫌気処理装置は一般に密閉された構造のため内部を見ることができず，処理水又は処理装置内の水質を監視しながら正常な状態を維持する．
(2) 処理水の透明度は高いので，処理水の濁度を監視することによって，汚泥の流出がないよう管理する．
(3) pHの低下は有機酸の蓄積を予測させるため，排水の流入停止などの対応をとる．
(4) ガス発生量の低下は，メタン生成菌の活性低下が予想されるため，排水の流入停止などの対応をとる．
(5) 高温消化では排水の流入が停止し，負荷のない状態が続くと急速に生物活性が低下してしまう．

解説 (1) 正しい．嫌気処理装置は，空気と遮断するため一般に密閉された構造のため内部を見ることができず，処理水または処理装置内の水質を監視しながら正常な状態を維持する．そのほか，処理槽内の汚泥レベル，水温（中温発酵法では36〜38℃，高温発酵法では53〜55℃），処理水のpH（最適は6.8〜7.5），発生ガス量などが監視項目となる（図3.40 参照）．

(2) 誤り．処理水の透明度は低いので，処理水の濁度を監視しても，汚泥流出の管理は容易ではなく，汚泥の流出を見逃しがちとなる．

(3) 正しい．pHの低下は有機酸の蓄積を予測させるため，排水の流入停止などの対応をとる．

(4) 正しい．ガス発生量の低下は，メタン生成菌の活性低下が予想されるため，排水の

流入停止などの対応をとる.

(5) 正しい. 高温消化では排水の流入が停止し, 負荷のない状態が続くと急速に生物活性が低下してしまう.　　　　　　　　　　　　　　　　　　　　　　　　　▶答 (2)

■ 3.4.2　物理化学処理装置の維持管理

問題1　　　　　　　　　　　　　　　　　　　　　　　　　　　【令和5年 問18】

加圧浮上装置の維持管理において, 調整又は監視する項目として, 該当しないものはどれか.
(1) 加圧水ポンプの流量と圧力
(2) 溶解させる空気中の酸素濃度
(3) 空気溶解槽内の気液界面の高さ
(4) 加圧水の吹き出し状態及び微細気泡の発生状況
(5) フロックへの気泡の付着状態及び浮上性スカムの安定性

解説　加圧浮上装置 (図 3.7 参照) は, 加圧した空気を開放して生じた微細な空気を懸濁粒子に付着させ, 見掛けの密度を小さくして懸濁粒子を浮上させる装置である.

(1) 該当する. 加圧水ポンプの流量と圧力は, 調整する項目である.
(2) 該当しない. 空気中の窒素または酸素が溶解すればよいので, 溶解させる空気中の酸素濃度は無関係であり, 調整または監視する項目ではない.
(3) 該当する. 空気溶解槽内の気液界面の高さは, 浮上分離に必要な気固比 A/S (空気量 A 〔g〕, 懸濁物質 S 〔g〕) が一定であるため, 処理水量や SS 濃度によって調整する項目である.
(4) 該当する. 加圧水の吹き出し状態および微細気泡の発生状況は, 正常に稼働しているかを確認するために監視する項目である.
(5) 該当する. フロックへの気泡の付着状態および浮上性スカムの安定性は, 正常に稼働しているかを確認するために監視する項目である.　　　　　　　　　　　　　　　▶答 (2)

問題2　　　　　　　　　　　　　　　　　　　　　　　　　　　【令和5年 問19】

清澄ろ過装置及びその維持管理に関する記述として, 不適切なものはどれか.
(1) 排水処理の分野でろ過装置が使用されるのは, 放流水質の規制強化に伴う高度処理の必要性や再利用を目的とする場合などである.
(2) ろ過によって除去される浮遊物質は, 凝集沈殿処理後のフロックや生物処理後の微生物フロックが主なものである.

第3章　汚水処理特論

219

(3) 高濃度の浮遊物質を含む排水をろ過すると，短時間でろ層が閉塞するため，凝集沈殿などの前処理により浮遊物質濃度を下げておく必要がある．

(4) ろ材が相互に固着して形成されるマッドボールは，ろ層の逆転や混合を引き起こし，ろ過機能に悪影響を与えるので，洗浄を十分にしてその形成を防止する必要がある．

(5) 洗浄に使用する洗浄水には，水道水を使用する．

解説 (1) 適切．排水処理の分野でろ過装置が使用されるのは，放流水質の規制強化に伴う高度処理の必要性や再利用を目的とする場合などである．

(2) 適切．ろ過によって除去される浮遊物質は，凝集沈殿処理後のフロックや生物処理後の微生物フロックが主なものである．

(3) 適切．高濃度の浮遊物質を含む排水をろ過すると，短時間でろ層が閉塞するため，凝集沈殿などの前処理により浮遊物質濃度を下げておく必要がある．

(4) 適切．ろ材が相互に固着して形成されるマッドボール（異物に濁質が付着したかたまり）は，ろ層の逆転や混合を引き起こし，ろ過機能に悪影響を与えるので，洗浄を十分にしてその形成を防止する必要がある．

(5) 不適切．洗浄に使用する洗浄水は，処理水を使用する． ▶答 (5)

問題3 【令和4年 問19】

工場排水の物理化学前処理装置の維持管理に関する記述として，誤っているものはどれか．

(1) 未処理排水と接触する水中の可動部分は腐食しやすいので，定期的な点検，注油，部品交換などの維持管理が重要である．

(2) 貯留槽で曝気による撹拌を行う場合，後段の活性汚泥曝気槽などとブロワーを共用にすることは経済的であり，運転上の問題も減らすことができる．

(3) 貯留槽で起こりやすい障害は，汚泥の堆積とスカムの発生による有効容量の減少で，水量と水質の均一化が不十分になる．

(4) 貯留槽で排水が嫌気的になると硫化水素が発生し，これがスラブや壁面で酸化されて硫酸になり，コンクリートを腐食する．

(5) 作業のため貯留槽内に入るときは，十分な換気を行い，酸欠や硫化水素による中毒に注意する．

解説 (1) 正しい．未処理排水と接触する水中の可動部分は腐食しやすいので，定期的な点検，注油，部品交換などの維持管理が重要である．

(2) 誤り．貯留槽用の曝気ブロワーは専用とすることが望ましく，後段の活性汚泥曝気

槽などとブロワーを共用にすると，貯留槽の水位が常に変化するため，吹込み空気量が変化して好ましくない．

(3) 正しい．貯留槽で起こりやすい障害は，汚泥の堆積とスカムの発生による有効容量の減少で，水量と水質の均一化が不十分になる．

(4) 正しい．貯留槽で排水が嫌気的になると硫化水素が発生し，これがスラブ（slab：コンクリート舗装の面）や壁面で酸化されて硫酸になり，コンクリートを腐食する．

(5) 正しい．作業のため貯留槽内に入るときは，十分な換気を行い，酸欠や硫化水素による中毒に注意する．　　　　　　　　　　　　　　　　　　　　　▶答（2）

問題4　　　　　　　　　　　　　　　　　　　　　【令和3年 問19】

　凝集沈殿処理の維持管理に関する記述として，誤っているものはどれか．

(1) ジャーテストを異なる日時の排水に対して行い，水質指標と処理条件の関係を把握すれば，その後の運転管理が容易になる．

(2) 液体の凝集剤を用いる場合，寒冷地では凍結温度以下にならないように注意する．

(3) 沈殿池では，流入部における浮遊物質による詰まりの除去，流出部における越流堰傾きの調整，さらにスカムや藻類を清掃除去し，短絡流や偏流を防ぐ必要がある．

(4) 沈殿した汚泥をできるだけ低濃度で排出するため，汚泥の引き抜き間隔はできるだけ短く設定した方がよい．

(5) 傾斜板を入れた沈殿池では，傾斜板の上に汚泥が堆積して閉塞に至るので，適宜洗浄する必要がある．

解説　(1) 正しい．ジャーテストを異なる日時の排水に対して行い，水質指標と処理条件の関係を把握すれば，その後の運転管理が容易になる．ジャーテストとは，試験水を入れた500 mLのビーカー5個程度をセットして撹拌機を取り付け，凝集剤の量を変えて添加し適切に撹拌すると，20分程度でフロックが生成するので，撹拌を止めて撹拌機を引き抜き，フロックの大きさや沈降性などから凝集剤の適切な添加量を知る試験をいう．

(2) 正しい．液体の凝集剤を用いる場合，寒冷地では凍結温度以下にならないように注意する．

(3) 正しい．沈殿池では，流入部における浮遊物質による詰まりの除去，流出部における越流堰傾きの調整，さらにスカムや藻類を清掃除去し，短絡流や偏流を防ぐ必要がある．

(4) 誤り．沈殿した汚泥はできるだけ高濃度で，過度の堆積がないように適切な間隔で引き抜かなければならない．

(5) 正しい．傾斜板を入れた沈殿池では，傾斜板の上に汚泥が堆積して閉塞に至るので，適宜洗浄する必要がある．　　　　　　　　　　　　　　　　　　▶答（4）

問題5　　　　　　　　　　　　　　　　　【令和2年 問18】

酸化還元装置及びその維持管理に関する記述として，誤っているものはどれか．
(1) ORP計によって酸化剤又は還元剤を所定電位になるように注入する．
(2) ORP計はpH計と同様に検量線を用いた校正が定期的に必要である．
(3) ORP計の電極面の汚れを清掃し，硫酸鉄(Ⅱ)溶液などで指示値を確認する．
(4) CODの除去に次亜塩素酸ナトリウムあるいはオゾンを用いて化学的酸化をする場合は，通常ORP制御は行わない．
(5) 着色排水の脱色では，酸化剤の添加量はあらかじめ実験によって決定する．

解説　(1) 正しい．ORP（Oxidation-Reduction Potential：酸化還元電位）計によって酸化剤または還元剤を所定電位になるように注入する．

(2) 誤り．ORP計とpH計は検量線を用いた校正を行わない．ORP計は，通常，酸化電位の明確な溶液を使用して電極のチェックを行う．pH計は通常，pH標準液を使用し1点または2点でチェックを行う．

(3) 正しい．ORP計の電極面の汚れを清掃し，硫酸鉄(Ⅱ)溶液などで指示値を確認する．

(4) 正しい．CODの除去に次亜塩素酸ナトリウムあるいはオゾンを用いて化学的酸化をする場合は，通常，CODの除去とORP制御の対応が困難であるため，ORP制御は行わない．

(5) 正しい．着色排水の脱色では，着色の程度とORP制御が対応しないので，酸化剤の添加量はあらかじめ実験によって決定する．　　　　　　　　　　　▶答（2）

問題6　　　　　　　　　　　　　　　　　【令和元年 問18】

物理化学処理装置の維持管理に関する記述として，誤っているものはどれか．
(1) 貯留槽用の曝気ブロワーは，専用とすることが望ましい．
(2) pH計は，定期的な標準液による校正と，電極内部液の補給，電極の洗浄作業が必要である．
(3) 凝集沈殿装置の最適な凝集条件は，排水を一定の条件下で撹拌しながら凝集剤添加量及びpH値を変えて凝集を行って決定する．
(4) ろ過装置で捕捉できる浮遊物質の量は，被ろ過水の浮遊物質濃度とは無関係にほぼ一定である．
(5) ORP計は，フタル酸水溶液を用いて校正する．

解説　(1) 正しい．貯留槽用の曝気ブロワーは，専用とすることが望ましい．

(2) 正しい．pH計は，定期的な標準液による校正と，電極内部液の補給，電極の洗浄作業が必要である．

(3) 正しい．凝集沈殿装置の最適な凝集条件は，排水を一定の条件下で攪拌しながら凝集剤添加量およびpH値を変えて凝集を行って決定する（フロックの大きさ，壊れにくさ，沈降性などが判断基準）．

(4) 正しい．ろ過装置（砂ろ過装置）で捕捉できる浮遊物質の量は，被ろ過水の浮遊物質濃度とは無関係にほぼ一定（100%に近い）である．

(5) 誤り．ORP計は，pH標準液にキンヒドロンを飽和量加えたものを用いる． ▶答（5）

問題7　　　　　　　　　　　　　　　　　　　　【平成30年 問19】

汚水処理装置の維持管理に関する記述として，誤っているものはどれか．

(1) 密閉状態に近い排水の貯留槽内に入る場合は，十分に換気を行い，酸欠や硫化水素中毒に注意し，必ず監視員を置き，酸素マスクを準備することが望ましい．

(2) 排水の滞留部分では嫌気性となり，硫化水素が発生してスラブや壁面の水滴に溶け込むと，硝化菌により酸化されて硝酸となり，コンクリートの腐食の原因となる．

(3) pH調整槽ではpH計と連動するポンプ等により中和剤を添加する．pH計は，定期的な標準液による校正と電極内部液の補給，電極の洗浄が必要である．

(4) 凝集処理装置では，最適な凝集条件を保持することが重要で，ジャーテストにより凝集剤の添加量並びにpH値を決定するのが確実である．

(5) ろ過装置で捕捉できる浮遊物質の総量は，被ろ過水の浮遊物質濃度には依存せずほぼ一定であるので，高濃度の原水をろ過すると短時間でろ層が閉塞し，頻繁な洗浄が必要となる．

解説　(1) 正しい．密閉状態に近い排水の貯留槽内に入る場合は，十分に換気を行い，酸欠や硫化水素中毒に注意し，必ず監視員を置き，酸素マスクを準備することが望ましい．

(2) 誤り．誤りは「硝化菌により酸化されて硝酸となり」で，正しくは「硫黄酸化細菌により酸化されて硫酸となり」である．

$$SO_4^{2-} \xrightarrow{\text{硫黄還元菌}} H_2S \xrightarrow{\text{硫黄酸化菌}} SO_4^{2-}$$

(3) 正しい．pH調整槽ではpH計と連動するポンプ等により中和剤を添加する．pH計は，定期的な標準液による校正と電極内部液の補給，電極の洗浄が必要である．

(4) 正しい．ジャーテストとは，凝集剤をビーカーに攪拌しながら添加し，ついで急速攪拌（120〜150rpm）を2〜3分，緩速攪拌（30〜60rpm）を10〜20分続け，停止して，フロックの生成状況，その大きさ，沈降速度，上澄み液の状態などを比較して最適条件を決める方法をいう．

(5) 正しい．ろ過装置で捕捉できる浮遊物質の総量は，被ろ過水の浮遊物質濃度には依存せずほぼ一定であるので，高濃度の原水をろ過すると短時間でろ層が閉塞し，頻繁な洗浄が必要となる． ▶答（2）

3.5 水質汚濁物質の測定技術

■ 3.5.1 分析の基礎

● 1 計測機器の基礎

 題1 【令和5年 問20】

分析方法に関する記述として，誤っているものはどれか．

(1) 吸光光度法は，試料溶液，あるいはそれに適切な発色試薬を加えて発色させた溶液などの吸光度を測定して，その濃度を求める方法である．

(2) フレーム原子吸光法は，バーナーを用いてフレームをつくり，そこに試料溶液を噴霧して原子蒸気を生成させ，その中に中空陰極ランプなどからの光を透過させ，そのときの吸光度を測定する方法である．

(3) ICP発光分光分析装置のプラズマは完全に電離しているので，完全電離プラズマという．

(4) イオン電極は，溶液中の特定イオンの量（活量）に応答して電位を発生する電極である．

(5) 流れ分析法は，ポンプを利用して水試料，試薬を細管中に流し，反応操作などを行った後，検出部で分析成分を検出して定量する方法である．

解説 (1) 正しい．吸光光度法（図3.43と図3.44参照）は，試料溶液，あるいはそれに適切な発色試薬を加えて発色させた溶液などの吸光度を測定して，その濃度を求める方法である．

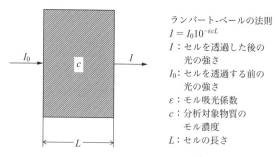

ランバート-ベールの法則
$I = I_0 10^{-\varepsilon c L}$
I：セルを透過した後の光の強さ
I_0：セルを透過する前の光の強さ
ε：モル吸光係数
c：分析対象物質のモル濃度
L：セルの長さ

図3.43 液層による光の吸収[17)

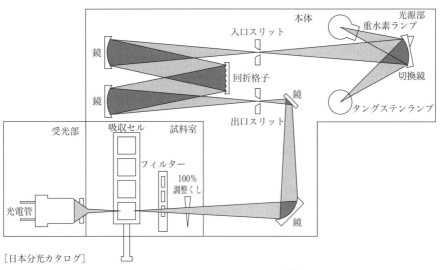

図 3.44　分光光度計の光学系の一例 [17]

（2）正しい．フレーム原子吸光法は，バーナー（**図 3.45** 参照）を用いてフレームをつくり，そこに試料溶液を噴霧して原子蒸気を生成させ，その中に分析対象金属を使用した中空陰極ランプ（**図 3.46** 参照）などからの光を透過させ，そのときの吸光度を測定する方法である．

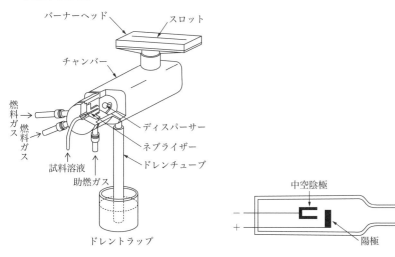

図 3.45　予混合バーナーの一例（JIS K 0121）

図 3.46　中空陰極放電ランプ [14]

(3) 誤り．ICP（Inductively Coupled Plasma：誘導結合プラズマ）発光分光分析装置（**図3.47**参照）のプラズマは完全に電離（原子核と軌道電子の電離）しているのではなく，部分的に分離している状態で，弱電離プラズマという．温度は 6,000℃〜10,000℃ となるため，プラズマに試料を注入すると目的元素は瞬時にイオン化し，それが元に戻るときに発光する波長と発光の強さから分析する．

(4) 正しい．イオン電極は，溶液中の特定イオンの量（活量）に応答して電位を発生する電極である．なお，活量とはネルンストの式に当てはまるように実際の濃度に修正係数を掛けた値である．

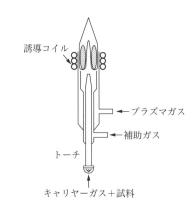

図 3.47　誘導結合プラズマの発光部の一例（JIS K 0116 から）

(5) 正しい．流れ分析法（**図3.48**および**図3.49**参照）は，ポンプを利用して水試料，試薬を細管中に流し，反応操作などを行った後，検出部で分析成分を検出して定量する方法である．

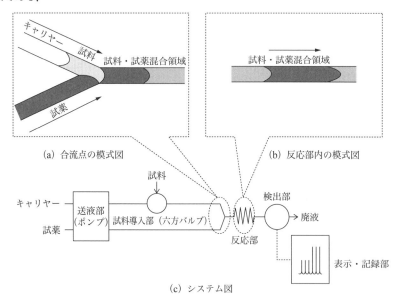

(a) 合流点の模式図　　　　　　　　　(b) 反応部内の模式図

(c) システム図

図3.48　フローインジェクション分析基本構造図（一例）（FIA）
（出典：JIS K 0126 図 2）

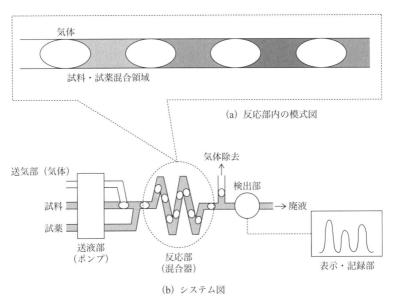

気体

試料・試薬混合領域

(a) 反応部内の模式図

送気部（気体）

試料

試薬

送液部
（ポンプ）

反応部
（混合器）

気体除去

検出部

→ 廃液

表示・記録部

(b) システム図

図 3.49 連続流れ分析基本構成図（一例）（CFA）
（出典：JIS K 0126 図 12）

▶答（3）

 題2

【令和5年 問21】

pH計のスパン校正に関する記述中，（ア）と（イ）の　　　　の中に挿入すべき語
句の組合せとして，最も適切なものはどれか．

試料のpH値が7以下の場合は，検出部を　（ア）　あるいはしゅう酸塩pH標準液に
浸し，pH指示値がこれらの標準液の温度に対応するpH値になるように調節する．7
を超える場合は，ほう酸塩pH標準液あるいは　（イ）　を用いて同様に調節する．

	（ア）	（イ）
(1)	炭酸塩pH標準液	りん酸塩pH標準液
(2)	フタル酸塩pH標準液	炭酸塩pH標準液
(3)	りん酸塩pH標準液	炭酸塩pH標準液
(4)	フタル酸塩pH標準液	りん酸塩pH標準液
(5)	りん酸塩pH標準液	フタル酸塩pH標準液

解説（ア）「フタル酸塩pH標準液」である．25℃でpH4.01である．
（イ）「炭酸塩pH標準液」である．25℃でpH10.01である．

なお，しゅう酸塩標準液は25℃でpH1.68，中性りん酸塩標準液は25℃でpH6.86，

ほう酸塩標準液は25℃で9.18である.

なお，試料のpHが7を少し超える場合は，りん酸塩pH標準液を用いてもよい.

以上から（2）と（4）が正解.

なお，本問は問題文の誤りにより，正解が2つとなっている（一般社団法人産業環境管理協会公害防止管理者試験センター「お知らせ（公害防止管理者等国家試験における試験問題の一部誤りについて）」（2023年10月13日）参照）.　　　　　　　　　▶ 答（2），（4）

問題3　　　　　　　　　　　　　　　　　　　　　【令和4年 問20】

フレーム原子吸光分析装置に関する記述中，下線を付した箇所のうち，誤っているものはどれか.

試料原子化部は，バーナーと (1) 中空陰極ランプで構成される．バーナーには，予混合バーナーと全噴霧バーナーがある．予混合バーナーでは， (2) 助燃ガスによって (3) 試料溶液がチャンバー内に吹き込まれて，燃料ガスと混合され (4) 細かい粒子だけがバーナーヘッドに送られる．その他の粒子は，バーナーには送られず， (5) ドレンチューブから落下する.

解説　（1）誤り．正しくは「流量制御部」である．なお，中空陰極ランプ（図 3.46 参照）は，分析対象元素を陰極に含むもので，分析対象元素に必要な光が得られる．

（2）～（5）正しい．予混合バーナーの例については，図 3.45 参照．なお，図 3.45 中のネブライザーとは霧吹きのことである.　　　　　　　　　　　　　　　　　▶ 答（1）

問題4　　　　　　　　　　　　　　　　　　　　　【令和4年 問21】

ICP発光分光分析装置に関する記述として，誤っているものはどれか.

（1）高温の誘導結合プラズマの中に試料を噴霧し，励起された原子から発する個々の波長の発光強度を測定して，試料中の分析対象元素の濃度を求める方法である.

（2）励起源部は，プラズマを生成・維持するための部分で，電気エネルギーを供給・制御する電源回路及び制御回路からなる.

（3）試料導入部は，試料を発光部に導入するための部分で，ネブライザー，スプレーチャンバーが含まれる.

（4）発光部は，試料中の分析対象元素を励起・発光させるためのもので，トーチとタングステンランプとで構成される.

（5）分光測光部は，発光部から放射された光を効率よく分光部に導く集光系，スペクトル線を分離する分光部及び検出器で構成される.

解説　（1）正しい．高温の誘導結合プラズマの中に試料を噴霧し，励起された原子から発

する個々の波長の発光強度を測定して，試料中の分析対象元素の濃度を求める方法である．ICPとは，Inductively Coupled Plasma（誘導結合プラズマ）の略である．なお，プラズマとは，高温で原子核と電子が分離した状態であるが，ICPのプラズマは，電子，イオン，中性の原子および分子が混在した状態で，弱電離プラズマを使用している．

(2) 正しい．励起源部は，プラズマを生成・維持するための部分で，電気エネルギーを供給・制御する電源回路および制御回路からなる．

(3) 正しい．試料導入部は，試料を発光部に導入するための部分で，ネブライザー（nebulizer：噴霧器），スプレーチャンバーが含まれる．

(4) 誤り．発光部は，試料中の分析対象元素を励起・発光させるためのもので，トーチと誘導コイルとで構成される（図3.47参照）．なお，タングステンランプは，吸光光度法の光源である．

(5) 正しい．分光測光部は，発光部から放射された光を効率よく分光部に導く集光系，スペクトル線を分離する分光部および検出器で構成される． 　▶答（4）

問 題5　　　　　　　　　　　　　　　　　　　　　　　　　　【令和4年 問22】

　排水の検定で用いられる流れ分析法に関する記述として，誤っているものはどれか．

(1) 水試料，試薬を細管中に流し，反応操作などを行った後，検出部で分析成分を検出して定量する方法である．

(2) 手分析に比べて測定における省力化が図れ，試薬などの使用量が少ないなどの利点がある．

(3) フローインジェクション分析（FIA）法と連続流れ分析（CFA）法に大別される．

(4) CFA法では，細管内の流れが渦流（乱流）となり，試料や試薬がよく混合される．

(5) CFA法は，細管内の試薬又は試料の流れの中に精製水を導入して分節する．

解説　(1) 正しい．水試料，試薬を細管中に流し，反応操作などを行った後，検出部で分析成分を検出して定量する方法である．

(2) 正しい．手分析に比べて測定における省力化が図れ，試薬などの使用量が少ないなどの利点がある．

(3) 正しい．フローインジェクション分析（FIA）法（図3.48参照）と，連続流れ分析（CFA）法（図3.49参照）に大別される．FIA法は，細管内の試薬または試料の流れの中にそれぞれ試薬または試料を導入し，反応操作などを行った後，下流に設けた検出部で分析成分を検出して定量する方法である．CFA法は，細管内の試薬または試料の流れの中に気体を導入して分節し，それぞれ試薬または試料を導入することによって反応操作などを行った後，下流に設けた検出部で分析成分を検出して定量する方法である．

(4) 正しい．CFA法では，細管内の流れが渦流（乱流）となり，試料や試薬がよく混合

される.

(5) 誤り．CFA 法は，細管内の試薬または試料の流れの中に気体を導入して分節する．「精製水」が誤り． ▶答（5）

問題6 【令和4年 問23】

紫外線吸光光度法による全窒素の測定に関する記述として，誤っているものはどれか．

(1) 試料にペルオキソ二硫酸カリウムのアルカリ性溶液を加えて，高圧蒸気滅菌器中で加熱酸化分解を行う．

(2) 分解終了後，試料溶液の pH を 2 ～ 3 に調整する．

(3) 波長 880 nm の吸光度を測定して硝酸イオン濃度を求め，窒素濃度に換算する．

(4) 共存有機物の少ない試料に適する．

(5) 海水のように多量の臭化物イオンを含むような試料には適さない．

解説 (1) 正しい．試料にペルオキソ二硫酸カリウムのアルカリ性溶液を加えて，高圧蒸気滅菌器中で加熱酸化分解を行う．

(2) 正しい．分解終了後，生成する炭酸イオンを二酸化炭素として追い出すため，試料溶液の pH を 2 ～ 3 に調整する．

(3) 誤り．波長 220 nm の吸光度を測定して硝酸イオン濃度を求め，窒素濃度に換算する．

(4) 正しい．共存有機物の少ない試料に適する．

(5) 正しい．海水のように多量の臭化物イオンを含むような試料には適さない．臭化物イオンは紫外部に吸収があり，また酸化分解で臭素酸イオンとなり，紫外部にさらに大きな吸収がある． ▶答（3）

問題7 【令和3年 問20】

フレーム原子吸光法に関する記述として，誤っているものはどれか．

(1) バーナーを用いてフレーム（炎）を作り，そこに試料溶液を噴霧して原子蒸気を生成させる．

(2) 試料原子化部は光源とガス流量制御部で構成される．

(3) 測光方式には，シングルビーム方式とダブルビーム方式とがある．

(4) 光源としては，中空陰極ランプ，高輝度ランプ，低圧水銀ランプなどが用いられる．

(5) 検出部は，検出器への入射光の光強度を，その強度に応じた電気信号に変換する部分で，光電子倍増管，光電管又は半導体検出器が用いられる．

解説 (1) 正しい．バーナーを用いてフレーム（炎）を作り，そこに試料溶液を噴霧して原子蒸気を生成させる．原子吸光法は，基底状態の原子が光を吸収して励起状態に遷移する現象を利用する．

(2) 誤り．試料原子化部はバーナー（図 3.45 参照）とガス流量制御部で構成される．

(3) 正しい．測光方式には，シングルビーム方式とダブルビーム方式とがある．シングルビーム方式は，一本の光束で測定する．ダブルビーム方式は，光束をハーフミラーなどで分割し，片方を原子化部に通し，他方は迂回して参照光として光強度変化を補正する（**図 3.50** 参照）．

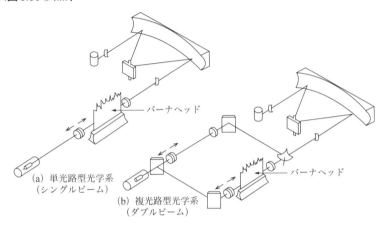

（a）単光路型光学系
（シングルビーム）

（b）複光路型光学系
（ダブルビーム）

バーナヘッド

図 3.50　原子吸光分光光度計の光学系
（出典：日本作業環境測定協会『作業環境測定ガイドブック 4 金属類』）

(4) 正しい．光源としては，分析対象元素を陰極に含む中空陰極ランプ（図 3.46 参照），高輝度ランプ，低圧水銀ランプなどが用いられる．

(5) 正しい．検出部は，検出器への入射光の光強度を，その強度に応じた電気信号に変換する部分で，光電子増倍管，光電管または半導体検出器が用いられる．　　▶答（2）

問題8　　　　　　　　　　　　　　　　　　　　　　　【令和3年 問21】

　ICP 発光分光分析法に関する記述中，下線を付した箇所のうち，誤っているものはどれか．

　気体の温度を上げていくと，原子の(1)外殻電子が離れてイオンが生成し，電子，イオン，中性の原子及び分子が混合した状態となる．ICP のプラズマは完全には電離していないので，(2)弱電離プラズマという．ICP は，(3)誘導コイルに高周波電流を流して生ずる(4)電磁誘導によってプラズマを生成しているので「誘導結合プラズマ」と呼ばれ，その中心部の温度は(5)2,000 ～ 3,000℃と高温である．

(1) ～ (4) 正しい．なお，ICP は Inductively Coupled Plasma の略で誘導結合プラズマである．

(5) 誤り．「6,000 ～ 10,000℃」である．

ICP プラズマ発光分光分析法は，高温状態にある電子，イオン，中性の原子が元に戻るとき，原子特有の光を発生するので，それを測定して原子を同定したり定量したりする方法である．

▶答 (5)

問題9

流れ分析法に関する記述中，下線を付した箇所のうち，誤っているものはどれか．

流れ分析法は，フローインジェクション分析（FIA）法と連続流れ分析（CFA）法に大別される．いずれも水試料，試薬を(1)細管中に流し，(2)反応操作などを行った後，検出部で分析成分を検出して定量する方法である．(3)CFA法は，(1)細管内の試料又は試薬の流れの中に(4)気体を導入して分節する．分節を行う主な理由は，管の中の流れが(5)層流となり，試料や試薬がよく混合されるからである．

(1) ～ (4) 正しい．

(5) 誤り．「渦流（乱流）」である．

フローインジェクション分析（FIA）法は図 3.48 参照．連続流れ分析（CFA）法は図 3.49 参照．

▶答 (5)

問題10

燃焼酸化–赤外線式のTOC計を用いた測定に関する記述中，下線を付した箇所のうち，誤っているものはどれか．

1チャンネル方式は(1)自動計測にも使用される．試料に(2)アルカリを加えてpH10以上とし，これにパージガスを通気して(3)無機体炭素を除去する．この試料を燃焼し，生成した(4)二酸化炭素を(5)非分散型赤外線ガス分析計で測定する．

(1) 正しい．TOC は Total Organic Carbon の略で全有機炭素を表す．

(2) 誤り．「塩酸またはりん酸を加えて pH2 以下」が正しい．

(3) ～ (5) 正しい．

▶答 (2)

問題11

フレーム原子吸光法に関する記述中，下線を付した箇所のうち，誤っているものはどれか．

試料中に含まれる分析対象元素をフレーム（炎）中で(1)励起状態の原子とし，その(2)原子蒸気層に原子の(3)共鳴線を透過させたときの吸光度を測定することによっ

232

て濃度を求める．測定用の光源には (4) 中空陰極ランプ（ホロカソードランプ）が，紫外部全域にわたるバックグラウンド補正用の光源には (5) 重水素ランプが主に用いられる．

解説 (1) 誤り．「基底状態」である．
(2) ～ (5) 正しい．　　　　　　　　　　　　　　　　　　　　　　▶ 答 (1)

問題12　　　　　　　　　　　　　　　　　　　【令和元年 問21】☑☑☑

pH標準液の保存方法に関する記述中，下線を付した箇所のうち，誤っているものはどれか．

pH標準液は，(1) 共栓ポリエチレン瓶又は (2) 共栓ほうけい酸ガラス瓶に入れ，(3) 密栓して保存する．長期間保存した場合は，新しく調製したものと比較し有効性を確認する．(4) りん酸塩標準液は空気中の二酸化炭素を吸収し変質しやすい．使用した標準液は (5) 元の瓶には戻さず廃棄する．

解説 (1) ～ (3) 正しい．
(4) 誤り．りん酸塩標準液は，pH7.41（25℃）であるため二酸化炭素を吸収しないが，炭酸塩 pH 標準液は pH が 10.01 であるため二酸化炭素を吸収し変質しやすい．
(5) 正しい．　　　　　　　　　　　　　　　　　　　　　　　　▶ 答 (4)

問題13　　　　　　　　　　　　　　　　　　　【令和元年 問22】☑☑☑

ICP発光分光分析法に関する記述中，下線を付した箇所のうち，誤っているものはどれか．

ICP発光分光分析法では，誘導コイルに (1) 高周波電流を流し電磁誘導によって生成する (2) 高温の (3) 誘導結合プラズマの中に試料を噴霧し，(4) 基底状態の原子から発する個々の波長の (5) 発光強度を測定する．

解説 (1) ～ (3) 正しい．ICP は Inductively Coupled Plasma の略で，誘導結合プラズマである（図3.47参照）．
(4) 誤り．「励起状態」が正しい．
(5) 正しい．　　　　　　　　　　　　　　　　　　　　　　　　▶ 答 (4)

問題14　　　　　　　　　　　　　　　　　　　【令和元年 問24】☑☑☑

ORP計で酸化還元電位を測定する際の酸化還元反応において，酸化体を O_x，還元体を Red とするとき，その反応が次式で表されるとする．

$$O_x + ne^- \rightleftarrows Red$$

このときの参照電極に対する電位 E を最も適切に表す式はどれか.

ただし，E_0：測定系の基準電位

　　　　R：気体定数

　　　　T：絶対温度

　　　　F：ファラデー定数

　　　　n：反応に関与する電子の数

また，[　]は活量を表す.

(1) $E = E_0 + \dfrac{RT}{nF}\ln\dfrac{[O_x]}{[\text{Red}]}$

(2) $E = E_0 + \dfrac{nF}{RT}\ln\dfrac{[O_x]}{[\text{Red}]}$

(3) $E = E_0 + \dfrac{nRT}{F}\ln\dfrac{[O_x]}{[\text{Red}]}$

(4) $E = E_0 + \dfrac{nRT}{F}\ln\dfrac{[\text{Red}]}{[O_x]}$

(5) $E = E_0 + \dfrac{F}{nRT}\ln\dfrac{[\text{Red}]}{[O_x]}$

解説 ORP計で酸化還元電位を測定する際の酸化還元反応において，酸化体を O_x，還元体を Red とするとき，その反応は次式で表される.

$$O_x + ne^- \rightleftarrows \text{Red}$$

このときの参照電極に対する電位 E を表す式は次のとおりである.

$$E = E_0 + RT/nF \times \ln([O_x]/[\text{Red}])$$

ただし，E_0：測定系の基準電位，R：気体定数，T：絶対温度，F：ファラデー定数，

　　　　n：反応に関与する電子の数

以上から（1）が正解. ▶答（1）

問題 15 【平成30年 問20】

フレーム原子吸光法に関する記述中，下線を付した箇所のうち，誤っているものはどれか.

フレーム原子吸光法では，(1)トーチと誘導コイルを用いてフレームを作り，そこに(2)試料溶液を噴霧して(3)原子蒸気を生成させ，その中を(4)中空陰極ランプなどからの光を透過させた際の(5)吸光度を測定する.

解説 (1) 誤り.「バーナー」が正しい. なお，「トーチと誘導コイル」を用いるものはICP発光分光分析法で，プラズマを利用して試料の発光から分析する方法である.

(2) ～ (5) 正しい. ▶答 (1)

　　TOC計に関する記述として，誤っているものはどれか.
(1) 水中に存在する有機物に含まれている炭素を燃焼により二酸化炭素まで酸化
　　し，それに必要な酸素の重量として表示する.
(2) TOCは，CODやBODより短時間で測定できるという特長がある.
(3) 燃焼酸化方式のTOC計では，有機物に含まれている炭素の酸化で生じた二酸化
　　炭素を赤外線により定量している.
(4) 2チャンネル方式では，全炭素（TC）から全無機体炭素（TIC）を減じてTOC
　　を得る.
(5) 1チャンネル方式では，試料を酸性とし，これにパージガスを通気して無機体炭
　　素を除去する.

解説　(1) 誤り. TOC計（Total Organic Carbon計：全炭素計）は，水中に存在する有
　機物に含まれている炭素から燃焼により生成した二酸化炭素を非分散型赤外線ガス分析
　計し，炭素（C）の重量として表示する.
(2) 正しい. TOCは，CODやBODより短時間で測定できるという特長がある.
(3) 正しい.
(4) 正しい. 2チャンネル方式は，600 ～ 1,000℃で無機炭素と有機炭素のすべてを二酸
　化炭素にして測定し（TC：Total Carbon：全炭素），次に，りん酸に浸した石英チップ
　を充填した約150℃に保った反応管内で，その別の試料から炭酸塩を発生させて，こ
　れを測定し（TIC：Total Inorgaic Carbon：全無機体炭素），TOC ＝ TC － TICから求
　める.
(5) 正しい. 1チャンネル方式は，塩酸またはりん酸を加えてpH2以下（酸性）にしてこ
　れにパージガスを通気して二酸化炭素となった無機体炭素を先に除去し，その後燃焼部
　で燃焼して生じた二酸化炭素を求める. ▶答 (1)

■ 3.5.2　測定各論

● 1　浮遊物質（SS）

　　濁度計に用いられる測定方式に関する記述として，誤っているものはどれか.
(1) 透過光方式は，構造が簡単で試料や粒子の着色，窓の汚れなどの影響はない.

第3章　汚水処理特論

(2) 散乱光方式は，入射光と直角方向で液中粒子による散乱光を測定する．

(3) 表面散乱方式は，試料セルを用いないので，窓の汚れの問題がない．

(4) 散乱光・透過光方式は，散乱光の強度と透過光の強度との比から濁度を求める．

(5) 積分球方式は，散乱光の強度と全透過光の強度との比から濁度を求める．

解説 (1) 誤り．透過光方式は，構造が簡単であるが試料や粒子の着色，窓の汚れなどの影響を受けやすい．このため排水用として用いられることはない．

(2) 正しい．散乱光方式は，入射光と直角方向で液中粒子による散乱光を測定する．

(3) 正しい．表面散乱方式は，ある角度で光を入射させ，液中粒子による表面散乱を測定する．試料セルを用いないので，窓の汚れの問題がない．

(4) 正しい．散乱光・透過光方式は，散乱光の強度と透過光の強度との比から濁度を求める．この方法は，窓の汚れおよび液の着色による影響を低く抑えられる．

(5) 正しい．積分球方式は，散乱光の強度と全透過光の強度との比から濁度を求める．

▶答（1）

問題2 【平成30年 問21】

浮遊物質の試験に関する記述中，下線を付した箇所のうち，誤っているものはどれか．

浮遊物質（懸濁物質）は，網目 (1)2 mm のふるいを通過した試料の適量を孔径 (2)0.05 μm のガラス繊維ろ紙でろ過した時に，ろ紙上に捕捉される物質で，その物質を (3)水洗後，(4)105 〜 110℃ で2時間加熱乾燥し，(5)デシケーター中で放冷した後の質量を測定し，試料1L中の質量（mg）で表す．

解説 (1) 正しい．

(2) 誤り．「1 μm」が正しい．

(3) 〜 (5) 正しい．

▶答（2）

● 2 フェノール

問題1 【令和2年 問22】

フェノール類の検定に関する記述中，下線を付した箇所のうち，誤っているものはどれか．

4-アミノアンチピリン吸光光度法では，前処理で (1)蒸留した試料を (2)pH4 以下に調節し，これに4-アミノアンチピリン溶液と (3)ヘキサシアノ鉄(III)酸カリウム溶液を加えて，生成する (4)アンチピリン色素の吸光度を (5)波長510 nm付近で測定する．

解説 (1) 正しい.

(2) 誤り.「約pH10」が正しい.

(3) ～ (5) 正しい. ▶答 (2)

問題2 【平成30年 問22】

　フェノール類の検定に関する記述中，下線を付した箇所のうち，誤っているものはどれか.

　採取した試料を保存する場合は，(1) りん酸で約pH4にし，(2) 硫酸銅(Ⅱ)を加え，(3) 0～10℃の暗所とする. 4-アミノアンチピリン吸光光度法では，前処理した試料のpHを(4) 約7に調節し，これに4-アミノアンチピリン溶液と(5) ヘキサシアノ鉄(Ⅲ)酸カリウム溶液を加えて，生成するアンチピリン色素の吸光度を測定する.

解説 (1) ～ (3) 正しい.

(4) 誤り.「約10」が正しい.

(5) 正しい. ▶答 (4)

● 3 窒 素

問題1 【令和5年 問24】

　全窒素の測定に関する記述中，下線を付した箇所のうち，誤っているものはどれか.

　総和法では，二つの試料をとり，その片方で(1) 亜硝酸イオンと硝酸イオンに相当する窒素量を求め，他方でアンモニアと(2) 有機体の窒素化合物に相当する窒素量を求め，それらの和を全窒素とする. 紫外線吸光光度法では，試料に(3) アルカリ性ペルオキソ二硫酸塩を添加し，(4) 120℃，30分間で加熱酸化分解して，すべての窒素化合物を(5) アンモニウムイオンに変換して，その紫外部の吸収を測定して全窒素を求める.

解説 (1) ～ (4) 正しい. 総和法では，すべてアンモニウムイオンとしてインドフェノール青吸光光度法あるいはサルチル酸-インドフェノール青吸光光度法で定量する.

(5) 誤り. 正しくは「硝酸イオン」である. ▶答 (5)

問題2 【令和3年 問23】

　全窒素の測定に関する記述として，誤っているものはどれか.

(1) 紫外線吸光光度法では，試料にペルオキソ二硫酸カリウムの酸性溶液を加えて，高圧蒸気滅菌器で加熱酸化分解を行い，試料中の窒素化合物を硝酸イオンに変える.

(2) 紫外線吸光光度法では，分解終了後の試料溶液のpHを2～3に調節し，硝酸イオンによる波長220 nmの吸光度を測定して硝酸イオン濃度を求め，窒素濃度に換算する.

(3) 総和法では二つの試料をとり，その片方で亜硝酸イオンと硝酸イオンに相当する窒素の量を，他方でアンモニアと有機体の窒素化合物に相当する窒素の量を求め，それらの和を全窒素とする.

(4) 流れ分析法では，試料中の窒素化合物を酸化分解し，その結果生じる硝酸イオンの定量を流れ分析法によって行い，全窒素を定量する.

(5) 流れ分析法は懸濁物質の多い試料をそのまま測定するのには適していない.

解説 (1) 誤り．紫外線吸光光度法では，試料にペルオキソ二硫酸カリウムのアルカリ性溶液を加えて，高圧蒸気滅菌器で加熱酸化分解を行い，試料中の窒素化合物を硝酸イオンに変える.

(2) 正しい．紫外線吸光光度法では，分解終了後の試料溶液のpHを2～3に調節し（二酸化炭素を溶液から揮散させるため），硝酸イオンによる波長220 nmの吸光度を測定して硝酸イオン濃度を求め，窒素濃度に換算する.

(3) 正しい．総和法では2つの試料をとり，その片方で亜硝酸イオンと硝酸イオンに相当する窒素の量（還元してアンモニウムイオンにして測定）を，他方でアンモニアと有機体の窒素化合物に相当する窒素の量（アンモニウムイオンとして測定）を求め，それらの和を全窒素とする.

(4) 正しい．流れ分析法では，試料中の窒素化合物を酸化分解し，その結果生じる硝酸イオンの定量を流れ分析法によって行い，全窒素を定量する.

(5) 正しい．流れ分析法は懸濁物質の多い試料をそのまま測定するのには適していない.

▶答 (1)

問題3 【令和2年 問23】 ✓ ✓ ✓

紫外線吸光光度法による全窒素の検定方法に関する記述中，下線を付した箇所のうち，誤っているものはどれか.

紫外線吸光光度法では，試料に (1)ペルオキソ二硫酸カリウムのアルカリ性溶液を加え，(2)約120℃に加熱して窒素化合物を (3)亜硝酸イオンに変えるとともに共存する (4)有機物を分解する．この溶液の (5)pHを2～3とした後，波長220 nmの吸光度を測定する.

解説 (1)，(2) 正しい.

(3) 誤り．「硝酸イオン」が正しい.

(4)，(5) 正しい．なお，pHを2～3にするのは，試料中の炭酸イオンを追い出すためである．

▶答（3）

問題4　【令和元年 問23】

　　紫外線吸光光度法による全窒素の測定に関する記述中，下線を付した箇所のうち，誤っているものはどれか．
　　試料に(1)ペルオキソ二硫酸カリウムの(2)酸性溶液を加えて高圧蒸気滅菌器中で(3)120℃で(4)30分間の加熱酸化分解を行う．終了後pHを調節した後，波長(5)220 nmの吸光度から硝酸イオン濃度を求め，窒素濃度に換算する．

解説　(1) 正しい．ペルオキソ二硫酸カリウムは酸化剤である．
(2) 誤り．「アルカリ性」が正しい．
(3) ～ (5) 正しい．

▶答（2）

● 4　り　ん

問題1　【令和3年 問24】

　　全りんの測定に関する記述中，下線を付した箇所のうち，誤っているものはどれか．
　　試料にペルオキソ二硫酸カリウム溶液を加え，高圧蒸気滅菌器中で(1)120℃，30分間加熱酸化分解して種々の形態のりんを(2)りん酸イオンとする．この分解法の代わりに(3)硝酸–過塩素酸分解法，(4)硝酸–塩素分解法を適用してもよい．分解によって得られた(2)りん酸イオンは，(5)モリブデン青吸光光度法により定量する．

解説　(1) ～ (3) 正しい．
(4) 誤り．「硝酸–硫酸分解法」が正しい．
(5) 正しい．

▶答（4）

問題2　【令和2年 問25】

　　全りんの検定に関する記述中，下線を付した箇所のうち，誤っているものはどれか．
　　ペルオキソ二硫酸カリウム分解法では，試料にペルオキソ二硫酸カリウムを加え，(1)120℃の高圧蒸気滅菌器中で加熱して(2)有機物などを分解し，生成した(3)りん酸イオンを(4)インドフェノール青吸光光度法で定量し，これを(5)りんの濃度で表す．

解説　(1) ～ (3) 正しい．
(4) 誤り．「モリブデン青吸光光度法」が正しい．これは，りん酸イオンにモリブデン酸塩，アスコルビン酸などを加えて生じたモリブデン青を吸光光度法で測定する方法であ

る．なお，インドフェノール青吸光光度法は，アンモニウムイオンを測定する方法である．

(5) 正しい． ▶答 (4)

問題3 【平成30年 問23】 ✓ ✓ ✓

流れ分析法による全りんの測定に関して，次に示す酸化分解前処理モリブデン青発色FIA法の構成の（ア）〜（ウ）に該当する語句の組合せとして，最も適切なものはどれか．

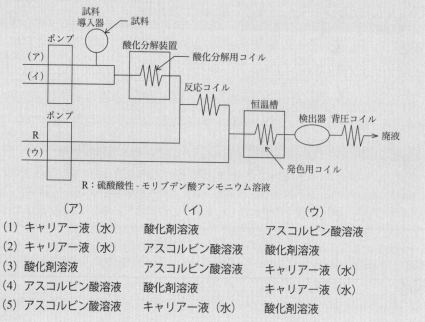

R：硫酸酸性-モリブデン酸アンモニウム溶液

	（ア）	（イ）	（ウ）
(1)	キャリアー液（水）	酸化剤溶液	アスコルビン酸溶液
(2)	キャリアー液（水）	アスコルビン酸溶液	酸化剤溶液
(3)	酸化剤溶液	アスコルビン酸溶液	キャリアー液（水）
(4)	アスコルビン酸溶液	酸化剤溶液	キャリアー液（水）
(5)	アスコルビン酸溶液	キャリアー液（水）	酸化剤溶液

解説 りんの酸化分解前処理モリブデン青発色FIA法は，試料を酸化分解してりん酸イオンとして，次にりん酸イオンと硫酸酸性-モリブデン酸アンモニウム溶液を添加して発色させ定量する分析法である．なお，アスコルビン酸溶液を添加する理由は，酸化剤で塩素イオンが塩素に酸化されると発色が妨害されることを防ぐためである．

（ア）「キャリアー液（水）」である．
（イ）「酸化剤溶液」である．
（ウ）「アスコルビン酸溶液」である．

以上から（1）が正解． ▶答 (1)

● 5 酸 素

問題1　　　　　　　　　　　　　【令和5年 問22】☑☑☑

　BOD試験における溶存酸素の定量に関する記述として，誤っているものはどれか．
(1) よう素滴定法は，溶存酸素の標準的な定量法であるが，酸化性及び還元性物質，懸濁物，着色物質の影響を受けやすい欠点がある．
(2) よう素滴定法では，試料に硫酸マンガン(II)溶液とアルカリ性よう化カリウム‒アジ化ナトリウム溶液を加え，溶存酸素との反応により水酸化マンガン(III)を生成させる．
(3) ミラー変法は，アルカリ性で，酒石酸塩の存在下で試料中の溶存酸素が鉄(II)を酸化し，鉄(III)とする反応を利用する方法である．
(4) 隔膜電極法には，ガルバニ電池方式と非分散型赤外線方式とがある．
(5) 光学式センサ法では，蛍光物質やりん光物質などが塗布されたセンサキャップ，励起光源，光検出部等から構成されている光学式センサを試料に浸して溶存酸素濃度を測定する．

解説　(1) 正しい．よう素滴定法は，次のような原理による．試料に硫酸マンガン(II)溶液とアルカリ性よう化カリウム溶液を加えると，試料水中の溶存酸素との反応によって水酸化マンガン(III)が生成する．

$$2KOH + MnSO_4 \rightarrow Mn(OH)_2 + K_2SO_4 \qquad ①$$
$$4Mn(OH)_2 + O_2 + 2H_2O \rightarrow 4Mn(OH)_3 \qquad ②$$

　式②となった状態に硫酸を加えると，水酸化マンガン(III)の沈殿は溶け，よう素が遊離するので，これを濃度既知のチオ硫酸ナトリウム溶液で滴定する．

$$2Mn(OH)_3 + 2KI + 3H_2SO_4 \rightarrow I_2 + 2MnSO_4 + K_2SO_4 + 6H_2O \qquad ③$$
$$I_2 + 2Na_2S_2O_3 \rightarrow 2NaI + Na_2S_4O_6 \qquad ④$$

　この反応では，酸化や還元反応が関係しているため，酸化性および還元性物質，懸濁物，着色物質の影響を受けやすい欠点がある．
(2) 正しい．この反応では，亜硝酸(HNO_2)が共存すると，よう化物イオンと反応し，よう素を遊離して妨害するので，あらかじめアジ化ナトリウム(NaN_3)を添加してこれを分解しておく．

$$2HNO_2 + 2HI \rightarrow I_2 + 2H_2O + 2NO$$
$$HNO_2 + NaN_3 \rightarrow N_2 + N_2O + NaOH$$

(3) 正しい．ミラー変法は，アルカリ性でメチレン指示薬を入れ硫酸アンモニウム鉄(II)溶液で溶存酸素を滴定する．滴定の終点は，過剰になった鉄(II)がメチレンブルーを還元して無色となった点である．鉄(II)は溶存酸素で鉄(III)に酸化されるが，鉄(III)の沈

殿を防ぐために錯体を生成する酒石酸塩を添加しておく．

(4) 誤り．溶存酸素電極には，隔膜ガルバニ電池方式と隔膜ポーラログラフ方式がある．前者は試料中の溶存酸素だけを通す膜を通過した酸素によって作用電極（白金や金など）と対極（鉛，アルミニウムなど）間に発生する電流値から溶存酸素濃度を求めるものである．後者は銀などを陽極，金や白金を陰極として，電解質に浸し，電極間に $-0.5 \sim -0.8\,\mathrm{V}$ の電圧をかけることにより，溶存酸素を還元して生じる還元電流を利用するものである．

(5) 正しい．光学式センサ法は，試料中で励起された蛍光物質，りん光物質などが発する光を測定する際，試料中に酸素が存在すると消光作用によって発光量が減少するので，この消光作用が溶存酸素量に比例することを利用した測定法である．装置は，蛍光物質やりん光物質などが塗布されたセンサキャップ，励起光源，光検出部等から構成されている． ▶答（4）

問題2 【令和2年 問20】

　溶存酸素の測定に関する記述中，下線を付した箇所のうち，誤っているものはどれか．

　隔膜式電極法は，試料中の溶存酸素だけを通す膜を通過した酸素によって $_{(1)}$下線金属電極間に発生する $_{(2)}$電流値から，溶存酸素濃度を求める．

　光学式センサ法は，蛍光物質やりん光物質などが塗布されたセンサキャップ， $_{(3)}$励起光源， $_{(4)}$光検出部から構成され，塗布された蛍光物質やりん光物質が発する光が試料中の溶存酸素による $_{(5)}$増光作用等を受けることを利用して溶存酸素濃度を求める．

解説 (1)〜(4) 正しい．
(5) 誤り．「消光作用」が正しい．消光作用が溶存酸素に比例することを利用した方法である． ▶答（5）

● 6　ノルマルヘキサン抽出物質

問題1 【令和5年 問23】

　ノルマルヘキサン抽出物質及びその試験に関する記述中，下線を付した箇所のうち，誤っているものはどれか．

　ノルマルヘキサン抽出物質とは，試料を $_{(1)}$pH8以上の弱アルカリ性としヘキサンを加えて混合してヘキサン層に分配する物質を抽出した後， $_{(2)}$約80℃でヘキサンを揮散させたときに残留する物質をいう．この試験は， $_{(2)}$約80℃， $_{(3)}$30分間の乾燥で揮散しない $_{(4)}$動植物油脂類， $_{(5)}$グリースなどの鉱物油類を対象としているが，炭化水

素誘導体，脂肪酸類，エステル類，アミン類，フェノール類，界面活性剤などもヘキサンによって抽出されるため，これらも測定値に含まれる.

解説 (1) 誤り. 正しくは「pH4 以下の弱酸性」である. アルカリ性にすると油脂類が加水分解するおそれがある.
(2) 〜 (5) 正しい. ▶答 (1)

 題2 【令和2年 問21】

ノルマルヘキサン抽出物質の検定方法に関する記述中，下線を付した箇所のうち，誤っているものはどれか.

ノルマルヘキサン抽出物質とは試料を (1)アルカリ性とし，ヘキサン抽出を行った後，(2)約80℃でヘキサンを揮散させたときに残留する物質をいう.

この試験は，主として揮散しにくい(3)鉱物油及び(4)動植物油脂類の定量を目的とするが，これらのほかヘキサンに抽出された(5)揮散しにくいものは，定量値に含まれる.

解説 (1) 誤り. 「酸性」が正しい. アルカリ性で加水分解する油分を避けるためである.
(2) 〜 (5) 正しい. ▶答 (1)

■ 3.5.3 計測機器と関連する語句（特徴）

問 題1 【令和5年 問25】

濁度計に関する記述として，誤っているものはどれか.
(1) 透過光方式では，試料槽の一方から光を入射させ，その反対側で，試料中の懸濁物によって減衰した光を測定する.
(2) 散乱光方式では，試料槽の一方から光を入射させ，試料中の懸濁物による散乱光を測定する.
(3) 散乱光・透過光方式は，透過光方式に比べ試料の着色，気泡，窓の汚れによる影響が大きい.
(4) 表面散乱光方式は，試料をオーバーフローさせながら連続測定できる.
(5) 積分球方式では，積分球を用いて試料中の懸濁物による散乱光と透過光を測定し，その比から濁度を求める.

解説 (1) 正しい. 透過光方式では，試料槽の一方から光を入射させ，その反対側で，試料中の懸濁物によって減衰した光を測定する（**表3.5**参照）.
(2) 正しい. 散乱光方式では，試料槽の一方から光を入射させ，試料中の懸濁物による

散乱光を測定する.

(3) 誤り. 散乱光・透過光方式は，散乱光と透過光の比から濁度を求めるもので，この方式は透過光方式に比べ試料の着色，気泡，窓の汚れによる影響が小さい.

(4) 正しい. 表面散乱光方式は，試料中の懸濁物質の表面散乱光を測定するもので，窓がないので窓の汚れの問題はなく，試料の着色の影響も少ない. また，試料をオーバーフローさせながら連続測定できる.

表 3.5　濁度計の方式[17]

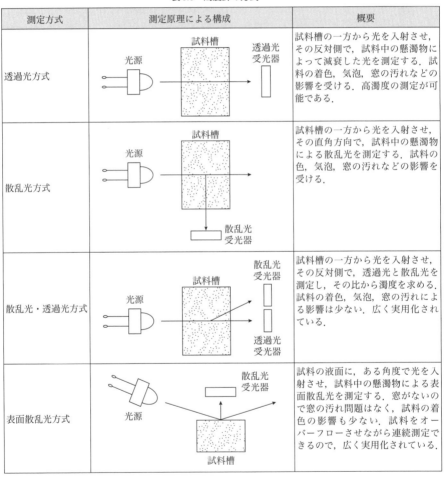

測定方式	測定原理による構成	概要
透過光方式		試料槽の一方から光を入射させ，その反対側で，試料中の懸濁物によって減衰した光を測定する. 試料の着色，気泡，窓の汚れなどの影響を受ける. 高濁度の測定が可能である.
散乱光方式		試料槽の一方から光を入射させ，その直角方向で，試料中の懸濁物による散乱光を測定する. 試料の色，気泡，窓の汚れなどの影響を受ける.
散乱光・透過光方式		試料槽の一方から光を入射させ，その反対側で，透過光と散乱光を測定し，その比から濁度を求める. 試料の着色，気泡，窓の汚れによる影響は少ない. 広く実用化されている.
表面散乱光方式		試料の液面に，ある角度で光を入射させ，試料中の懸濁物による表面散乱光を測定する. 窓がないので窓の汚れ問題はなく，試料の着色の影響も少ない. 試料をオーバーフローさせながら連続測定できるので，広く実用化されている.

表 3.5　濁度計の方式[17]（つづき）

測定方式	測定原理による構成	概要
積分球方式	光源　試料槽　散乱光受光器　透過光受光器　透過光散乱光　積分球　ライトトラップ	試料槽に光を入射させ，積分球を用いて試料中の懸濁物による散乱光と透過光を測定し，その比から濁度を求める．測定方式上から散乱光・透過光方式の一形式といえる．試料の着色の影響は少ない．

(5) 正しい．積分球方式は，積分球（外部から入射した光は内壁で拡散反射を繰り返し空間的に積分され，均一化された光の一部を取り出す球）を用いて試料中の懸濁物による散乱光と透過光を測定し，その比から濁度を求める．散乱光・透過光方式と類似した形式である．　　　　　　　　　　　　　　　　　　　　　　　　　　　　▶答（3）

問 題2　　　　　　　　　　　　　　　　　　　【令和4年 問24】 ✓ ✓ ✓

TOC計に関する記述として，誤っているものはどれか．
(1) 水中の有機物に含まれている炭素を定量するものである．
(2) COD，BOD に比べて短時間で測定値を得ることができる．
(3) 1チャンネル方式では，試料を酸性（pH2 以下）とし，パージガスを通気して無機体炭素を除去する．
(4) 2チャンネル方式による測定では，全炭素（TC）から全無機体炭素（TIC）を減じてTOCを得る．
(5) 1チャンネル方式及び2チャンネル方式いずれの方式も，生成した二酸化炭素を隔膜電極法で測定している．

解説　(1) 正しい．水中の有機物に含まれている炭素を定量するものである．なお，TOCは，Total Organic Carbon の略で，全有機炭素のことである．
(2) 正しい．TOCは，試料を燃焼して生成した二酸化炭素を定量する方法であるから，COD，BOD に比べて短時間で測定値を得ることができる．
(3) 正しい．1チャンネル方式では，試料に塩酸またはりん酸溶液を添加して酸性（pH2以下）とし，パージガスを通気して無機体炭素を除去した試料を燃焼して，二酸化炭素を定量する．
(4) 正しい．2チャンネル方式は，白金などの触媒を充塡した燃焼管を 600 ～ 1,000℃ にしてキャリヤーガスを通し，有機体炭素と無機体炭素（炭酸塩や炭酸水素塩など）から生じた二酸化炭素（TC）を1チャンネル方式と同様な方法で測定する．次にりん酸に浸した石英チップを充塡した約150℃ の反応管に一定量の試料を注入し，無機体炭素

から生じた二酸化炭素（TIC）を同様に測定して，TOC＝TC－TIC から TOC を求める．

(5) 誤り．1 チャンネル方式および 2 チャンネル方式いずれの方式も，生成した二酸化炭素を非分散型赤外線ガス分析計で測定している．なお，隔膜電極法は溶存酸素計に使用される．　　　　　　　　　　　　　　　　　　　　　　　　　　　　▶答（5）

問題3　　　　　　　　　　　　　　　　　　　　　　　　【令和4年 問25】

計測機器に関する記述として，誤っているものはどれか．

(1) 電気伝導率の測定は 1 対の電極に挟まれた溶液の電気伝導度を測定し，電極面積や電極間距離，電極の表面状態から定められる定数（セル定数）から電気伝導率に換算する．

(2) ORP 計の実際の測定では白金電極（金電極なども使用される）と参照電極を試料中に浸し，その間の電位差を測定する．

(3) 溶存酸素電極には，隔膜形ガルバニ電池式及び隔膜形ポーラログラフ式などがある．

(4) 濁度計で用いる標準液は，カオリン標準液のほうがホルマジン標準液より安定性，再現性に優れている．

(5) pH の測定には，最も簡便で信頼性の高いガラス電極法が広く用いられている．

解説　(1) 正しい．電気伝導率の測定は，1 対の電極に挟まれた溶液の電気伝導度を測定し，電極面積や電極間距離，電極の表面状態から定められる定数（セル定数）から電気伝導率に換算する．

(2) 正しい．ORP 計（Oxidation-Reduction Potential：酸化還元電位計）の実際の測定では，白金電極（金電極なども使用される）と参照電極を試料中に浸し，その間の電位差を測定する．

(3) 正しい．溶存酸素電極には，隔膜形ガルバニ電池式および隔膜形ポーラログラフ式などがある．前者は，試料中の溶存酸素だけを通す膜を通過した酸素によって，作用電極（白金や金など）と対極（鉛，アルミニウムなど）間に発生する電流値から溶存酸素濃度を求めるものである．後者は，銀などを陽極，金や白金を陰極として，電解質に浸し，電極間に $-0.5 \sim -0.8\,\mathrm{V}$ の電圧をかけることにより，溶存酸素を還元して生じる還元電流を利用するものである．

(4) 誤り．濁度計で用いる標準液は，ホルマジン標準液の方がカオリン標準液より安定性，再現性に優れている．

(5) 正しい．pH の測定には，最も簡便で信頼性の高いガラス電極法が広く用いられている．　　　　　　　　　　　　　　　　　　　　　　　　　　　▶答（4）

3.5

水質汚濁物質の測定技術

問題4　【令和3年 問25】

TOC計に関する記述として，誤っているものはどれか．
(1) 水中の有機物に含まれている炭素を定量するものである．
(2) COD，BODに比べて短時間で測定値を得ることができる．
(3) 燃焼酸化方式のTOC計には1チャンネル方式と2チャンネル方式があり，いずれも生成した二酸化炭素を非分散形赤外線ガス分析計で測定している．
(4) 1チャンネル方式では，水酸化ナトリウム溶液等を添加して試料をアルカリ性とし，パージガスを通気して無機体炭素をあらかじめ除去する．
(5) 2チャンネル方式による測定では，全炭素（TC）から全無機体炭素（TIC）を減じてTOCを得る．

解説　(1) 正しい．水中の有機物に含まれている炭素を定量するものである．TOCはTotal Organic Carbonの略で，全有機炭素のことである．

(2) 正しい．TOCの測定時間は1～5分程度であるので，COD（30～40分程度），BOD（最低5日）に比べて短時間で測定値を得ることができる．

(3) 正しい．燃焼酸化方式のTOC計には1チャンネル方式と2チャンネル方式があり，いずれも生成した二酸化炭素を非分散形赤外線ガス分析計で測定している．

(4) 誤り．1チャンネル方式では，塩酸またはりん酸溶液を添加して試料を酸性とし，パージガスを通気して無機体炭素をあらかじめ除去した試料について燃焼部で生じた二酸化炭素を非分散形赤外線ガス分析計で測定する．2チャンネル方式は，白金などの触媒を充填した燃焼管を600～1,000℃にしてキャリヤーガスを通し，有機体炭素と無機体炭素（炭酸塩や炭酸水素塩など）から生じた二酸化炭素（TC）を同様な方法で測定する．次にりん酸に浸した石英チップを充填した約150℃の反応管に一定量の試料を注入し，無機体炭素から生じた二酸化炭素（TIC）を同様にして測定して，TOC＝TC－TICからTOCを求める．

(5) 正しい．2チャンネル方式による測定では，全炭素（TC）から全無機体炭素（TIC）を減じてTOCを得る．　　　　　　　　　　　　　　　▶答 (4)

問題5　【平成30年 問24】

次の分析法又は計測機器と，それに関連する語句との組合せとして，誤っているものはどれか．

（分析法又は計測機器）	（関連する語句）
(1) 吸光光度法	ランバート・ベールの法則
(2) 電気伝導率計	セル定数
(3) ORP計	ネルンストの式

(4)	pH計	隔膜ポーラログラフ式
(5)	BOD計	クーロメトリー方式

解説 (1) 正しい．吸光光度法は，ランバート-ベールの法則，$I = I_0 10^{-\varepsilon cL}$ から吸光度 E が $E = \varepsilon cL$ となることを利用した分析法である．ここに，I：セルを透過した後の光の強さ，I_0：セルを透過する前の光の強さ，ε：モル吸光係数，c：分析対象物質のモル濃度，L：セルの長さ．

(2) 正しい．電気伝導率計は，いろいろな形および大きさのセルを用いるので，電気伝導率が既知の溶液（通常，塩化カリウム溶液）を用いて，セルに固有なセル定数を求めておき，測定された電気伝導度にこれを乗じて電気伝導率を求める．

(3) 正しい．ORP計（Oxidation-Reduction Potential：酸化還元電位）は，酸素濃度が参照電極に対して次式（ネルンストの式）の電位を生じることを利用した酸素還元電位計である．

$$E = E_0 + S \log a$$

ここに，E_0：電極で定まる定数，S：ネルンスト定数 $= 2.3RT/(nF)$，
R：気体定数，T：絶対温度，n：溶解した酸素イオンの価数，
F：ファラデー定数，a：溶解した酸素イオン濃度

(4) 誤り．pH計は，水素イオン活量の逆数を常用対数で表したものであるが，ネルンストの式を基本としている．なお，隔膜ポーラログラフ式は，酸素濃度計で銀などを陽極，金や白金を陰極として，電解質に浸し，電極間に $-0.5 \sim -0.8\,\mathrm{V}$ の電圧をかけることにより，溶存酸素を還元して生じる還元電流を利用するものである．

(5) 正しい．BOD計のクーロメトリー方式は，電気量から酸素量を求めるものである．培養瓶に試料をとり，20℃，5日間電磁スターラでかき混ぜながら培養し，生じた二酸化炭素は培養瓶内に取り付けてある吸収剤で吸収される．圧力センサが培養瓶に連結してあり，酸素の減圧分だけ硫酸銅溶液を定電流電解し，酸素を補給して圧力が回復すると電解は停止する．5日間の電気量から消費した酸素量を求める． ▶ 答（4）

第 4 章

水質有害物質特論

4.1 いろいろな処理法

■ 4.1.1 水酸化物・凝集沈殿法・硫化物法

問題1　　　　　　　　　　　　　　　　　【令和5年 問1】

共沈法では，共存重金属の存在下で起こる共沈現象を利用するが，その反応機構の説明として最も不適切なものはどれか.

(1) ある物質が他の物質をそれ自身の内部に包み込む現象である吸蔵

(2) 重金属水酸化物の表面電荷に起因する吸着

(3) キレート錯体の生成

(4) 異種の金属が架橋を形成する複合多核錯体の生成

(5) 難溶性塩の生成

解説　(1) 適切. ある物質が他の物質をそれ自身の内部に包み込む現象である吸蔵は，共沈現象である.

(2) 適切. 重金属水酸化物の表面電荷に起因する吸着は，共沈現象である.

(3) 不適切. キレート錯体（カニのハサミのように金属イオンを包むように配位子が配位した錯体. 図4.1参照）は，共沈を妨害するものであるから，不適切である. キレート封鎖されている重金属を他の元素と置換する置換法が適用される.

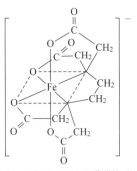

エチレンジアミンテトラ酢酸（EDTA）　　エチレンジアミンテトラ酢酸鉄（III）

図4.1　EDTAと鉄イオン錯体の立体構造

(4) 適切. 異種の金属が架橋を形成する複合多核錯体は，オール結合（-OH-）で同一または異種の金属間で架橋を形成するものであり，その生成は共沈の反応機構である. 例：異種金属の場合，右図のようになる.

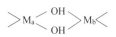

(5) 適切. 難溶性塩の生成のために多めに鉄(III)やアルミニウム塩を添加することは, 共沈現象を使用した処理である.　　　　　　　　　　　　　　　　　　　▶答（3）

 題2　　　　　　　　　　　　　　　　　　　　　　【令和5年 問9】

　排水の処理方法として, 凝集沈殿が用いられない排水はどれか.
(1) 水銀排水
(2) シアン排水
(3) アンモニア排水
(4) ふっ素排水
(5) クロム(VI)排水

解説　(1) 用いられる. 水銀排水は, 硫化物を生成させて凝集沈殿を行う.
(2) 用いられる. シアン排水は, 一段反応（一次分解）と二段反応（二次分解）を経て分解するが, その後, シアンと分離した金属類については水酸化物にして凝集沈殿を行う（4.2.6 問題3（令和3年 問9）の図4.8参照. シアンの分解反応については4.2.6 問題2（令和4年 問8）の解説参照）.
(3) 用いられない. アンモニア排水において, 生物処理では沈殿槽で活性汚泥の沈殿を行うが, 凝集剤を使用する凝集沈殿は行わない. 物理化学処理（アンモニアストリッピング法, 不連続点塩素処理法, イオン交換法, 触媒分解法：4.2.8 問題1（令和4年 問9）の解説参照）では, 凝集沈殿処理は行わない.
(4) 用いられる. ふっ素排水の処理では, 水酸化カルシウムや硫酸ばん土を使用した後, 凝集剤を使用して凝集沈殿を行う.
(5) 用いられる. クロム(VI)排水の処理では, 還元剤を用いてクロム(III)に還元し, その後, pH調整して水酸化クロムとした後, 凝集沈殿を行う.　　　　　　　　　　▶答（3）

 題3　　　　　　　　　　　　　　　　　　　　　　【令和5年 問10】

　重金属排水を水酸化物法で処理するとき, 排水に含まれると, 重金属と錯体又はキレートを形成して処理を阻害する物質として, 誤っているものはどれか.
(1) 酒石酸
(2) EDTA
(3) くえん酸
(4) アンモニア
(5) カルシウムイオン

解説　(1) 正しい. 酒石酸は, 重金属とキレートを形成し, 排水中の金属の水酸化物法

による処理を阻害する.

(2) 正しい．EDTA は，エチレンジアミンテトラ酢酸のことで，多くの重金属と強いキレートを形成し，金属の水酸化物法による処理を阻害する（図 4.1 参照）．

(3) 正しい．くえん酸は，重金属とキレートを形成し，排水中の金属の水酸化物法による処理を阻害する．

(4) 正しい．アンモニア（NH_3）は，重金属イオンと錯体を形成し，排水中の重金属の水酸化物法による処理を阻害する．例：$Zn(NH_3)_4^{2+}$，$Cu(NH_3)_4^{2+}$

COOH
|
H-C-OH
|
H-C-OH
|
COOH

酒石酸

$H_2C-COOH$
|
$HOOC-C-OH$
|
$H_2C-COOH$

くえん酸

(5) 誤り．カルシウムイオンは，排水に含まれても水酸化物法による処理を阻害しない．

▶答（5）

問題4　【令和3年 問1】

次に示す重金属排水の処理に用いられるアルカリ剤のうち，キレート剤による処理性能の低下を軽減する効果があり，汚泥減容効果が高いものはどれか.

(1) カセイソーダ（水酸化ナトリウム）
(2) 消石灰（水酸化カルシウム）
(3) ソーダ灰（炭酸ナトリウム）
(4) 石灰石（炭酸カルシウム）
(5) 水酸化マグネシウム

解説　キレート剤による処理性能の低下を軽減する効果とは，例えば，排水中にキレート剤 X とカドミウムがキレート錯体となって水酸化物沈殿ができない場合，マグネシウムイオンが次のようにカドミウムと置換し，カドミウムの水酸化物沈殿処理が可能となることである．

$$\text{X-Cd} \xrightarrow{\text{Mg}^{2+}} \text{X-Mg} + \text{Cd}^{2+} \xrightarrow{\text{NaOH または Ca(OH)}_2} \text{X-Mg} + \text{Cd(OH)}_2\downarrow$$

また，水酸化マグネシウムは，汚泥減容効果が著しい．したがって（5）が正解．

▶答（5）

問題5　【令和3年 問2】

重金属排水を凝集沈殿処理するために使用されるアルカリ剤の中和特性や使用上の注意事項に関する記述として，誤っているものはどれか.

(1) カセイソーダは液状で使用するため，中和速度が速く，pH 調整が容易である．

(2) 消石灰はカセイソーダに比べ高価であるため，小規模な排水処理で使用される場合が多い．

(3) 水酸化マグネシウムは乳液で使用するため，薬品貯留や薬液配管での沈殿防止対策が必要である．

(4) 石灰石の使用例として，濃厚ふっ酸廃液の処理がある．

(5) ソーダ灰は，中性から弱アルカリ域での処理に有効である．

解説 (1) 正しい．カセイソーダ（水酸化ナトリウム）は液状で使用するため，中和速度が速く，pH 調整が容易である．

(2) 誤り．消石灰（水酸化カルシウム）はカセイソーダに比べ安価であるため，大規模な排水処理で使用される場合が多い．

(3) 正しい．水酸化マグネシウムは水に難溶であり，水に分散した乳液で使用するため，薬品貯留や薬液配管での沈殿防止対策が必要である．

(4) 正しい．石灰石（炭酸カルシウム）の使用例として，濃厚ふっ酸廃液の処理がある．
$$CaCO_3 + 2HF \rightarrow CaF_2 + CO_2 + H_2O$$

(5) 正しい．ソーダ灰（炭酸ナトリウム：$NaCO_3$）は，中性から弱アルカリ域にする処理に有効である．　　　　　　　　　　　　　　　　　　　　　　　　　　▶ 答 (2)

問題6　【令和2年 問1】

水酸化物法による重金属排水の処理に関する記述として，誤っているものはどれか．

(1) カセイソーダや消石灰などのアルカリ剤を添加して行う．

(2) 多くの重金属の処理が可能である．

(3) 薬注制御は，ORP 計で行うことが一般的である．

(4) ランニングコストが低く，極めて実用的な処理法である．

(5) 両性金属は金属錯イオンとなって再溶解するので，注意が必要である．

解説 (1) 正しい．カセイソーダ（水酸化ナトリウム）や消石灰（水酸化カルシウム）などのアルカリ剤を添加して行う．水に難溶性の水酸化物として沈殿除去する．
$$例　Cd^{2+} + 2NaOH \rightarrow Cd(OH)_2\downarrow + 2Na^+$$

(2) 正しい．多くの重金属の処理が可能である．

(3) 誤り．薬注制御は，pH 計で行うことが一般的である．ORP 計は酸化還元を行うときに使用され，シアンの酸化と六価クロムの還元に pH 計と共に用いられる．

(4) 正しい．ランニングコストが低く，極めて実用的な処理法である．

(5) 正しい．両性金属（酸性でもアルカリ性でも一定以上で溶解する金属）は金属錯イオンとなって再溶解するので，注意が必要である．

例　$M^{n+} + nOH^- \rightleftarrows M(OH)_n \rightleftarrows [H_{n-1}MO_n^-]H^+$

▶答（3）

問題7 【令和2年 問2】

水酸化物法による重金属排水の処理において，重金属と錯体を形成することにより処理を阻害し得る物質として，誤っているものはどれか.
(1) くえん酸
(2) トリエタノールアミン
(3) 硝酸ナトリウム
(4) エチレンジアミン
(5) EDTA

解説 (1) 正しい. くえん酸は金属と錯体を生成する.

(2) 正しい. トリエタノールアミン（$N(CH_2\text{-}CH_2\text{-}OH)_3$）は金属と錯体を生成する.

(3) 誤り. 硝酸ナトリウム（$NaNO_3$）は，金属と錯体を生成しない.

(4) 正しい. エチレンジアミン（$NH_2\text{-}CH_2\text{-}CH_2\text{-}NH_2$）は，金属と錯体を生成する.

(5) 正しい. EDTA（エチレンジアミンテトラ酢酸. 図4.1参照）は，金属と錯体を生成する.

▶答（3）

問題8 【平成30年 問1】

硫化物法による重金属排水の処理に関する記述として，誤っているものはどれか.
(1) 硫化物法では，一般にpH4以下の酸性領域で処理を行う.
(2) 水銀，カドミウムの硫化物の溶解度積は，水酸化物の溶解度積に比べ非常に小さい.
(3) 過剰硫化ナトリウムが存在すると，硫化物は多硫化物となり再溶解を起こす.
(4) 鉄塩の添加によって過剰硫化物イオンを固定し，同時に生成する水酸化物の共沈効果により凝集性が向上する.
(5) 硫化水素の毒性，臭気，腐食性などに留意して排水処理を行う.

解説 (1) 誤り. 硫化物法は，一般に中性領域から弱アルカリ性の領域で処理をする.

(2) 正しい. 水銀，カドミウムの硫化物の溶解度積は，水酸化物の溶解度積に比べ非常に小さい.

(3) 正しい. 過剰硫化ナトリウムが存在すると，硫化物は次のように多硫化物となり再溶解を起こす. $nM^{2+} + mS^{2-} \rightarrow M_nS_m^{-2(m-n)}$

(4) 正しい. 鉄塩の添加によって過剰硫化物イオンを固定し，同時に生成する水酸化物

の共沈効果により凝集性が向上する.

(5) 正しい. 硫化水素の毒性, 臭気, 腐食性などに留意して排水処理を行う. ▶答（1）

■ 4.1.2　フェライト法

 題1 【令和4年 問2】

重金属排水の処理技術に関する記述として, 誤っているものはどれか.

(1) 重金属排水は一般に酸性であり, 凝集沈殿法で処理するためには, アルカリ剤によるpH調整が必要である.

(2) 共沈処理は, 共沈剤を添加しない凝集沈殿法に比べ, 重金属を微量まで処理できる効果的な技術である.

(3) キレート剤を含む排水の処理では, キレート剤の濃度が低くなるように, 濃厚液の分別が重要となる.

(4) 硫化物法は, pH中性領域での処理が可能など優れた面があるが, 硫化水素の毒性, 臭気性, 腐食性のため排水処理に適用されている例は少ない.

(5) 鉄(II)イオンのほかに複数の重金属が共存するとマグネタイトは生成しないため, フェライト法は各種重金属を含む排水の一括処理には適用できない.

解説 (1) 正しい. 重金属排水は, 一般に酸性（一般に金属類は酸性溶液に溶解する）であり, 水酸化物として凝集沈殿法で処理するためには, アルカリ剤によるpH調整が必要である.

(2) 正しい. 共沈処理は, 共沈剤を添加しない凝集沈殿法に比べ, 重金属を微量まで処理できる効果的な技術である.

(3) 正しい. キレート剤を含む排水の処理では, キレート剤の濃度が低くなるように, 濃厚液の分別が重要となる. 濃厚液ではキレート剤の使用を避け, 希薄となったところで使用する.

(4) 正しい. 硫化物法は, pH中性領域での処理が可能など優れた面があるが, 硫化水素の毒性, 臭気性, 腐食性のため, 排水処理に適用されている例は少ない.

(5) 誤り. 鉄(II)イオンのほかに複数の重金属が共存すると, 水に不溶で強磁性体のマグネタイト $(M_xFe_{3-x}O_4 : M = Fe, Co, Mn, Ni, Cu, Mg, Zn, Cd など)$ が生成するため, フェライト法は各種重金属を含む排水の一括処理に適用されている. なお, フェライトとは, $MO \cdot Fe_2O_3$ (M : Fe, Co, Mn, Ni, Cu, Mg, Zn, Cd など) で表される, 鉄を主成分とする固溶体の総称であり, スピネル型結晶を持つ磁性体結晶をマグネタイトという. ▶答（5）

問題2

重金属排水のフェライト処理技術に関する記述として，誤っているものはどれか.

(1) フェライトは鉄を主成分とする固溶体の総称で，スピネル形結晶を持つ磁性体結晶をマグネタイトという.

(2) 鉄(II)イオンを含む溶液にアルカリを加えて加熱するとマグネタイトが生成する.

(3) 重金属はフェライトの結晶構造に取り込まれるが，溶出しやすい欠点がある.

(4) フェライト処理は，各種重金属の一括処理が可能である.

(5) EDTAや有機酸のようなキレート剤が共存する場合は，前処理として酸化分解処理が必要である.

解説 (1) 正しい. フェライトは鉄を主成分とする固溶体の総称で，スピネル形結晶を持つ磁性体結晶をマグネタイト ($M_xFe_{3-x}O_4$：M = Fe, Co, Mn, Ni, Cu, Mg, Zn, Cd など) という.

(2) 正しい. 鉄(II)イオンを含む溶液にアルカリを加えて加熱するとマグネタイトが生成する.

(3) 誤り. 重金属はフェライトの結晶構造に取り込まれるが，溶出しにくい長所がある.

(4) 正しい. フェライト処理は，各種重金属の一括処理が可能である.

(5) 正しい. EDTAや有機酸のようなキレート剤が共存する場合は，前処理として酸化分解処理が必要である.

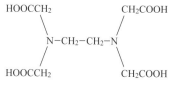

エチレンジアミンテトラ酢酸 (EDTA)

▶ 答 (3)

問題3

フェライト法に関する次の記述中，下線を付した箇所のうち，誤っているものはどれか.

重金属を含む排水中に (1)鉄(II)イオンを適当量加え，(2)酸を添加後，(3)60℃以上に加熱すると，重金属イオンを含む (4)強磁性マグネタイトの結晶が生成し，分離回収される. この方法は (5)小規模排水の処理に適した処理技術と考えられている.

解説 (1) 正しい.

(2) 誤り. 「アルカリ」が正しい. モル比で 2NaOH/FeSO₄ を添加する.

(3) ～ (5) 正しい.

▶ 答 (2)

4.1 いろいろな処理法

■ 4.1.3 置換法

問題1　　　　　　　　　　　　　　　　　　　　【令和2年 問4】☑☑☑

置換法による重金属排水の処理に関する記述として，誤っているものはどれか．

(1) キレート剤で封鎖されている重金属を他の金属で置換し，置換された重金属を水酸化物として沈殿させる方法である．

(2) 置換法には，Mg塩法とFe + Ca塩法がある．

(3) Mg塩法は，汚泥減容効果やCOD吸着性などの優れた特性を有する．

(4) キレート剤の濃度が低くなれば，錯体は不安定となり，水酸化物法で処理できることもある．

(5) 置換反応は，原則としてアルカリ側で行ったほうがよい．

解説　(1) 正しい．キレート剤で封鎖されている重金属 (M) を他の金属 (Mg^{2+}) で置換し，置換された重金属を水酸化物として沈殿させる方法である．

(2) 正しい．置換法には，次に示すようにMg塩法とFe + Ca塩法がある．

Mg塩法

$$X \cdot M \xrightarrow{\quad Mg^{2+} \quad} X \cdot Mg + M^{2+} \xrightarrow[\quad Ca(OH)_2 \quad]{NaOH \text{ または}} X \cdot Mg + M(OH)_2\downarrow$$

Fe + Ca塩法

$$X \cdot M \xrightarrow{\quad Fe^{2+} \quad} X \cdot Fe + M^{2+} \xrightarrow[\quad CaCl_2 + NaOH \quad]{Ca(OH)_2 \text{ または}} X \cdot Ca + M(OH)_2\downarrow + Fe(OH)_3\downarrow$$

(3) 正しい．Mg塩法では，汚泥は金属の水酸化物だけであるから汚泥減容効果や，金属の水酸化物に有機物が吸着されることがあるためCODの減少 (COD吸着性) などの優れた特性を有する．

(4) 正しい．キレート剤の濃度が低くなれば，錯体は不安定となり，水酸化物法で処理できることもある．

(5) 誤り．置換反応は，金属がイオンであることが必要だから原則として金属がイオンとなる酸性側で行った方がよい．アルカリ側では金属イオンが水酸化物となりやすくなるため置換反応が進行しにくくなる．　　　　　　　　　　　　　　　　▶答 (5)

■ 4.1.4　イオン交換法

問題1

【令和5年 問2】

イオン交換法に関する記述として，誤っているものはどれか.

(1) イオン交換樹脂は比較的高価であるので，一般に再生して使用することが多い.

(2) 有価金属の回収や工程水の回収などの目的に使用されることが多い.

(3) 共存塩類が多量に存在すると，目的イオンの除去が不可能になることがある.

(4) イオン交換樹脂は，水中のイオンを交換吸着するもので，陽イオンを交換吸着するときには，陰イオン交換樹脂が使用される.

(5) キレート樹脂は，特定の重金属を選択的に吸着する目的に使用されることが多い.

解説　(1) 正しい. イオン交換樹脂は比較的高価であるので，一般に再生して使用することが多い.

(2) 正しい. 有価金属の回収や工程水の回収などの目的に使用されることが多い.

(3) 正しい. 共存塩類が多量に存在すると，それらの金属イオンも吸着するので，目的イオンの除去が不可能になることがある.

(4) 誤り. イオン交換樹脂は，水中のイオンを交換吸着するもので，陽イオンを交換吸着するときは，陽イオン交換樹脂が使用される.

$$\text{-R-SO}_3^- \cdot \text{H}^+ + \text{Na}^+ \rightarrow \text{-R-SO}_3^- \cdot \text{Na}^+ + \text{H}^+$$

なお，陰イオン交換樹脂では

$$\text{-CH}_2(\text{CH}_3)_3\text{N}^+ \cdot \text{OH}^- + \text{Cl}^- \rightarrow \text{-CH}_2(\text{CH}_3)_3\text{N}^+ \cdot \text{Cl}^- + \text{OH}^-$$

(5) 正しい. キレート樹脂は，特定の重金属を選択的に吸着する目的に使用されることが多い（4.2.2 問題1（令和5年 問4）の表4.2参照）. 例：水銀用キレート樹脂.

▶答（4）

■ 4.1.5　活性炭吸着法

問題1

【令和5年 問6】

活性炭吸着法による処理で，最も効果が期待できない排水はどれか.

(1) セレン(VI)排水

(2) 塩化水銀(II)排水

(3) トリクロロエチレン排水

(4) 有機りん排水

(5) PCB排水

解説 (1) 期待できない．セレン(VI)排水の活性炭吸着は，セレン(IV)と異なり吸着が期待できない（4.2.5 問題1（令和4年 問5）の図4.7参照）．

(2) 期待できる．塩化水銀(II)排水の活性炭吸着は，アルカリ性よりも酸性の方が吸着効果がよい．

(3) 期待できる．トリクロロエチレン排水の活性炭吸着は，吸着量は多くないが，ごく微量まで吸着除去できるので期待できる（4.2.9 問題2（令和元年 問9）の図4.14参照）．

(4) 期待できる．有機りん排水の活性炭吸着は，疎水性で水に難溶であるが，溶解しているものは吸着量が多く，低濃度まで除去できる．

(5) 期待できる．PCB排水の活性炭吸着は，有機りんと同様に疎水性で水に難溶であるが，溶解しているものは吸着量が多く，低濃度まで除去できる． ▶答（1）

■ 4.1.6 混合処理問題

問題1 【令和4年 問1】

有害物質を含む排水の処理に関する記述として，誤っているものはどれか．

(1) 重金属は分解できないため，排水から分離する技術が主体となる．

(2) 1,4-ジオキサンは一般的な凝集沈殿法では除去困難である．

(3) ベンゼンは生物分解法により比較的容易に分解できる．

(4) 有機塩素系化合物，農薬，ポリ塩化ビフェニル（PCB）などは，塩素酸化，オゾン酸化あるいは電解酸化により容易に分解される．

(5) 使用済み吸着剤や有害物質含有スラッジの後処理に注意する必要がある．

解説 (1) 正しい．重金属は分解できないため，排水から分離する技術が主体となる．

(2) 正しい．1,4-ジオキサンは，一般的な凝集沈殿法では除去困難である．

(3) 正しい．ベンゼンは，生物分解法により比較的容易に分解できる．

1,4-ジオキサン

(4) 誤り．有機塩素系化合物，農薬，ポリ塩化ビフェニル（PCB）などは，塩素酸化，オゾン酸化あるいは電解酸化によっても分解困難な場合が多い．

(5) 正しい．使用済み吸着剤や有害物質含有スラッジの後処理では，再溶解することがあるので注意する必要がある． ▶答（4）

問 題1　

重金属を含むスラッジの処理に関する記述として，誤っているものはどれか．

(1) スラッジをコンクリート固化しても，有害物質の溶出を完全に防ぐことはできない．

(2) 炭酸塩の脱水スラッジは，水酸化物スラッジと異なり，埋立処理した場合は，雨水や地下水によって重金属が溶出することはない．

(3) スラッジを製錬所などの溶鉱炉に戻して，再利用する山元還元法がある．

(4) 焼結処理法では，クロムのように，酸化されて水によく溶解する形になる場合がある．

(5) スラッジからの有価金属の回収においては，金属含有量とともに含水率が重要である．

解説　(1) 正しい．スラッジをコンクリート固化しても，有害物質の溶出を完全に防ぐことはできない．

(2) 誤り．炭酸塩の脱水スラッジは，水酸化物スラッジと異なり，埋立処理した場合は，雨水や地下水によって重金属が溶出することがある．一般に炭酸塩（MCO_3）は水酸化物のように安定ではなく，また水酸化物ほど難溶ではない．

(3) 正しい．スラッジを製錬所などの溶鉱炉に戻して，再利用する山元還元法がある．

(4) 正しい．焼結処理法では，クロムのように，酸化されて水によく溶解する形になる場合がある．$Cr(III)$ は難溶性であるが，焼却して $Cr(VI)$ になると水に溶解しやすくなる．

(5) 正しい．スラッジからの有価金属の回収においては，金属含有量とともに含水率が重要である．　　　　　　　　　　　　　　　▶ 答（2）

問 題2　

重金属等の排水の処理工程から発生するスラッジ処理に関する記述として，誤っているものはどれか．

(1) コンクリート固化法では，有害物質の溶出防止が完全でない場合がある．

(2) 焼結処理法では，有害重金属がすべて安定化されるとは限らず，クロムのように還元されて，水に溶解されやすくなる場合もある．

(3) 銅めっき，銅箔製造排水の処理スラッジは，銅製錬炉への還元により資源回収することができる．

(4) 半導体製造プロセスの含ふっ素排水からのふっ化カルシウムスラッジを，ふっ

酸製造工場で再資源化することができる.

(5) 有価金属の回収においては，脱水スラッジの含水率を低減することが重要である.

解説 (1) 正しい．コンクリート固化法では，有害物質の溶出防止が完全でない場合がある（**表 4.1** 参照）.

表 4.1　コンクリート固化スラッジの溶出試験結果[12]

（単位：mg/L）

有害物質	原スラッジ組成	溶出量		
		6時間攪拌後	6か月後	1年後
全水銀	1.5*1	<0.002	<0.002	<0.002
カドミウム	78	<0.01	0.004	0.004
鉛	640	0.02	0.08	0.1
ひ素	1.3	0.01	0.01	0.01
クロム (VI)	5,420*2	0.05	0.05	0.08
有機りん	50*3	0.03	<0.05	<0.05
シアン	0.2	<0.01	0.02	0.01

*1　アルキル水銀は検出されず　*2　総クロム　*3　総りん

(2) 誤り．焼結処理法では，有害重金属がすべて安定化されるとは限らず，クロムのように酸化（$Cr(III) \rightarrow Cr(VI)$）されて，水に溶解されやすくなる場合もある.

(3) 正しい．銅めっき，銅箔製造排水の処理スラッジは，銅製錬炉への還元により資源回収することができる.

(4) 正しい．半導体製造プロセスの含ふっ素排水からのふっ化カルシウムスラッジを，ふっ酸製造工場で再資源化することができる.

$$F_2 + Ca(OH)_2 \rightarrow CaF_2 + H_2O + 1/2 O_2$$

(5) 正しい．有価金属の回収においては，脱水スラッジの含水率を低減することが重要である.

▶ 答 (2)

4.2 有害物質処理各論

■ 4.2.1 カドミウムおよび鉛

カドミウム・鉛排水の処理に関する記述として，誤っているものはどれか．

(1) カドミウムは，硫化ナトリウム過剰存在下でも鉄塩を併用すれば，アルカリ性で再溶解は起こらない．

(2) キレート剤を含む鉛排水の処理で，水酸化物法や共沈法が適用できない場合は，置換法が有効であることが多い．

(3) カドミウムの難溶性塩としては，水酸化カドミウム，炭酸カドミウム，硫化カドミウムなどがある．

(4) 鉛の難溶性塩としては，炭酸鉛，硫化鉛，硫酸鉛などがある．

(5) 水酸化鉛は pH8 以上のアルカリ性で水酸化錯イオンをつくって再溶解する．

解説 (1) 誤り．カドミウムは，硫化ナトリウム過剰存在下の場合，鉄塩を併用しても，アルカリ性では次のように多硫化物を生成して再溶解が起こる．

$$nM^{2-} + mS^{2-} \rightarrow M_nS_m^{-2(m-n)}$$

(2) 正しい．キレート剤を含む鉛排水の処理で，水酸化物法や共沈法が適用できない場合は，置換法が有効であることが多い．置換法には，次に示すように Mg 塩法と Fe ＋ Ca 塩法がある．

【Mg 塩法】

$$X \cdot M \xrightarrow{Mg^{2+}} X \cdot Mg + M^{2+} \xrightarrow{\substack{NaOH\ または \\ Ca(OH)_2}} X \cdot Mg + M(OH)_2\downarrow$$

【Fe ＋ Ca 塩法】

$$X \cdot M \xrightarrow{Fe^{2+}} X \cdot Fe + M^{2+} \xrightarrow{\substack{Ca(OH)_2\ または \\ CaCl_2 + NaOH}} X \cdot Ca + M(OH)_2\downarrow + Fe(OH)_2\downarrow$$

(3) 正しい．カドミウムの難溶性塩としては，水酸化カドミウム（$Cd(OH)_2$），炭酸カドミウム（$CdCO_3$），硫化カドミウム（CdS）などがある．

(4) 正しい．鉛の難溶性塩としては，炭酸鉛（$PbCO_3$），硫化鉛（PbS），硫酸鉛（$PbSO_4$）などがある．

(5) 正しい．水酸化鉛（$Pb(OH)_2$）は，pH8 以上のアルカリ性で水酸化錯イオン（$Pb(OH)_4^{2-}$）を作って再溶解する．

▶ 答（1）

カドミウム排水を水酸化物法で処理するとき，処理水のカドミウム濃度（mg/L）はpH10.5で理論上どれだけになるか．最も近いものを選べ．ただし，Cdの原子量は112とし，溶解度積に関する式は以下を用いよ．

$$[Cd^{2+}][OH^-]^2 = 3.9 \times 10^{-14} \, mol^3/L^3$$
$$[H^+][OH^-] = 10^{-14} \, mol^2/L^2$$

(1) 4.4　　(2) 0.44　　(3) 0.044　　(4) 0.0044　　(5) 0.00044

解説　pH10.5から水素イオン濃度$[H^+]$を求め，水の解離式を使用して水酸化物イオン濃度$[OH^-]$を算出する．この濃度を溶解度積の式に代入してカドミウム濃度を算出する．

1．水素イオン濃度$[H^+]$

$$pH = -\log[H^+]$$
$$10.5 = -\log[H^+]$$
$$[H^+] = 10^{-10.5} \, mol/L \qquad\qquad ①$$

2．水酸化物イオン濃度$[OH^-]$

$$[H^+][OH^-] = 10^{-14}$$
$$[OH^-] = 10^{-14}/[H^+] \qquad\qquad ②$$

　式①の値を式②に代入する．

$$[OH^-] = 10^{-14}/[H^+] = 10^{-14}/10^{-10.5} = 10^{-3.5} \, mol/L \qquad\qquad ③$$

3．カドミウム濃度$[Cd^{2+}]$

$$[Cd^{2+}][OH^-]^2 = 3.9 \times 10^{-14}$$
$$[Cd^{2+}] = 3.9 \times 10^{-14}/[OH^-]^2 \qquad\qquad ④$$

　式③の値を式④に代入する．

$$[Cd^{2+}] = 3.9 \times 10^{-14}/[OH^-]^2 = 3.9 \times 10^{-14}/(10^{-3.5})^2 = 3.9 \times 10^{-7} \, mol/L \qquad ⑤$$

　式⑤の値にモル質量〔g/mol〕を掛けて質量〔g〕の値とし，さらに1,000を掛けて〔mg/L〕とする．

$$[Cd^{2+}] = 3.9 \times 10^{-7} \times 112 \times 1,000 = 0.044 \, mg/L$$

以上から（3）が正解．　　　　　　　　　　　　　　　　　　　　▶答（3）

問題3　　　　　　　　　　　　　　　　　　　　【令和2年 問3】

　水酸化物法によるカドミウム及び鉛排水の処理に関する記述として，誤っているものはどれか．

(1) カドミウムは，強アルカリ性では水酸化物イオンと錯体をつくって再溶解する．

(2) カドミウムと酒石酸との錯体は安定であり，水酸化物法による処理は困難である．

第4章　水質有害物質特論

(3) 鉛化合物には2価の鉛化合物と4価の鉛化合物があり，排水中では主に2価イオンとして存在する．

(4) 鉛は，強アルカリ性では水酸化物イオンと錯体をつくって再溶解する．

(5) 鉛とアンモニアとの錯体は安定であり，水酸化物法による処理は困難である．

解説 (1) 正しい．カドミウムは，強アルカリ性では水酸化物イオンと錯体をつくって再溶解する．

$$Cd(OH)_2\downarrow + 2OH^- \rightarrow Cd(OH)_4{}^{2-}$$

酒石酸

(2) 正しい．カドミウムと酒石酸 (HOOC-CHOH-CHOH-COOH) との錯体は安定であり，水酸化物法による処理は困難である．

(3) 正しい．鉛化合物には2価の鉛化合物と4価の鉛化合物があり，排水中では主に2価イオンとして存在する．

(4) 正しい．鉛は，強アルカリ性では水酸化物イオンと錯体を作って再溶解する．

$$Pb(OH)_2\downarrow + 2OH^- \rightarrow Pb(OH)_4{}^{2-}$$

(5) 誤り．鉛とアンモニアとの錯体は不安定であり，水酸化物法による処理は可能である．

▶ 答 (5)

問題4 【平成30年 問2】 ☑☑☑

カドミウム，鉛排水の処理に関する記述として，誤っているものはどれか．

(1) カドミウムとくえん酸や酒石酸などの有機酸との錯体は安定であり，水酸化物法での処理は困難である．

(2) 鉛とアンモニアとの錯体は安定であり，水酸化物法での処理は困難である．

(3) カドミウム排水を水酸化物法で処理する場合，塩化鉄 (III) を加えると共沈効果がある．

(4) キレート剤を含む鉛排水の処理には，Fe + Ca塩法による置換法が有効である．

(5) 鉛は両性金属のため，アルカリ性側でpHが高くなると再溶解が起こる．

解説 (1) 正しい．カドミウムとくえん酸や酒石酸などの有機酸との錯体は安定であり，水酸化物法での処理は困難である．

(2) 誤り．鉛とアンモニアとの錯体は形成されないので，水酸化物法での処理は容易である．

(3) 正しい．カドミウム排水を水酸化物法で処理する場合，塩化鉄 (III) を加えると共沈効果がある．

(4) 正しい．キレート剤を含む鉛排水の処理には，Fe + Ca塩法による置換法が有効である．

$$\mathrm{X \cdot M} \xrightarrow{\mathrm{Fe^{2+}添加}} \mathrm{X \cdot Fe + M^{2+}} \xrightarrow{\substack{\mathrm{Ca(OH)_2\,または} \\ \mathrm{CaCl_2 + NaOH}}} \mathrm{X \cdot Ca + M(OH)_2 \downarrow + Fe(OH)_3 \downarrow}$$

（5）正しい．鉛は両性金属（酸性溶液にもアルカリ性溶液にも溶解する金属）のため，アルカリ性側で pH が高くなると再溶解が起こる． ▶答（2）

■ 4.2.2 水 銀

有機水銀排水の処理に関する記述として，誤っているものはどれか．
(1) 塩素による酸化分解では，CH_3-Hg 結合は強酸性下において分解される．
(2) 塩素による酸化分解では，有機水銀化合物のアルキル基の炭素数が大きいほど分解されにくい．
(3) 塩素により酸化分解した後，硫化物法で処理する．
(4) 硫化物法の後処理として，吸着処理を行う．
(5) 水銀専用キレート樹脂としては，ジチオカルバミド酸基を有するものなどがある．

解説 (1) 正しい．塩素による酸化分解では，CH_3-Hg 結合は，pH1 以下の強酸性下において分解される．

(2) 誤り．塩素による酸化分解では，有機水銀化合物のアルキル基の炭素数が大きいほど分解されやすい．

(3) 正しい．塩素により酸化分解した後，硫化物法で処理する．

(4) 正しい．硫化物法の後処理として，金属キレート樹脂（**表4.2** 参照）などによる吸着処理を行う．

(5) 正しい．水銀専用キレート樹脂としては，ジチオカルバミド酸基（表4.2参照）を有するものなどがある．

表4.2　水銀専用キレート樹脂[4]

ドナー原子	配置基	商品名	高分子基体
S	–SH チオール基	スミキレート NC–40 Spheron Thiol 1000	ポリアクリル（DVB） ポリメタクリル酸ヒドロキシエチル （ジメタクリル酸エチレン）

表4.2 水銀専用キレート樹脂 [4]（つづき）

ドナー原子	配置基	商品名	高分子基体
N および S	$-NHC\langle{}^{SH}_{S}$ ジチオカルバミド酸基	Q–10R（第一化成） エポラス Z–7 ALM 125，525	ポリアクリル（DVB） フェノール樹脂 フェノール樹脂
	$-CH_2SC\langle{}^{NH}_{NH_2}$ イソチオ尿素基	Ionac SR–3 Stafion NMRR	ポリスチレン（DVB） ポリスチレン（DVB）
	$-HN-HN\rangle C=S$ $-N=N\langle$ ジチゾン基	MA	フェノール樹脂
	$-NH-\underset{\underset{S}{\parallel}}{C}-NH_2$ チオ尿素基	ユニセレック 120H Lewatit TP 214	フェノール樹脂 ポリアクリル（DVB）

▶答（2）

問題 2 　　　　　　　　　　　　　　　　　　【令和 4 年 問4】☑☑☑

水銀排水の処理に関する記述として，誤っているものはどれか．

(1) 鉄塩を併用しない硫化物法だけでは，排水基準以下に安定処理することは困難である．

(2) 硫化物法においては，S^{2-} が過剰となることによる再溶解の問題がある．

(3) 活性炭を用いて吸着処理する場合，アルカリ性よりも酸性の方が吸着効果がよい．

(4) 水銀専用キレート樹脂として，ジチオカルバミド酸基やチオ尿素基を配位基としてもつものがある．

(5) 有機水銀化合物を塩素によって塩化水銀（Ⅱ）に分解するとき，アルキル基の炭素数が大きいほど分解しにくい．

解説 (1) 正しい．硫化物法では，硫化ナトリウムの添加量が水銀濃度に比べて過剰になると，水銀の再溶出が起こる（$HgS + S^{2-} \to HgS_2^{2-}$）．鉄塩を併用すると，この過剰の硫化ナトリウムを除去できるので，再溶出を抑制できる．したがって，鉄塩を併用しない硫化物法だけでは，排水基準以下に安定処理することは困難である．

(2) 正しい．硫化物法においては，S^{2-} が過剰となることで上述したように再溶解の問題がある．

(3) 正しい．活性炭を用いて吸着処理する場合，アルカリ性よりも酸性の方が吸着効果

がよい.

(4) 正しい. 水銀専用キレート樹脂として, ジチオカルバミド酸基やチオ尿素基を配位基として持つものがある (表4.2参照).

(5) 誤り. 有機水銀化合物を塩素によって塩化水銀 (II) に分解するとき, アルキル基の炭素数が小さいほど結合力が大きいので分解しにくい. したがって, メチル水銀 (CH_3HgX : X=Cl, OH など) が最も分解しにくい.　　　　　　　▶答 (5)

問 題3　　　　　　　　　　　　　　　　　　　　　　　　**【令和3年 問6】**

水銀排水の処理に関する記述として, 誤っているものはどれか.

(1) 硫化物法において, 鉄 (II) 又は鉄 (III) を併用することにより, 硫化水銀の再溶解を抑制することができる.

(2) 有機水銀排水は, 塩素により酸化分解した後, 硫化物法で処理する.

(3) 硫化物法の処理水白濁, 臭気, 腐食性などの欠点を改善するため, 重金属捕集剤を用いる吸着法が使用される.

(4) 吸着法における吸着剤として活性炭を用いる場合, アルカリ性の方が吸着効率がよい.

(5) 水銀専用キレート樹脂としては, ジチオカルバミド酸基を配位基として持つものがある.

解説 (1) 正しい. 硫化物法において, 鉄 (II) または鉄 (III) を併用することにより, 硫化水銀の再溶解を抑制することができる.

(2) 正しい. 有機水銀排水は, 塩素により酸化分解した後, 硫化物法で処理する.

(3) 正しい. 硫化物法の処理水白濁, 臭気, 腐食性などの欠点を改善するため, ジチオカルバミド酸基を持つ重金属捕集剤を用いる吸着法が使用される.

(4) 誤り. 吸着法における吸着剤として活性炭を用いる場合, 酸性の方が吸着効率がよい.

(5) 正しい. 水銀専用キレート樹脂としては, ジチオカルバミド酸基を配位基として持つものがある (表4.2参照).　　　　　　　　　　　　　　▶答 (4)

問 題4　　　　　　　　　　　　　　　　　　　　　　　　**【令和元年 問5】**

水銀排水の処理に関する記述として, 誤っているものはどれか.

(1) 硫化物法では, 硫化ナトリウムの添加量が水銀濃度に比べて過剰になると, 水銀の再溶出が起こる.

(2) 硫化ナトリウムと塩化鉄 (III) を用いて処理する場合, 鉄が多硫化鉄を形成して処理水が白濁することがある.

(3) 水銀キレート樹脂としては, ジチオカルバミド酸基を持つものなどがある.

(4) 有機水銀排水は，塩素によって酸化分解して完全に塩化物とした後，硫化物法で処理する．

(5) 活性炭吸着法では，アルカリ性側のpH領域で吸着効率はよくなる．

解説 (1) 正しい．硫化物法では，硫化ナトリウムの添加量が水銀濃度に比べて過剰になると，水銀の再溶出が起こる．

$$HgS + S^{2-} \rightarrow HgS_2^{2-}$$

(2) 正しい．硫化ナトリウムと塩化鉄(III)を用いて処理する場合，鉄が多硫化鉄を形成して処理水が白濁（コロイド状物質による）することがある．

(3) 正しい．水銀キレート樹脂としては，ジチオカルバミド酸基を持つものなどがある（表4.2参照）．

(4) 正しい．有機水銀排水は，pH1 以下の強酸性溶液で塩素によって酸化分解して完全に塩化物とした後，硫化物法で処理する．

(5) 誤り．活性炭吸着法では，酸性側のpH (1 ～ 6) 領域で吸着効率がよくなる． ▶ 答 (5)

問 題5 　　　　　　　　　　　　　　　【平成30年 問4】

吸着法による水銀排水の処理に関する記述のうち，最も適切なものはどれか．

(1) 水銀の活性炭への吸着量は非常に小さいため，活性炭吸着法はほとんど用いられない．

(2) 水銀キレート樹脂としては，一般的に希土類水酸化物を交換体としたものがよく用いられる．

(3) 水銀キレート樹脂による処理では，水銀を排水基準以下まで処理できないので，後処理が必要となる．

(4) コロイド状水銀を塩素酸化してイオン化するときは，pHを 2 ～ 6 に調整する．

(5) 水銀キレート樹脂は塩素耐性が大きいので，前段に塩素を添加するときは，できるだけ塩素を高濃度とする．

解説 (1) 不適切．水銀の活性炭への吸着量は比較的大きいため，活性炭吸着法も用いられる．

(2) 不適切．水銀キレート樹脂としては，一般的に硫黄系の官能基を交換体としたものがよく用いられる（表4.2参照）．

(3) 不適切．水銀キレート樹脂による処理では，水銀を排水基準以下まで処理できるので，後処理が不要となる．

(4) 適切．コロイド状水銀を塩素酸化してイオン化するときは，pHを 2 ～ 6 に調整する．

(5) 不適切．水銀キレート樹脂は塩素耐性が小さいので，前段に塩素を添加するとき

は，できるだけ塩素を5mg/L程度の低濃度とする. ▶答（4）

■ 4.2.3 クロム

問 題1 　　　　　　　　　　　　　　　　　　　　【令和5年 問3】

　下図はクロム(VI)排水の処理フローの一例である．添加する薬品A，B，Cの組合せとして，正しいものはどれか.

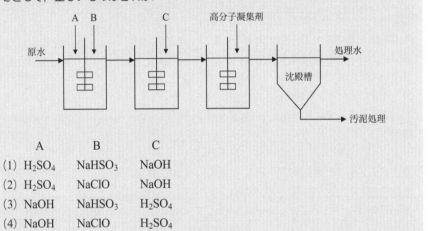

	A	B	C
(1)	H_2SO_4	$NaHSO_3$	NaOH
(2)	H_2SO_4	NaClO	NaOH
(3)	NaOH	$NaHSO_3$	H_2SO_4
(4)	NaOH	NaClO	H_2SO_4
(5)	NaOH	$FeCl_3$	H_2SO_4

解説 　クロム(VI)の処理は，硫酸でpH2〜3，還元剤$NaHSO_3$（亜硫酸水素ナトリウム）を用いて酸化還元電位300〜400mVでクロム(III)に還元し，その後NaOHでpH8のアルカリ性にして$Cr(OH)_3$として凝集沈殿処理する.

Aは，「H_2SO_4」である.

Bは，「$NaHSO_3$」である.

Cは，「NaOH」である.

　以上から（1）が正解. ▶答（1）

問 題2 　　　　　　　　　　　　　　　　　　　　【令和2年 問5】

　クロム(VI)排水の処理に関する記述として，誤っているものはどれか.

(1) 亜硫酸塩還元法では，pHを10〜11として亜硫酸塩を添加し，クロム(III)に還元した後に沈殿除去する.

(2) 亜硫酸塩還元法では，亜硫酸水素ナトリウムを過剰添加すると，水酸化クロム

(Ⅲ)の分散が起こり処理不良となる.

(3) 亜硫酸塩還元法で，少過剰の亜硫酸塩が沈殿槽，処理水槽に存在する場合，クロム(Ⅲ)からクロム(Ⅵ)への再生反応が起こる場合がある.

(4) 鉄(Ⅱ)塩還元法では，強酸性から強アルカリ性の広い範囲でのクロム(Ⅵ)の還元が可能である.

(5) 有価物質の回収，使用水の回収再利用などを考慮して，強塩基性陰イオン交換樹脂を用いたイオン交換法を適用することがある.

解説 (1) 誤り．亜硫酸塩還元法では，クロム(Ⅵ)排水処理おいて，硫酸でpH2〜3，還元剤NaHSO₃（亜硫酸水素ナトリウム）を用いて酸化還元電位300〜400mVでクロム(Ⅲ)に還元し，その後NaOHでpH8のアルカリ性にしてCr(OH)₃として凝集沈殿処理する．

(2) 正しい．亜硫酸塩還元法では，亜硫酸水素ナトリウムを過剰添加すると，水酸化クロム(Ⅲ)の分散が起こり処理不良となる（**図4.2**参照）．

(3) 正しい．亜硫酸塩還元法で，少過剰の亜硫酸塩が沈殿槽，処理水槽に存在する場合，クロム(Ⅲ)からクロム(Ⅵ)への再生反応（pH，亜硫酸塩，銅イオンなど触媒となる遷移金属，溶存酸素などいくつかの条件が必要）が起こる場合がある．

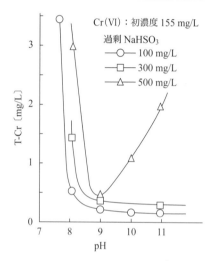

図4.2　過剰亜硫酸塩の影響 [13]

(4) 正しい．鉄(Ⅱ)塩還元法では，強酸性から強アルカリ性の広い範囲でのクロム(Ⅵ)の還元が可能である．この場合，ORP計はpH1.5以下でなければ使用できないため，液中の酸素濃度で制御することが多い．**図4.3**で急激に酸素濃度が低下している点は，鉄イオンがクロム(Ⅵ)を還元しそれが終了すると鉄イオンが液中の酸素と反応することを示し，鉄イオンの添加の終点を表す．

(5) 正しい．有価物質の回収，使用水の回収再利用などを考慮して，強塩基性陰イオン交換樹脂を用いたイオン交換法を適用することがある．

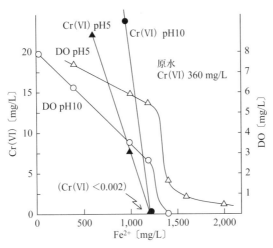

図 4.3 DO 変化と処理水クロムの関係 [13]

▶ 答（1）

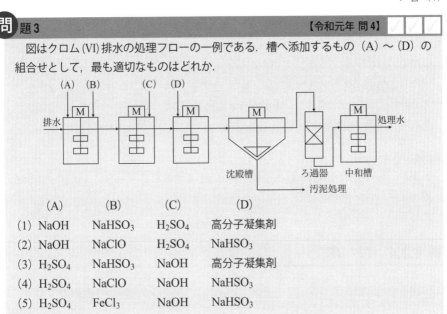

問 題3 【令和元年 問4】

図はクロム (VI) 排水の処理フローの一例である．槽へ添加するもの（A）〜（D）の組合せとして，最も適切なものはどれか．

	(A)	(B)	(C)	(D)
(1)	NaOH	$NaHSO_3$	H_2SO_4	高分子凝集剤
(2)	NaOH	NaClO	H_2SO_4	$NaHSO_3$
(3)	H_2SO_4	$NaHSO_3$	NaOH	高分子凝集剤
(4)	H_2SO_4	NaClO	NaOH	$NaHSO_3$
(5)	H_2SO_4	$FeCl_3$	NaOH	$NaHSO_3$

解説 クロム (VI) 排水処理は，硫酸で pH2 〜 3，還元剤 $NaHSO_3$ を用いて酸化還元電位 300 〜 400 mV でクロム (III) に還元し，その後，NaOH で pH8 のアルカリ性にして $Cr(OH)_3$ として凝集沈殿処理する．

(A)「H_2SO_4」である.

(B)「$NaHSO_3$」である.

(C)「NaOH」である.

(D)「高分子凝集剤」である.

以上から（3）が正解.

▶ 答（3）

問題4　【平成30年 問3】

下図は亜硫酸塩還元法によるクロム（VI）排水処理中のORP電位の変化を示したものである.この図に関する記述中,下線を付した箇所のうち,誤っているものはどれか.

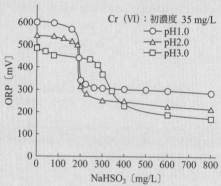

Cr（VI）：初濃度 35 mg/L
- ○ pH1.0
- △ pH2.0
- □ pH3.0

同じ亜硫酸水素ナトリウム（$NaHSO_3$）注入量でも,pHにより(1)ORPが異なるので,pHにより(2)ORP制御値の設定を変える必要がある.pH3では(3)ORPの変化が緩やかで,処理に必要な(4)$NaHSO_3$注入量が少なくなり,(5)薬注制御は難しくなる.

解説 （1）〜（3）正しい.

（4）誤り.正しくは「$NaHSO_3$注入量が多くなり」である.実用的にはpH2〜3,酸化還元電位300〜400 mVで行われる.

（5）正しい.

▶ 答（4）

■ 4.2.4　ひ　素

問題1　【令和5年 問5】

ひ素排水の処理に関する記述として,誤っているものはどれか.

（1）ひ素を含む排水はいろいろな金属イオンを含有する場合が多く,pH調整するのみで共沈処理される場合が多い.

（2）ひ素（V）の場合,鉄（III）塩を使用した共沈処理における最適pHはアルカリ性側

である.

(3) 共沈剤として鉄(III)塩を用いた場合，3価のひ素(III)よりも5価のひ素(V)のほうが共沈処理は容易である.

(4) 鉄粉法やフェライト法によっても処理可能である.

(5) キレート樹脂の主な適用対象は，低濃度排水の処理，あるいは凝集沈殿処理水の高度処理などである.

解説 (1) 正しい. ひ素を含む排水はいろいろな金属イオンを含有する場合が多く，pH調整するのみで共沈処理される場合が多い（**表4.3** 参照）.

(2) 誤り. ひ素(V)の場合，鉄(III)塩を使用した共沈処理における最適pHは，4〜5の酸性側である. 過剰に添加すれば有効pHは3〜7に広がる.

(3) 正しい. 共沈剤として鉄(III)塩を用いた場合，3価のひ素(III)よりも5価のひ素(V)の方が共沈処理は容易である（**図4.4** および**図4.5** 参照）.

(4) 正しい. 鉄粉法は，鉄(II)の酸性側による金属鉄の還元作用とアルカリ側での鉄(III)を利用した処理法である. フェライト法は，鉄(II)を使用して生成する鉄を主成分とする固溶体の総称で，各種重金属の一括処理が可能である. 鉄塩による共沈処理と同じ反応機構により，ひ素排水は鉄粉法やフェライト法によっても処理が可能である.

表4.3　難溶性ひ酸塩の溶解度積[17]

化合物	溶解度積 pK_{sp}
$AlAsO_4$	15.8
$FeAsO_4$	20.2
$Ca_3(AsO_4)_2$	18.2
$Mg_3(AsO_4)_2$	19.7
$Cu_3(AsO_4)_2$	35.1
$Zn_3(AsO_4)_2$	27.0
As_2S_3*	0.8

*溶解度〔mg/L〕
〔出典：シャルロー『定性分析化学 II』，共立出版（1974）〕

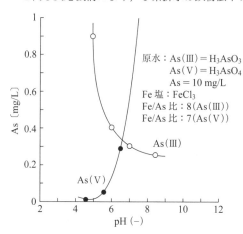

図4.4　ひ素(III)とひ素(V)の共沈処理例，処理pHの影響[17]

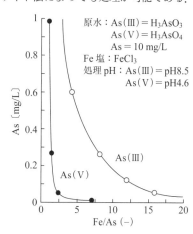

図4.5　ひ素(III)とひ素(V)の共沈処理例，Fe/As比（モル比）の効果[17]

(5) 正しい．キレート樹脂の主な適用対象は，低濃度排水の処理，あるいは凝集沈殿処理水の高度処理などである． ▶答（2）

問 題2

ひ素排水の処理に関する記述として，誤っているものはどれか．
(1) 排水中のひ素の形態には，ひ酸イオンと亜ひ酸イオンがある．
(2) ひ酸は重金属と共存する場合，pH調整するだけで共沈することが多い．
(3) 亜ひ酸は，オゾンでは酸化できるが，次亜塩素酸ナトリウムでは酸化できない．
(4) 3価のひ素よりも5価のひ素のほうが共沈処理は容易である．
(5) 共沈剤としては，アルミニウム塩より鉄塩のほうが効果が高い．

解説 (1) 正しい．排水中のひ素の形態には，ひ酸(V)イオン（As^{5+}）と亜ひ酸(III)イオン（As^{3+}）がある．

(2) 正しい．ひ酸(V)は重金属（銅，鉄，亜鉛など）と共存する場合，pH調整するだけで共沈することが多い．

(3) 誤り．亜ひ酸(III)（As_2O_3）は，オゾン（O_3）で酸化できるが，次亜塩素酸ナトリウム（NaClO）でも酸化できる．なお，過酸化水素（H_2O_2）の場合はアルカリ側で効果がある．また，空気による曝気処理では困難である．

(4) 正しい．3価のひ素よりも5価のひ素の方が共沈処理は容易である（図4.5参照）．

(5) 正しい．共沈剤としては，アルミニウム塩より鉄塩の方が効果が高い．
　　$AlAsO_4$の溶解度積 $pK_{sp} = 15.8$　　$FeAsO_4$の溶解度積 $pK_{sp} = 20.2$
　　なお，溶解度積の値が大きいほど，難溶性であることを示す． ▶答（3）

問 題3

共沈法によるひ素排水の処理に関する記述として，誤っているものはどれか．
(1) 鉄(III)塩の共沈処理効果は，アルミニウム塩の共沈処理効果よりも高い．
(2) 鉄(III)塩を用いた場合，ひ素(V)はひ素(III)よりも共沈処理が容易である．
(3) 鉄(III)塩を用いた場合，最適共沈pHは9以上である．
(4) カルシウム塩及び炭酸ナトリウムを用い，アルカリ性側で共沈処理が可能である．
(5) カルシウム塩及び炭酸ナトリウムを用いた場合，ひ素(V)はひ素(III)よりも共沈処理が容易である．

解説 (1) 正しい．鉄(III)塩の共沈処理効果は，アルミニウム塩の共沈処理効果よりも高い．

(2) 正しい．鉄(III)塩を用いた場合，ひ素(V)はひ素(III)よりも共沈処理が容易である．

(3) 誤り．鉄(III)塩を用いた場合，最適共沈pHは酸性側であるが，Feのモル数を増加す

4.2
有害物質処理各論

れば中性付近に近づく（**図4.6**参照）.

(4) 正しい．カルシウム塩および炭酸ナトリウムを用い，アルカリ性側で共沈処理が可能である．ただし，鉄塩による処理よりも処理効果は低い．

(5) 正しい．カルシウム塩および炭酸ナトリウムを用いた場合，ひ素(V)はひ素(III)よりも共沈処理が容易である．

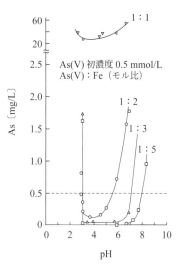

図4.6　Fe^{3+} 添加量と残留ひ素濃度の関係 [12]

▶答　(3)

■ 4.2.5　セレン

問題1　　　　　　　　　　　　　　　　　　　　　　　【令和4年 問5】

セレン排水の処理に関する記述として，誤っているものはどれか.

(1) セレンは難溶性塩を生成しないため，重金属の中でも処理が難しい.

(2) 吸着処理において，活性炭の吸着効果は認められないが，活性アルミナはセレン(IV)を吸着する効果が認められる.

(3) 溶解性セレンは，セレン(IV)とセレン(VI)とであるが，セレン(IV)には水酸化鉄(III)による共沈処理が有効である.

(4) 共沈処理ではpHの影響は大きく，中性からアルカリ性にかけて90%の除去が可能である.

(5) セレンがイオンとして存在すれば，セレン(IV)もセレン(VI)もイオン交換法で処理できる.

解説　(1) 正しい．セレンは難溶性塩を生成しないため，重金属の中でも処理が難しい.

(2) 正しい．吸着処理において活性炭の吸着効果は認められないが，活性アルミナはセレン(IV)を吸着する効果が認められる.

(3) 正しい. 溶解性セレンは, セレン (IV) とセレン (VI) とがあるが, セレン (IV) には水酸化鉄 (III) による共沈処理が有効である (**図4.7** 参照).

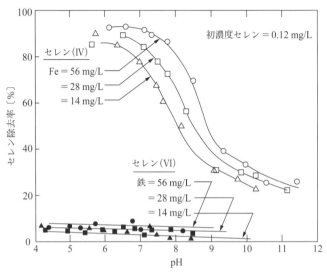

図4.7 セレン(IV)またはセレン(VI)の鉄(III)塩による共沈処理 [10]

(4) 誤り. 共沈処理では pH の影響は大きく, pH6.2以下の中性から弱酸性にかけて除去効果が大きいため, 90% の除去が可能である (図4.7参照).

(5) 正しい. セレンがイオンとして存在すれば, セレン (IV) もセレン (VI) もイオン交換法で処理できる. ▶答 (4)

問題2 【令和3年 問7】 ☑ ☑ ☑

セレン排水の処理に関する記述として, 誤っているものはどれか.

(1) セレン (IV) に対しては, 水酸化鉄 (III) による共沈処理が有効である.

(2) セレン (IV) に対しては, 活性アルミナの吸着効果は認められないが, 活性炭は有効である.

(3) セレン (VI) を金属セレン (Se^0) に還元する方法として, 金属鉄を用いる技術がある.

(4) セレンがイオンとして存在すれば, セレン (IV) 及びセレン (VI) はイオン交換法で処理できる.

(5) 嫌気性条件下で, 微生物を利用してセレン (VI) を金属セレン (Se^0) に還元する技術がある.

解説 (1) 正しい. セレン (IV) に対しては, 水酸化鉄 (III) による共沈処理が有効である

（図4.7参照）．

(2) 誤り．セレン (IV) に対しては，活性アルミナの吸着効果は認められるが，活性炭の吸着効果は認められない．

(3) 正しい．セレン (VI) を金属セレン (Se^0) に還元する方法として，金属鉄を用いる技術がある．

(4) 正しい．セレンがイオンとして存在すれば，セレン (IV) およびセレン (VI) はイオン交換法で処理できる．

(5) 正しい．嫌気性条件下で，微生物を利用してセレン (VI) を金属セレン (Se^0) に還元する技術がある．我が国では脱窒素工程セレン酸還元菌を馴養し，脱窒素とセレン還元を同時に行う方法が開発された．　　　　　　　　　　　　　　　▶答（2）

問題3　　　　　　　　　　　　　　　　　　　【令和2年 問7】

セレン排水の処理に関する記述として，誤っているものはどれか．
(1) 活性アルミナによる吸着法は，セレン (IV) よりセレン (VI) に対して有効である．
(2) セレン (IV) の共沈処理では，アルカリ性側より，中性から弱酸性にかけて除去効果が高い．
(3) セレン (IV) には，鉄 (III) 塩による共沈処理が有効である．
(4) 金属鉄によりセレン (VI) の還元が可能である．
(5) 嫌気性条件下で微生物によりセレン (VI) を金属セレン (Se^0) に還元する技術が開発されている．

解説　(1) 誤り．活性アルミナによる吸着法は，セレン (IV) の方がセレン (VI) よりも有効である．

(2) 正しい．セレン (IV) の共沈処理では，アルカリ性側より，pH6.2以下の中性から弱酸性にかけて除去効果が高い（図4.7参照）．

(3) 正しい．セレン (IV) には，鉄 (III) 塩による共沈処理が有効である．

(4) 正しい．金属鉄によりセレン (VI) の還元が可能である．

(5) 正しい．嫌気性条件下で微生物によりセレン (VI) を金属セレン (Se^0) に還元する技術が開発されている．　　　　　　　　　　　　　　　　　　▶答（1）

■ 4.2.6　シアン

問題1　　　　　　　　　　　　　　　　　　　【令和4年 問7】

オゾン酸化法によるシアン排水の処理に関する記述として，誤っているものはどれか．

(1) 有害な副生成物が生成しにくい.
(2) オゾンを溶解する気液反応が律速となる.
(3) 微量の銅が存在するとシアンの酸化分解反応が阻害される.
(4) ニッケルシアノ錯体は処理可能である.
(5) 鉄, 金, 銀のシアノ錯体は分解困難である.

解説 (1) 正しい. 有害な副生成物が生成しにくい.
(2) 正しい. オゾンは水に溶解しにくいので, オゾンを溶解する気液反応が律速となる.
(3) 誤り. 微量の銅が存在すると, シアンの酸化分解反応が促進される. 「阻害」が誤りである.
(4) 正しい. ニッケルシアノ錯体 ($Ni(CN)_4{}^{2-}$) は, 処理可能である.

$$Ni(CN)_4{}^{2-} \xrightarrow{\quad O_3 \quad} Ni(OH)_2 \xrightarrow{\quad O_3 \quad} Ni_2O_3$$

(5) 正しい. 鉄, 金, 銀のシアノ錯体は, シアンとの結合が強いため分解困難である.

▶答 (3)

問題2 【令和4年 問8】 ✓ ✓ ✓

シアン排水の処理に関する記述として, 誤っているものはどれか.
(1) アルカリ塩素法では, 一段反応でpH10以上として次亜塩素酸ナトリウムを添加し, 二段反応でpHを7〜8として次亜塩素酸ナトリウムを添加する.
(2) 銅, 亜鉛, カドミウムのシアノ錯体は, アルカリ塩素法では分解できない.
(3) 鉄シアノ錯体の処理には, 鉄(II)を加えて難溶性の鉄シアン化合物を生成して沈殿除去する方法がある.
(4) 煮詰法は, 濃厚シアン廃液の処理処分, 有価重金属の回収に適している.
(5) 電解酸化法は, 濃厚シアン廃液を効率よく経済的に処理するのに適している.

解説 (1) 正しい. アルカリ塩素法では, 一段反応(一次分解)でpH10以上として次亜塩素酸ナトリウムを添加し, 二段反応で(二次分解)pHを7〜8として次亜塩素酸ナトリウムを添加する.

一次分解:pH10以上, 酸化還元電位300〜350 mV, 滞留時間約10分
$$NaCN + NaClO \rightarrow NaCNO + NaCl$$
二次分解:pH7〜8, 酸化還元電位600〜650 mV, 滞留時間約30分
$$2NaCNO + 3NaClO + H_2O \rightarrow N_2 + 3NaCl + 2NaHCO_3$$

(2) 誤り. 銅, 亜鉛, カドミウムのシアノ錯体は, アルカリ塩素法で分解できる. なお, 銅シアノ錯体では, $Cu(I) \rightarrow Cu(II)$の酸化があるため, シアンの理論塩素量より少過剰の塩素が必要である.

(3) 正しい．鉄シアノ錯体の処理には，鉄(II)を加えて難溶性の鉄シアン化合物を生成し，沈殿除去する方法がある．

$$2[Fe(CN)_6]^{3-} + 3Fe^{2+} \rightarrow Fe_3[Fe(CN)_6]_2\downarrow \quad フェロフェリ型（ターンブルブルー）$$
$$[Fe(CN)_6]^{4-} + 2Fe^{2+} \rightarrow Fe_2[Fe(CN)_6]\downarrow \quad フェロフェロ型（ベルリンホワイト）$$

(4) 正しい．煮詰法は，濃厚シアン廃液の処理処分，有価重金属の回収に適している．

(5) 正しい．電解酸化法は，濃厚シアン廃液を効率よく経済的に処理するのに適している．ただし，低濃度になると，薬品処理の方が経済的に有利である．なお，電解酸化法による酸化分解は，シアンイオン（CN^-）が陽極酸化によってシアン酸イオン（CNO^-）になり，続いて窒素と二酸化炭素に分解されると同時に加水分解も起こり，一部アンモニアが生成する反応である．

$$CN^- + 2OH^- \rightarrow CNO^- + H_2O + 2e$$
$$2CNO^- + 4OH^- \rightarrow 2CO_2 + N_2 + 2H_2O + 6e$$
$$CNO^- + 2H_2O \rightarrow NH_4^+ + CO_3^{2-}$$

▶答（2）

問題3　【令和3年 問9】

図はアルカリ塩素法–紺青処理によるシアン排水処理フローである．添加薬品である（A），（B），（C）の組合せとして，最適なものはどれか．

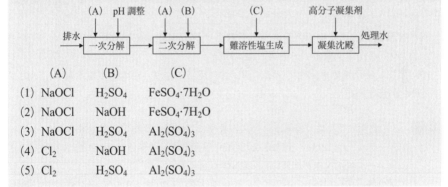

	(A)	(B)	(C)
(1)	NaOCl	H_2SO_4	$FeSO_4 \cdot 7H_2O$
(2)	NaOCl	NaOH	$FeSO_4 \cdot 7H_2O$
(3)	NaOCl	H_2SO_4	$Al_2(SO_4)_3$
(4)	Cl_2	NaOH	$Al_2(SO_4)_3$
(5)	Cl_2	H_2SO_4	$Al_2(SO_4)_3$

解説　一次分解では，pH10以上で強いアルカリ性である．二次分解では，pH7〜8にするため，酸を注入する必要がある．反応はそれぞれ次のとおりである（**図4.8**参照）．

一次分解：pH10以上，酸化還元電位300〜350 mV，滞留時間約10分

$$NaCN + NaOCl \rightarrow NaCNO + NaCl$$

二次分解：pH7〜8，酸化還元電位600〜650 mV，滞留時間約30分

$$2NaCNO + 3NaClO + H_2O \rightarrow N_2 + 3NaCl + 2NaHCO_3$$

したがって，（A）はNaOClとなる．二次分解の（B）は，一次分解における高いpHをpH7〜8にするため硫酸を添加する必要がある．さらに酸化分解するため（A）NaOClを添加する．難溶性塩生成では，次のような反応で鉄が含まれている安定なシアノ錯体を難溶性にするために添加するものであるから（C）はFeSO$_4$·7H$_2$Oとなる．

$$2[Fe(CN)_6]^{3-} + 3Fe^{2+} \rightarrow Fe_3[Fe(CN)_6]_2\downarrow \quad \text{フェロフェリ型（ターンブルブルー）}$$
$$[Fe(CN)_6]^{4-} + 2Fe^{2+} \rightarrow Fe_2[Fe(CN)_6]\downarrow \quad \text{フェロフェロ型（ベルリンホワイト）}$$

図4.8　アルカリ塩素法 - 紺青処理によるシアン排水処理フロー[14]

以上から（1）が正解．　　　　　　　　　　　　　　　　　　　　　　　　▶答（1）

 題4　　　　　　　　　　　　　　　　　　　　　　【令和2年 問9】

シアン排水の処理に関する記述として，誤っているものはどれか．

(1) アルカリ塩素法では，中性で塩素を添加し，次いでpHをアルカリ性にしてさらに塩素を添加する．

(2) アルカリ塩素法では，シアンは最終的に窒素と二酸化炭素に分解される．

(3) 鉄シアノ錯体が含まれる排水に対しては，一般的に難溶性鉄シアン化合物を生成させる紺青法を用いる．

(4) 電解酸化法は遊離シアンや安定度の低いシアノ錯体には有効であるが，鉄やニッケルのシアノ錯体の分解は困難である．

(5) オゾン酸化法では，シアンはオゾンとの反応により，窒素と炭酸水素塩までに酸化分解される．

解説　(1) 誤り．アルカリ塩素法は，次のように二段階の反応で酸化分解される．

一次分解（アルカリ性）：pH10以上，酸化還元電位300〜350mV，滞留時間約10分
$$NaCN + NaClO \rightarrow NaCNO + NaCl$$
二次分解（中性付近）：pH7〜8，酸化還元電位600〜650mV，滞留時間約30分
$$2NaCNO + 3NaClO + H_2O \rightarrow N_2 + 3NaCl + 2NaHCO_3$$

(2) 正しい．アルカリ塩素法では，シアンは最終的に窒素と二酸化炭素（NaHCO$_3$ $\rightleftarrows$ NaOH + CO$_2$の平衡状態となっている）に分解される．上式参照．

(3) 正しい．鉄シアノ錯体が含まれる排水に対しては，一般的に次に示す難溶性鉄シアン化合物を生成させる紺青法を用いる．

$$2[Fe(CN)_6]^{3-} + 3Fe^{2+} \rightarrow Fe_3[Fe(CN)_6]_2 \quad \text{フェロフェリ型（ターンブルブルー）}$$

(4) 正しい．シアンが陽極で酸化される電解酸化法は遊離シアンや安定度の低いシアノ錯体には有効であるが，鉄やニッケルのシアノ錯体の分解は困難である．

$$CN^- + 2OH^- \rightarrow CNO^- + H_2O + 2e^-$$
$$2CNO^- + 4OH^- \rightarrow 2CO_2 + N_2 + 2H_2O + 6e^-$$

なお，この反応ではシアン酸イオン（CNO^-）が加水分解して一部アンモニウムイオン（NH_4^+）が生成する．

$$CNO^- + 2H_2O \rightarrow NH_4^+ + CO_3^{2-}$$

(5) 正しい．オゾン酸化法では，シアンはオゾンとの反応により，窒素と炭酸水素塩まで酸化分解される．

$$CN^- + O_3 \rightarrow CNO^- + O_2$$
$$2CNO^- + 3O_3 + H_2O \rightarrow 2HCO_3^- + N_2 + 3O_2$$

▶答（1）

 題5 【令和元年 問7】 ☑ ☑ ☑

シアン排水の処理法として，最も不適切なものはどれか．
(1) 不連続点塩素処理法
(2) アルカリ塩素法
(3) オゾン酸化法
(4) 生物分解法
(5) 電解酸化法

解説 (1) 不適切．不連続点塩素処理法は，水中のアンモニア（NH_3）を窒素ガスに酸化する処理法である．3.2.6 問題3（令和2年 問7）の解説および図3.11 参照．

(2) 適切．アルカリ塩素法は，次のように二段階の反応で酸化分解される．

一次分解：pH10以上，酸化還元電位 300 ～ 350 mV，滞留時間約10分

$$NaCN + NaClO \rightarrow NaCNO + NaCl$$

二次分解：pH7 ～ 8，酸化還元電位 600 ～ 650 mV，滞留時間約30分

$$2NaCNO + 3NaClO + H_2O \rightarrow N_2 + 3NaCl + 2NaHCO_3$$

(3) 適切．オゾン酸化法は，微量の銅またはマンガンが存在すると触媒となり，シアン化合物を酸化分解できるが，金，銀および鉄のシアノ錯体は分解困難である．

(4) 適切．生物分解法は，活性汚泥処理で微生物を馴養することで生物処理が可能である．

(5) 適切．電解酸化法は，陽極酸化によってシアン酸（CNO^-）になり，続いて窒素と二酸化炭素に分解されると同時に加水分解も起こり，一部アンモニアが生成する反応である．

$$CN^- + 2OH^- \rightarrow CNO^- + H_2O + 2e$$
$$2CNO^- + 4OH^- \rightarrow 2CO_2 + N_2 + 2H_2O + 6e$$

$$CNO^- + 2H_2O \rightarrow NH_4^+ + CO_3^{2-}$$

▶答（1）

紺青法によるシアン排水処理に関する記述として，誤っているものはどれか．

(1) 鉄シアノ錯体に鉄(III)塩を添加し，難溶性鉄シアン化合物を生成して，沈殿除去する．

(2) 添加する鉄が不足すると凝集沈殿後の処理水に着色が残る．

(3) 溶液のpHが上がると水酸化鉄と可溶性の鉄シアノ錯体に分解するため，固液分離はpH5 ～ 6の弱酸性で行う．

(4) 通常，アルカリ塩素処理後に適用される．

(5) 鉄塩の薬注制御に，DO計を使用することが可能である．

解説　(1) 誤り．鉄シアノ錯体に鉄(III)塩，または鉄(II)塩を添加し，難溶性鉄シアン化合物を生成して，凝集沈殿除去する．「沈殿除去」が誤り．

$$3[Fe(CN)_6]^{4-} + 4Fe^{3+} \rightarrow Fe_4[Fe(CN)_6]_3\downarrow \quad \text{フェリフェロ型（プルシアンブルー）}$$

なお，鉄(II)塩を添加する場合は，次のような難溶性鉄シアン化合物が生成する．

一般的には鉄(II)を使用したターンブルブルーが使用される．

$$2[Fe(CN)_6]^{3-} + 3Fe^{2+} \rightarrow Fe_3[Fe(CN)_6]_2\downarrow \quad \text{フェロフェリ型（ターンブルブルー）}$$

$$[Fe(CN)_6]^{4-} + 2Fe^{2+} \rightarrow Fe_2[Fe(CN)_6]\downarrow \quad \text{フェロフェロ型（ベルリンホワイト）}$$

(2) 正しい．添加する鉄が不足すると凝集沈殿後の処理水に着色が残る．

(3) 正しい．溶液のpHが上がると水酸化鉄と可溶性の鉄シアノ錯体に分解するため，固液分離はpH5 ～ 6の弱酸性で行う．

(4) 正しい．通常，アルカリ塩素処理後に適用される（図4.9参照）．

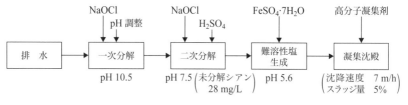

図4.9　アルカリ塩素法 - 紺青処理による浸炭排水処理フロー[11]

282

(5) 正しい．鉄(II)塩の添加では，鉄シアノ塩の難溶化 → 残留塩素 → 溶存酸素の順に反応するため，酸素濃度の低下から塩素注入点がわかるので，薬注（塩素注入）制御に，DO計を使用することが可能である． ▶答（1）

問題7 【平成30年 問7】

シアン排水のオゾン酸化法による処理に関する記述として，誤っているものはどれか．
(1) シアンは窒素と炭酸水素塩に酸化分解される．
(2) ニッケルシアノ錯体は，オゾンにより酸化分解され，Ni_2O_3 を生成する．
(3) 酸化分解反応において，微量の銅は触媒効果を持つ．
(4) 処理の律速段階は，オゾンの水への溶解過程である．
(5) オゾンの酸化力は強力であり，金，銀のシアノ錯体も容易に分解できる．

解説 (1) 正しい．シアンは窒素と炭酸水素塩に酸化分解される．

$$CN^- + O_3 \rightarrow CNO^- + O_2$$
$$2CNO^- + 3O_3 + H_2O \rightarrow 2HCO_3^- + N_2 + 3O_2$$

(2) 正しい．ニッケルシアノ錯体は，オゾンにより酸化分解され，Ni_2O_3 を生成する．

$$Ni(CN)_4{}^{2-} \xrightarrow{O_3} Ni(OH)_2 \xrightarrow{O_3} Ni_2O_3$$

(3) 正しい．酸化分解反応において，微量の銅は触媒効果を持つ．
(4) 正しい．処理の律速段階は，オゾン（水に極めて難溶）の水への溶解過程である．
(5) 誤り．オゾンの酸化力は強力であるが，金，銀および鉄のシアノ錯体は分解困難である． ▶答（5）

■ 4.2.7 ほう素およびふっ素

問題1 【令和5年 問7】

ふっ素排水の処理に関する記述として，誤っているものはどれか．
(1) ふっ化カルシウム法では，カルシウム剤として水酸化カルシウムを使用する場合が多い．
(2) ふっ化カルシウム法において，沈殿しにくいコロイド状ふっ化カルシウムを低減するための対策として，沈殿汚泥を反応槽に返送する汚泥循環法がある．
(3) アルミニウム塩を添加する水酸化物共沈法における最適pHは6〜7である．
(4) ふっ化カルシウム法と水酸化物共沈法を併用する二段沈殿処理法では，通常，水酸化物共沈法を1段目とする．

283

（5）ふっ素吸着樹脂は，水酸化ナトリウムにより再生できる.

解説　（1）正しい．ふっ化カルシウム法では，カルシウム剤として水酸化カルシウム（$Ca(OH)_2$）を使用する場合が多い．$2NaF + Ca(OH)_2 \rightarrow CaF_2 + 2NaOH$

（2）正しい．ふっ化カルシウム法において，沈殿しにくいコロイド状ふっ化カルシウムを低減するための対策として，沈殿汚泥を反応槽に返送する汚泥循環法（脱水ケーキの含水率低減とコロイド状ふっ化カルシウムの低減）がある．この方法は原水のふっ素濃度が低くなると沈降分離が困難な傾向にあるため，ふっ素濃度が $30 \sim 50$ mg/L 以上の排水に適用されている.

（3）正しい．アルミニウム塩を添加する水酸化物共沈法における最適 pH は $6 \sim 7$ である（**図4.10**参照）.

（4）誤り．ふっ化カルシウム法と水酸化物共沈法を併用する二段沈殿処理法では，**図4.11** に示すように，水酸化カルシウムを添加して中性付近で1段目とする．2段目は硫酸ばん土などを添加して水酸化物共沈法とする.

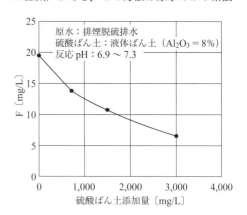

図4.10　アルミニウム塩添加量の効果[17]

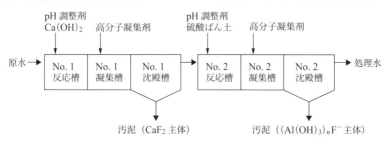

図4.11　ふっ素二段沈殿処理法のフロー例[17]

（5）正しい．ふっ素選択吸着樹脂として，交換基に含水酸化セリウムを持つものがある．この交換体はふっ素を驚異的に吸着するもので吸着能力も大きい．水酸化ナトリウムで再生し，性能劣化も少ない.　　　　　　　　　　　　　　　　　　　▶ 答（4）

問題2　　　　　　　　　　　　　　　　　　　　　　　【令和4年 問6】

ほう素及びふっ素排水の処理に関する記述として，誤っているものはどれか.
（1）ほう素排水は，pHを9以上にして，アルミニウム塩と水酸化カルシウムを併用

して凝集沈殿処理できる.

(2) ほう素排水を *N*-メチルグルカミン形イオン交換樹脂で処理するとき, 樹脂の再生は高濃度の塩化ナトリウム水溶液で行う.

(3) ふっ素排水をふっ化カルシウム法で処理するとき, 処理対象がふっ素のみである場合, 最適pHは7付近である.

(4) ふっ素排水の高度処理法としては, アルミニウム塩を添加して水酸化アルミニウムのフロックを生成させ, これにふっ化物イオンを吸着・共沈させる方法がある.

(5) ふっ素選択吸着樹脂として, 交換基に含水酸化セリウムをもつものがある.

解説 (1) 正しい. ほう素排水は, pHを9以上にして, アルミニウム塩と水酸化カルシウムを併用して凝集沈殿処理できる (**図4.12** 参照).

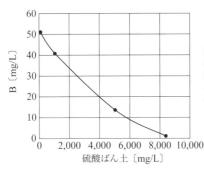

原水：H$_3$BO$_3$を蒸留水に溶解
Ca(OH)$_2$：15,000 mg/L 添加
硫酸ばん土：液体ばん土 (Al$_2$O$_3$ = 8%)
反応 pH：12.3 〜 12.5
反応時間：30 分

図 4.12　アルミニウム塩と水酸化カルシウム塩併用法による凝集沈殿処理 [4]

(2) 誤り. ほう素排水を *N*-メチルグルカミン形イオン交換樹脂で処理するとき, 樹脂の再生は硫酸で行い, 水酸化ナトリウムでOH形として再使用する.

$$-N-CH_2-(CHOH)_5H$$
$$|$$
$$CH_3$$

N-メチルグルカミン形

(3) 正しい. ふっ素排水をふっ化カルシウム法で処理するとき, 処理対象がふっ素のみである場合, 最適pHは7付近である.

$$2HF + Ca(OH)_2 \rightarrow CaF_2\downarrow + 2H_2O$$

(4) 正しい. ふっ素排水の高度処理法としては, アルミニウム塩を添加して水酸化アルミニウムのフロックを生成させ, これにふっ化物イオンを吸着・共沈させる方法がある.

$$nAl^{3+} + 3n(OH)^- + F^- \rightarrow (Al(OH)_3)_nF^-\downarrow$$

(5) 正しい. ふっ素選択吸着樹脂として, 交換基に含水酸化セリウムを持つものがある. この交換体はふっ素を驚異的に吸着するもので吸着能力が大きい. 水酸化ナトリウムで再生し, 性能劣化も少ない.

▶ 答 (2)

問題 3 【令和3年 問8】

> ほう素排水及びふっ素排水の処理に関する記述として，誤っているものはどれか．
>
> (1) ほう素排水処理における凝集沈殿には，鉄塩と水酸化マグネシウムの併用法が用いられる．
>
> (2) ほう素排水処理における吸着法には，N-メチルグルカミン形イオン交換樹脂が用いられる．
>
> (3) ふっ素排水は，カルシウム塩を添加し，難溶性のふっ化カルシウムを生成させて沈殿分離するが，処理水中には10 mg/L程度のふっ素が残留する．
>
> (4) ふっ素排水の高度処理においては，アルミニウム塩を添加して水酸化アルミニウムを生成させ，このフロックにふっ化物イオンを吸着・共沈させる．
>
> (5) ふっ素排水処理に用いる吸着樹脂としては，希土類水酸化物を交換体としたものがある．

解説 (1) 誤り．ほう素排水処理における凝集沈殿には，pH9以上で水酸化カルシウムとアルミニウム塩の併用法が用いられる（図4.12参照）．

(2) 正しい．ほう素排水処理として用いる吸着樹脂として，N-メチルグルカミン形イオン交換樹脂がある．BO_3^{3-} を選択的に吸着するもので，中性で吸着することができる．再生は硫酸で行い，水酸化ナトリウムでOH形として使用する．

$$-N-CH_2-(CHOH)_5H$$
$$|$$
$$CH_3$$

N-メチルグルカミン形

(3) 正しい．ふっ素排水は，カルシウム塩を添加し，難溶性のふっ化カルシウム（CaF_2）を生成させて沈殿分離するが，処理水中には10 mg/L程度のふっ素が残留する（**図4.13**参照）．

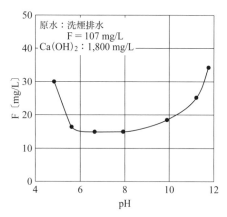

図4.13　ふっ化カルシウム法におけるpHの影響[11]

$$2HF + Ca(OH)_2 \rightarrow CaF_2\downarrow + 2H_2O$$

なお，pHは7付近が最適である．

(4) 正しい．ふっ素排水の高度処理においては，アルミニウム塩を添加して水酸化アルミニウムを生成させ，このフロックにふっ化物イオンを吸着・共沈させる．

$$nAl^{3+} + 3n(OH)^- + F^- \rightarrow (Al(OH)_3)_nF^-\downarrow$$

(5) 正しい．ふっ素吸着樹脂として，希土類水酸化物を交換体としたものが用いられている．この交換体はふっ素を驚異的に吸着するもので吸着能力が大きい．水酸化ナトリウムで再生し，性能劣化も少ない．

▶ 答（1）

問題4 【令和2年 問8】

ふっ素排水の処理に関する記述として，誤っているものはどれか．

(1) ふっ化カルシウム法では，カルシウム剤として水酸化カルシウムを使用する場合が多く，処理対象がふっ素のみである場合は，pHは7付近が最適である．

(2) ふっ化カルシウム法では，処理水中のふっ素濃度を10 mg/L以下にすることは困難である．

(3) 水酸化物共沈法では，通常，アルミニウム塩を添加して水酸化アルミニウムを生成させ，このフロックにふっ化物イオンを吸着・共沈させる．

(4) アルミニウム塩を用いた水酸化物共沈法は，ふっ素濃度が20～30 mg/L以下の排水や処理目標値の厳しい高度処理に適している．

(5) 吸着法では，チオ尿素基やジチオカルバミド酸基を配位基とした吸着樹脂が用いられる．

解説 (1) 正しい．ふっ化カルシウム法では，カルシウム剤として水酸化カルシウムを使用する場合が多く，処理対象がふっ素のみである場合は，pHは7付近が最適である．

$$2HF + Ca(OH)_2 \rightarrow CaF_2\downarrow + 2H_2O$$

(2) 正しい．ふっ化カルシウム法では，処理水中のふっ素濃度を10 mg/L以下にすることは困難である（図4.13参照）．

(3) 正しい．水酸化物共沈法では，通常，アルミニウム塩を添加して水酸化アルミニウムを生成させ，このフロックにふっ化物イオンを吸着・共沈させる．

$$nAl^{3+} + 3n(OH)^- + F^- \rightarrow (Al(OH)_3)_nF^-\downarrow$$

(4) 正しい．アルミニウム塩を用いた水酸化物共沈法は，水酸化アルミニウムへのふっ素の吸着量が小さいため，多量のアルミニウム塩が必要となり汚泥発生量が著しく多くなるので，ふっ素濃度が20～30 mg/L以下の排水や処理目標値の厳しい高度処理に適している．

(5) 誤り．吸着法では，希土類水酸化物（水酸化セリウムなど）を用いた吸着樹脂が用

いられる．なお，チオ尿素基やジチオカルバミド酸基を配位基とした吸着樹脂は，水銀の吸着に使用される． ▶答 (5)

問題5 【平成30年 問5】 ✓ ✓ ✓

図は，凝集沈殿法と *N*-メチルグルカミン形イオン交換樹脂による吸着法とを組合せた，ほう素排水処理フロー例である．添加剤 (A) (B)，再生剤 (C) の組合せとして，最も適切なものは (1) 〜 (5) のうちどれか．

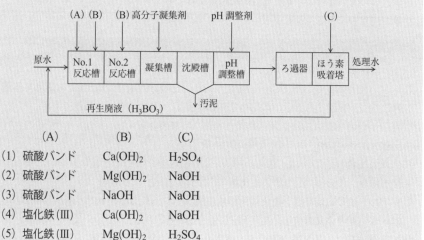

	(A)	(B)	(C)
(1)	硫酸バンド	$Ca(OH)_2$	H_2SO_4
(2)	硫酸バンド	$Mg(OH)_2$	$NaOH$
(3)	硫酸バンド	$NaOH$	$NaOH$
(4)	塩化鉄(III)	$Ca(OH)_2$	$NaOH$
(5)	塩化鉄(III)	$Mg(OH)_2$	H_2SO_4

解説 (A)「硫酸バンド（ばん土）」である．硫酸ばん土は硫酸アルミニウム（$Al_2(SO_4)_3$）で，高濃度のほう素はアルミニウム塩（硫酸ばん土）と水酸化カルシウム（$Ca(OH)_2$）を併用した方法で行う．

ほう素吸着塔の再生は硫酸で行う．

(B)「$Ca(OH)_2$」である．

(C)「H_2SO_4」である．

以上から (1) である． ▶答 (1)

問題6 【平成30年 問10】 ✓ ✓ ✓

ふっ素排水の処理装置に関する記述中，下線を付した箇所のうち，誤っているものはどれか．

ふっ素排水の主な処理装置は，凝集沈殿装置と (1)ろ過装置である．基準値が厳しい地域では，高度処理として (2)ふっ素吸着樹脂塔を設置する場合がある．

凝集沈殿装置では，反応pHは (3)10 〜 12 で，水酸化カルシウムを使用する場合が

288

多い．カルシウム塩は (4) 理論当量以上添加するので，カルシウムスケールが生成しやすい雰囲気にある．このため，pH計の校正，pH電極の点検は (5) 毎日実施することが望ましい．

解説　(1)，(2) 正しい．
(3) 誤り．「6 ～ 8」が正しい（図4.13参照）．
(4)，(5) 正しい．　　　　　　　　　　　　　　　　　　　　　　　　▶答（3）

■ 4.2.8　窒素化合物（アンモニア，亜硝酸，硝酸）

 題1　　　　　　　　　　　　　　　　　　　【令和4年 問9】

　　アンモニア・亜硝酸・硝酸排水の処理技術に関する記述として，誤っているものはどれか．
(1) アンモニア排水の生物処理法としては，生物的硝化脱窒素法がある．
(2) アンモニアストリッピング法は，排水のpHをアルカリ性にしてアンモニウムイオンをアンモニアガスに変え，大気に揮散させる方法である．
(3) 不連続点塩素処理法は，アンモニアを塩素酸化して窒素ガスに分解する方法で，高濃度のアンモニアを対象とした処理に用いられる．
(4) 陽イオン交換樹脂はアンモニウムイオンを，陰イオン交換樹脂は硝酸イオン，亜硝酸イオンを吸着する．
(5) 触媒分解法として，高濃度アンモニア排水に空気を供給し，加温加圧条件下で触媒と接触させることでアンモニアを酸化し，無害な窒素ガスとして大気に放出する方法がある．

解説　(1) 正しい．アンモニア排水の生物処理法としては，生物的硝化脱窒素法がある．「3.3.5　生物的硝化脱窒素法・その他の方法」を参照．
(2) 正しい．アンモニアストリッピング法は，排水のpHをアルカリ性にしてアンモニウムイオンをアンモニアガスに変え，大気に揮散させる方法である．
(3) 誤り．不連続点塩素処理法は，アンモニアを塩素酸化して窒素ガスに分解する方法で，低濃度のアンモニアを対象とした処理に用いられる（図3.11参照）．
　　反応は次のとおりである．図3.11のB点（極大点）までは，クロロアミンが生成する．
　　$NH_3 + HClO \rightarrow NH_2Cl + H_2O$　　モノクロロアミンの生成
　　$NH_2Cl + HClO \rightarrow NHCl_2 + H_2O$　　ジクロロアミンの生成
　　$NHCl_2 + HClO \rightarrow NCl_3 + H_2O$　　トリクロロアミンの生成

B 点を過ぎると，次のように分解する.

$$NH_2Cl + NHCl_2 \rightarrow N_2 + 3HCl$$
$$NH_2Cl + NHCl_2 + HClO \rightarrow N_2O + 4HCl$$

(4) 正しい．陽イオン交換樹脂はアンモニウムイオンを，陰イオン交換樹脂は硝酸イオン，亜硝酸イオンを吸着する.

(5) 正しい．触媒分解法として，高濃度アンモニア排水に空気を供給し，加温加圧条件下で触媒と接触させることでアンモニアを酸化し，無害な窒素ガスとして大気に放出する方法がある.　　　　　　　　　　　　　　　　　　　　　　　　▶ 答 (3)

 題2　　　　　　　　　　　　　　　　　　　　　　　【令和元年 問8】

> アンモニアストリッピング法に関する記述として，誤っているものはどれか.
> (1) 水中ではアンモニウムイオンと遊離アンモニアは平衡状態にあり，pH が高くなると遊離アンモニアの存在比が高くなる.
> (2) 遊離アンモニアは，曝気やスクラバーによって容易に水中から除去できる.
> (3) pH 調整用のアルカリ剤に消石灰を用いるとカルシウムスケールが生成しやすい.
> (4) アンモニアの除去率は水温の影響を受けるため，除去率を上げる目的で排水を冷却する.
> (5) アンモニアガスは硫酸に吸収させて，硫酸アンモニウムとして回収できる.

解説 (1) 正しい．水中ではアンモニウムイオンと遊離アンモニアは平衡状態にあり，pH が高くなると，OH^- イオンを減少させるように平衡状態が左側にずれるため，遊離アンモニア（NH_3）の存在比が高くなる.

$$NH_3 + H_2O \rightleftharpoons NH_4^+ + OH^-$$

(2) 正しい．遊離アンモニア（NH_3）は，イオンとなって水に溶解しているものではないため，曝気やスクラバーによって容易に水中から除去できる.

(3) 正しい．pH 調整用のアルカリ剤に消石灰を用いると，空気中の二酸化炭素と反応して炭酸カルシウムスケールが生成しやすい.

$$Ca(OH)_2 + CO_2 \rightarrow CaCO_3 + H_2O$$

(4) 誤り．アンモニアの除去率は水温の影響を受けるため，除去率を上げる目的で排水を加温する.

(5) 正しい．アンモニアガスは硫酸に吸収させて，硫酸アンモニウムとして回収できる.

▶ 答 (4)

4.2 有害物質処理各論

■ 4.2.9 有機塩素化合物

問 題1 　　　　　　　　　　　　　　　　　　　【令和4年 問10】

有機塩素系化合物を含む排水や地下水の生物分解法に関する記述として，誤っているものはどれか．

(1) 分解能力をもつ好気性微生物として，メタン資化細菌が挙げられる．

(2) 好気細菌による分解では，トリクロロエチレンは最終的に水とCO_2とエチレンに分解される．

(3) 嫌気細菌による主な分解反応は，塩素原子が一個ずつ外れる還元的脱塩素化反応である．

(4) 塩素化エチレン分解細菌の培養液を汚染地下水に注入することにより浄化を行う方法がある．

(5) 通常の有機物を多量に含む有機塩素系化合物排水に活性汚泥法を適用すると，一般的なフロック形成細菌が優勢となり，分解可能な細菌は共生しにくい．

解説 (1) 正しい．有機塩素化合物の分解能力を持つ好気性微生物として，メタン資化細菌が挙げられる．

(2) 誤り．好気細菌による分解では，酸化的脱塩素化反応の途中で塩素が抜け，トリクロロエチレンは最終的に水とCO_2に分解される．なお，エチレンは嫌気細菌によるもので，トリクロロエチレン（TCE）の場合，TCE → ジクロロエチレン → ビニルクロライド → エチレンとなり，塩素原子が1個ずつ外れる還元的脱塩素化反応である．

(3) 正しい．嫌気細菌による主な分解反応は，塩素原子が1個ずつ外れる還元的脱塩素化反応である．

(4) 正しい．塩素化エチレン分解細菌の培養液を汚染地下水に注入することにより浄化を行う方法がある．このような方法を，バイオオーグメンテーションという．なお，有機物と栄養塩類の添加により土着の細菌を活性化して分解する方法を，バイオスティミュレーションという．このように微生物を使用して原位置で行う処理を，バイオレメディエーションという．

(5) 正しい．通常の有機物を多量に含む有機塩素系化合物排水に活性汚泥法を適用すると，一般的なフロック形成細菌が優勢となり，分解可能な細菌は共生しにくい．

▶答 (2)

問 題2 　　　　　　　　　　　　　　　　　　　【令和元年 問9】

有機塩素系化合物の処理に関する記述として，誤っているものはどれか．

(1) 揮散法により発生した排ガスを処理する方法として，吸着法や酸化分解法などがある.

(2) 活性炭吸着法は，有機塩素系化合物をごく微量まで除去できるが，吸着量が少ない.

(3) 土壌汚染の原位置分解法では，鉄粉を主体とする反応材を用いて，汚染地下水を酸化無害化する.

(4) トリクロロエチレンの好気性の生物分解法では，最終的に水とCO_2と塩化物イオンが生成する.

(5) トリクロロエチレンの嫌気細菌による分解では，還元的脱塩素化反応が起こる.

解説 (1) 正しい．揮散法により発生した排ガスを処理する方法として，吸着法や酸化分解法などがある.

(2) 正しい．活性炭吸着法は，有機塩素系化合物をごく微量まで除去できるが，吸着量が少ない（**図4.14**参照）.

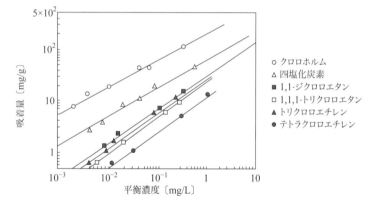

図4.14　水中有機塩素系化合物の活性炭に対する吸着等温線の例（25℃）[4]

(3) 誤り．汚染地下水の原位置分解法（バイオオーグメンテーション）は，塩素化エチレン分解細菌を汚染地下水中に注入することによって行う方法で，汚染地下水を酸化無害化する.

(4) 正しい．トリクロロエチレンの好気性の生物分解法では，最終的に水とCO_2と塩化物イオンが生成する.

(5) 正しい．トリクロロエチレンの嫌気細菌による分解では，還元的脱塩素化反応（トリクロロエチレン→ジクロロエチレン→ビニルクロライド→エチレン）が起こる.

▶答（3）

問 題3　　　　　　　　　　　　　　　　　　　　　　　　【平成30年 問9】

　排水又は地下水からトリクロロエチレンを除去する方法として，最も不適切なものはどれか．
(1) 活性炭吸着法　　(2) 酸化分解法　　(3) 揮散法
(4) 生物分解法　　(5) イオン交換法

解説　(1) 適切．活性炭吸着法は，吸着量は小さいが処理法として採用されている．

(2) 適切．酸化分解法は，過マンガン酸塩で分解した例があるが，過酸化水素や二酸化チタンを用いた場合，光照射で分解する方法は分解速度が速くなるといわれている．

(3) 適切．揮散法は，トリクロロエチレンが水に難溶性であるため可能であり，処理法として採用されている．

(4) 適切．生物分解法は，好気性微生物法と嫌気性微生物法があり，前者では最終生成物は塩化水素，水，炭酸ガスであり，後者はエチレンである．

(5) 不適切．トリクロロエチレンは，イオン性ではないためイオン交換法は適用できない．

▶答 (5)

■ 4.2.10　1,4-ジオキサン

問 題1　　　　　　　　　　　　　　　　　　　　　　　　【令和3年 問10】

　1,4-ジオキサンに関する記述として，誤っているものはどれか．
(1) 無色透明の液体で水と任意に混和する．
(2) BODやCOD$_{Mn}$としてほとんど検出されない．
(3) 活性炭による吸着量は少ない．
(4) オゾン酸化，促進酸化，フェントン酸化などの酸化分解法によって処理される．
(5) 微生物によって分解されない．

解説　(1) 正しい．無色透明の液体で水と任意に混和する．

(2) 正しい．生分解や過マンガン酸カリウムでは酸化分解しにくいので，BODやCOD$_{Mn}$としてほとんど検出されない．

(3) 正しい．水によく溶解するので，活性炭による吸着量は少ない．

(4) 正しい．オゾン酸化，促進酸化，フェントン酸化などの強力な酸化分解法によって処理される．

1,4-ジオキサン

(5) 誤り．活性汚泥法では処理困難とされていたが，1,4-ジオキサン分解菌を用いた除去技術の適用可能性が示され，実用化に向けた研究開発段階にある．

▶答 (5)

1,4-ジオキサン排水の処理に関する記述として，誤っているものはどれか.

(1) 1,4-ジオキサンは，疎水性が高く，沸点も水に近い.

(2) 1,4-ジオキサンの水からの分離は難しい.

(3) 凝集沈殿や活性炭吸着では除去が困難である.

(4) 活性汚泥法では処理困難とされてきたが，1,4-ジオキサン分解菌を用いた除去技術の開発が進んでいる.

(5) 強力な酸化作用を持つオゾン酸化，促進酸化などの分解法の開発が進んでいる.

解説　(1) 誤り. 1,4-ジオキサンは，水に任意に混和し，沸点（101.1℃）も水に近い.

(2) 正しい. 1,4-ジオキサンは，水に任意に混和するため，水からの分離は難しい.

(3) 正しい. 凝集沈殿や活性炭吸着では除去が困難である.

(4) 正しい. 活性汚泥法では処理困難とされてきたが，1,4-ジオキサン分解菌を用いた除去技術の開発が進んでいる.

(5) 正しい. 強力な酸化作用を持つオゾン酸化，促進酸化（過酸化水素，紫外線などとオゾンの組合せ）などの分解法の開発が進んでいる.　　　　　▶ 答（1）

■ 4.2.11　有機りん化合物

　有機りん（農薬）排水の処理に関する記述として，誤っているものはどれか.

(1) 水に難溶性であるが，凝集沈殿のような固液分離法だけでは完全には除去できない.

(2) パラチオンは活性炭に対する吸着量が高く，低濃度まで処理される.

(3) 可溶状態であれば，イオン交換法により除去可能である.

(4) 有機物であるが，相当低濃度にならないと生物処理は困難である.

(5) アルカリ性で加水分解されるので，この性質を利用した処理が行われている.

解説　(1) 正しい. 有機りん農薬は，水に難溶性であるが，凝集沈殿のような固液分離法だけでは完全には除去できない（**表4.4**参照）.

4.2

有害物質処理各論

表 4.4　有害物質として指定されている有機りん化合物[11]

有機りん化合物	構造式	化学的性質
パラチオン	$\begin{matrix}C_2H_5O\\C_2H_5O\end{matrix}\!\!>\!\!\overset{\overset{S}{\parallel}}{P}\!-\!O\!-\!\langle\!\bigcirc\!\rangle\!-\!NO_2$	・工業製品は暗褐色油状物質 ・水に難溶（溶解度約 20 mg/L（25℃）） ・有機溶媒には可溶，アルカリ性で分解
メチルパラチオン	$\begin{matrix}CH_3O\\CH_3O\end{matrix}\!\!>\!\!\overset{\overset{S}{\parallel}}{P}\!-\!O\!-\!\langle\!\bigcirc\!\rangle\!-\!NO_2$	・諸性質はパラチオンに類似 ・アルカリに対してパラチオンより不安定 ・加熱により異性化
EPN（ニトロフェニルフェニルホスホロチオアート）	$\langle\!\bigcirc\!\rangle\!\!\overset{\overset{S}{\parallel}}{\underset{C_2H_5O}{P}}\!-\!O\!-\!\langle\!\bigcirc\!\rangle\!-\!NO_2$	・パラチオンに類似，溶解度 0.92 mg/L（24℃） ・すべての有機溶媒に可溶 ・アルカリ性で加水分解
メチルジメトン	$\begin{matrix}CH_3O\\CH_3O\end{matrix}\!\!>\!\!\overset{\overset{O}{\parallel}}{P}\!-\!SCH_2CH_2SC_2H_5$ ＋ $\begin{matrix}CH_3O\\CH_3O\end{matrix}\!\!>\!\!\overset{\overset{S}{\parallel}}{P}\!-\!OCH_2CH_2SC_2H_5$	・チオール（メルカプタン）様の臭気の強い黄色油状物 ・工業品はチオノ異性体とチオール異性体の混合物 ・酵素酸化を受け水溶性のスルホオキシドやスルホンを生成し，殺虫力を発揮

(2) 正しい．パラチオンは活性炭に対する吸着量が高く，低濃度まで処理される．

(3) 誤り．可溶状態であっても非解離状態の物質であるため，イオン交換法による除去はできない．

(4) 正しい．有機物であるが，相当低濃度にならないと生物処理は困難である．

(5) 正しい．アルカリ性で加水分解されるので，この性質を利用した処理が行われている．

▶ 答（3）

■ 4.2.12　複合問題

問題1　【令和5年 問8】

有害物質処理技術に関する記述として，誤っているものはどれか．

(1) 有機塩素系化合物の処理方法には，過マンガン酸塩を用いて酸化分解する方法がある．

(2) 鉛排水を水酸化物法で処理する場合，pH は 11 以上とする．

(3) セレン(IV)はセレン(VI)より，水酸化鉄(III)による共沈処理は容易である．

(4) 有機りん排水は，生石灰などで pH 調整して加水分解処理し，凝集沈殿後，ろ過

処理して希釈し，活性汚泥法で処理することができる．

(5) 煮詰法は，シアン排水の物理化学的処理方法の一つである．

解説 (1) 正しい．有機塩素系化合物の処理方法には，過マンガン酸塩を用いて酸化分解する方法がある．

(2) 誤り．鉛排水を水酸化物法で処理する場合，pH は 9〜9.5 である（**表 4.5** 参照）．pH11 以上では，鉛は両性化合物であるから錯体イオン（$HPbO_2^-$）を形成し再溶解する．

表 4.5　金属水酸化物生成のための最適 pH 域（水酸化ナトリウムによる）

金属イオン	pH 範囲	残留濃度〔mg/L〕	再溶解 pH
カドミウム（Cd^{2+}）	10.5 以上	0.1 以下	—
銅（Cu^{2+}）	8　以上	1.0	—
ニッケル（Ni^{2+}）	9　以上	1.0	—
マンガン（Mn^{2+}）	10　以上	1.0	—
鉛（Pb^{2+}）	9〜9.5	1.0	9.5 以上
亜鉛（Zn^{2+}）	9〜10.5	1.0	10.5 以上
鉄（Fe^{3+}）	5〜12	1.0	12.5 以上
鉄（Fe^{2+}）	9〜12	3.0	—
クロム（Cr^{3+}）	8〜9	2.0	9　以上
錫（Sn^{2+}）	5〜8	1.0	—
アルミニウム（Al^{3+}）	5.5〜8	3.0	8　以上

注）本表は，水酸化物凝集沈殿法の参考として示す

(3) 正しい．セレン (IV) はセレン (VI) より，水酸化鉄 (III) による共沈処理は容易である（図 4.7 参照）．

(4) 正しい．有機りん排水は，生石灰などで pH 調整して加水分解処理し，凝集沈殿後，ろ過処理して希釈し生物毒を低減した後，活性汚泥法で処理することができる（表 4.4 参照）．

(5) 正しい．煮詰法は，煮詰めと乾固の第一工程と熱処理の第二工程からなる，シアン排水の物理化学的処理方法の一つである．第一工程では，加水分解 NaCN + 2H$_2$O → HCOONa + NH$_3$ でギ酸塩とアンモニアに分解され，次に乾固物は第二工程で 1,200℃ の高温で窒素と二酸化炭素に分解され，金属は溶融体として取り出される．　▶ 答（2）

問題2 【令和2年 問10】

曝気により排水から分離するのが困難な有害物質はどれか.

(1) アンモニア　　(2) トリクロロエチレン　　(3) テトラクロロエチレン

(4) 1,4–ジオキサン　　(5) ベンゼン

解説 (1) 分離可能. アンモニアは水によく溶解するが, アルカリ性にすると遊離アンモニアとして揮散する. また, 水温を高くすると一層分離効率が高くなる.

(2) 分離可能. トリクロロエチレンの溶解度は, 0.107 wt%（20°C）で水にわずかしか溶解しないので曝気による分離が可能である.

(3) 分離可能. テトラクロロエチレンの溶解度は, 0.015 wt%（25°C）で水にほとんど溶解しないので曝気による分離が可能である.

1,4–ジオキサン

(4) 分離不可能. 1,4–ジオキサン（$C_4H_8O_2$）は, 水に任意に溶解するので曝気による分離が不可能である.

(5) 分離可能. ベンゼンの溶解度は, 0.082 wt%（22°C）で水にほとんど溶解しないので曝気による分離が可能である.

▶答 (4)

問題3 【令和元年 問3】

有害物質処理技術に関する記述として, 誤っているものはどれか.

(1) セレン(IV)はセレン(VI)より, 共沈処理は容易である.

(2) ほう素排水の処理では, N-メチルグルカミン形イオン交換樹脂を用いる方法がある.

(3) 有機りん排水は, 生石灰などでpH調整して加水分解処理し, 凝集沈殿後, ろ過処理して希釈し, 活性汚泥法で処理することができる.

(4) 有機塩素系化合物の処理方法には, 過マンガン酸塩を用いて酸化分解する方法がある.

(5) 鉛排水を水酸化物法で処理する場合, 最適pHは11以上である.

解説 (1) 正しい. セレン(IV)はセレン(VI)より, pH6.2以下の水酸化鉄(III)による共沈処理は容易である（図4.7参照）.

$$-N-CH_2-(CHOH)_5H$$
$$|$$
$$CH_3$$

N-メチルグルカミン形

(2) 正しい. ほう素排水の処理では, N-メチルグルカミン形イオン交換樹脂を用いる方法がある.

(3) 正しい. 有機りん排水は, 生石灰などでpH調整して加水分解処理し, 凝集沈殿後, ろ過処理して希釈し, 活性汚泥法で処理することができる.

(4) 正しい. 有機塩素系化合物の処理方法には, 過マンガン酸塩を用いて次のように二酸化炭素と塩化物イオンに酸化分解する方法がある.

$$C_2HCl_3 + 2KMnO_4 \rightarrow 2CO_2 + 2KCl + HCl + 2MnO_2$$

(5) 誤り．鉛排水を水酸化物法で処理する場合，最適 pH は 8 ～ 9 である（**図 4.15** 参照）．

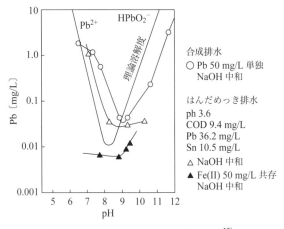

図 4.15 $Pb(OH)_2$ の溶解度および共沈効果 [12]

▶ 答（5）

4.3 有害物質測定技術

■ 4.3.1 試料容器・保存方法

問題 1 　　　　　　　　　　　　　　　　【令和 5 年 問 11】　✓ ✓ ✓

有害物質の種類と試料の保存方法の組合せとして，誤っているものはどれか．

　（有害物質の種類）　　　　　　　　（保存方法）
(1) 鉛及びその化合物　　　　硝酸で pH 約 1
(2) 六価クロム化合物　　　　そのままの状態で 0 ～ 10℃の暗所
(3) シアン化合物　　　　　　硫酸で pH 約 4
(4) 有機りん化合物　　　　　塩酸で弱酸性
(5) 1,4-ジオキサン　　　　　4℃以下の暗所（凍結させない）

解説 (1) 正しい．鉛およびその化合物は，硝酸で pH 約 1 として完全に溶解させて保存する．

(2) 正しい．六価クロム化合物は，強い酸化剤であるが自身は還元されるので，そのま

まの状態で0〜10℃の暗所に保存する.

(3) 誤り. シアン化合物は,酸性ではHCNとして揮散しやすいので,揮散しないように水酸化ナトリウム水溶液を添加してpH約12以上で保存する.

(4) 正しい. 有機りん化合物は,アルカリ性では加水分解するので,塩酸で弱酸性にして保存する.

(5) 正しい. 1,4-ジオキサンは,生物分解や揮散を避けるため,4℃以下の暗所(凍結させない)で保存する. ▶答(3)

問題2 【令和元年 問12】

測定項目と保存条件の組合せとして,正しいものはどれか.

(測定項目)	(保存条件)
(1) クロム(VI)化合物	そのままの状態で0〜10℃の暗所
(2) シアン化合物	塩酸を加えてpH4以下
(3) カドミウム化合物	NaOHを加えてpH10以上
(4) PCB	プラスチック容器で常温暗所
(5) 有機りん農薬	NaOHを加えて弱アルカリ性

解説 (1) 正しい. クロム(VI)化合物は,そのままの状態で0〜10℃の暗所に保存する.

(2) 誤り. シアン化合物は,水酸化ナトリウムを加えてpH12以上で保存する.

(3) 誤り. カドミウム化合物は,HNO_3を加えて約pH1で保存する.

(4) 誤り. PCBは,ガラス容器で0〜10℃暗所に保存する. プラスチック容器は使用しない.

(5) 誤り. 有機りん農薬は,HClを加えて弱酸性で保存する. ▶答(1)

■ 4.3.2 測定項目と測定機器・測定方法

問題1 【令和5年 問14】

有害物質の種類と検定に用いられる方法の組合せとして,誤っているものはどれか.

(有害物質の種類)	(検定に用いられる方法)
(1) アルキル水銀化合物	水素化物発生原子吸光法
(2) ひ素及びその化合物	ジエチルジチオカルバミド酸銀吸光光度法
(3) カドミウム及びその化合物	ICP発光分光分析法
(4) ほう素及びその化合物	メチレンブルー吸光光度法
(5) ふっ素及びその化合物	イオンクロマトグラフ法

解説 (1) 誤り．アルキル水銀化合物は，ガスクロマトグラフ法または薄層クロマトグラフ分離–原子吸光分析法を適用する．水素化物発生原子吸光法は，ひ素およびその化合物の検定に用いる．

(2) 正しい．ひ素およびその化合物は，ひ素(V)をひ素(III)に還元（よう化カリウムと塩化すず(II)を使用）し，発生する水素化ひ素をジエチルジチオカルバミド酸銀–ブルシン・クロロホルム溶液に吸収させ，生じた赤紫の吸収液の吸光度によって測定する．

(3) 正しい．カドミウムおよびその化合物は，ICP発光分光分析法（3.5.1.●1問題8（令和3年問21）参照）を適用する．

(4) 正しい．ほう素およびその化合物におけるメチレンブルー吸光光度法は，ほう素化合物に硫酸とふっ化水素酸を加えてテトラフルオロほう酸イオンとした後，メチレンブルーとの反応で生成するイオン会合体を1,2-ジクロロエタンで抽出し，その吸光度を測定する．

(5) 正しい．ふっ素およびその化合物は，陰イオンであるから陰イオン交換分離と電気伝導度検出器を備えたイオンクロマトグラフ法を適用する．　　　　　　　▶答（1）

問 題2　　　　　　　　　　　　　　　　　　　　　　　【令和3年 問13】

　　次の6種類の有害物質のうち，検定法として，水素化物発生原子吸光法又は水素化合物発生原子吸光法が適用できる有害物質は，いくつあるか．

　　　（有害物質）

カドミウム及びその化合物

鉛及びその化合物

六価クロム化合物

ひ素及びその化合物

ほう素及びその化合物

セレン及びその化合物

(1) 1　　(2) 2　　(3) 3　　(4) 4　　(5) 5

解説 6種類の有害物質の測定法は以下のとおりである．

　　　（有害物質）　　　　　　　　　　　　　　　（分析方法）

カドミウムおよびその化合物……………フレーム原子吸光法，電気加熱原子吸光法，
　　　　　　　　　　　　　　　　　　　ICP発光分光分析法，ICP質量分析法

鉛およびその化合物………………………フレーム原子吸光法，電気加熱原子吸光法，
　　　　　　　　　　　　　　　　　　　ICP発光分光分析法，ICP質量分析法

六価クロム化合物 …………………… ジフェニルカルバジド吸光光度法，フレーム原子吸光法，電気加熱原子吸光法，ICP発光分光分析法，ICP質量分析法

ひ素およびその化合物 ………………… ジエチルジチオカルバミド酸銀吸光光度法，水素化物発生原子吸光法（$NaBH_4$で還元），水素化物発生ICP発光分光分析法，ICP質量分析法

ほう素およびその化合物 ……………… メチレンブルー吸光光度法，アゾメチンH吸光光度法，ICP発光分光分析法，ICP質量分析法

セレンおよびその化合物 ……………… 水素化合物発生原子吸光法（$NaBH_4$で還元），水素化合物発生ICP発光分光分析法，3,3′-ジアミノベンジジン吸光光度法，ICP質量分析法

6種類の有害物質のうち，検定法として，水素化物発生原子吸光法または水素化合物発生原子吸光法が適用できる有害物質は，ひ素およびその化合物とセレンおよびその化合物である．なお，水素化物とは簡単に言えば，AsH_3（水素化ひ素）においてHがマイナスイオンとなっている結合状態であり，水素化合物とはH_2Se（セレン化水素）においてHがプラスイオンとなっている結合状態である．

以上から（2）が正解．　　　　　　　　　　　　　　　　　▶ 答（2）

問 題3 【令和元年 問14】 ✓ ✓ ✓

有害物質とその検定法の組合せとして，誤っているものはどれか．

（有害物質）　　　　　　　　（検定法）

(1) 鉛化合物　　　　　　ICP質量分析法
(2) クロム（VI）化合物　　ジフェニルカルバジド吸光光度法
(3) ひ素化合物　　　　　水素化物発生原子吸光法
(4) チウラム　　　　　　高速液体クロマトグラフ法
(5) ふっ素化合物　　　　インドフェノール青吸光光度法

解説　(1) 正しい．鉛化合物の検定法には，ICP質量分析法のほか，フレーム原子吸光法，電気加熱原子吸光法，ICP発光分光分析法などがある．

(2) 正しい．クロム（VI）化合物の検定法には，ジフェニルカルバジド吸光光度法のほか，フレーム原子吸光法，電気加熱原子吸光法，ICP発光分光分析法，ICP質量分析法などがある．

(3) 正しい．ひ素化合物の検定法には，水素化物発生原子吸光法のほか，水素化物ICP発光分光分析法，ICP質量分析法などがある．

(4) 正しい．チウラムの検定法には，高速液体クロマトグラフ法が用いられる．

(5) 誤り．ふっ素化合物の検定法には，イオン電極法，イオンクロマトグラフ法などがある．なお，インドフェノール青吸光光度法は，アンモニウムイオンの定量に用いる．

▶答（5）

問題 4　【平成30年 問11】

次の測定対象物質の検定に用いられる前処理法及び分析法の組合せとして，誤っているものはどれか．

（測定対象物質）	（前処理法）	（分析法）
(1) 1,4-ジオキサン	活性炭抽出	GC–MS
(2) ベンゼン	ヘッドスペース	GC
(3) トリクロロエチレン	溶媒抽出	GC
(4) チウラム	固相抽出	LC
(5) PCB	パージ・トラップ	GC–MS

解説 (1) 正しい．1,4-ジオキサンは，活性炭抽出を行い，GC–MS（ガスクロマトグラフ質量分析法）で分析を行う．

(2) 正しい．ベンゼンは，ヘッドスペース法で試料を注射器にとりGCで分析を行う．なお，ヘッドスペース法は，バイアル（小瓶）に塩化ナトリウムを取り，試料を空間（ヘッドスペース）が残るように加え，密閉した後，よく振り混ぜて一定温度で気液平衡した状態で気相の一定量をガスタイトシリンジ（注射器の一種）で取る方法である．

(3) 正しい．トリクロロエチレンは，溶媒抽出を行い，GCで分析を行う．

(4) 正しい．チウラム（殺菌剤）は，固相抽出を行い，LC（液体クロマトグラフ）で分析を行う．

(5) 誤り．PCBには，パージ・トラップは行わない．溶媒抽出を行いGC–MSで分析を行う．なお，パージ・トラップ法は，試料をパージ容器に取り，パージガス（HeまたはN₂ガス）を通じて揮発性有機化合物をトラップ管に捕集し，トラップ管を加熱して有機化合物を脱着してこれを冷却凝縮装置（クライオフォーカス装置）に吸着させ，再加熱してガスクロマトグラフ装置に導入する方法である．

▶答（5）

■ 4.3.3 （ガス）クロマトグラフ（質量分析）法

問題 1　【令和5年 問12】

ガスクロマトグラフ法に関する記述として，誤っているものはどれか．

(1) 保持時間により定性分析を，ピーク面積又はピーク高さにより定量分析を行う．

(2) キャピラリーカラムは，充填カラムに比べて高い分離効率を有している．

(3) スプリットレス注入法は，スプリット注入法に比べ高感度が得られる．

(4) FIDでは，有機物が水素炎に導入されたときに多量のイオンが生成して電流が流れ，検出される．

(5) ヘッドスペース法は，不揮発性有機化合物の分析に用いられる．

解説 (1) 正しい．ガスクロマトグラフ（GC）法は，カラムに充填した固定相（固体または液体）と試料を運ぶ移動相（気体）間の試料成分の吸着，脱着または分配平衡の違いによって混合物を分離し，定性および定量分析を行う方法である．保持時間（試料を注入してからピークが現われるまでの時間）により定性分析を，ピーク面積またはピーク高さにより定量分析を行う．

(2) 正しい．キャピラリーカラム（内径 $0.1 \sim 1.2\,mm$，長さ $5 \sim 100\,m$ 程度の金属，石英ガラス，合成樹脂の管壁に膜厚 $0.05 \sim 20\,\mu m$ 程度の固定相液体または吸着形充填剤の微粒子を固定化したもの）は，充填カラム（内径 $0.5 \sim 6\,mm$，長さ $0.5 \sim 20\,m$ 程度の金属，石英ガラス，合成樹脂の管に分離用充填剤（シリカゲル，活性炭，アルミナ，合成ゼオライト）を詰めたもの）に比べて径が小さく長いので，高い分離効率を有している．

(3) 正しい．スプリットレス注入法（注入した試料液をすべて分離カラムに通す方法）は，スプリット注入法（注入した試料液の一定量を分離カラムに通す方法）に比べ，多くの試料を分離カラムに通すので，高感度が得られる．

(4) 正しい．FID（Flame Ionization Detector：水素炎イオン化検出器）は，水素炎に試料を導入すると，イオン化した炭素のためイオン電流が流れることを利用して検出するもので，炭化水素化合物のガスを高感度に検出でき，また検量線の直線範囲も広い．

(5) 誤り．ヘッドスペース法は，バイアル（小瓶）に塩化ナトリウムを取り，試料を空間（ヘッドスペース）が残るように加え，密閉した後，よく振り混ぜて一定温度で気液平衡した状態で気相の一定量をガスタイトシリンジ（注射器の一種）で取る方法である．塩素化炭化水素，ベンゼンおよび 1,4-ジオキサンなど揮発性有機化合物の分析に用いられる． ▶ 答 (5)

問題2 【令和5年 問15】

次の農薬のうち，検定にガスクロマトグラフ法が定められていないものはどれか．

(1) シマジン

(2) チウラム

(3) チオベンカルブ

（4）パラチオン

（5）EPN

解説 （1）正しい．シマジンは，トリアジン系除草剤で，ガスクロマトグラフ法を適用する．なお，検出器はアルカリ熱イオン化検出器または電子捕獲検出器（チオベンカルブを単独で定量する場合）を使用する（**表4.6** 参照）．これらの検出器については，4.3.3 問題5（令和2年問11）の解説 (2) と (4) 参照．その他，ガスクロマトグラフ質量分析法（GC/MS法）も適用される．

表4.6　農薬系有機化合物の物理化学的性質[17]

No.	名称	物理化学的性質	用途例	溶解度
1	1,3-ジクロロプロペン $\begin{array}{c}ClCH_2\\C=C\\H\end{array}\begin{array}{c}H\\Cl\end{array}$	淡黄色の液体，揮発性の高い可燃性の液体． 沸点108℃，融点−84℃， 密度1.22 g/cm³，化学式量111	有機塩素系の殺虫剤でありガス化して殺虫効果を呈する． 土壌燻蒸剤 線虫，害虫の殺虫剤	2.7 g/L （25℃）
2	チウラム H_3C、H_3C N-C-S-S-C-N CH_3、CH_3（S）	淡黄色無臭の微粉末，水に難溶，クロロホルムに可溶． 沸点129℃（約2.7 kPa） 融点155〜156℃ 密度1.29 g/cm³（20℃） 化学式量240.4	ジチオカーバメイト系の殺菌剤 黒星病，黒点病の防除 播種前の種子の消毒 ゴムの加硫促進剤	18 mg/L （室温）
3	シマジン C_2H_5NH、Cl、NHC_2H_5（トリアジン環）	無色の結晶，土壌中では安定で長期間効果を持続，土壌中の移動性は小． 融点226℃，比重1.3 化学式量201.7	トリアジン系除草剤 （一般畑地：豆類，野菜，果樹園）	5 mg/L （20℃）
4	チオベンカルブ Cl —◯— CH_2SCN $\begin{array}{c}C_2H_5\\C_2H_5\end{array}$（O）	無色から淡黄色の液体，土壌中の移行性は中程度，残留性はやや大きい． 沸点126〜129℃（0.008 mmHg） 融点3.3℃ 密度1.145〜1.18 g/cm³（20℃） 化学式量257.8	チオカーバメート系除草剤（稲，野菜，豆類など）	30 mg/L （20℃）

（2）誤り．チウラムは，ジチオカーバメート系の殺菌剤で，高速液体クロマトグラフ法が適用される（表4.6および4.3.4 問題1（令和3年問11）の解説 (1) 参照）．

（3）正しい．チオベンカルブは，チオカーバメート系除草剤で，ガスクロマトグラフ法を適用する．なお，検出器はアルカリ熱イオン化検出器または電子捕獲検出器（チオベンカルブを単独で定量する場合）を使用する．その他，ガスクロマトグラフ質量分析法（GC/MS法）も適用される（表4.6参照）．

（4）正しい．パラチオンは，有機りん系の殺虫剤で，ガスクロマトグラフ法を適用する．

なお，検出器は炎光光度検出器，アルカリ熱イオン化検出器を使用する（表4.4および4.3.3 問題5（令和2年問11）の解説 (3) と (4) 参照）．

(5) 正しい．EPN は，有機りん系の殺虫剤で，ガスクロマトグラフ法を適用する．なお，検出器は炎光光度検出器，アルカリ熱イオン化検出器を使用する（表4.4参照）．

▶ 答（2）

題3　　　　　　　　　　　　　　　　　　　　　【令和4年 問11】

ガスクロマトグラフ質量分析法に関する記述として，正しいものはどれか．

(1) 質量分析計のイオン源は大気圧に維持されている．

(2) クロマトグラム上の分析種の保持時間から定量分析を行い，ピーク面積から定性分析を行う．

(3) 電子イオン化（EI）法では，分子イオンのみが生成し，フラグメントイオンは生成しない．

(4) 正イオン化学イオン化（PICI）法では，電子を分析種に直接照射してイオン化する．

(5) 磁場形質量分析計は，高感度，高質量分解能が得られ，ダイオキシン類の分析に用いられる．

解説　(1) 誤り．質量分析計のイオン源は，100 Pa 程度の真空に維持されている．

(2) 誤り．クロマトグラム上の分析種の保持時間および質量スペクトルから定性分析を行い，ピーク面積およびピーク高さから定量分析を行う．

(3) 誤り．電子イオン化（EI）法では，真空下でフィラメントから放出された数十 eV 以上のエネルギーを持つ電子を成分分子に照射してイオン化するが，最初に分子イオンが生じ，続いて分子内結合の開裂（フラグメンテーション）を起こし，色々なフラグメントイオンが生成する．

(4) 誤り．正イオン化学イオン化（PICI）法は，メタンなどの試薬ガスに電子などを照射して反応イオンを生成し，この反応イオンと試料分子との間のイオン–分子反応によって試料分子をイオン化するもので，電子を分析種に間接照射してイオン化する．

(5) 正しい．磁場形質量分析計は，電場セクター（四重極形）と磁場セクターとを組み合わせ，イオンのエネルギー収束と方向収束との2つの収束作用を持つ．このため，高感度，高質量分解能が得られ，ダイオキシン類の分析に用いられる．　　▶ 答（5）

題4　　　　　　　　　　　　　　　　　　　　　【令和3年 問12】

検定に薄層クロマトグラフ分離–原子吸光法が用いられる有害物質は，次のうちどれか．

305

(1) シアン化合物

(2) ポリ塩化ビフェニル

(3) 1,4-ジオキサン

(4) アルキル水銀化合物

(5) ひ素及びその化合物

解説 (1) 該当しない. シアン化合物の検定には，ピリジン–ピラゾロン吸光光度法または4-ピリジンカルボン酸–ピラゾロン吸光光度法が用いられる.

(2) 該当しない. ポリ塩化ビフェニルの検定には，ガスクロマトグラフ法またはガスクロマトグラフ質量分析法が用いられる. ガスクロマトグラフ法は，試料を気体にしてキャリヤーガスとともにカラムに通すと，カラム内の固定相との作用（吸着，分配）によって分離するので，それを検出器で検出するものである. ガスクロマトグラフ質量分析法は，ガスクロマトグラフによって分離した物質をイオン化して電場によって特定の質量を分離して検出するものである.

(3) 該当しない. 1,4-ジオキサンの検定には，パージ・トラップ–ガスクロマトグラフ質量分析法が用いられる. なお，パージ・トラップとは，試料をパージ容器にとり，パージガス（He または N_2 ガス）を通じて揮発性有機化合物をトラップ管に捕集し，トラップ管を加熱して有機化合物を脱着してこれを冷却凝縮装置（クライオフォーカス装置）に吸着させ，再加熱してガスクロマトグラフ装置に導入する試料の導入方法である.

(4) 該当する. アルキル水銀化合物の検定には，ガスクロマトグラフ法または薄層クロマトグラフ分離–原子吸光分析法が用いられる. なお，薄層クロマトグラフ法は，ガラス板の上にアルミナの薄い層を作成し，試料をその上のある点にスポットし，展開液で展開すると，展開液が上昇してスポットを押し上げるが，試料とアルミナとの作用の違いで他の物質と分離するので，それを取り出し分離して原子吸光法で測定するものである.

(5) 該当しない. ひ素およびその化合物の検定には，ジエチルジチオカルバミド酸銀吸光度法，水素化物発生原子吸光法，水素化物発生 ICP 発光分光分析法または ICP 質量分析法が用いられる.

以上から（4）が正解. ▶ 答（4）

問 題5 【令和2年 問11】

ガスクロマトグラフの検出器に関する記述として，誤っているものはどれか.

(1) 熱伝導度検出器は，いろいろな気体の検出に利用できるが，感度はあまり高くない.

(2) 電子捕獲検出器は，有機ハロゲン化合物の高感度分析に有効である.

(3) 炎光光度検出器は，含硫黄化合物及び含りん化合物を選択的，高感度に検出する．

(4) 熱イオン化検出器は，含窒素有機化合物及び含りん有機化合物を選択的，高感度に検出する．

(5) 水素炎イオン化検出器は，無機ガスに対して熱伝導度検出器の 1,000 ～ 10,000 倍の高感度を示す．

解説 (1) 正しい．熱伝導度検出器（Thermal Conductivity Detector）は，試料ガスとキャリヤーガスの熱伝導度の差を利用した検出器であり，いろいろな気体の検出に適用できるが，感度はあまり高くない．

(2) 正しい．電子捕獲検出器（ECD：Electron Capture Detector）は，β 線でキャリヤーガスをイオン化して電子を生成させ電流を流しているとき，ハロゲン原子などがこの電子を吸引するため電流が減少することを利用した方法で，有機ハロゲン化合物の高感度分析に有効である．

(3) 正しい．炎光光度検出器（FPD：Flame Photometric Detector）は，水素炎を還元炎として用い，硫黄，りん，すずを含む化合物が水素炎の中で特定波長の光を発生することを利用した方法で，含硫黄化合物および含りん化合物を選択的，高感度に検出する．

(4) 正しい．熱イオン化検出器（TID：Thermonic Ionization Detector）は，FID ノズルの上部にアルカリ金属塩（KBr，CsBr，$RbSO_4$）を配置した構成で，アルカリ塩が加熱されてイオン化するが，これに窒素やりんが入ると熱イオンが増加することにより，含窒素有機化合物，含りん有機化合物を選択的，高感度で検出する．

(5) 誤り．水素炎イオン化検出器（FID：Flame Ionization Detector）は，水素炎に試料を導入すると，イオン化した炭素のためイオン電流が流れることを利用した方法で，炭化水素化合物のガスを高感度に検出でき，また検量線の直線範囲も広い．「無機ガス」が誤り． ▶ 答 (5)

問 題6 【令和2年 問15】

ガスクロマトグラフ質量分析法（GC/MS 法）において，検定に用いられる前処理法と測定対象物質との組合せとして，誤っているものはどれか．

（前処理法）	（測定対象物質）
(1) パージ・トラップ法	テトラクロロエチレン
(2) ヘッドスペース法	PCB
(3) 溶媒抽出法	シマジン
(4) 固相抽出法	チオベンカルブ
(5) 活性炭抽出法	1,4-ジオキサン

解説 (1) 正しい. パージ・トラップ法は，試料をパージ容器にとり，パージガス（He または N_2 ガス）を通じて揮発性有機化合物をトラップ管に捕集し，トラップ管を加熱して有機化合物を脱着してこれを冷却凝縮装置（クライオフォーカス装置）に吸着させ，再加熱してガスクロマトグラフ装置に導入する方法で，テトラクロロエチレンの前処理で適用される.

(2) 誤り. ヘッドスペース法は，バイアル（小瓶）に塩化ナトリウムを取り，試料を空間（ヘッドスペース）が残るように加え，密封した後，よく振り混ぜて一定温度で気液平衡した状態で気相の一定量をガスタイトシリンジ（注射器の一種）で取る方法である. PCB にはこの方法は適用されず，ヘキサンを使用した溶媒抽出が適用される.

(3) 正しい. シマジンは，試料に塩化ナトリウムを加え，ジクロロメタンで溶媒抽出する. なお，チオベンカルブも同様である.

(4) 正しい. チオベンカルブは，固相カラム（スチレン-ジビニルベンゼン共重合体物）に吸着させ，アセトンで溶出する固相抽出法が適用される. なお，シマジンも同様である.

(5) 正しい. 1,4-ジオキサンは，カートリッジ型活性炭カラムに吸着させ窒素ガスで乾燥した後，アセトンで溶出する活性炭抽出法が適用される.　　　　　　　　　▶ 答（2）

問題7　　　　　　　　　　　　　　　　　　　　　　　　　　【令和元年 問11】

ガスクロマトグラフ法の検出器及び前処理法に関する記述の組合せとして，適切なものはどれか.

（検出器）

陽極，陰極，放射線源を備えている. 放射線源からの β 線（電子線）がキャリヤーガスを電離し，両極間に微小電流が流れるが，ここに自由電子を捕獲する物質が入ってくると電流が減少し，検出される.

（前処理法）

試料をバイアルにとり，塩析剤を加え，上部に容器の容積の $15 \sim 60\%$ の空間が残るようにして密封する. 十分に混合し，一定温度に静置して気液平衡の状態とし，気相の一部を GC カラムに注入する.

	（検出器）	（前処理法）
(1)	FID	パージ・トラップ法
(2)	FID	ヘッドスペース法
(3)	ECD	溶媒抽出法
(4)	ECD	ヘッドスペース法
(5)	FPD	パージ・トラップ法

解説 （検出器）はECD（Electron Capture Detector：電子捕獲検出器）である.

陽極, 陰極, 放射線源を備えている. 放射線源からのβ線（電子線）がキャリヤーガスを電離し, 両極間に微小電流が流れるが, ここに自由電子を捕獲する物質（有機塩素化合物など）が入ってくると電流が減少し, 検出される.

（前処理法）は, ヘッドスペース法である.

試料をバイアル（小瓶）に取り, 塩析剤を加え, 上部に容器の容積の$15 \sim 60\%$の空間が残るようにして密封する. 十分に混合し, 一定温度に静置して気液平衡の状態とし, 気相の一部をGCカラムに注入する.

以上から（4）が正解. ▶答（4）

■ 4.3.4 高速液体クロマトグラフ法

問題1 【令和3年 問11】

高速液体クロマトグラフ法に関する記述として, 正しいものはどれか.
(1) ポリ塩化ビフェニル（PCB）の検定に用いられる.
(2) 一般的に, 内径$0.1 \sim 1.2\,\mathrm{mm}$, 長さ$5 \sim 100\,\mathrm{m}$のキャピラリーカラムが用いられる.
(3) 一般的に, ガスクロマトグラフに比べ, シグナルピークが鋭く分離能が高い.
(4) ガスクロマトグラフでは測定困難な熱的に不安定な化合物の測定にも適用できる.
(5) クロマトグラムの保持時間から定量分析を行う.

解説 （1）誤り. ポリ塩化ビフェニル（PCB）の検定にはガスクロマトグラフ法またはガスクロマトグラフ質量分析法が用いられる. なお, 高速液体クロマトグラフ法は, 気体にならない試料について液体の試料を充填カラムに高圧をかけて通すと, 分析対象物質と充填剤との作用で他の物質と分離するので, それを検出するものである. 検出器には, 吸光光度検出器, 示差屈折率検出器, 蛍光検出器, 電気化学検出器などが用いられる（**図4.16**参照）.
(2) 誤り. 一般的に, 内径$1 \sim 12\,\mathrm{mm}$, 長さ数十cmの金属または合成樹脂製の管が用いられる.
(3) 誤り. 一般的に, ガスクロマトグラフに比べ, シグナルピークが鈍く分離能が低い.
(4) 正しい. ガスクロマトグラフでは測定困難な熱的に不安定な化合物の測定にも適用できる.
(5) 誤り. クロマトグラムの保持時間から定性分析を, ピークの高さまたは面積から定量分析を行う.

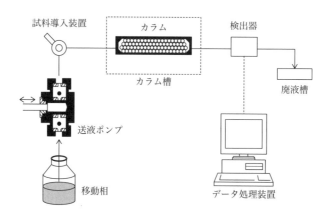

試料導入装置　カラム　検出器

カラム槽

廃液槽

送液ポンプ

移動相

データ処理装置

図 4.16　高速液体クロマトグラフの構成
（出典：JIS K 0124）

▶ 答（4）

■ 4.3.5　イオンクロマトグラフ法

問題1　　　　　　　　　　　　　　　　　　　　　　　　　　　【令和4年 問12】☑☑☑

　イオンクロマトグラフ法で用いられる検出器として，不適当なものはどれか．
(1) 電子捕獲検出器
(2) 電気化学検出器
(3) 蛍光検出器
(4) 紫外可視吸光光度検出器
(5) 電気伝導度検出器

解説　(1) 不適当．電子捕獲検出器（ECD：Electron Capture Detector）は，ガスクロ
マトグラフの検出器に使用される．β線でキャリヤーガスをイオン化して電子を生成さ
せ電流を流しているとき，ハロゲン原子等がこの電子を吸引して電流が減少するので，
これを検出するものである．有機ハロゲン化合物の高感度分析に有効である．

(2) 適当．電気化学検出器は，電極表面での分析対象分子の酸化あるいは還元反応の結
　果生じる電流，もしくは電位を利用する検出方法である．

(3) 適当．蛍光検出器は，試料が可視光や紫外光を吸収して蛍光を発生する性質を利用
　する検出方法である．

(4) 適当．紫外可視吸光光度検出器は，試料が紫外可視光線を吸収する性質を利用する

検出方法である．

(5) 適当．電気伝導度検出器は，溶離液と試料のイオン伝導度が異なることを利用する検出方法である．　　　　　　　　　　　　　　　　　　　　　　　▶答（1）

問題2　　　　　　　　　　　　　　　　　　　　　　　【令和2年 問12】

イオンクロマトグラフ法に関する記述として，誤っているものはどれか．

(1) 溶離液を移動相とし，イオン交換体などを固定相とした分離カラムでイオン種成分を分離する．

(2) 検出器には，主に電気伝導度検出器が用いられる．

(3) サプレッサは，バックグラウンドとなる電気伝導度を低減するための装置で，膜透析形，カラム除去形などがある．

(4) 電気伝導率の高い強酸又は塩基性溶液を溶離液として用いるノンサプレッサ装置も普及している．

(5) アンモニア，アンモニウム化合物，亜硝酸化合物及び硝酸化合物の検定に用いられる．

解説　(1) 正しい．溶離液を移動相とし，イオン交換体などを固定相とした分離カラムでイオン種成分を分離する．その原理は，固定相に目的イオンがイオン交換で吸着されるが，分離液で直ちに脱着され，また固定相に吸着し溶離液で脱着するという工程を繰り返し，次第にカラム出口に向かうことである．この場合，イオンによって吸着と脱着の効果がわずかに異なるため混合していたイオンが分離することになる．分離したイオンを適切な検出器で検出して，目的イオンの濃度を得る分析法である．

(2) 正しい．検出器には，主に電気伝導度検出器が用いられる．これは溶離液と分離されたイオンの電気伝導度が異なることを利用した検出方法である．

(3) 正しい．サプレッサは，バックグラウンドとなる電気伝導度が高いと，目的イオンのピークが埋もれてピークが小さくなるため，バックグラウンドとなる電気伝導度を低減するための装置で，膜透析形，カラム除去形などがある．膜透析形は，イオン交換膜によって隔てられた2つの流路の一方に流出液を，他方には再生液を流しておき，溶離液中の除去するイオンを再生液側の流路に透析して除去する．カラム除去形は，イオン交換カラムに溶出液を通過させ，溶離液中の除去するイオンをイオン交換除去するものであるが，複数のカラムを再生しながら交互に使用し連続使用が可能である．

(4) 誤り．溶離液に電気伝導率の低いフタル酸およびp-ヒドロキシ安息香酸を用いるノンサプレッサ装置が普及している．

(5) 正しい．イオンクロマトグラフ法は，アンモニア，アンモニウム化合物，亜硝酸化合物および硝酸化合物の検定に用いられる．　　　　　　　　　　　　▶答（4）

問題3 【平成30年 問12】

イオンクロマトグラフ法に関する記述として，誤っているものはどれか．

(1) ふっ素及びふっ素化合物の検定に用いられる．

(2) 分離カラムの充塡剤には，一般に，ガラスビーズや活性炭が用いられる．

(3) サプレッサは，溶離液の強電解質を除去して，電気伝導度のバックグラウンドを低減する．

(4) ノンサプレッサ法では，一般に，当量電気伝導率が比較的低い有機酸を溶離液として用いる．

(5) 陰イオンだけでなく，陽イオンの分析にも用いられる．

解説 (1) 正しい．ふっ素およびふっ素化合物の検定に用いられる．

(2) 誤り．分離カラムの充塡剤には，一般に，イオン交換樹脂が用いられる．

(3) 正しい．サプレッサは，分析対象成分のピークを大きくするため，溶離液の強電解質を除去して，電気伝導度のバックグラウンドを低減する．

(4) 正しい．ノンサプレッサ法では，一般に，当量電気伝導率が比較的低い有機酸を溶離液として用いる．

(5) 正しい．陰イオンだけでなく，陽イオンの分析にも用いられる． ▶答（2）

■ 4.3.6 ICP質量分析法

問題1 【令和2年 問13】

ICP質量分析法に関する記述として，誤っているものはどれか．

(1) ICPは，分析対象元素などをイオン化する働きをする．

(2) 質量分析計は，質量数／電荷数の比に応じて，イオンを分離し，測定する働きをする．

(3) インターフェース部は，大気圧下のICPと高真空状態の質量分析計を結合する働きをする．

(4) 総水銀，アルキル水銀化合物の検定に用いられる．

(5) ひ素の測定においては，塩酸，塩化物イオンを多量に含む試料では，これらに起因するスペクトル干渉を補正又は低減化する手法を用いる．

解説 (1) 正しい．ICP（Inductively Coupled Plasma：誘導結合プラズマ）は，プラズマを発生させ，その高温度（6,000 〜 10,000 K）によって分析対象元素などをイオン化する働きをする．

(2) 正しい．質量分析計では，電場と磁場を利用して質量ごとに時間的，空間的に分離する部分で，質量数／電荷数の比に応じて，イオンを分離し，測定する働きをする．

(3) 正しい．インターフェース部は，大気圧下のICPと高真空状態の質量分析計を結合する働きをする（**図4.17**参照）．

(4) 誤り．総水銀の検定には，還元気化原子吸光法または加熱気化原子吸光法を用い，アルキル水銀化合物の検定にはガスクロマトグラフ法および薄層クロマトグラフ分離-原子吸光法を用いる．ICP質量分析法は用いない．

(5) 正しい．ひ素の測定においては，塩酸，塩化物イオンを多量に含む試料では，これらに起因するスペクトル干渉（$^{40}Ar^{35}Cl$，$^{40}Ca^{35}Cl$などでAsの原子量は75）を補正または低減化する手法（例えば，^{35}Clと^{37}Clとの同位体比が一定であることを利用する補正の方法）を用いる．

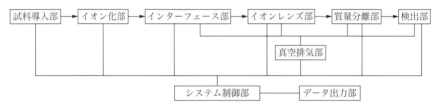

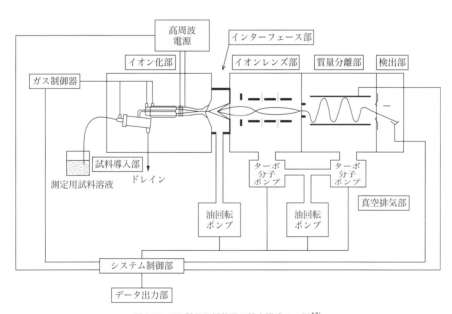

図4.17 ICP質量分析装置の基本構成の一例[13)]

▶答（4）

■ 4.3.7 クロム

問題1 【令和5年 問13】

六価クロム化合物の検定に用いられる方法はどれか.
(1) 水素化物発生原子吸光法
(2) ガスクロマトグラフ質量分析法
(3) インドフェノール青吸光光度法
(4) ジフェニルカルバジド吸光光度法
(5) イオンクロマトグラフ法

解説 (1) 誤り. 水素化物発生原子吸光法は, ひ素の分析において試料を酸化剤で酸化してひ素 (V) としたものを還元剤でひ素 (III) に還元し, さらにテトラヒドロほう酸ナトリウム (NaBH₄: 水素化ほう酸ナトリウム) 溶液と反応させて水素化ひ素 (AsH_3) の気体を発生させ, 原子吸光分析を行う方法である. 六価クロムの検定に用いられない. なお, 用語であるが, 水素化物とは簡単に言えば, AsH_3 (水素化ひ素) において H がマイナスイオンとなっている結合状態であり, 水素化合物とは H_2Se (セレン化水素) において H がプラスイオンとなっている結合状態である.

(2) 誤り. ガスクロマトグラフ質量分析法 (GC/MS) は, 試料を気体にしてキャリヤーガスとともにカラムに通し, カラム内の固定相との作用 (吸着, 分配) によって分離し, 連続的に質量分析計 (MS) に導入された試料をイオン化して, 電場または磁場によって特定の質量を分離して検出するものである. 六価クロムは気体にならないので, その検定には用いられない.

(3) 誤り. インドフェノール青吸光光度法は, アンモニウムイオンを測定するものであるが, 硝酸イオンや亜硝酸イオンについてはデバルダ合金でアンモニウムイオンに還元して測定する. 六価クロム化合物の検定に用いられない.

(4) 正しい. ジフェニルカルバジド吸光光度法は, Cr(VI) がジフェニルカルバジドと反応して生じた赤紫の着色を測定する方法である. 六価クロム化合物の検定に用いられる.

(5) 誤り. イオンクロマトグラフ法において, 六価クロムは CrO_4^{2-} の陰イオンであるが, 陰イオン交換した後の溶離が容易ではないため, 六価クロム化合物の検定にイオンクロマトグラフ法は用いられない.

▶ 答 (4)

問題2 【平成30年 問13】

クロム (VI) 化合物の検定法として, 用いられないものはどれか.
(1) ジフェニルカルバジド吸光光度法

(2) 水素化物発生原子吸光法
(3) 電気加熱原子吸光法
(4) ICP 発光分光分析法
(5) ICP 質量分析法

（解説）(1) 正しい．ジフェニルカルバジド吸光光度法は，Cr(VI) がジフェニルカルバジドと反応して生じた赤紫の着色を測定する．

(2) 誤り．水素化物発生原子吸光法は，ひ素とセレンに適用される．

(3) 正しい．電気加熱原子吸光法は，発熱体に電流を流し高温にして試料中のクロム金属を原子化して吸光度を測定する．

(4) 正しい．ICP 発光分光分析法は，プラズマの高温の中に試料を入れ効率よくイオン化させて，基底状態に戻るとき発光する光の強さを測定する．

(5) 正しい．ICP 質量分析法は，プラズマで試料中のクロム原子をイオン化し，質量分析法（荷電当たりの質量の大きさで分離する方法）によって測定する．　　　▶ 答（2）

■ 4.3.8　水　銀

（問）題1　　　　　　　　　　　　　　　　　　　　　　【平成30年 問14】

総水銀の検定法に関する記述として，誤っているものはどれか．
(1) すべての化学形態の無機水銀化合物は，測定対象に含まれる．
(2) すべての化学形態の有機水銀化合物は，測定対象に含まれる．
(3) 強酸と酸化剤による前処理では，いろいろな水銀化合物を2価の無機水銀にする．
(4) 前処理で生成した無機水銀は，水素化ほう素ナトリウムにより金属水銀に還元する．
(5) 還元気化原子吸光法では，還元された金属水銀を水中から気相に移し，水銀の吸光度を測定し，水銀を定量する．

（解説）(1) 正しい．すべての化学形態の無機水銀化合物は，測定対象に含まれる．

(2) 正しい．すべての化学形態の有機水銀化合物は，測定対象に含まれる．

(3) 正しい．強酸と酸化剤による前処理では，いろいろな水銀化合物を2価の無機水銀にする．

(4) 誤り．前処理で生成した無機水銀は，塩化すず(II)により金属水銀に還元する．水素化ほう素ナトリウムは使用しない．

(5) 正しい．還元気化原子吸光法では，還元された金属水銀を水中から気相に移し，水

銀の吸光度を測定し，水銀を定量する． ▶答（4）

■ 4.3.9　ほう素

 題1　　　　　　　　　　　　　　　　　　　　　　　【令和2年 問14】

　次の測定対象物質の検定法において，試料の前処理法として蒸留法と水蒸気蒸留法のどちらの方法も使用されていないものはどれか．なお，複数の検定法がある場合には，そのうちのどれかで使用されていれば，使用されているものとみなす．
(1) ふっ素及びその化合物
(2) ほう素及びその化合物
(3) シアン化合物
(4) アンモニア及びアンモニウム化合物
(5) 亜硝酸化合物及び硝酸化合物

解説　(1) 使用する．ふっ素およびその化合物は，水蒸気蒸留（試料を強酸性のもとで加熱しながら水蒸気を吹き込み水蒸気とともにその化合物を留出させる方法）する．なお，蒸留は，試料溶液を熱して生じた蒸気を冷却して液体として留出させる方法である．
(2) 使用しない．ほう素およびその化合物は，蒸留も水蒸気蒸留もしない．
(3) 使用する．シアン化合物は，EDTA を添加し pH2 以下で蒸留する．
(4) 使用する．アンモニアおよびアンモニウム化合物は，酸化マグネシウムと沸石を加えて蒸留する．
(5) 使用する．亜硝酸化合物および硝酸化合物は，水酸化ナトリウムを加えて蒸留しアンモニアを除去した後，デバルダ合金を加えて亜硝酸イオンおよび硝酸イオンをアンモニアに還元し，蒸留してアンモニアとして留出する． ▶答（2）

問 題2　　　　　　　　　　　　　　　　　　　　　　　【令和元年 問13】

　ほう素及びその化合物の検定法として，用いられないものはどれか．
(1) メチレンブルー吸光光度法
(2) アゾメチンH吸光光度法
(3) イオンクロマトグラフ法
(4) ICP 発光分光分析法
(5) ICP 質量分析法

解説　(1) 用いられる．メチレンブルー吸光光度法は，ほう素化合物に硫酸とふっ化水素酸を加えてテトラフルオロほう酸イオンとした後，メチレンブルーとの反応で生成す

るイオン会合体を1,2-ジクロロエタンで抽出し，その吸光度を測定する方法である．

(2) 用いられる．アゾメチンH吸光光度法は，ほう酸がpH約6でアゾメチンHと反応して生成する黄色の錯体を吸光度で測定する方法である．

(3) 用いられない．イオンクロマトグラフ法は，用いられない．

(4) 用いられる．ICP発光分光分析法は，ICP（誘導結合プラズマ）に導入し，波長219.773 nmの発光を測定して定量する．

(5) 用いられる．ICP質量分析法は，試料溶液をICPに導入してイオン化し，ほう素と内標準物質（イットリウムまたはインジュウム）のそれぞれの質量/電荷数におけるイオンカウント数を測定し，その比を求めてほう素を定量する． ▶答（3）

■ 4.3.10 シアン

問 題1　　　　　　　　　　　　　　　　　【令和3年 問15】

シアン化合物の検定に関する記述として，誤っているものはどれか．

(1) 試料を保存する場合は，水酸化ナトリウムを加えて，pHを約12とする．

(2) 試料中に残留塩素などの酸化性物質が共存する場合は，アスコルビン酸などを加えて還元する．

(3) EDTAを共存させ，pH2以下のりん酸酸性下で加熱蒸留して，シアン化合物をシアン化水素として留出させる．

(4) コバルト，水銀のシアノ錯体は，分解率が高く，大部分がシアン化水素として留出される．

(5) 留出させたシアン化水素は，ピリジン–ピラゾロン吸光光度法などで定量する．

解説 (1) 正しい．試料を保存する場合は，水酸化ナトリウムを加えて，pHを約12とする．

(2) 正しい．試料中に残留塩素などの酸化性物質が共存する場合は，アスコルビン酸（ビタミンCのこと）などを加えて還元する．

(3) 正しい．EDTAを共存させ，pH2以下のりん酸酸性下で加熱蒸留して，シアン化合物をシアン化水素として留出させる．キレート剤のEDTAを共存させる理由は，シアンイオンとキレートを生成する金属をEDTAとキレート生成させ，シアンを留出しやすくするためである．

(4) 誤り．コバルト，水銀のシアノ錯体は，分解率が低く，シアン化水素として留出される割合が低い．

(5) 正しい．留出させたシアン化水素は，ピリジン–ピラゾロン吸光光度法などで定量す

る．青色を呈する． ▶答（4）

問題2 【令和元年 問15】

シアン化合物の検定に関する記述中，（ア）〜（ウ）の　　　　の中に挿入すべき語句の組合せとして，正しいものはどれか．

シアン化合物の試験では，水中のシアン化水素酸，シアン化物イオン，　（ア）　などのすべての形態のものを，　（イ）　を共存させたpH2以下のりん酸酸性下で蒸留することにより，シアン化水素として留出させて　（ウ）　に捕集した後，捕集液中のシアン化物イオンを4-ピリジンカルボン酸–ピラゾロン吸光光度法などで定量して，シアン化合物の濃度を求める．

	（ア）	（イ）	（ウ）
(1)	チオシアン酸	アジ化ナトリウム	NaOH溶液
(2)	チオシアン酸	EDTA	HCl溶液
(3)	チオシアン酸	アジ化ナトリウム	HCl溶液
(4)	金属シアノ錯体	EDTA	NaOH溶液
(5)	金属シアノ錯体	アジ化ナトリウム	NaOH溶液

解説 （ア）「金属シアノ錯体」である．

（イ）「EDTA」である．エチレンジアミンテトラ酢酸で多くの金属と錯体を生成するキレート剤である．シアン金属錯体の金属をEDTAと結合させてシアンを放出させやすくするためにEDTAを添加する（図4.1参照）．

（ウ）「NaOH溶液」である．シアンはシアン化水素（水溶液は酸性）で放出されるため，アルカリ性であるNaOH溶液で捕集する．

以上から（4）が正解． ▶答（4）

■ 4.3.11　窒素化合物

問題1 【平成30年 問15】

排水中の窒素化合物に関する記述として，正しいものはどれか．

(1) 排水基準の有害物質として規制されているのは，アンモニア，アンモニウム化合物，亜硝酸化合物，硝酸化合物，有機体の窒素化合物である．

(2) アンモニア性窒素をインドフェノール青吸光光度法で定量する場合，前処理としての蒸留操作は必要ない．

(3) アンモニア性窒素をイオンクロマトグラフ法で定量する場合，前処理としての

蒸留操作は必要である.
(4) 亜硝酸化合物をナフチルエチレンジアミン吸光光度法で定量する場合，直ちに試験できないときには，試料を冷凍保存する.
(5) 亜硝酸化合物をイオンクロマトグラフ法で定量する場合，保存処理は行わず，直ちに試験を行う.

解説 (1) 誤り．排水基準の有害物質として規制されているのは，アンモニア，アンモニウム化合物，亜硝酸化合物，硝酸化合物である．有機体の窒素化合物は含まれていない.

(2) 誤り．アンモニア性窒素をインドフェノール青吸光光度法で定量する場合，妨害成分が多いので，前処理としての蒸留操作が必要である.

(3) 誤り．アンモニア性窒素をイオンクロマトグラフ法で定量する場合，他のイオンがあっても妨害しないので，前処理としての蒸留操作は不必要である.

(4) 誤り．亜硝酸化合物をナフチルエチレンジアミン吸光光度法で定量する場合，直ちに試験できないときには，試料1L当たりクロロホルム約5mLを加え，0〜10℃の冷暗所に保存する.

(5) 正しい．亜硝酸化合物をイオンクロマトグラフ法で定量する場合，保存処理は行わず，直ちに試験を行う．　　　　　　　　　　　　　　　　　　▶答 (5)

■ 4.3.12　塩素化炭化水素およびベンゼン

問題1　　　　　　　　　　　　　　　　　　　　　　　【令和4年 問15】

塩素化炭化水素及びベンゼンの検定法に関する記述として，誤っているものはどれか.
(1) 試料を採取するときは，泡立てないように採取し，気泡が残らないように満水にして密栓する.
(2) 試験は試料採取後，直ちに行う．直ちに行えない場合には，−20℃で凍結保存する.
(3) ガスクロマトグラフ質量分析を適用する場合は，内標準物質が用いられる.
(4) パージ・トラップ−ガスクロマトグラフ質量分析法では，試料にパージガスを通じて，塩素化炭化水素及びベンゼンをトラップ管に捕集する.
(5) ヘッドスペース−ガスクロマトグラフ質量分析法では，試料をバイアル中で気液平衡状態とした後，気相の一定量を分析装置に注入する.

解説 (1) 正しい．試料を採取するときは，泡立てないように採取し，気泡が残らない

ように満水にして密栓する．試料採取容器に空間があると，試料水からそこに揮散するからである．

(2) 誤り．試験は試料採取後，直ちに行う．直ちに行えない場合には，4℃以下で凍結させないで保存する．

(3) 正しい．ガスクロマトグラフ質量分析を適用する場合は，内標準物質が用いられる．なお，内標準法は，分析試料中に加えた内標準元素（目的元素と物理・化学的性質がよく似たものを使用）と，目的元素との吸光度比を求める同時測定から作成する検量線を用いる（図4.18参照）．

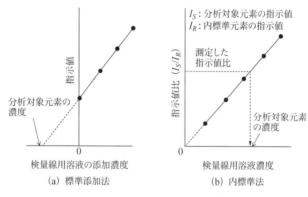

I_S：分析対象元素の指示値
I_R：内標準元素の指示値

(a) 標準添加法　　　　　　　　　(b) 内標準法

図4.18　標準添加法と内標準法 [9]

(4) 正しい．パージ・トラップ–ガスクロマトグラフ質量分析法では，試料をパージ容器にとり，パージガス（HeまたはN$_2$ガス）を通じて揮発性有機化合物をトラップ管に捕集し，トラップ管を加熱して有機化合物を脱着して，これを冷却凝縮装置（クライオフォーカス装置）に吸着させ，再加熱してガスクロマトグラフ装置に注入する．

(5) 正しい．ヘッドスペース–ガスクロマトグラフ質量分析法では，バイアル（小瓶）に塩化ナトリウムをとり，試料を空間（ヘッドスペース）が残るように加え，密封した後，よく振り混ぜて，一定温度で気液平衡した状態で気相の一定量をガスタイトシリンジ（注射器の一種）で装置に注入する．　　　　　　　　　　　　　　　▶答 (2)

■ 4.3.13　ふっ素およびその化合物

問題1　　　　　　　　　　　　　　　　　　　　【令和4年 問14】

　ふっ素及びその化合物の検定法に関する記述として，誤っているものはどれか．
(1) 試料を濃縮する場合は，弱アルカリ性で行う．

(2) 試料を水蒸気蒸留する場合は，強酸性で行う．

(3) 水蒸気蒸留は，二酸化けい素を共存させて行う．

(4) 水蒸気蒸留は 90 〜 100℃ で行う．

(5) ふっ素化合物を水蒸気蒸留によってふっ化物イオンとした後，ランタン–アリザリンコンプレキソン吸光光度法を適用する方法がある．

解説 (1) 正しい．試料を濃縮する場合は，弱アルカリ性で行う．酸性で行うと HF が揮散する可能性がある．

(2) 正しい．試料を水蒸気蒸留する場合は，強酸性（過塩素酸–りん酸または硫酸–りん酸）で行う．これは，HF（実際には SiF_4）として揮散しやすいためである．

(3) 正しい．水蒸気蒸留は，二酸化けい素を共存させて行う（$SiO_2 + 4HF \rightarrow SiF_4\uparrow + 2H_2O$）．四ふっ化けい素（$SiF_4$）は気体である．

(4) 誤り．水蒸気蒸留は，$145 \pm 5℃$ で行う．

(5) 正しい．ふっ素化合物を水蒸気蒸留によってふっ化物イオンとした後，ランタン–アリザリンコンプレキソン吸光光度法を適用し，生じた複合錯体の青色の発色を利用する方法がある． ▶ 答 (4)

問題2 【令和3年 問14】

次の検定法のうち，ふっ素及びその化合物の検定に用いられないものはどれか．

(1) ランタン–アリザリンコンプレキソン吸光光度法

(2) イオン電極法

(3) イオンクロマトグラフ法

(4) 流れ分析法

(5) ICP 発光分光分析法

解説 (1) 使用する．ランタン–アリザリンコンプレキソン吸光光度法は，ランタン–アリザリンコンプレキソン錯体（赤色）にふっ素イオンが複合錯体を生成すると青色になり 565 nm 付近に吸収極大を持つ．

(2) 使用する．イオン電極法は，感応膜がふっ素イオンと接するとそのイオン活量に応じた膜電位を生じるので，比較電位（参照電位）との組み合わせで膜電位を測定する．

(3) 使用する．イオンクロマトグラフ法は，イオン交換樹脂が充填されたカラムに試料を通すと吸着し，溶離液を流すと溶離するが，溶離する度合いがイオン種によって異なるため分離するので，それを検出するものである．イオンであれば検出される．

(4) 使用する．流れ分析法は，ランタン–アリザリンコンプレキソン吸光光度法と同じ原理で発色操作を流れの中で行う．

(5) 使用しない．ICP発光分光分析法は，ふっ素およびその化合物の検定には用いない．なお，ICP発光分光分析法は，誘導結合（高周波）プラズマ（6,000～10,000℃）の中に試料を噴霧し，励起された原子から発する個々の波長の発光強度を測定して元素の濃度を測定する方法である． ▶答（5）

■ 4.3.14 ひ素およびその化合物

ひ素及びその化合物の検定法として，用いられないものはどれか．
(1) ジエチルジチオカルバミド酸銀吸光光度法
(2) 水素化物発生原子吸光法
(3) 水素化物発生ICP発光分光分析法
(4) イオンクロマトグラフ法
(5) ICP質量分析法

解説 (1) 使用する．ジエチルジチオカルバミド酸銀吸光光度法は，ひ素(V)をひ素(III)に還元（よう化カリウムと塩化すず(II)を使用）し，発生する水素化ひ素をジエチルジチオカルバミド酸銀–ブルシン・クロロホルム溶液に吸収させ，生じた赤紫の吸収液の吸光度を測定する方法である．

(2) 使用する．水素化物発生原子吸光法は，前処理後，塩酸酸性溶液とし，ひ素(V)をひ素(III)に還元（よう化カリウムとアスコルビン酸を使用）し，テトラヒドロほう酸ナトリウム溶液と反応させて水素化ひ素を発生させ，水素–アルゴンフレームに導いて定量する方法である．

(3) 使用する．水素化物発生ICP発光分光分析法は，水素化物発生原子吸光法と同様に発生した水素化ひ素をICPに導き，波長193.696 nmの発光強度を測定して定量する方法である．なお，ICPとは，Inductively Coupled Plasmaの略で，誘導結合プラズマである（図3.47参照）．

(4) 使用しない．イオンクロマトグラフ法は，イオン交換樹脂が充填されたカラムに試料を通すと吸着し，次に溶離液を流すと溶離するが，溶離する度合いがイオン種によって異なって分離するので，その差を検出するものである．ひ素は3価イオン（AsO_3^{3-}またはAsO_4^{3-}）であり，イオン交換樹脂からの分離が容易でないため使用されない．

(5) 使用する．ICP質量分析法は，高温のプラズマの中で試料中の金属をイオン化して，電場により質量に応じて分離して検出する方法である． ▶答（4）

第5章

■ ■ ■ ■ ■ ■

大規模
水質特論

5.1 大規模排水の拡散と水質予測

■ 5.1.1 生態系モデル・流体力学モデル

問 題1 【令和5年 問1】

富栄養化が進んだ閉鎖性海域に関する記述として，誤っているものはどれか．

(1) 外洋との水の交換が悪く，河川等から流入する汚染物質が長期間滞留しやすい．

(2) 夏季の成層期に，表層では植物プランクトンの成長に適した環境条件になり，CODの内部生産が活発になる．

(3) 現在，表層の溶存酸素量が水質環境基準の生活環境項目に追加されている．

(4) 夏季の成層期に，下層に貧酸素水塊が形成されやすい．

(5) 夏季の成層期に，海底堆積物は嫌気的な環境になりやすい．

解 説 (1) 正しい．富栄養化が進んだ閉鎖性海域は，外洋との水の交換が悪く，河川等から流入する汚染物質が長期間滞留しやすい．

(2) 正しい．夏季の成層期には，表層では植物プランクトンの成長に適した環境条件（温度と窒素やりんの栄養源）になり，CODの内部生産（植物プランクトンが増殖しCODが生産されること）が活発になる．

(3) 誤り．現在，底層の溶存酸素量が水質環境基準の生活環境項目に追加されている．なお，湖沼も同様である．「表層」が誤り．

(4) 正しい．夏季の成層期には，植物プランクトンによる光合成が盛んになるが，上層と下層が交換しないため，表層は酸素濃度が高く，底層は溶存酸素濃度が低くなり，下層に貧酸素水塊が形成されやすい．

(5) 正しい．夏季の成層期に，海底堆積物は，好気性微生物によって溶存酸素が消費されるため，嫌気的な環境になりやすい． ▶答 (3)

問 題2 【令和5年 問2】

沿岸海域に生態系モデルを適用して，水質濃度や生物（特に低次栄養段階の植物プランクトンや動物プランクトン）の現存量について解析する手段に関する記述として，不適切なものはどれか．

(1) 工場・事業場からの栄養塩やCODの負荷量はL–Q式（$L = aQ^b$）を用いて推定する．

(2) 生態系を構成する状態変数の時間変化は生物・化学過程を含んだ拡散方程式を使って解析する．

5.1 大規模排水の拡散と水質予測

(3) 拡散方程式において物理的な輸送については，流体力学計算によって得られた
結果を使う．
(4) 海底堆積物からの栄養塩類の負荷量は，局所的な観測データをモデルの格子点
に内挿等を行って求めることができる．
(5) 生態系モデルにおける有機物の状態変数の計算結果を使ってCODの時間変化や
空間分布を推定することができる．

解説 (1) 不適切．一級河川からの栄養塩やCODの負荷量は，L–Q式（$L = aQ^b$）を
用いて推定する．工場・事業場の負荷量は，測定値を用いる．小さな発生源の負荷量
は，原単位に基づいて推定する．また，中小河川では，原単位法から求めた年平均流入
負荷と月別降水量のデータから，月別流入負荷を月別降水量で按分して求める．

(2) 適切．生態系を構成する状態変数の時間変化は，生物・化学過程を含んだ拡散方程
式を使って解析する．

(3) 適切．拡散方程式において物理的な輸送については，流体力学計算によって得られ
た結果を使用する．

(4) 適切．海底堆積物からの栄養塩類の負荷量は，局所的な観測データをモデルの格子
点に内挿等を行って求めることができる．

(5) 適切．生態系モデルにおける有機物の状態変数の計算結果を使ってCODの時間変化
や空間分布を推定することができる． ▶答 (1)

問題3 【令和5年 問3】

海洋生態系モデルにおける，植物プランクトンの増殖速度の計算で用いる光の制限
項LTLIMに関する記述として，不適切なものはどれか．

(1) 温度の関数であるポテンシャル比増殖速度，LTLIM及び栄養塩制限項の3つの
積により，比増殖速度が求まる．

(2) LTLIMと光強度Iの関係を表す式として，Iの増加とともにLTLIMが最大値1
に近づく式は，強光阻害の効果が考慮されていない．

(3) 水中での深さ方向の光強度は，ランバート–ベールの法則に従って減衰する．

(4) 光の消散係数は，対象海域水固有の消散係数と溶存有機物濃度から求めること
ができる．

(5) 水面の太陽光強度の日変化は，最強日射量と日の出から日の入りまでの日長を
用いた経験式で近似できる．

解説 (1) 適切．温度の関数であるポテンシャル比増殖速度$v_1(T)$，LTLIM（光の制限
項）$\mu_2(I)$，栄養塩制限項$\mu_3(N, P)$の3つの積により，比増殖速度$\mathrm{d}A_p/\mathrm{d}t$が次のように

求まる.

$$dA_p/dt = v_1(T)\mu_2(I)\mu_3(N, P)$$

ここに,A_p:植物プランクトンの現在量,T:絶対温度,
I:光強度,N, P:窒素とりんの濃度

(2) 適切.LTLIM と光強度 I の関係を表す式として,I の増加とともに LTLIM が最大値 1 に近づく式 $\mu_2(I) = I/(a + I)$ は,強光阻害の効果(強すぎる光によって活性酸素が生成され光合成装置が破壊されること)が考慮されていない.なお,強光阻害を考慮したものは $\mu_2(I) = aI\exp(1 - aI)$ である.ここに,a:定数

(3) 適切.水中での深さ方向の光強度は,ランバート−ベールの法則に従って減衰する.

$$I = I_0\exp(-Kz)$$

ここに,I:深さ z における光強度,I_0:水面での光強度,
K:光の消散係数,z:水深

(4) 不適切.光の消散係数 K は,次のように与えられる.

$$K = k_0 + 0.17A_p$$

ここに,k_0 は対象水域固有の消散係数,A_p は植物プランクトン量

したがって,光の消散係数 K は,対象海域水固有の消散係数と植物プランクトン量から求めることができる.「溶存有機物濃度」が誤り.

(5) 適切.水面の太陽光強度の日変化は,最強日射量と日の出から日の入りまでの日長を用いた経験式で近似できる.

▶ 答(4)

問 題4 【令和4年 問1】

閉鎖性内湾の水質汚濁機構の解明には生態系モデルが使われている.生態系モデルは無機的環境,生産者,消費者,分解者から構成される.これらのうち,生産者,消費者,分解者に対応する生物の組合せとして,適切なものはどれか.

	(生産者)	(消費者)	(分解者)
(1)	植物プランクトン	動物プランクトン	細菌
(2)	動物プランクトン	植物プランクトン	細菌
(3)	細菌	植物プランクトン	動物プランクトン
(4)	植物プランクトン	細菌	動物プランクトン
(5)	細菌	動物プランクトン	植物プランクトン

解説 生態系モデルにおいて,食物連鎖の最初の出発点は植物プランクトンで,これを餌とするもの(消費者)は動物プランクトンである.この動物プランクトンを捕食するものは主に小魚であるが,大型の動物(シロナガスクジラなど)も存在する.植物・動物プランクトンや小魚や大型の動物が死亡すると,それらを分解する細菌が増殖する.

以上から（1）が正解.　　　　　　　　　　　　　　　　　　　　▶答（1）

 題5　　　　　　　　　　　　　　　　　　　　　【令和4年 問2】

　海洋生態系モデルにおける各パラメーターの推定及び算定方法に関する記述として，不適切なものはどれか.
(1) クロロフィル-a濃度から植物プランクトン及び動物プランクトンの炭素生物量を推定した.
(2) 飽和酸素量は海洋の水温と塩分から算定した.
(3) 一級河川の日ごとの栄養塩負荷量はL–Q曲線を用いて推定した.
(4) データの少ない中小の河川について，原単位法から求めた年平均流入負荷量と月別降水量のデータから，月別の栄養塩負荷量を推定した.
(5) 海底堆積物からのりん，窒素の負荷量を，溶出量の測定データを基に推定した.

解説　(1) 不適切. クロロフィル-a濃度は，植物プランクトンの炭素生物量を推定するもので，炭素/クロロフィル-a ＝ 50を使用する例が多い. なお，植物プランクトンでは，炭素 (C)，窒素 (N)，りん (P) ＝ 106：16：1 （レッドフィールド比）がよく生態系モデルに使用されている. 動物プランクトンについては，その長さや幅の計測から，容積を求め，炭素生産量に換算する方法が一般的である.
(2) 適切. 飽和酸素量は，海洋の水温と塩分から算定する.
(3) 適切. 一級河川の日ごとの栄養塩負荷量は，L–Q曲線 ($L = aQ^b$) を用いて推定する. Lは，窒素またはりん，Qは河川流量，aおよびbはL–Q解析から求めた係数である.
(4) 適切. データの少ない中小の河川について，原単位法から求めた年平均流入負荷量と月別降水量のデータから，月別の栄養塩負荷量を推定する.
(5) 適切. 海底堆積物からのりん，窒素の負荷量を，溶出量の測定データを基に推定する.
　　　　　　　　　　　　　　　　　　　　　　　　　　　　　　　▶答（1）

 題6　　　　　　　　　　　　　　　　　　　　　【令和4年 問3】

　図はある沿岸域において得られているChl-a（クロロフィル-a濃度）とPOC（粒子状有機炭素量）との関係を示したものである. 今，この水域の水中の植物プランクトン量がChl-aとして，60 mg/m^3であった. この水域の植物プランクトン量に由来するCOD（mg/L）の推定値として最も近い値はどれか. ただし，COD（mg/L）と植物プランクトンの炭素生物量（mg/m³）との比は1.5×10^{-3}：1であるとする. また，計算には図中の回帰直線を用いるものとする.

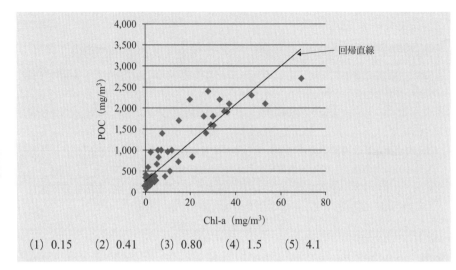

(1) 0.15　　(2) 0.41　　(3) 0.80　　(4) 1.5　　(5) 4.1

解説　Chl-aが60 mg/m³のCODから，Chl-aが0 mg/m³（バックグラウンド）のCOD を差し引くことで求められる．

【1】Chl-aが60 mg/m³のCOD

問題図からChl-aが60 mg/m³のPOC（粒子状有機炭素量）の値は，3,000 mg/m³である．したがって，COD〔mg/L〕/POC〔mg/m³〕= $1.5 \times 10^{-3}/1$ からCODは

$$COD = 1.5 \times 10^{-3} \times POC = 1.5 \times 10^{-3} \times 3,000 = 4.5 \text{ mg/L} \qquad ①$$

となる．

【2】Chl-aが0 mg/m³のCOD

同様にChl-aが0 mg/m³のPOCの値は，250 mg/m³である．

$$COD = 1.5 \times 10^{-3} \times 250 \fallingdotseq 0.4 \text{ mg/L} \qquad ②$$

【3】水域の植物プランクトン量に由来するCOD

$$COD = 式① - 式② = 4.5 - 0.4 = 4.1 \text{ mg/L}$$

以上から（5）が正解．　　　　　　　　　　　　　　　　　　　　　　▶答（5）

問題7　　　　　　　　　　　　　　　　　　　　　　　【令和4年 問4】✓✓✓

海洋生態系モデルにおける植物プランクトンの増殖速度の計算において，栄養塩の窒素及びりんによる制限をそれぞれNLIM及びPLIMとしたとき，下記のミハエリス–メンテンの式でそれぞれを計算できるものとする．

$$NLIM = \frac{N}{(N + K_N)}$$

$$PLIM = \frac{P}{(P + K_P)}$$

N, P：窒素及びリン濃度

K_N, K_P：半飽和定数

　最大可能比増殖速度をG_{max}とし，光の制限項が0.8，$N = 2\,mg/L$，$K_N = 2\,mg/L$，$P = 0.6\,mg/L$，$K_P = 0.2\,mg/L$のとき，植物プランクトンの比増殖速度Gの計算式として，適切なものはどれか．ただし，栄養塩の制限はリービッヒの最小律に従い，けい酸の制限は無視できるものとする．

(1) $G = G_{max} \times 0.2$ 　　(2) $G = G_{max} \times 0.4$ 　　(3) $G = G_{max} \times 0.5$

(4) $G = G_{max} \times 0.6$ 　　(5) $G = G_{max} \times 0.8$

解説 植物プランクトンの炭素生物量A_p〔mgC/m^3〕とすると，生産速度は次のように表される．

$$dA_p/dt = G \cdot A_p \tag{①}$$

ここに，Gは増殖速度で次のように与えられる．

$$G = G_{max} \cdot LTLIM \cdot NUTLIM \tag{②}$$

LTLIMは光の制限項であり，0.8として与えられている．NUTLIMは栄養塩の制限項で，次のように表される．

$$NUTLIM = \min\{N/(N + K_N),\ P/(P + K_P)\} \tag{③}$$

　式③はミハエリス-メンテンの式で，$\min\{\ \}$は$\{\ \}$のうちの小さい方をとることを表す（リービッヒの最小律という）．式③に与えられた数値を代入すると，$\{\ \}$内の値は

$$N/(N + K_N) = 2/(2 + 2) = 0.5 \tag{④}$$

$$P/(P + K_P) = 0.6/(0.6 + 0.2) = 0.75 \tag{⑤}$$

となる．式④の方が小さいので，式④をとると，式③は

$$NUTLIM = 0.5 \tag{⑥}$$

となる．以上から式②は，次のように表される．

$$G = G_{max} \cdot LTLIM \cdot NUTLIM = G_{max} \times 0.8 \times 0.5 = G_{max} \times 0.4$$

以上から(2)が正解． ▶答（2）

問題8 　　　　　　　　　　　　　　　　　　　【令和3年 問1】

　エスチュアリーにおける流動のモデル計算に関する記述として，誤っているものはどれか．

(1) 海域の密度場は，水温と塩分から計算される．

(2) 流体は回転する粘性，非圧縮性流体として扱っている．

(3) 3次元的マルチレベルモデルでは，鉛直方向の速度成分は，水平方向の速度成分の結果から拡散方程式を用いて計算する．

(4) モデルの検証は，潮流楕円や水温，塩分等の観測結果との比較でなされる．

第5章　大規模水質特論

(5) 重力加速度やコリオリパラメータも考慮している.

解説 (1) 正しい. 海域の密度場は, 水温と塩分から計算される. なお, エスチュアリーとは, 半閉鎖性の沿岸水で, 外洋と自由な接点を有し, 水塊は陸から河川による淡水でかなり希釈されている水域をいう.

(2) 正しい. 流体は回転する粘性, 非圧縮性流体として扱っている.

(3) 誤り. 3次元的マルチレベルモデルでは, 鉛直方向の速度成分は, 水平方向の速度成分の結果から連続の方程式を用いて計算する.「拡散方程式」が誤り.

(4) 正しい. モデルの検証は, 潮流楕円や水温, 塩分等の観測結果との比較でなされる.

(5) 正しい. 重力加速度やコリオリパラメータも考慮している. ▶答 (3)

問題9 【令和3年 問2】

海洋生態系モデルにおける物質循環の一部を示した下図のうち, 最も不適当なものはどれか.

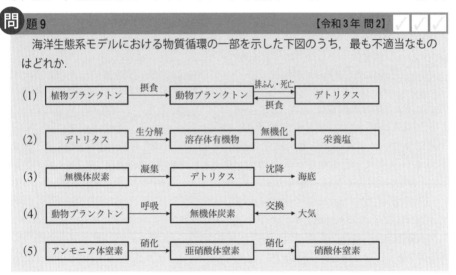

解説 (1) 適当. 植物プランクトンは, 動物プランクトンに捕食され, 動物プランクトンの排ふんや死亡でデトリタス (濁体有機物) になるが, 動物プランクトンがデトリタスの一部を摂食する (**図5.1**参照).

(2) 適当. デトリタスは, 生分解され溶存体有機物となり, さらに酸化が進むと無機化され栄養塩 (硝酸塩や無機りん) となる.

(3) 不適当. 植物プランクトンは枯死してデトリタスとなり, 海底に沈降する.「無機体炭素」および「凝集」が誤りで, それぞれ「植物プランクトン」および「枯死」が正しい.

(4) 適当. 動物プランクトンは, 呼吸して二酸化炭素を排出し, 水中から大気中に放出するが, 植物プランクトンなどで水中の二酸化炭素が消費され一定以上低下すると, 大気から二酸化炭素が水中に溶解する.

(5) 適当. アンモニア体窒素は，亜硝酸菌によって硝化（酸化）され亜硝酸体窒素となり，さらに硝化菌によって硝酸体窒素まで硝化される．

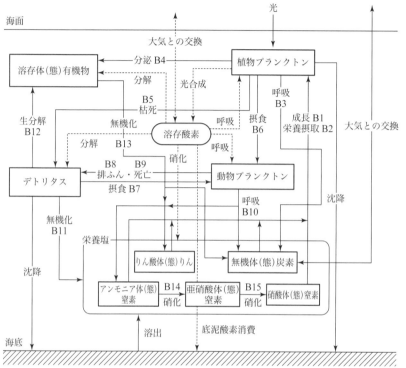

(注)〔状態変数〕植物プランクトン〔mgC/m³〕，動物プランクトン〔mgC/m³〕，
　　　懸濁体有機物〔デトリタス〕〔mgC/m³〕，溶存体有機物〔mgC/m³〕，
　　　りん酸塩〔μg/L〕，アンモニウム塩〔μg/L〕，亜硝酸塩〔μg/L〕，硝酸塩〔μg/L〕，
　　　溶存酸素〔mg/L〕，及び COD〔mg/L〕
　　無機体炭素は栄養塩ではないが，呼吸に伴って生物から排出されるので便宜的に入れてある．

図5.1　生態系モデルの概念図[14]

▶答（3）

海洋生態系モデルにおける植物プランクトンの増殖速度の算出方法に関する記述として，誤っているものはどれか．

(1) 最大可能増殖速度は，生理学的Q_{10}値を用いて塩分の関数として計算することができる．

(2) 水中での光強度の減衰は，ランバート–ベールの法則に従う．

(3) 強光条件下では，光合成がしばしば阻害されるため，これを考慮した光合成−光曲線の式が提案されている．

(4) 栄養塩の摂取は，ミハエリス−メンテンの式で記述できる．

(5) 栄養塩の摂取については，制限の強い栄養塩濃度を選んで計算する．

解説 (1) 誤り．最大可能増殖速度は，生理学的 Q_{10} 値を用いて温度の関数として計算することができる．生理学的 Q_{10} 値とは，ある温度 T での増殖速度 $v(T)$ が温度 $10℃$ 上昇した場合に何倍になるかを表したもので，$Q_{10} = v(T + 10)/v(T)$ で表され，$Q_{10} = 1.88$ である．

(2) 正しい．水中での光強度は，次のランバート−ベールの法則に従い，濁りにより減衰する．

$$I = I_0 \exp(-Kz)$$

I：深さ z における光強度，I_0：水面での光強度，K：定数，z：水深

(3) 正しい．強光条件下では，光合成がしばしば阻害されるため，これを考慮した光合成−光曲線の式が提案され，最適光量というパラメータが使われている．

$$\mu_2(I) = aI \exp(1 - aI)$$

ここに，μ_2：光合成速度，a：定数，I：光強度

なお，この式では I が $1/a$ となったとき，光合成速度は最大となる．

(4) 正しい．植物プランクトンによる栄養塩（窒素やりん）の摂取については，次のようにミハエリス−メンテンの式で記述される．

$$\mu_3(N, P) = \min\{N/(N + K_N),\ P/(P + K_P)\}$$

ここに，N は窒素濃度，P はりん濃度，K_N および K_P は半飽和定数で，$N = K_N$，$P = K_P$ のとき $\mu_3 = 1/2$ になるパラメータである．$\min\{\ \}$ は2つの項のうち小さい方をとる（リービッヒの最小律という）ことを意味する．

(5) 正しい．栄養塩の摂取については，制限の強い栄養塩濃度（窒素やりん）を選んで計算する．

▶答（1）

問題 11 　　　　　　　　　　　　　　　　　　　　　　【令和2年 問2】

閉鎖性水域に河川から流入する汚濁負荷量を推定するのに用いられるいわゆる L−Q 曲線に関する記述として，誤っているものはどれか．

(1) ある河川について，汚濁物質の濃度と流量の測定値の関係を示したのが L−Q 曲線である．

(2) L−Q 曲線は，一般に両対数グラフ上で直線近似できる．

(3) L−Q 曲線は，一般に $L = aQ^b$ の式で近似される．ただし，a と b は近似解析から求められた係数である．

(4) 一級河川では，流量は日ごとに，水質については月ごとに測定されることが普通なので，L–Q曲線を描けば，水質の測定されていない日の負荷量を推定することができる.

(5) 中小河川で，水質と流量の測定値が十分に得られない場合は，L–Q曲線によらず，原単位法により年平均負荷量を求め，流域内の月別降水量のデータにより月別負荷量に分配するなどの方法が利用される.

解説 (1) 誤り．ある河川について，汚濁物質の負荷量と流量の測定値の関係を示したのが L–Q 曲線である．「汚濁物質の濃度」が誤り．

(2) 正しい．L–Q 曲線は，一般に両対数グラフ上で直線近似できる.

(3) 正しい．L–Q 曲線は，一般に $L = aQ^b$ の式で近似される．ただし，a と b は近似解析から求められた係数である.

(4) 正しい．一級河川では，流量は日ごとに，水質については月ごとに測定されることが普通なので，L–Q曲線を描けば，水質の測定されていない日の負荷量を推定することができる.

(5) 正しい．中小河川で，水質と流量の測定値が十分に得られない場合は，L–Q曲線によらず，原単位法（製品の単位生産量当たりまたは出荷額当たりの汚濁量）により年平均負荷量を求め，流域内の月別降水量のデータにより月別負荷量に分配するなどの方法が利用される． ▶答（1）

問題12 【令和2年 問3】

閉鎖性水域における有機物や栄養塩に関する記述として，誤っているものはどれか.

(1) CODの内部生産には植物プランクトンの増殖が関係している.

(2) 海域のA類型のCOD環境基準は 2 mg/L 以下である.

(3) 海底堆積物からの栄養塩の負荷量は，海域によらず一定の値を用いる.

(4) 外洋から対象海域に供給される負荷は，その海域のバックグラウンドの水質を決める主要な因子である.

(5) 負荷の発生源として，農地，畜産排水，山林などについても発生量を把握する必要がある.

解説 (1) 正しい．CODの内部生産（植物プランクトンが増殖しCODが生産されること）には植物プランクトンの増殖が関係している.

(2) 正しい．海域のA類型のCOD環境基準は 2 mg/L 以下である.

(3) 誤り．海底堆積物からの栄養塩の負荷量は，海域の海底堆積物によって異なる値を

用いる.

(4) 正しい. 外洋から対象海域に供給される負荷は, その海域のバックグラウンドの水質を決める主要な因子である.

(5) 正しい. 負荷の発生源として, 農地, 畜産排水, 山林などについても発生量を把握する必要がある.

▶ 答 (3)

問題13 【令和2年 問4】 ✓✓✓

生態系モデルにおける植物プランクトンに関する記述として, 誤っているものはどれか.

(1) 植物プランクトンの最大可能増殖速度は, 水温の関数によって表現されている.

(2) 植物プランクトンによる窒素や, りんの摂取については, ミハエリス–メンテンの式で記述される場合が多い.

(3) 植物プランクトンの光合成–光応答の式では, 強光阻害の影響を導入するために, 最適光量というパラメータが使われている.

(4) 植物プランクトンの増殖速度は, 最大可能増殖速度, 光の制限項, 栄養塩制限項の和として計算する.

(5) 水中の光強度はランバート・ベールの法則に従う.

解説 (1) 正しい. 植物プランクトンの最大可能増殖速度 (ポテンシャル増殖速度) $v_1(T)$ は, 次のように水温 T の関数によって表現されている.

$$v_1(T) = 0.59 \exp(0.0633T)$$

(2) 正しい. 植物プランクトンによる窒素や, りんの摂取については, 次のようにミハエリス–メンテンの式で記述される場合が多い.

$$\mu_3(N, P) = \min\{N/(N + K_N), \ P/(P + K_P)\}$$

ここに, N は窒素濃度, P はりん濃度, K_N および K_P は半飽和定数で, $N = K_N$, $P = K_P$ のとき $\mu_3 = 1/2$ になるパラメータである. $\min\{\ \}$ は2つの項のうち小さい方をとる (リービッヒの最小律という) ことを意味する.

(3) 正しい. 植物プランクトンの光合成–光応答の式では, 強光阻害の影響を導入するために, 最適光量というパラメータが使われている.

$$\mu_2(I) = aI \exp(1 - aI)$$

ここに, μ_2：光合成速度, a：定数, I：光強度

なお, この式では I が $1/a$ となったとき, 光合成速度は最大となる.

(4) 誤り. 植物プランクトンの増殖速度は, 最大可能増殖速度 $v_1(T)$, 光の制限項 $\mu_2(I)$, 栄養塩制限項 $\mu_3(N, P)$ の積として計算する.

$$\mathrm{d}A_p/\mathrm{d}t = v_1(T)\mu_2(I)\mu_3(N, P)A_p$$

A_p：植物プランクトンの現在量，$v_1(T)$：温度による成長速度（ポテンシャル増殖速度），$\mu_2(I)$：光合成速度（光制限項），$\mu_3(N,P)$：栄養塩摂取速度（栄養塩制限項）

(5) 水中の光強度は，次式で表されるランバート-ベールの法則に従う．

$$I = I_0 \exp(-Kz) \qquad I：深さ z における光強度，I_0：水面での光強度，K：定数，$$
$$z：水深$$

▶答（4）

問題14 【令和元年 問1】

　エスチャリーにおける流体力学モデルの計算過程に関する記述として，最も不適当なものはどれか．
(1) 境界条件として，河川流量，外洋での水温や塩分，風の場などの気象要因等を用いる．
(2) 水柱を複数のレベルに分けて計算する三次元的マルチレベルモデルを用いる．
(3) 塩水，淡水等の流体を，回転する非粘性，圧縮性流体として扱う．
(4) 観測結果との比較により，計算結果を検証する．
(5) 浅海域では，海水の密度を温度と塩分から計算できる．

解説 (1) 正しい．境界条件として，河川流量，外洋での水温や塩分，風の場などの気象要因等を用いる．なお，エスチャリーとは，半閉鎖性の沿岸水で，外洋と自由な接点を有し，水塊は陸からの河川による淡水でかなり希釈されている水域をいう．
(2) 正しい．水柱を複数のレベルに分けて計算する三次元的マルチレベルモデルを用いる．
(3) 誤り．塩水，淡水等の流体を，回転する粘性，非圧縮性流体として扱う．「非粘性，圧縮性流体」が誤り．
(4) 正しい．観測結果との比較により，計算結果を検証する．
(5) 正しい．浅海域では，海水の密度を温度と塩分から計算できる． ▶答（3）

問題15 【令和元年 問3】

　生態系モデルにおいて，植物プランクトンの増殖を計算する式に関する記述として，誤っているものはどれか．
(1) ポテンシャル増殖速度は，温度の関数となっている．
(2) 栄養塩の摂取については，ミハエリス-メンテンの式が使われている．
(3) 水中での光強度は，リービッヒの法則に従って計算される．
(4) 光合成速度の計算では，強光阻害の効果が考慮されている．
(5) 栄養塩の摂取については，制限の強い栄養塩濃度を選んで計算する．

解説 (1) 正しい．ポテンシャル増殖速度式は $v_1(T) = 0.59\exp(0.0633T)$ と表され，植物プランクトンがもつ最大可能増殖速度で温度 T〔℃〕の関数である．

(2) 正しい．栄養塩の摂取については，次式で示すミハエリス–メンテンの式が使われている．

$$\mu_3(N, P) = \min\{N/(N + K_N),\ P/(P + K_P)\}$$

N は窒素濃度，P はりん濃度，K_N および K_P は半飽和定数で，$N = K_N$，$P = K_P$ のとき $\mu_3 = 1/2$ になるパラメータである．min{ } は 2 つの項のうち小さい方をとることを意味する．

(3) 誤り．水中での光強度は，次のランバート–ベールの法則に従い，濁りにより減衰する．

$$I = I_0\exp(-Kz) \qquad I : 深さ z における光強度，I_0 : 水面での光強度，K : 定数，$$
$$z : 水深$$

(4) 正しい．光合成速度の計算では，強光阻害の効果が考慮されている．

$$\mu_2 = I/I_{opt} \times \exp(1 - I/I_{opt}) \qquad ここに，\mu_2 : 光合成速度，I_{opt} : 最適光量$$

(5) 正しい．栄養塩の摂取については，制限の強い栄養塩濃度（窒素やりん）を選んで計算する． ▶答（3）

問題16 【平成30年 問1】

閉鎖性水域における水質項目 COD に関する記述として，不適切なものはどれか．

(1) COD の内部生産には植物プランクトンの増殖が関係している．

(2) 海域の A 類型の COD 環境基準値は 2 mg/L 以下である．

(3) 富栄養化の進んだ閉鎖性海域では，COD 濃度は保存物質として，物理拡散モデルで空間分布が再現できる．

(4) 東京湾や伊勢湾では，COD 総量規制が行われ，COD 流入負荷は着実に減少している．

(5) COD は有機物汚染の指標として採用されている．

解説 (1) 適切．COD の内部生産（窒素とりんで植物プランクトンが増殖すること）には植物プランクトンの増殖が関係している．

(2) 適切．海域の A 類型の COD 環境基準値は 2 mg/L 以下である．

(3) 不適切．富栄養化の進んだ閉鎖性海域では，COD 濃度は内部生産されるので，保存物質（変化しない物質）として，物理拡散モデルでは空間分布が再現できない．

(4) 適切．東京湾や伊勢湾では，COD 総量規制が行われ，COD 流入負荷は着実に減少している．

(5) 適切．COD は有機物汚染の指標（湖沼と海域）として採用されている．なお，河川では BOD が指標として採用されていることに注意． ▶答（3）

問 題17　【平成30年 問2】

閉鎖性水域の水質に関する記述として，誤っているものはどれか.

(1) 閉鎖性水域は外洋との水交換が悪いことから，河川等から流入する汚染物質が滞留しやすい.

(2) 夏期には，植物プランクトンによる光合成が盛んになるため，表層から底層まで溶存酸素濃度が高くなり，貧酸素水塊は形成されにくい.

(3) 富栄養化した水域におけるCODの内部生産，貧酸素水塊の発生などを解析するためには，流体力学モデルと結合した生態系モデルが必要である.

(4) 生態系モデルで魚類を考慮するためには，その行動を記述する方程式系が必要である.

(5) 2016年3月に底層の溶存酸素量の環境基準が新たに生活環境項目として追加されたが，その運用等に係る事項は，引き続き審議されている.

解説　(1) 正しい．閉鎖性水域は外洋との水交換が悪いことから，河川等から流入する汚染物質が滞留しやすい.

(2) 誤り．夏期には，植物プランクトンによる光合成が盛んになるが，上層と下層が交換しないため，表層は酸素濃度が高く，底層は溶存酸素濃度が低くなり，貧酸素水塊は形成されやすい.

(3) 正しい．富栄養化した水域におけるCODの内部生産，貧酸素水塊の発生などを解析するためには，流体力学モデルと結合した生態系モデルが必要である.

(4) 正しい．生態系モデルで魚類を考慮するためには，その行動を記述する方程式系が必要である.

(5) 正しい．2016年3月に底層の溶存酸素量の環境基準が新たに生活環境項目として追加されたが，その運用等に係る事項は，引き続き審議されている.　　　▶答 (2)

問 題18　【平成30年 問3】

生態系モデルにおける植物プランクトンの増殖（成長）速度の計算に関する記述として，最も不適切なものはどれか.

(1) ポテンシャル増殖速度は，温度の関数として表している.

(2) 光応答については，強光阻害を考慮した式が提案されている.

(3) 栄養塩の摂取については，リービッヒの最小律が適用される.

(4) 光強度は，ランバート–ベールの法則に従い，水深によらず一定とする.

(5) 植物プランクトンの増殖速度は，ポテンシャル増殖速度，光の制限項，栄養塩制限項の積として計算する.

解説 (1) 適切. ポテンシャル増殖速度 v_1 は，温度 T〔℃〕の関数として次のように表している.

$$v_1(T) = 0.59 \exp(0.0633T)$$

(2) 適切. 光応答については，強光阻害を考慮した式が提案されている.

$$\mu_2(I) = aI \exp(1 - aI) \qquad \text{ここに，} \mu_2：光合成速度，a：定数，I：光強度$$

なお，この式では I が $1/a$ となったとき，光合成速度は最大となる.

(3) 適切. 栄養塩の摂取については，リービッヒの最小律が適用される.

栄養塩の摂取速度は，次の式のミハエリス–メンテンの式を用いる.

$$\mu_3(N, P) = \min\{N/(N + K_N),\ P/(P + K_P)\}$$

N は窒素濃度，P はりん濃度，K_N および K_P は半飽和定数で，$N = K_N$，$P = K_P$ のとき $\mu_3 = 1/2$ になるパラメータである. $\min\{\ \}$ は 2 つの項のうち小さい方をとる（リービッヒの最小律という）ことを意味する.

(4) 不適切. 光強度は，ランバート–ベールの法則に従い，水深によって異なる.

$$I = I_0 \exp(-Kz) \qquad I：深さ z における光強度，I_0：水面での光強度,$$
$$K：定数，z：水深$$

(5) 適切. 植物プランクトンの増殖速度は，ポテンシャル増殖速度，光の制限項，栄養塩制限項の積として計算する.

$$\mathrm{d}A_p/\mathrm{d}t = v_1(T)\mu_2(I)\mu_3(N, P)A_p$$

A_p：植物プランクトンの現在量，$v_1(T)$：温度による成長速度（ポテンシャル増殖速度），$\mu_2(I)$：光合成速度（光制限項），$\mu_3(N, P)$：栄養塩摂取速度（栄養塩制限項）

▶ 答（4）

■ 5.1.2 海域（海洋）の溶存酸素

問 題1 【令和5年 問4】

海域における溶存酸素の動態と海洋生態系モデルにおける計算過程に関する記述として，正しいものはどれか.

(1) 溶存酸素の増加要因となり得るプロセスは，大気との交換のみである.
(2) 飽和酸素量は，水温と塩分から計算で求めることができる.
(3) 大気との酸素交換量は，再曝気係数と飽和酸素量の積で求めることができる.
(4) 亜硝酸体窒素の還元により，酸素が消費される.
(5) 硝酸体窒素の酸化により，酸素が消費される.

解説 (1) 誤り. 溶存酸素の増加要因となり得るプロセスは，大気との交換と，光合成

による供給がある.

(2) 正しい.飽和酸素量は,水温と塩分の関数であるから計算で求めることができる.

(3) 誤り.大気との酸素交換量は,再曝気係数 $K_a \times$(飽和酸素量 $DO_s -$ 溶存酸素量 DO)で求めることができる.「飽和酸素量」が誤り.

(4) 誤り.亜硝酸体窒素（$NO_2^- -N$）の酸化により,酸素が消費される.

$$NO_2^- + (1/2)O_2 \rightarrow NO_3^-$$

「還元」が誤り.

(5) 誤り.硝酸体窒素（$NO_3^- -N$）は,酸化された安定状態であるため,それ以上酸化され酸素が消費されることはない. ▶答（2）

問題2 【令和3年 問4】

生態系モデルにおいて,海水中の溶存酸素を計算する式に関する記述として,誤っているものはどれか.

(1) 表層での飽和酸素濃度と大気中の酸素濃度の差から,大気からの酸素供給量を計算する.

(2) 懸濁体有機物の分解によって酸素が消費される.

(3) 植物プランクトンの光合成によって酸素が供給される.

(4) 動物プランクトンの呼吸によって酸素が消費される.

(5) 植物プランクトンの呼吸によって酸素が消費される.

解説 (1) 誤り.表層での飽和酸素濃度と表層の酸素濃度の差から,大気からの酸素供給量を計算する.

(2) 正しい.懸濁体有機物の分解によって酸素が消費される.これは好気性微生物によって懸濁体有機物が酸化分解されるからである.

(3) 正しい.植物プランクトンの光合成によって酸素が供給される.

(4) 正しい.動物プランクトンの呼吸によって酸素が消費される.

(5) 正しい.植物プランクトンの呼吸によって酸素が消費される.植物プランクトンは光の有無にかかわらず,酸素を消費する呼吸をしている. ▶答（1）

問題3 【令和2年 問1】

海域における溶存酸素に関する記述として,誤っているものはどれか.

(1) 2016（平成28）年に底層の溶存酸素量が生活環境項目に追加された.

(2) 植物プランクトンは光合成で酸素を生成し,呼吸で消費する.

(3) 大気との交換量は溶存酸素量と飽和酸素量及び再曝気係数を用いて計算できる.

(4) 底層における貧酸素水塊の形成が青潮の原因となる.

(5) デトリタスの分解により酸素が生成される.

解説 (1) 正しい. 2016 (平成28) 年に底層の溶存酸素量が生活環境項目に追加された.

(2) 正しい. 植物プランクトンは光合成で酸素を生成し, 呼吸で消費する.

(3) 正しい. 大気との交換量は溶存酸素量と飽和酸素量および再曝気係数を用いて計算できる.

(4) 正しい. 底層における貧酸素水塊の形成が青潮の原因となる. 青潮は, 硫酸イオンが無酸素状態で硫黄還元菌によって硫化水素に還元され, 浮上したところで酸素の存在下で硫黄酸化菌により硫黄に酸化されて生じた硫黄のコロイド (微粒子) が光と作用して青色化する現象である.

(5) 誤り. デトリタスとは, 懸濁態有機物で植物プランクトンなどの生物の死骸や排泄物をいい, これらの分解には酸素が消費される. ▶答 (5)

問題4 【令和元年 問2】

生態系モデルにおいて, 海水中の溶存酸素を計算する式に関する記述として, 誤っているものはどれか.

(1) アンモニア体窒素の酸化によって消費される.
(2) 溶存体有機物の分解によって消費される.
(3) 植物プランクトンの光合成によって供給される.
(4) 亜硝酸体窒素の酸化によって消費される.
(5) 硝酸体窒素の酸化によって消費される.

解説 (1) 正しい. アンモニア体窒素が亜硝酸体窒素や硝酸体窒素に酸化されることによって消費される.

(2) 正しい. 溶存体有機物の分解によって消費される.

(3) 正しい. 植物プランクトンの光合成によって供給される.

(4) 正しい. 亜硝酸体窒素の酸化によって消費される.

$$NO_2^- + 1/2O_2 \rightarrow NO_3^-$$

(5) 誤り. 硝酸体窒素は酸化されないため, 溶存酸素が消費されることはない. ▶答 (5)

問題5 【令和元年 問4】

海洋生態系モデルにおける植物プランクトンの酸素呼吸は下記の式で表すものとする.

$$(CH_2O)_m(NH_3)_nH_3PO_4 + (m + 2n)O_2 \rightarrow m(CO_2) + n(NO_3^-) + HPO_4^{2-}$$
$$+ (m + n)H_2O + (n + 2)H^+$$

植物プランクトン中のC：N：P原子比（m：n：1）が120：12：1の場合，植物プランクトンの全酸素要求量と炭素の組成比〔TOD/C（質量比）〕として，正しいものはどれか．ただし，TODの計算においては上記の式を用いるものとする．また，原子量はC＝12，O＝16とする．

（1）3.0　　（2）3.2　　（3）3.47　　（4）3.6　　（5）3.8

解説　海洋生態系モデルにおける植物プランクトンの酸素呼吸は下記の式で表される．

$$(CH_2O)_m(NH_3)_n H_3PO_4 + (m + 2n)O_2 \rightarrow m(CO_2) + n(NO_3^-) + HPO_4^{2-}$$
$$+ (m + n)H_2O + (n + 2)H^+$$

　植物プランクトン中のC：N：P原子比（m：n：1）が120：12：1の場合，植物プランクトンの全酸素要求量と炭素の組成比〔TOD/C（質量比）〕は，次のように算出される．なお，TODは，Total Oxygen Demand（全酸素消費量）である．

$$TOD/C = (m + 2n)O_2/mC = (120 + 2 \times 12) \times (2 \times 16)/(120 \times 12)$$
$$= 4,608/1,440 = 3.2$$

以上から（2）が正解．　　　　　　　　　　　　　　　　　　　　▶答（2）

問題6　　　　　　　　　　　　　　　　　　　　　【平成30年 問4】

　下記の文章中 （ア） ～ （ウ） に挿入すべき語句の組合せとして，正しいものはどれか．
　以下は， （ア） Xを求めるための Weiss の式である．Yは （イ） ，Zは （ウ） である．

$$\log_e X\,(mL/L) = -173.4292 + 249.6339\left(\frac{100}{Y}\right)$$
$$+ 143.3483 \log_e\left(\frac{Y}{100}\right) - 21.8492\left(\frac{Y}{100}\right)$$
$$+ Z\left\{-0.033096 + 0.014259\left(\frac{Y}{100}\right) - 0.00170\left(\frac{Y}{100}\right)^2\right\}$$

	（ア）	（イ）	（ウ）
（1）	溶存酸素量	水温	透明度
（2）	飽和酸素量	透明度	気温
（3）	溶存酸素量	SS	塩分
（4）	飽和酸素量	気温	水温
（5）	飽和酸素量	水温	塩分

解説 （ア）「飽和酸素量」である．

（イ）「水温」である．

（ウ）「塩分」である．

　以上から（5）が正解．　　　　　　　　　　　　　　　　　▶答（5）

5.2 処理水の再利用

■ 5.2.1 水使用の合理化および排水再利用

問題 1　　　　　　　　　　　　　　　　　　【令和5年 問5】

　排水を処理して再び用水として使用する再生利用に関する記述として，不適切なものはどれか．

(1) 極めて特殊な排水は別として，排水からも良質な用水を得ることは可能であるが，再生利用するか否かは経済性の問題である．

(2) 製造工程内のある工程の排水を原水とし，これに適切な処理を施して同一工程の同一用途に再生利用する場合，局部的再生利用と呼ばれる．

(3) 工場内の各工程から発生する水を総合した後，適切な処理を施し，処理水を使用可能な工程で再利用する場合，工場単位再生利用と呼ばれる．

(4) 工業団地などで，各工場の排水を集中した後，適切な処理を施し，再び各工場に工業用水として供給する場合，地域的再生利用と呼ばれる．

(5) 局部的再生利用，工場単位再生利用及び地域的再生利用の3つの再生利用方式のうち，工場単位再生利用が最もよく実施されている．

解説 (1) 適切．極めて特殊な排水は別として，排水からも良質な用水を得ることは可能であるが，再生利用するか否かは経済性の問題である．

(2) 適切．製造工程内のある工程の排水を原水とし，これに適切な処理を施して同一工程の同一用途に再生利用する場合，局部的再生利用と呼ばれる．

(3) 適切．工場内の各工程から発生する水を総合した後，適切な処理を施し，処理水を使用可能な工程で再利用する場合，工場単位再生利用と呼ばれる．

(4) 適切．工業団地などで，各工場の排水を集中した後，適切な処理を施し，再び各工場に工業用水として供給する場合，地域的再生利用と呼ばれる．

(5) 不適切．局部的再生利用，工場単位再生利用および地域的再生利用の3つの再生利用方式のうち，局部的再生利用が最もよく実施されている．　　　　▶答（5）

問題 2 【令和 4 年 問 5】

排水再生利用のための処理技術に関する記述として，誤っているものはどれか．

(1) 再生利用に供される水に含まれる汚濁物質の組成が明らかであれば，水処理は特定の汚濁成分についてだけ行えばよく，同一工場での再生利用が経済的である．

(2) 排水を再生利用する場合，目的とする用途への水質適合を図ればよい．

(3) 一般にクローズドシステムでは脱塩技術が不可欠となる．

(4) 水の合理的使用の目的は公共用水域の水質汚濁防止であるので，できる限り高度な処理方式を選択する．

(5) 再生利用の際に無機塩類や溶解性有機物を除去する手段としては，活性炭吸着，イオン交換，膜分離プロセスなどがある．

解説 (1) 正しい．再生利用に供される水に含まれる汚濁物質の組成が明らかであれば，水処理は特定の汚濁成分についてだけ行えばよく，同一工場での再生利用が経済的である．

(2) 正しい．排水を再生利用する場合，目的とする用途への水質適合を図ればよい．

(3) 正しい．一般にクローズドシステムでは塩濃度が増加してくるので，脱塩技術が不可欠となる．

(4) 誤り．水の合理的使用の目的は節水であり，公共用水域の水質汚濁防止を目的としていない．使用目的にあった処理をすればよく，必要以上に高度な処理方式を選択する必要はない．

(5) 正しい．再生利用の際に無機塩類や溶解性有機物を除去する手段としては，活性炭吸着，イオン交換，膜分離プロセスなどがある． ▶答 (4)

問題 3 【令和 4 年 問 6】

冷却水の再利用に関する記述として，誤っているものはどれか．

(1) 冷却水は工業用水の全使用量に占める割合が高く，水使用の合理化において重視すべき用途である．

(2) 冷却水の利用には，高温の製品等に接触する直接冷却と，熱交換器による間接冷却があり，直接冷却では冷却水の再利用はできない．

(3) 冷却塔を用いる循環冷却水系では，水の一部を蒸発させて蒸発潜熱により水温を下げて再利用する．

(4) 冷却塔を用いる循環冷却水系では，塩類が濃縮することにより，配管における金属の腐食やスケールの析出が起こりやすい．

(5) 冷却塔を用いる循環冷却水系では，ブロー水，蒸発水，及びその他の種々の形態による水の損失を含む飛散水を合わせた量を，補給水として補う．

解説 (1) 正しい．冷却水は工業用水の全使用量に占める割合が高く，水使用の合理化において重視すべき用途である．

(2) 誤り．冷却水の利用には，高温の製品等に接触する直接冷却と，熱交換器による間接冷却があり，直接冷却では製品からの汚濁成分が混入するため，排水処理工程を経た後に冷却塔で水温を低下させて再利用するところ（鉄鋼業関連）がある．

(3) 正しい．冷却塔を用いる循環冷却水系では，水の一部を蒸発させて蒸発潜熱により水温を下げて再利用する（図5.2参照）．

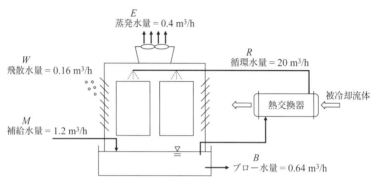

図5.2　冷却塔の例

(4) 正しい．冷却塔を用いる循環冷却水系では，塩類が濃縮することにより，配管における金属の腐食やスケールの析出が起こりやすい．

(5) 正しい．冷却塔を用いる循環冷却水系では，ブロー水，蒸発水，およびその他の種々の形態による水の損失を含む飛散水を合わせた量を，補給水として補う．　▶答（2）

問題4　【令和3年 問5】

処理水再利用に関する記述として，最も不適当なものはどれか．

(1) カスケード利用の例として，間接冷却水を洗浄用水に利用するケースがある．

(2) 循環利用の例として，排ガスの洗浄塔で洗浄用水を循環利用するケースが挙げられる．

(3) 局部的再生利用の例として，鉄鋼業の連続鋳造や熱間圧延の工程における冷却水を沈殿・ろ過処理して常時循環利用するケースが挙げられる．

(4) 工場単位再生利用は，工場内の各工程から発生する水を総合し，処理水を再利用する方式であり，下水道使用料を節約するために行われることもある．

(5) 地域的再生利用は，工場団地などにおいて各工場の排水を集中処理し，再び各工場に工業用水として供給する方式で，スケールメリットがあることから，一般に局部的再生利用に比べて経済性に優れている．

解説 (1) 適当．カスケード利用の例として，汚染の少ない間接冷却水を洗浄用水に利用するケースがある．なお，カスケード利用とは，ある用途に使用した排水をそのまま他の用途に使用することである．

(2) 適当．循環利用の例として，排ガスの洗浄塔で洗浄用水を循環利用するケースが挙げられる．

(3) 適当．局部的再生利用の例として，鉄鋼業の連続鋳造や熱間圧延の工程における冷却水を沈殿・ろ過処理して常時循環利用するケースが挙げられる．

(4) 適当．工場単位再生利用は，工場内の各工程から発生する水を総合し，処理水を再利用する方式であり，下水道使用料を節約するために行われることもある．

(5) 不適当．工業団地などで，複数の工場の排水を集中処理して各工場に工業用水として供給する方式は，工場の製造工程内の排水を同一工程の同一用途に再利用する方式に比べると必ずしも経済的ではないので，一般的ではない．再生利用のほとんどのケースが局部的再生利用で，製造工程内のある工程の排水を原水とし，これに適当な処理を施して同一工程の同一用途に再使用する方式である．最低限度の水質まで処理すれば足り，安心して使用できるからである． ▶答（5）

問 題5 【令和2年 問5】

水の再利用に関する記述として，誤っているものはどれか．

(1) カスケード利用の例として，間接冷却水を洗浄用水などに利用するケースがある．

(2) 再生利用の中では，工場団地単位で各工場の排水を集中処理して再び各工場に供給する方式のほうが，各工場のある製造工程からの排水を処理して，同一工程の同一用途に再使用する方式よりも経済的であり，一般に適用されている．

(3) 一般に，排出水を系外に出さずに100%循環させて再生利用するクローズドシステムでは，脱塩技術が不可欠となる．

(4) 一般に，開放循環式冷却水系におけるスケールの析出やスライムの発生を防止するためには，循環水系に薬品を添加する方式が用いられる．

(5) 半導体製造工場では，一工程が終わるごとに超純水により洗浄が行われ，これらの工程からの排水のうち天然水に比較して純度的にかなり良好なものは，再利用が行われる．

解説 (1) 正しい．カスケード利用の例として，間接冷却水を洗浄用水などに利用するケースがある．なお，カスケード利用とは，ある用途に使用した排水をそのまま他の用途に使用することである．

(2) 誤り．再生利用の中では，工場団地単位で各工場の排水を集中処理して再び各工場

第5章 大規模水質特論

に供給する方式は，各工場のある製造工程からの排水を処理して，同一工程の同一用途に再使用する方式に比べて必ずしも経済的でないので，一般に適用されていない．再生利用のほとんどのケースが局部的再生利用で製造工程内のある工程の排水を原水とし，これに適当な処理を施して同一工程の同一用途に再使用する方式である．最低限度の水質まで処理すれば足り，安心して使用できるからである．

(3) 正しい．一般に，排出水を系外に出さずに 100％ 循環させて再生利用するクローズドシステムでは，脱塩技術が不可欠となる．

(4) 正しい．一般に，開放循環式冷却水系（循環水の一部を蒸発させる方式：図 5.2 参照）におけるスケールの析出やスライムの発生を防止するためには，循環水系に薬品を添加する方式が用いられる．

(5) 正しい．半導体製造工場では，一工程が終わるごとに超純水により洗浄が行われ，これらの工程からの排水のうち天然水に比較して純度的にかなり良好なものは，再利用が行われる． ▶答（2）

問題6 　　　　　　　　　　　　　　　　　　　　　　【令和元年 問5】

水の再利用に関する記述として，誤っているものはどれか．

(1) カスケード利用では，機械工場におけるコンプレッサーの冷却水を酸洗工程の洗浄水として利用するなど，間接冷却水を洗浄用水へ利用するケースが多い．

(2) 冷却塔を利用して間接冷却水を循環利用する場合，水質の悪化が起こるので，一定の循環水のブローと新たな水の補給を行う必要がある．

(3) 鉄鋼業の連続鋳造や熱間圧延の工程では，冷却水へ懸濁物質が混入するため，沈殿，ろ過処理の後に循環利用する．

(4) 工場からの総合排水を公共下水道に放流しているケースでは，これを処理して処理水を再利用することにより，下水道使用料を節約することができる．

(5) 工業団地などで，複数の工場の排水を集中処理して各工場に工業用水として供給する方式は，工場の製造工程内の排水を同一工程の同一用途に再利用する方式に比べると経済的であり，再生利用のほとんどのケースが該当する．

解説 (1) 正しい．カスケード利用（ある用途に使用した排水をそのまま他の用途に使用すること）では，機械工場におけるコンプレッサーの冷却水を酸洗工程の洗浄水として利用するなど，間接冷却水を洗浄用水へ利用するケースが多い．

(2) 正しい．冷却塔を利用して間接冷却水を循環利用する場合，水質の悪化が起こるので，一定の循環水のブローと新たな水の補給を行う必要がある．

(3) 正しい．鉄鋼業の連続鋳造や熱間圧延の工程では，冷却水へ懸濁物質が混入するため，沈殿，ろ過処理の後に循環利用する．

(4) 正しい．工場からの総合排水を公共下水道に放流しているケースでは，これを処理して処理水を再利用することにより，下水道使用料を節約することができる．

(5) 誤り．工業団地などで，複数の工場の排水を集中処理して各工場に工業用水として供給する方式は，工場の製造工程内の排水を同一工程の同一用途に再利用する方式に比べると必ずしも経済的ではないので，一般的ではない．再生利用のほとんどのケースが局部的再生利用で製造工程内のある工程の排水を原水とし，これに適当な処理を施して同一工程の同一用途に再使用する方式である．最低限度の水質まで処理すれば足り，安心して使用できるからである． ▶答（5）

問題7　　　　　　　　　　　　　　　　　　　　　　　【平成30年 問5】

　図はビール製造業において水合理化計画を実施した後の用排水系統図を示したものである．数字は水量（m³/日）であり，□で表した工程においては，水の損失はないものとする．河川放流される水量（m³/日）として，正しいものはどれか．

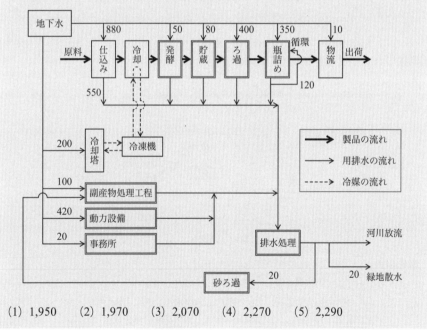

(1) 1,950　　(2) 1,970　　(3) 2,070　　(4) 2,270　　(5) 2,290

解説　瓶詰めと砂ろ過では一部循環使用しているが，水の使用量には無関係である．
したがって，原料→出荷のところの排水は，

　　　$550 + 50 + 80 + 400 + 350 = 1,430 \, \text{m}^3/\text{日}$　　　　　　　　　　①

冷却塔では，水は蒸発するので排水はない．したがって，副産物処理工程，動力設備お

および事務所において，

$$100 + 420 + 20 = 540\,\mathrm{m^3/日} \tag{②}$$

式①と式②の合計が排水処理施設に流入する．処理水の内，緑地散水を除いた水量が河川に放流されるから，

$$1,430 + 540 - 20 = 1,950\,\mathrm{m^3/日}$$

となる．以上から（1）が正解． ▶答（1）

■ 5.2.2　冷却水

問 題1 【令和5年 問6】 ✓ ✓ ✓

開放循環式冷却水系において，濃縮倍数が 3.0 で，循環水量に対する蒸発水量 1.0%，飛散水量 0.2% で運転されている場合の循環水量に対するブロー水量（%）はいくらになるか．

(1) 1.5　　(2) 1.0　　(3) 0.5　　(4) 0.3　　(5) 0.1

解説 次の公式を使用する（図 **5.3** 参照）．

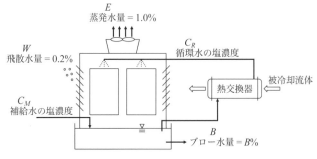

図 5.3　冷却塔

濃縮倍数 N は次のように表される．

$$N = C_R/C_M = M/(B + W) = (E + B + W)/(B + W) \tag{①}$$

ここに，C_R：循環水の塩濃度，C_M：補給水の塩濃度，M：補給水量〔%〕，
　　　　E：蒸発水量〔%〕，B：ブロー水量〔%〕，W：飛散水量〔%〕

式①に与えられた数値を代入して，B（ブロー水量〔%〕）を算出する．

$$3.0 = (1.0 + B + 0.2)/(B + 0.2)$$

$$B = 0.3\%$$

以上から（4）が正解． ▶答（4）

問題 2　　　　　　　　　　　　　　　　　　　【令和3年 問6】

　図に示す冷却塔を使った開放循環式冷却水系において，定常運転状態で，補給水量，ブロー水量，蒸発水量，飛散水量，及び循環水量は，下図に示す値であった．このとき濃縮倍率として，正しいものはどれか．

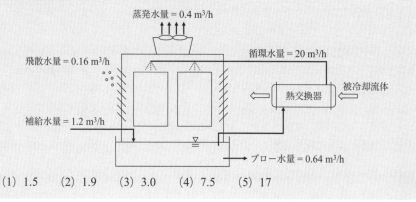

蒸発水量 = 0.4 m³/h
飛散水量 = 0.16 m³/h
循環水量 = 20 m³/h
熱交換器
被冷却流体
補給水量 = 1.2 m³/h
ブロー水量 = 0.64 m³/h

(1) 1.5　　(2) 1.9　　(3) 3.0　　(4) 7.5　　(5) 17

解説　濃縮倍数 N とは，次式で示すように循環水中の塩類濃度 C_R が補給水の塩類濃度 C_M の何倍かを示す指標で，定常状態の運転では，ブロー水量 B を調整することで管理することができる（**図5.4**参照）．

$$N = C_R/C_M = M/(B + W) = (E + B + W)/(B + W)$$

　　　C_R：循環水の塩類濃度〔mg/L〕，C_M：補給水の塩類濃度〔mg/L〕，

　　　M：補給水量〔m³/h〕，E：蒸発水量〔m³/h〕，B：ブロー水量〔m³/h〕，

　　　W：飛散水量〔m³/h〕

上式に与えられた数値を代入して N を求める．

$$N = (E + B + W)/(B + W) = (0.4 + 0.64 + 0.16)/(0.64 + 0.16) = 1.5$$

以上から（1）が正解．

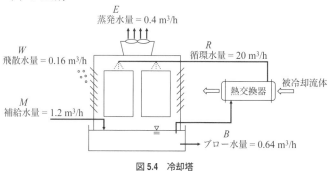

E
蒸発水量 = 0.4 m³/h
W
飛散水量 = 0.16 m³/h
R
循環水量 = 20 m³/h
熱交換器
被冷却流体
M
補給水量 = 1.2 m³/h
B
ブロー水量 = 0.64 m³/h

図 5.4　冷却塔

▶ **答**（1）

熱交換器と冷却塔を用いた開放循環式冷却水系に関する記述として，誤っているものはどれか.

(1) 大部分の冷却水は系内を循環するが，蒸発や水滴としてのロス，軸受や配管系からの漏れ及びブロー水としての系外への排出があるため，水の補給が必要となる.

(2) 濃縮倍数とは，循環水中の塩類濃度が補給水の塩類濃度の何倍かを示す指標で，定常状態の運転では，ブロー水量を調整することで管理することができる.

(3) ブロー水を減らし，濃縮倍数を大きくして運転することで，補給水量を減らすことができ，腐食やスケールも発生しにくくなる.

(4) スケールとは，水に溶存していた成分が濃縮や形態変化により熱交換器や配管に付着したもので，炭酸カルシウムが析出する事例が多い.

(5) 配管系の腐食には塩化物イオン濃度の影響が大きい.

解説 (1) 正しい．大部分の冷却水は系内を循環するが，蒸発や水滴としてのロス，軸受や配管系からの漏れおよびブロー水としての系外への排出があるため，水の補給が必要となる（図5.5参照）.

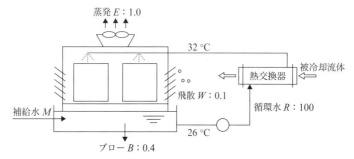

(注) 温度以外の数字は容量割合を示す.

図5.5 冷却塔循環水の水バランス

(2) 正しい．濃縮倍数Nとは，次式で示すように循環水中の塩類濃度C_Rが補給水の塩類濃度C_Mの何倍かを示す指標で，定常状態の運転では，ブロー水量Bを調整することで管理することができる.

$$N = C_R/C_M = M/(B+W) = (E+B+W)/(B+W)$$

C_R：循環水の塩類濃度，C_M：補給水の塩類濃度，M：補給水量〔%〕，
E：蒸発水量〔%〕，B：ブロー水量〔%〕，W：飛散水量〔%〕

例えば，$E = 1.0\%$，$B = 0.4\%$，$W = 0.1\%$とすれば，

$$N = (E+B+W)/(B+W) = (1.0 + 0.4 + 0.1)/(0.4 + 0.1) = 3$$

となる.

(3) 誤り．ブロー水Bを減らし，濃縮倍数Nを大きくして運転することで，補給水量Mを減らすことができるが，塩類濃度C_Rが大きくなり腐食やスケールも発生しやすくなる.

(4) 正しい．スケールとは，水に溶存していた成分が濃縮や形態変化により熱交換器や配管に付着したもので，水に難溶性の炭酸カルシウムが析出する事例が多い.

(5) 正しい．配管系の腐食には塩化物イオン濃度の影響が大きい．　　　　　　　▶ 答（3）

 題4

【令和元年 問6】

　ある開放循環式冷却水系が，循環水量に対し蒸発水量1.0%，飛散水量0.1%で運転されている．このとき，以下の記述として，誤っているものはどれか.
(1) ブロー水量を循環水量に対して0.4%にしたとき，濃縮倍数は3となる.
(2) ブローをしない場合，理論的な濃縮倍数は11となる.
(3) ブロー水量を蒸発水量と同じにした場合，濃縮倍数は約1.9となる.
(4) 濃縮倍数を5以下にしたい場合，ブロー水量は系内循環水量に対して0.15%未満にしなければならない.
(5) ブロー水量を循環水量に対して0.5%にしたとき，補給水量は1.6%になる.

解説 (1) 正しい．次の公式を使用する（図5.5参照）.
　濃縮倍数Nは次のように表される.
$$N = C_R/C_M = M/(B+W) = (E+B+W)/(B+W)$$
　　　C_R：循環水の塩類濃度，C_M：補給水の塩類濃度，M：補給水量〔%〕，
　　　E：蒸発水量〔%〕，B：ブロー水量〔%〕，W：飛散水量〔%〕
　与えられた数値を代入する．$E = 1.0\%$，$B = 0.4\%$，$W = 0.1\%$ である.
$$N = (E+B+W)/(B+W) = (1.0+0.4+0.1)/(0.4+0.1) = 3$$

(2) 正しい．ブローをしない場合，$B = 0\%$（$E = 1.0\%$，$W = 0.1\%$）であるから次のように算出される.
$$N = (E+B+W)/(B+W) = (1.0+0+0.1)/(0+0.1) = 11$$
　理論的な濃縮倍数は11となる.

(3) 正しい．ブロー水量を蒸発水量と同じにした場合，$E = 1.0\%$，$B = 1.0\%$，$W = 0.1\%$ であるから次のように算出される.
$$N = (E+B+W)/(B+W) = (1.0+1.0+0.1)/(1.0+0.1) = 2.1/1.1 = 約1.9$$
　濃縮倍数は約1.9となる.

(4) 誤り．濃縮倍数を5以下にしたい場合，$N \leqq 5$，$E = 1.0\%$，$W = 0.1\%$ であるから次のように算出される.
$$5 \geqq (1.0+B+0.1)/(B+0.1)$$

第5章　大規模水質特論

B を算出する.

$$B \geqq 0.15\%$$

したがって，ブロー水量は系内循環水量に対して 0.15% 以上にしなければならない．0.15% 未満が誤り.

(5) 正しい．ブロー水量を循環水量に対して 0.5% にしたとき，補給水量は $M = E + B + W$ であるから，$M = 1.0 + 0.5 + 0.1 = 1.6\%$ になる．　▶答 (4)

問題 5 【平成30年 問6】

開放循環式冷却水系が，蒸発水量 1.2%，飛散水量 0.3%，ブロー水量 0.5% で運転されている．この循環水系の濃縮倍率として，正しいものはどれか.

(1) 1.0　　(2) 1.5　　(3) 2.0　　(4) 2.5　　(5) 3.0

解説　濃縮倍数 N は次のように表される.

$$N = C_R/C_M = M/(B+W) = (E+B+W)/(B+W)$$

C_R：循環水の塩類濃度，C_M：補給水の塩類濃度，M：補給水量〔%〕，E：蒸発水量〔%〕，B：ブロー水量〔%〕，W：飛散水量〔%〕

与えられた数値を代入する.

$$N = C_R/C_M = (E+B+W)/(B+W) = (1.2+0.5+0.3)/(0.5+0.3) = 2.5$$

以上から (4) が正解.　▶答 (4)

5.3 大規模設備の水質汚濁防止対策の事例

■ 5.3.1 鉄　鋼

問題 1 【令和5年 問7】

製鉄所の熱間圧延工程の排水処理に関する記述として，不適切なものはどれか.

(1) 直接冷却系と間接冷却系の排水は別系統で処理し，それぞれの使用箇所に循環使用するのが一般的である.

(2) 直接冷却水中の汚濁物質は，製品表面に生成されるスケールや油脂類などである.

(3) 直接冷却水中の油分（n-ヘキサン抽出物質）は蒸気ストリッピングによって処理する.

(4) 熱間圧延工程で循環使用する間接冷却水の排出水は，基本的には温度上昇のみで水質の悪化はないので，冷却塔による水温低下処理を行う.

(5) 仕上圧延で発生するスケールは，スケールピット及び沈殿槽を通した後に，ろ

過により処理する.

解説 (1) 適切. 直接冷却系と間接冷却系の排水は別系統で処理し, それぞれの使用箇所に循環使用するのが一般的である.

(2) 適切. 直接冷却水中の汚濁物質は, 製品表面に生成されるスケールや油脂類などである.

(3) 不適切. 直接冷却水中の油分 (n-ヘキサン抽出物質) は, スケールピット, 沈殿槽, ろ過により処理する. なお, 蒸気ストリッピングは, コークス製造工程で排出する安水 (アンモニアを高濃度で含む排水) に対して液中に蒸気や空気を吹き込んで液中のアンモニアを気体に変えて除去する方法である.

(4) 適切. 熱間圧延工程で循環使用する間接冷却水の排出水は, 基本的には温度上昇のみで水質の悪化はないので, 冷却塔による水温低下処理を行う.

(5) 適切. 仕上圧延で発生するスケールは, スケールピットおよび沈殿槽を通した後にろ過により処理する. ▶ 答 (3)

問題2 【令和4年 問7】

製鉄所の各プロセスの排水に関する記述として, 誤っているものはどれか.

(1) コークス製造工程で, コークス炉ガスに水を噴霧して冷却する際に発生する凝縮水は安水と呼ばれ, 脱安ストリッパーでアンモニア及びシアンを低減した後に活性汚泥処理される.

(2) 熱間圧延工程の直接冷却水は, 鋼板等の製品に直接噴射された水であり, 製品表面に生成する酸化鉄のスケール, 潤滑油や圧延油などのn-ヘキサン抽出物を含む.

(3) 冷間圧延には, 酸洗, 冷間圧延, 電解清浄, 焼きなまし, 調質圧延の工程が含まれ, この内, 酸洗からの濃厚廃液には鉄や塩酸 (又は, 硫酸) が含まれる.

(4) クロメート処理工程からの排水は, 三価クロムや亜鉛を含む. 三価クロムは酸性でもアルカリ性でも沈殿しないので, 酸化剤を用いて六価クロムにしてから沈殿除去する.

(5) 電解脱脂工程では, アルカリ性の脱脂液の取り替えから濃厚廃液が, 脱脂後の洗浄から水洗排水が排出される. 排水には油脂分, 酸化鉄, 界面活性剤などが含まれる.

解説 (1) 正しい. コークス製造工程で, コークス炉ガスに水を噴霧して冷却する際に発生する凝縮水はアンモニアを多く含むので安水と呼ばれ, 脱安ストリッパーでアンモニアおよびシアンを低減した後に活性汚泥処理される.

(2) 正しい. 熱間圧延工程の直接冷却水は, 鋼板等の製品に直接噴射された水であり, 製

品表面に生成する酸化鉄のスケール，潤滑油や圧延油などの n-ヘキサン抽出物を含む．

(3) 正しい．冷間圧延には，酸洗，冷間圧延，電解清浄，焼きなまし，調質圧延の工程が含まれ，この内，酸洗からの濃厚廃液には鉄や塩酸（または硫酸）が含まれる．

(4) 誤り．クロメート処理工程からの排水は，六価クロムや亜鉛を含む．六価クロムは酸性でもアルカリ性でも沈殿しないので，還元剤を用いて三価クロムにしてから沈殿除去する．

(5) 正しい．電解脱脂工程では，アルカリ性の脱脂液の取り替えから濃厚廃液が，脱脂後の洗浄から水洗排水が排出される．排水には油脂分，酸化鉄，界面活性剤などが含まれる．

▶答（4）

問題3 【令和3年 問7】

鉄鋼業からの排水処理に関する記述として，誤っているものはどれか．

(1) コークス製造業に対する COD に係る総量規制基準の C 値は，第1次に比べて第8次では値が小さくなっている．

(2) コークス製造業に対する COD に係る総量規制基準の C 値は，第1次から第8次までを通して，電気炉による製鋼・製鋼圧延業に対する値よりも小さい．

(3) 製鉄所からの排水は，圧延加工，めっき及び化成処理などからの工程排水，排ガス洗浄及び湿式集じん機などからの汚濁排水，炉体及びロールなどの間接冷却からの排水からなる．

(4) 廃安水の主な汚染物質は，フェノール，アンモニア，シアン，コークス粉である．

(5) 製鉄所では水使用の合理化が進んでおり，これまでに，用水循環率が90％を超える報告例もある．

解説 (1) 正しい．コークス製造業に対する COD に係る総量規制基準の C 値（環境大臣が定める範囲内において都道府県知事が定める濃度）は，第1次（220 mg/L）に比べて規制が厳しくなってきたため第8次（180 mg/L）では値が小さくなっている．

(2) 誤り．汚濁濃度の高いコークス製造業に対する COD に係る総量規制基準の C 値は，第1次から第8次までを通して，汚濁濃度の低い電気炉による製鋼・製鋼圧延業に対する値よりも大きい．電気炉による製鋼・製鋼圧延業の C 値は 40 mg/L から 20 mg/L に低下している．

(3) 正しい．製鉄所からの排水は，圧延加工，めっきおよび化成処理などからの工程排水，排ガス洗浄および湿式集じん機などからの汚濁排水，炉体およびロールなどの間接冷却からの排水からなる．

(4) 正しい．コークス炉ガスの冷却排水（廃安水）の主な汚染物質は，フェノール，アンモニア，シアン，コークス粉である．

(5) 正しい．製鉄所では水使用の合理化が進んでおり，これまでに，用水循環率が90%を超える報告例もある． ▶答（2）

 題4　　　　　　　　　　　　　　　　　　【令和3年 問8】

　鉄鋼業で，鋼板の表面処理として行われるクロメート工程からの排水に関する記述として，誤っているものはどれか．
(1) クロメート工程からは濃厚廃液とリンス排水が排出される．
(2) クロメート工程で主に用いられる六価クロムは有害で，しかも酸性でもアルカリ性でも沈殿を形成しない．
(3) クロメート排水は還元槽において，亜硫酸水素ナトリウムあるいは硫酸鉄(Ⅱ)などを用いてクロムを還元する．
(4) クロメート排水の還元反応で生じた三価クロムは，pHを3～4に調整して，水酸化クロムとして沈殿除去する．
(5) クロメート排水の還元反応では，一般に酸化還元電位計（ORP計）を用いて還元剤の注入量を調整するが，還元剤として鉄塩を用いる場合は，液中の溶存酸素濃度を指標にすることもできる．

解説　(1) 正しい．クロメート工程（クロム六価で金属表面を処理する工程）からは濃厚廃液とリンス排水（水洗排水）が排出される．
(2) 正しい．クロメート工程で主に用いられるクロム(Ⅵ)は有害で，しかも酸性でもアルカリ性でも沈殿を形成しない．クロム(Ⅲ)は水酸化物となって沈殿する．
(3) 正しい．クロメート排水は還元槽において，亜硫酸水素ナトリウムあるいは硫酸鉄(Ⅱ)などを用いてクロムをⅢ価に還元する．
(4) 誤り．クロメート排水の還元反応で生じた三価クロムは，pHを8～9に調整して，水酸化クロム（$Cr(OH)_3$）として沈殿除去する．
(5) 正しい．クロメート排水の還元反応では，一般に酸化還元電位計（ORP計）を用いて還元剤の注入量を調整するが，還元剤として鉄塩を用いる場合は，液中の溶存酸素濃度を指標にすることもできる．4.2.3 問題2（令和2年 問5）の解説 (4) および図4.3参照． ▶答（4）

 題5　　　　　　　　　　　　　　　　　　【令和2年 問7】

　製鉄所における排水処理に関する記述として，誤っているものはどれか．
(1) コークス炉ガス精製排水は，pHを9～10程度として金属成分を水酸化物として析出させて沈殿除去した後に，活性汚泥法によって処理される．
(2) 熱間圧延工程排水のうち直接冷却水における処理対象は，酸化鉄のスケールの

SS，潤滑油や圧延油のノルマルヘキサン抽出物質及び水温である．

(3) 熱間圧延工程排水のうち間接冷却水は，基本的には冷却塔による水温低下処理のみを行うが，循環水の一部を砂ろ過することにより循環水中のSSを管理する．

(4) 表面処理排水のうちクロメート排水は，クロム（VI）を還元剤によって還元した後にpHを8〜9程度に調整して沈殿除去を行う．

(5) 表面処理排水のうち酸洗排水と亜鉛メッキ排水は，pHを8.5〜10程度に調整して溶解していた鉄と亜鉛を不溶物として析出させる．

解説 (1) 誤り．コークス炉ガス精製排水は，pHを水酸化ナトリウムで10.5〜11程度としてアンモニアを揮散させ活性汚泥法によって処理される．

(2) 正しい．熱間圧延工程排水のうち直接冷却水における処理対象は，酸化鉄のスケールのSS，潤滑油や圧延油のノルマルヘキサン抽出物質および水温である．

(3) 正しい．熱間圧延工程排水のうち間接冷却水は，基本的には冷却塔による水温低下処理のみを行うが，循環水の一部を砂ろ過することにより循環水中のSSを管理する．

(4) 正しい．表面処理排水のうちクロメート排水は，硫酸でpH2〜3としクロム（VI）を還元剤によってクロム（III）に還元した後にpHを8〜9程度に調整して沈殿除去を行う．

(5) 正しい．表面処理排水のうち酸洗排水と亜鉛メッキ排水は，pHを8.5〜10程度に調整して溶解していた鉄と亜鉛をそれぞれFe(OH)$_3$とZn(OH)$_2$の不溶物として析出させる．

▶答 (1)

問題6 【令和元年 問7】

図はコークス炉ガス精製排水（安水）の処理フロー例である．このフローにおける空欄（A）〜（D）の名称として，最適なものはどれか．

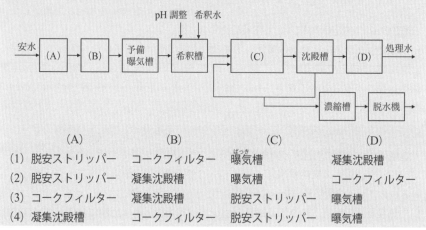

	(A)	(B)	(C)	(D)
(1)	脱安ストリッパー	コークフィルター	曝気槽	凝集沈殿槽
(2)	脱安ストリッパー	凝集沈殿槽	曝気槽	コークフィルター
(3)	コークフィルター	凝集沈殿槽	脱安ストリッパー	曝気槽
(4)	凝集沈殿槽	コークフィルター	脱安ストリッパー	曝気槽

(5) 凝集沈殿槽　　　コークフィルター　　曝気槽　　　　　脱安ストリッパー

解説　(A)「脱安ストリッパー」で，活性汚泥の呼吸作用を阻害する遊離アンモニア，シアンを除外する．

(B)「コークフィルター」で，難生物分解性で活性汚泥に付着することがある高分子の油分を除去する．

(C)「曝気槽」で，活性汚泥によってフェノールを主成分とする BOD 物質，残留した固定アンモニア，シアン，チオシアンなどを分解除去する．

(D)「凝集沈殿槽」で，沈殿槽で除去できなかった粒子をさらに除去する．

以上から（1）が正解．　　　　　　　　　　　　　　　　　　　　▶答（1）

問 題7　　　　　　　　　　　　　　　　　　　【平成 30 年 問7】

　製鉄所における表面処理工程及びその排水処理に関する記述として，不適切なものはどれか．

(1) 電解脱脂工程の水洗排水には，界面活性剤に起因する COD が含まれる．

(2) クロメート排水に含まれる有毒物質の六価クロムは，そのままでは沈降処理が困難である．

(3) クロメート排水の還元剤としては，水酸化ナトリウム，水酸化マグネシウム又は消石灰が使用される．

(4) ゲル状の微細粒子の形状となっている重金属水酸化物には，高分子凝集剤を添加して，沈降しやすい粗大フロックを形成させる．

(5) クロメート処理は，亜鉛めっき後の白錆防止のために亜鉛表面に化成被膜を生成させる目的で行うものである．

解説　(1) 適切．電解脱脂工程の水洗排水には，界面活性剤に起因する COD が含まれる．

(2) 適切．クロメート排水に含まれる有毒物質の六価クロムは，そのままでは沈降処理が困難である．三価クロムは水酸化物を生成し沈降処理が可能である．

(3) 不適切．クロメート排水の還元剤（六価を三価とするもの）としては，亜硫酸水素ナトリウム，亜硫酸ナトリウム，硫酸鉄(II)が使用される．

(4) 適切．ゲル状の微細粒子の形状となっている重金属水酸化物には，高分子凝集剤を添加して，沈降しやすい粗大フロックを形成させる．

(5) 適切．クロメート処理は，亜鉛めっき後の白錆防止のために亜鉛表面に化成被膜を生成させる目的で行うものである．　　　　　　　　　　　　▶答（3）

■ 5.3.2 製油所

問 題 1 　　　　　　　　　　　　　　　【令和 5 年 問 8】

製油所におけるプロセス排水の処理フローとして，最も適切なものはどれか．

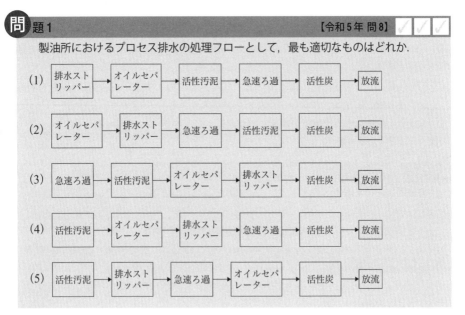

解 説　製油所の排水処理（**図 5.6** 参照）では，各装置から排出された排水は，油水分離装置で油分が分離され，次に硫化水素とアンモニアを分離する排水ストリッパーに導入される．次にオイルセパレーター処理水は活性汚泥処理され，急速ろ過で SS を下げ，活性炭処理を行って放流する．なお，各処理工程で，急速ろ過が活性汚泥の前になることはないこと，活性汚泥がオイルセパレーターや排水ストリッパーの前になることはないことなどから（1）が選択される．

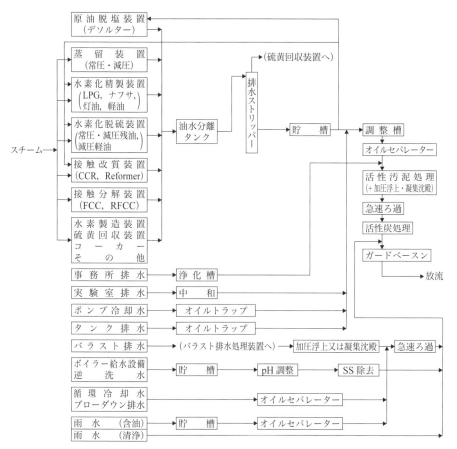

図 5.6　製油所排水処理モデル[17)]

▶ 答（1）

問題2　　　　　　　　　　　　　　　　　　　　　　　【令和4年 問8】□□□

　製油所における排水とその処理に関する記述として，不適切なものはどれか.

(1) SSの除去は，排水に硫酸アルミニウム，塩化鉄(Ⅲ)などを添加し，SSの沈殿速度を速めて除去する凝集沈殿プロセスなどで行う.

(2) 排水中の油分の分離装置としては，遊離油を自然浮上させてかき取るAPIオイルセパレーターなどがある.

(3) APIオイルセパレーターにより，排水中の油分（ノルマルヘキサン抽出物質）濃度は，1mg/L以下に下げることができる.

（4）排水中のBOD，COD及びフェノールの除去には活性汚泥プロセスが用いられる．

（5）原油中の硫化水素，水素化処理で生じた硫化水素やアンモニアは，排水ストリッパーで加熱分離される．

解説　（1）適切．SS（Suspended Solid：浮遊物質）の除去は，排水に硫酸アルミニウム，塩化鉄(Ⅲ)などを添加し，SSの沈殿速度を速めて除去する凝集沈殿プロセスなどで行う．

（2）適切．排水中の油分の分離装置としては，遊離油を自然浮上させてかき取るAPI（American Petroleum Institute）オイルセパレーターなどがある（図5.7参照）．

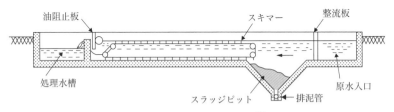

図5.7　APIオイルセパレーター [15)]

（3）不適切．APIオイルセパレーターにより，排水中の油分（ノルマルヘキサン抽出物質）濃度は，1 mg/L以下に下げることができない．通常，10〜20 mg/L程度が多い．1 mg/L以下に下げるには，APIオイルセパレーターの後に凝集沈殿，砂ろ過などの処理が必要である．

（4）適切．排水中のBOD，CODおよびフェノールの除去には活性汚泥プロセスが用いられる．

（5）適切．原油中の硫化水素，水素化処理で生じた硫化水素やアンモニアは，排水ストリッパーで加熱分離される．　　　　　　　　　　　　　　　　　▶答（3）

問題3　　　　　　　　　　　　　　　　　　　　　　　　【令和3年 問9】 ✓ ✓ ✓

図は製油所におけるプロセス排水の処理フローの例である．（A），（B），（C）に該当するプロセスの組合せとして，最適なものはどれか．

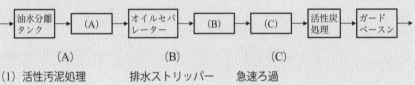

	（A）	（B）	（C）
(1)	活性汚泥処理	排水ストリッパー	急速ろ過
(2)	活性汚泥処理	急速ろ過	排水ストリッパー
(3)	排水ストリッパー	急速ろ過	活性汚泥処理

(4) 排水ストリッパー　　　活性汚泥処理　　　急速ろ過

(5) 急速ろ過　　　　　　　活性汚泥処理　　　排水ストリッパー

解説　(A) は「排水ストリッパー」で，排水中の硫化水素やアンモニアを加熱分離する．
(B) は「活性汚泥処理」で，BOD成分を微生物で酸化分解する．
(C) は「急速ろ過」で，排水中の微細な懸濁物質を除去する．
　以上から (4) が正解．　　　　　　　　　　　　　　　　　　　▶ 答 (4)

問題4　　　　　　　　　　　　　　　　【令和2年 問8】

　図は，製油所からの排水処理フローの一例である．A～Dは排水の発生源別の種類を示している．それぞれに当てはまる排水として，最も適当なものはどれか．

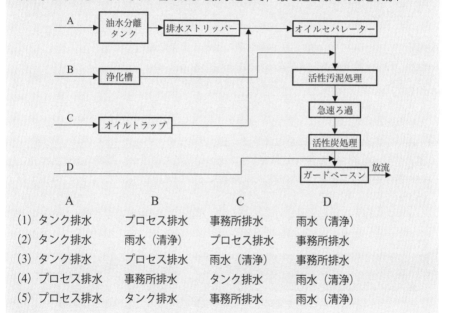

	A	B	C	D
(1)	タンク排水	プロセス排水	事務所排水	雨水（清浄）
(2)	タンク排水	雨水（清浄）	プロセス排水	事務所排水
(3)	タンク排水	プロセス排水	雨水（清浄）	事務所排水
(4)	プロセス排水	事務所排水	タンク排水	雨水（清浄）
(5)	プロセス排水	タンク排水	事務所排水	雨水（清浄）

解説　A 「プロセス排水」である．
B 「事務所排水」である．事務所排水は浄化槽で処理する．
C 「タンク排水」である．
D 「雨水（清浄)」である．雨水（清浄）は処理施設で処理しない．
　以上から (4) が正解．　　　　　　　　　　　　　　　　　　　▶ 答 (4)

問題5 　　　　　　　　　　　　　　　　　　　【令和元年 問8】

製油所と, そこからの排水に関する記述として, 誤っているものはどれか.

(1) 原油は常圧蒸留装置により, 沸点の違いを利用してガス, ナフサ, 灯油, 軽油, 重質軽油及び常圧残油に分けられる.

(2) 大気汚染対策として燃料の低硫黄化が求められ, 水素化脱硫が行われている.

(3) 製油所からの排水に特徴的に含まれるものとして, 油分, フェノール, 硫化物などがある.

(4) 排水中の油分は, 重力分離によるAPIオイルセパレーターで処理することで, 要求される濃度である $1 \sim 5$ ppmを容易に達成できる.

(5) 排水中のBOD, COD及びフェノールは, 一般に好気生物を利用する活性汚泥法により処理することで除去する.

解説 (1) 正しい. 原油は常圧蒸留装置により, 沸点の違いを利用してガス, ナフサ, 灯油, 軽油, 重質軽油および常圧残油に分けられる.

(2) 正しい. 大気汚染対策として燃料の低硫黄化が求められ, 水素化脱硫が行われている.

(3) 正しい. 製油所からの排水に特徴的に含まれるものとして, 油分, フェノール, 硫化物などがある.

(4) 誤り. 排水中の油分は, 重力分離によるAPIオイルセパレーター (図5.7参照) で処理しても, 要求される濃度である $1 \sim 5$ ppmを達成できない. 達成するためには, さらに活性汚泥処理をすれば溶解性の有機物などのCOD源が除かれ, 油分が1 ppm以下に下がる.

(5) 正しい. 排水中のBOD, CODおよびフェノールは, 一般に好気生物を利用する活性汚泥法により処理することで除去する. 　　　　　　　　　　　　　　　▶答 (4)

問題6 　　　　　　　　　　　　　　　　　　　【平成30年 問8】

製油所の排水に関する記述として, 誤っているものはどれか.

(1) プロセス排水の主な発生源には, 原油中に絡んで入った水分などがある.

(2) 手洗い, 便所, 食堂などから排出される事務所排水は, 活性汚泥法で処理する.

(3) バラスト水は, 静置タンクで油分を浮上分離後, 排水処理設備でさらに油分除去を行う.

(4) 冷却水に工業用水を用いる場合は, 海水を用いる場合に比べて大量に取り込めるので, ワンスルーで使用し循環使用しないのが普通である.

(5) 製油装置, 調合設備及び貯油タンク区域の雨水には, 油分が含まれるので, オイルセパレーター処理を行う.

解説 (1) 正しい．プロセス排水の主な発生源には，原油中に絡んで入った水分などがある．

(2) 正しい．手洗い，便所，食堂などから排出される事務所排水は，活性汚泥法で処理する．

(3) 正しい．バラスト水は，静置タンクで油分を浮上分離後，排水処理設備でさらに油分除去を行う．なお，バラスト水とは，タンカーがバランスをとるためにタンカーのハッチに一時的に入れる水である．

(4) 誤り．冷却水に工業用水を用いる場合は，海水を用いる場合に比べて大量に取り込めないので，ワンスルーで使用せず循環使用するのが普通である．

(5) 正しい．製油装置，調合設備および貯油タンク区域の雨水には，油分が含まれるので，オイルセパレーター処理を行う．　　　　　　　　　　　　　　　　▶答 (4)

■ 5.3.3　紙・パルプ

問 題1　　　　　　　　　　　　　　　　　　　　　　　　　　【令和5年 問9】□□□

　　製紙工場における排水処理工程に関する記述として，誤っているものはどれか．

(1) 処理の対象とする水質汚濁物質は，BOD あるいは COD 成分と SS である．

(2) 排水は初沈槽において繊維分などの粗い SS を除去した後に活性汚泥曝気槽に送られる．

(3) 活性汚泥処理では，窒素，りんを添加する．

(4) 活性汚泥処理水は，消毒剤を添加した後に凝集沈殿槽に送られる．

(5) 脱水機のろ水は排水処理工程の入口に戻す．

解説 (1) 正しい．製紙工場において処理の対象とする水質汚濁物質は，BOD あるいは COD 成分と SS である．

(2) 正しい．排水は初沈槽において繊維分などの粗い SS を除去した後に活性汚泥曝気槽に送られる．

(3) 正しい．活性汚泥処理では，不足する窒素，りんを添加する．

(4) 誤り．活性汚泥処理水は，**図5.8** に示すように，後沈槽で沈降した汚泥は返送汚泥として活性汚泥曝気槽に送られるが，一部は余剰汚泥として活性汚泥処理水とともに次の凝集沈殿処理装置に送られる．凝集沈殿処理装置に入る前に無機凝集剤としてアルミニウムを含む硫酸ばん土を添加して小さな粒子を生成し，さらに沈降しやすい大きな粒子を生成するため，陰イオン系の高分子凝集剤を添加する．なお，消毒剤は排水に大腸菌が存在しないので通常使用しない．

(5) 正しい．脱水機（3.2.10 問題1（令和5年 問9）の図3.22参照）のろ水は排水処理工程の入口に戻す．なお，製紙工場の排水処理工程における脱水機には，ベルトプレスが最も多く使用されている．

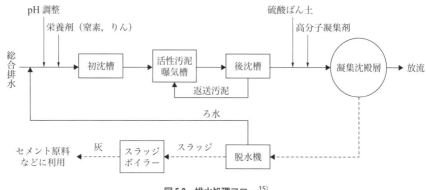

図5.8　排水処理フロー [15)

▶答（4）

問 題2

製紙工場の排水処理に関する記述として，不適切なものはどれか．
(1) 白水回収には主に凝集沈殿法が用いられる．
(2) 黒液中のナトリウムや硫黄は，カセイ化工程により水酸化ナトリウムや硫化ナトリウムに再生され，蒸解工程で使用される．
(3) 黒液の濃縮工程で蒸発した水蒸気は，凝縮後，温水として洗浄工程で利用することができる．
(4) 酸素脱リグニンの導入により，排水へのBOD負荷は削減できる．
(5) スラッジボイラーで得られた熱エネルギーは，蒸気として紙の乾燥工程などに利用され，発生した焼却灰はセメント原料などに再利用することが可能である．

解説　(1) 不適切．白水回収装置では，凝集剤を使用せず微細な気泡を発生させ浮上分離によって微細繊維と填料（鉱物粉末）を水から分離した後，抄紙原料として再利用する．なお，白水中には炭酸カルシウム（$CaCO_3$），タルクおよび微細繊維が含まれている．

(2) 適切．黒液中のナトリウムや硫黄は，カセイ化工程により水酸化ナトリウムや硫化ナトリウムに再生され，蒸解工程（リグニンをセルロースから分離する工程）で使用される．なお，黒液とは，蒸解工程でセルロースを取った後の廃液でリグニンなどが含まれており，廃液の色は黒である（**図5.9**参照）．

(3) 適切．黒液の濃縮工程で蒸発した水蒸気は，凝縮後，温水として洗浄工程で利用することができる．

(4) 適切．酸素脱リグニンの導入（着色の原因物質であるリグニンをアルカリ性・加圧条件下で酸素ガスにより分解）により，排水へのBOD負荷は削減できる．

(5) 適切．スラッジボイラーで得られた熱エネルギーは，蒸気として紙の乾燥工程などに利用され，発生した焼却灰はセメント原料などに再利用することが可能である．

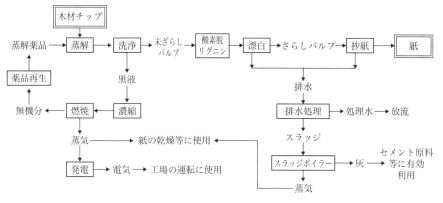

図5.9　紙・パルプの全体の工程例[12)]

▶答（1）

問 題3　　　　　　　　　　　　　　　【令和4年 問10】

製紙工場から発生する排水の一般的な処理に関する記述として，誤っているものはどれか．

(1) 処理の対象となる主な水質汚濁物質は，BODあるいはCOD成分とSSであるが，それらに加えて六価クロム，鉛の処理工程も加えた．

(2) BOD及びSSの処理工程として二段処理とし，1段目の活性汚泥処理でBOD成分を，2段目の凝集沈殿処理でSSを除去するものとした．

(3) 生物処理工程において，初沈槽を出た排水は，夏期の水温が高い時期は冷却塔を通して水温を下げてから調整槽に送り，そこで排水と返送汚泥を混合させると同時に，栄養源である窒素とりんも添加した．

(4) 凝集沈殿処理装置では，凝集剤として硫酸ばん土と陰イオン系高分子凝集剤を用いた．

(5) 発生するスラッジは高分子凝集剤を添加した後，ベルトプレス脱水機で脱水し，ろ水は全量を排水処理工程の入口に戻して再処理を行った．

解 説　(1) 誤り．処理の対象となる主な水質汚濁物質は，BODあるいはCOD成分とSSである．六価クロムや鉛などは使用しないので，処理工程を加える必要はない．

365

(2) 正しい．BOD および SS の処理工程として二段処理とし，1 段目の活性汚泥処理で BOD 成分を，2 段目の凝集沈殿処理で SS を除去するものとする．

(3) 正しい．生物処理工程において，初沈槽を出た排水は，夏期の水温が高い時期は冷却塔を通して水温を下げてから調整槽に送り，そこで排水と返送汚泥を混合させると同時に，栄養源である窒素とりんも添加する．

(4) 正しい．凝集沈殿処理装置では，凝集剤として硫酸ばん土と陰イオン系高分子凝集剤を用いる．

(5) 正しい．発生するスラッジは高分子凝集剤を添加した後，ベルトプレス脱水機（連続脱水機：3.2.10 問題 1（令和 5 年 問 9）の図 3.22 参照）で脱水し，ろ水は全量を排水処理工程の入口に戻して再処理を行う（図 5.8 参照）．　　　　　　　　　▶ 答（1）

問題 4　　　　　　　　　　　　　　　　　　　　　　　【令和 2 年 問 9】

　　製紙工場における水使用や排出負荷等の合理化に関する記述として，誤っているものはどれか．

(1) 蒸解工程で生じた黒液の濃縮工程から発生する水蒸気の凝縮水は，洗浄工程で利用される．

(2) 濃縮された黒液は回収ボイラーで燃焼され，大きなエネルギー源となるだけでなく，炉底から排出された溶融無機物は，漂白薬品として再生利用される．

(3) 蒸解を均一にし，パルプの洗浄や酸素脱リグニンをより効果的にすることで，漂白工程へのリグニンなどの不純物の持ち込みを減らせば，漂白薬品の使用量や排水の汚濁負荷を減らすことができる．

(4) パルプを低濃度のスラリーにしてワイヤーパートで脱水する抄紙工程では，発生したろ水（白水）が循環利用される他，余分な白水は白水回収装置に送られ，浮上分離等により抄紙原料が分離回収される．

(5) 白水回収装置で原料回収後の水は，抄紙工程の各種希釈水として利用できる．

解説　(1) 正しい．蒸解工程で生じた黒液の濃縮工程から発生する水蒸気の凝縮水は，洗浄工程で利用される．なお，蒸解工程とは，加圧下で約 150℃ の温度で蒸煮してリグニンを分解・可溶化する工程である（図 5.9 参照）．

(2) 誤り．濃縮された黒液は回収ボイラーで燃焼され，大きなエネルギー源となるだけでなく，炉底から排出された溶融無機物（ナトリウムと硫黄）は，蒸解薬品として再生利用される．

(3) 正しい．蒸解を均一にし，パルプの洗浄や酸素脱リグニンをより効果的にすることで，漂白工程へのリグニンなどの不純物の持ち込みを減らせば，漂白薬品の使用量や排水の汚濁負荷を減らすことができる．

(4) 正しい．パルプを低濃度のスラリーにしてワイヤーパートで脱水する抄紙工程では，発生したろ水（白水）が循環利用される他，余分な白水は白水回収装置に送られ，浮上分離等により抄紙原料が分離回収される．

(5) 正しい．白水回収装置で原料回収後の水は，抄紙工程の各種希釈水として利用できる． ▶答（2）

問題5 【令和元年 問9】

製紙工場における排水処理に関する記述として，誤っているものはどれか．
(1) 蒸解工程で用いられる白液には水酸化ナトリウムと硫化ナトリウムが含まれる．
(2) 蒸解工程の後，洗浄工程でリグニンを取り除いた残りの液を黒液という．
(3) 黒液に含まれる無機物はカセイ化工程を経て再生利用される．
(4) パルプ製造工程における節水対策として，黒液濃縮工程から発生する凝縮水の利用などがあげられる．
(5) 白水回収装置では，気泡による浮上分離を用いて原料の回収が行われる．

解説 (1) 正しい．蒸解工程で用いられる白液には水酸化ナトリウムと硫化ナトリウムが含まれる．なお，蒸解工程とは，加圧下で約150℃の温度で蒸煮してリグニンを分解・可溶化する工程をいう（図5.9参照）．

(2) 誤り．蒸解工程の後，洗浄工程でパルプ繊維から分離されたリグニンを含む液を黒液という．

(3) 正しい．黒液に含まれる無機物（ナトリウムと硫黄）はカセイ化工程を経て水酸化ナトリウムと硫化ナトリウムとして再生利用される．

(4) 正しい．パルプ製造工程における節水対策として，黒液濃縮工程から発生する凝縮水の利用などがあげられる．

(5) 正しい．白水回収装置では，気泡による浮上分離を用いて原料の回収が行われる．なお，白水とは抄紙工程のワイヤーパート（網の上に繊維を乗せ脱水する工程）からのろ水をいい，炭酸カルシウム，タルクおよび微細繊維が約0.2%含まれる． ▶答（2）

問題6 【平成30年 問9】

紙・パルプ業における汚濁負荷削減技術に関する記述として，誤っているものはどれか．
(1) リグニンを含む「黒液」とパルプ繊維とを分離する洗浄工程では，向流多段洗浄が利用される．
(2) 濃縮された黒液を回収ボイラーで燃焼する場合，助燃のためのエネルギーが必要なので，エネルギー回収はできない．

(3) 黒液を燃焼した回収ボイラーの炉底からは，ナトリウムや硫黄を含む溶融灰が排出される．これは，蒸解工程の薬品として再生される．

(4) 漂白工程では，塩素ガスを用いず，二酸化塩素を主体とするECF（Elemental Chlorine Free）漂白方法を用いることで，有機塩素化合物の副生を抑えることができる．

(5) 抄紙工程では，懸濁物質（SS）を含むろ水（白水）が生じる．白水は，白水回収工程で処理され，SSは抄紙原料に，水は抄紙工程の希釈水等として利用される．

解 説 （1）正しい．リグニンを含む「黒液」とパルプ繊維とを分離する洗浄工程では，向流多段洗浄が利用される．

(2) 誤り．濃縮された黒液を回収ボイラーで燃焼する場合，助燃のためのエネルギーが必要であっても，エネルギー回収はできる．工場で使用する全エネルギーの70%以上がこの黒液燃焼の熱回収で賄われている．

(3) 正しい．黒液を燃焼した回収ボイラーの炉底からは，ナトリウムや硫黄を含む溶融灰が排出される．これは，蒸解工程の薬品として再生される．

(4) 正しい．漂白工程では，塩素ガスを用いず，二酸化塩素を主体とするECF（Elemental Chlorine Free）漂白方法を用いることで，有機塩素化合物の副生を抑えることができる．

(5) 正しい．抄紙工程では，懸濁物質（SS）を含むろ水（白水）が生じる．白水は，白水回収工程で処理され，SSは抄紙原料に，水は抄紙工程の希釈水等として利用される．

▶ 答（2）

■ 5.3.4 食 品

問 題1 【令和5年 問10】

大規模食料品製造工場からの排水処理に関する記述として，誤っているものはどれか．

(1) ビール工場において活性汚泥法の前段にUASBを導入し，二段処理を行っている例がある．

(2) COD総量規制対象地域にあるビール工場で下水道放流する場合には，凝集沈殿＋砂ろ過＋活性炭吸着の高度処理フローを追加する必要がある．

(3) UASBを導入したビール工場で，生成したメタンガスを用いて発電をする例がある．

(4) 清涼飲料水工場からの排水中の有機物のほとんどは糖質と有機酸である．

(5) 清涼飲料水工場の総合排水は水質変動が大きいため，滞留時間が長い処理方式

がとられることがある.

解説 (1) 正しい. ビール工場において活性汚泥法の前段にUASB（上向流式嫌気汚泥床法：Upflow Anaerobic Sludge Blanket）を導入し, 二段処理を行っている例がある. UASBは, 自己造粒したグラニュール汚泥（小粒汚泥：MLSSのこと）による上向流の排水処理装置である. なお, グラニュール汚泥とは, 嫌気性微生物が集合して小粒状となったものである（図3.39参照）. UASBの特徴は, MLSSを50,000 mg/L程度に維持して稼働するため, 原水を槽の下部から上部に一度通過させるだけで中〜高濃度の有機排水を大幅に低減することができる. 例：COD_{Cr}1,500 mg/L → 200 mg/L

(2) 誤り. COD総量規制対象地域は, 下水道放流ではない地域であるため公共用水域の河川などに放流するので, 条例による基準を順守するため, 凝集沈殿＋砂ろ過＋活性炭吸着の高度処理フローを追加することがある. 下水道放流であればこのような高度処理フローは不要である.

(3) 正しい. UASBを導入したビール工場では, 排水の有機物の炭素がメタンガスとして発生するので, 生成したメタンガスを用いて発電する例がある.

(4) 正しい. 清涼飲料水工場からの排水中の有機物のほとんどは糖質と有機酸である.

(5) 正しい. 清涼飲料水工場の総合排水は, 水質変動が大きいため, 滞留時間（5日以上）が長い処理方式（ラグーン方式）がとられることがある. なお, ラグーン方式とは, ①生物量が極めて低濃度に保持されている, ②沈殿池を持たない, ③汚泥返送を行わない, ④人工曝気のほかに自然の表面曝気がかなりの部分を占める, ⑤温度の影響が大きい, などの特徴がある. ▶答（2）

問題2 【令和3年 問10】

食料品製造業における排水処理に関する記述として, 誤っているものはどれか.

(1) 水質汚濁防止法における特定施設として, 原料処理施設, 洗浄施設, 湯煮施設などがある.

(2) 日平均排水量50 m³/日未満の小規模事業場も都道府県条例により排水基準が定められることがある.

(3) 水質変動が大きい清涼飲料工場からの総合排水に対して, ラグーン方式を用いることで排水処理の負荷変動を緩和することが可能である.

(4) ビール工場の排水処理において, 活性汚泥法の前段にUASBを導入することで, 曝気動力と汚泥発生量を低減することができる.

(5) 清涼飲料工場における排水中の有機物のほとんどは嫌気的分解が困難なため, UASBは適用できない.

(1) 正しい．水質汚濁防止法における特定施設として，原料処理施設，洗浄施設，湯煮施設などがある．

(2) 正しい．日平均排水量 $50\,\mathrm{m}^3/$日未満の小規模事業場も都道府県条例により排水基準が定められることがある．水質汚濁防止法では日平均排水量 $50\,\mathrm{m}^3/$日以上が規制対象事業場である．

(3) 正しい．水質変動が大きい清涼飲料工場からの総合排水に対して，滞留時間の長い（5日間）ラグーン方式を用いることで排水処理の負荷変動を緩和することが可能である．なお，ラグーン方式とは，① 生物量が極めて低濃度に保持されている，② 沈殿池を持たない，③ 汚泥返送を行わない，④ 人工曝気のほかに自然の表面曝気がかなりの部分を占める，⑤ 温度の影響が大きい，などの特徴がある．

(4) 正しい．ビール工場の排水処理において，活性汚泥法の前段に UASB（上向流式嫌気汚泥床法：3.3.4 問題3（令和4年 問15）の解説参照）を導入することで BOD 成分を大幅に減少させると，曝気動力と汚泥発生量を低減することができる．

(5) 誤り．清涼飲料工場の廃棄ジュースや廃棄サイダーなどの BOD17,800 mg/L の高濃度においても UASB 処理で 182 mg/L に低減した実験結果があるので，今後適用される事例が予想される． ▶答（5）

問題3 　　　　　　　　　　　　　　　　　　　　　【令和2年 問10】 ✓ ✓ ✓

活性汚泥，UASB，凝集沈殿＋砂ろ過＋活性炭からなる下図のビール工場排水の処理フローのうち，最も適当なものはどれか．

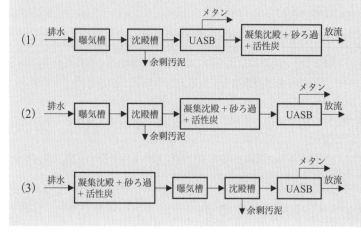

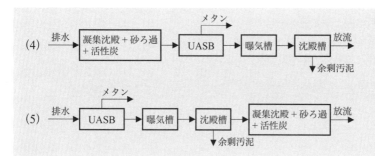

（4）
排水 → 凝集沈殿＋砂ろ過 ＋活性炭 → UASB（メタン） → 曝気槽 → 沈殿槽 → 放流
　　　　　　　　　　　　　　　　　　　　　　　　　　↓余剰汚泥

（5）
排水 → UASB（メタン） → 曝気槽 → 沈殿槽 → 凝集沈殿＋砂ろ過 ＋活性炭 → 放流
　　　　　　　　　　　↓余剰汚泥

解説　ビール工場排水は，COD が総合排水で 250 〜 1,500 mg/L と高いので UASB を使用するときは，COD の特に高い排水について実施する．その処理後，他の COD の低い排水と混合して活性汚泥法（曝気槽）で処理する．UASB 処理だけでは，COD は 50 mg/L 程度までしか処理できないからである．その後，沈殿槽で SS を除去し，さらに必要に応じて凝集沈殿池，砂ろ過，活性炭で処理する．

以上から，（5）が正解．　　　　　　　　　　　　　　　　　　　　　▶ 答（5）

 問題4　　　　　　　　　　　　　　　　　　　　　【令和元年 問10】

ビール工場の排水や排水処理に関する記述として，誤っているものはどれか．

（1）ビール工場の主な排水として，醸造系の排水と容器充填工程の排水があり，有機物濃度がより高いのは前者である．

（2）ビール工場の総合排水は生物処理可能なので，活性汚泥法により処理できる．

（3）上向流式嫌気汚泥床（UASB）では，沈降性に優れたグラニュールと呼ばれる嫌気性菌の塊を自己形成させることで，従来の嫌気性処理の欠点である長い処理日数を大幅に短縮することができる．

（4）ビール工場に UASB を導入する場合，既存の活性汚泥処理の前に UASB 処理を行う，二段処理とするのが普通である．

（5）一般にビール工場の排水を UASB と活性汚泥の二段処理をすれば，活性汚泥法単独処理に比べ曝気動力を削減できるが，余剰汚泥の発生量は増加する．

解説　（1）正しい．ビール工場の主な排水として，醸造系の排水と容器充填工程の排水があり，有機物濃度がより高いのは前者である．

（2）正しい．ビール工場の総合排水は生物処理可能なので，活性汚泥法により処理できる．

（3）正しい．上向流式嫌気汚泥床（UASB：Upflow Anaerobic Sludge Blanket）では，沈降性に優れたグラニュール（小粒）と呼ばれる嫌気性菌の塊を自己形成させることで，従来の嫌気性処理の欠点である長い処理日数を大幅に短縮することができる．

（4）正しい．ビール工場に UASB を導入する場合，既存の活性汚泥処理の前に UASB 処

理を行う，二段処理とするのが普通である．

(5) 誤り．一般にビール工場の排水を UASB と活性汚泥の二段処理をすれば，活性汚泥法単独処理に比べ曝気動力を削減でき，余剰汚泥の発生量も減少する． ▶答（5）

問題5 【平成30年 問10】 ✓ ✓ ✓

食料品製造業からの排水処理に関する記述として，正しいものはどれか．

(1) 水質汚濁防止法施行令において定められている特定施設に，食料品製造業の施設は含まれていない．

(2) 食料品製造業のほとんどすべての工場・事業場には，水質汚濁防止法の一律排水基準が適用されている．

(3) ビール製造業では，醸造系からの廃液の混合排水の COD 濃度は，容器充填工程からの廃液の COD 濃度より高い．

(4) 活性汚泥法により処理されているビール製造業の排水処理工程の前段に UASB を導入すると，余剰汚泥発生量は多くなるが，曝気動力は低減できる．

(5) 清涼飲料水製造工場からの排水の主要な処理対象物質は SS であるので，凝集沈殿処理で対応できる．

解説 (1) 誤り．水質汚濁防止法施行令において定められている特定施設に，食料品製造業の施設は含まれている．水防令別表第1 二（畜産食料品製造業）および三（水産食料品製造業）参照．

(2) 誤り．食料品製造業の多くが排水量 $50\,\mathrm{m}^3$ 未満であるため，これらの工場・事業場には，水質汚濁防止法の一律排水基準のうち，生活環境項目が適用されていない．

(3) 正しい．ビール製造業では，醸造系からの廃液の混合排水の COD 濃度（COD_{Cr} で 3,000 ～ 4,000 mg/L）は，容器充填工程からの廃液の COD 濃度（COD_{Cr} で 300 ～ 500 mg/L）より高い．

(4) 誤り．活性汚泥法により処理されているビール製造業の排水処理工程の前段に UASB（Upflow Anaerobic Sludge Blanket：上向流式嫌気汚泥床：自己造粒化したグラニュール（小粒）汚泥を用い高速にメタン発酵する方式）を導入すると，余剰汚泥発生量は約 1/2 に低減され，曝気動力は約 1/3 に低減できる．

(5) 誤り．清涼飲料水製造工場からの排水の主要な処理対象物質は糖質と有機酸である．好気性細菌や嫌気性細菌により容易に分解できる基質であるため，活性汚泥方式やラグーン方式（滞留時間が 5 日と長く，間欠曝気で沈殿池はなく，曝気時間以外で汚泥が沈降するので上澄みを放流する方式）が採用されている． ▶答（3）

■ 参考文献

1) 公害防止の技術と法規編集委員会編：五訂・公害防止の技術と法規〔水質編〕，産業環境管理協会（1995）

2) 遠藤修一 他：びわ湖における流況の連続記録，32，67〜83，滋賀大学教育学部紀要（1982）

3) 日本下水道協会：下水道施設計画・設計指針と解説（2001年版）

4) 公害防止の技術と法規編集委員会編：新・公害防止の技術と法規2012水質編，産業環境管理協会（2012）

5) 公害試験問題研究会編：公害防止管理者試験　よく出る水質問題，オーム社（1998）

6) 公害防止の技術と法規編集委員会編：新・公害防止の技術と法規2013水質編，産業環境管理協会（2013）

7) 公害防止の技術と法規編集委員会編：新・公害防止の技術と法規2014水質編，産業環境管理協会（2014）

8) 公害防止の技術と法規編集委員会編：新・公害防止の技術と法規2015水質編，産業環境管理協会（2015）

9) 公害防止の技術と法規編集委員会編：新・公害防止の技術と法規2016水質編，産業環境管理協会（2016）

10) 公害防止の技術と法規編集委員会編：新・公害防止の技術と法規2017水質編，産業環境管理協会（2017）

11) 公害防止の技術と法規編集委員会編：新・公害防止の技術と法規2018水質編，産業環境管理協会（2018）

12) 公害防止の技術と法規編集委員会編：新・公害防止の技術と法規2019水質編，産業環境管理協会（2019）

13) 公害防止の技術と法規編集委員会編：新・公害防止の技術と法規2020水質編，産業環境管理協会（2020）

14) 公害防止の技術と法規編集委員会編：新・公害防止の技術と法規2021水質編，産業環境管理協会（2021）

15) 公害防止の技術と法規編集委員会編：新・公害防止の技術と法規2022水質編，産業環境管理協会（2022）

16) 公害防止の技術と法規編集委員会編：新・公害防止の技術と法規2022ダイオキシン類編，産業環境管理協会（2022）

17) 公害防止の技術と法規編集委員会編：新・公害防止の技術と法規2023水質編，産業環境管理協会（2023）

■索 引

374

383

〈著者略歴〉

三 好 康 彦 （みよし　やすひこ）

1968 年　九州大学工学部合成化学科卒業
1971 年　東京大学大学院博士課程中退
　　　　　東京都公害局（当時）入局
2002 年　博士（工学）
2005 年 4 月～ 2011 年 3 月　県立広島大学生命環境学部 教授
現　在　EIT 研究所 主宰

主な著書 小型焼却炉 改訂版 / 環境コミュニケーションズ（2004年）
　　　　汚水・排水処理 ─基礎から現場まで─ / オーム社（2009年）
　　　　公害防止管理者試験 水質関係 速習テキスト / オーム社（2013年）
　　　　公害防止管理者試験 大気関係 速習テキスト / オーム社（2013年）
　　　　公害防止管理者試験 ダイオキシン類 精選問題 / オーム社（2013年）
　　　　年度版 環境計量士試験［濃度・共通］攻略問題集 / オーム社
　　　　年度版 第 1 種放射線取扱主任者試験 完全対策問題集 / オーム社
　　　　年度版 高圧ガス製造保安責任者試験 乙種機械 攻略問題集 / オーム社
　　　　年度版 高圧ガス製造保安責任者試験 丙種化学（特別） 攻略問題集 / オーム社
　　　　その他，論文著書多数

2024-2025年版
公害防止管理者試験　水質関係　攻略問題集

2023 年 12 月 22 日　　第 1 版第 1 刷発行

著　　者　三 好 康 彦
発 行 者　村 上 和 夫
発 行 所　株式会社 オ ー ム 社
　　　　　郵便番号　101- 8460
　　　　　東京都千代田区神田錦町 3-1
　　　　　電　話　03(3233)0641（代表）
　　　　　URL https://www.ohmsha.co.jp/

© 三好康彦 2023

印刷・製本　小宮山印刷工業
ISBN978-4-274-23140-7　Printed in Japan

本書の感想募集 https://www.ohmsha.co.jp/kansou/

本書をお読みになった感想を上記サイトまでお寄せください。
お寄せいただいた方には，抽選でプレゼントを差し上げます。